建筑的数字化工作流程

DIGITAL WORKFLOWS IN ARCHITECTURE

建筑的数字化工作流程

设计—装配—工业化

DIGITAL WORKFLOWS IN ARCHITECTURE

DESIGN—ASSEMBLY—INDUSTRY

[美] 斯科特·马布尔 编著
张 宇 陈子光 译

中国建筑工业出版社

著作权合同登记图字：01-2013-8158号

图书在版编目(CIP)数据

建筑的数字化工作流程　设计—装配—工业化 /（美）斯科特 · 马布尔编著；张宇，陈子光译. — 北京：中国建筑工业出版社，2019.6

书名原文：DIGITAL WORKFLOWS IN ARCHITECTURE：DESIGN—ASSEMBLY—INDUSTRY

ISBN 978-7-112-23414-1

Ⅰ. ①建… Ⅱ. ①斯…②张…③陈… Ⅲ. ①数字技术 — 应用 — 建筑设计②数字技术 — 应用 — 建筑施工 Ⅳ. ① TU201.4 ② TU7-39

中国版本图书馆CIP数据核字（2019）第041492号

DIGITAL WORKFLOWS IN ARCHITECTURE
DESIGN—ASSEMBLY—INDUSTRY
Scott Marble, Editor
ISBN 978-3-0346-0799-5

责任编辑：孙书妍　杨　晓　李东禧
责任校对：王　烨

建筑的数字化工作流程
设计—装配—工业化
DIGITAL WORKFLOWS IN ARCHITECTURE
DESIGN—ASSEMBLY—INDUSTRY
[美]斯科特 · 马布尔　编著
张　宇　陈子光　译
*
中国建筑工业出版社出版、发行（北京海淀三里河路9号）
各地新华书店、建筑书店经销
北京京点图文设计有限公司制版
北京缤索印刷有限公司印刷
*
开本：880 × 1230毫米　1/16　印张：17¼　字数：453千字
2019年6月第一版　2019年6月第一次印刷
定价：235.00 元
ISBN 978-7-112-23414-1
（33707）

前言

从过程到工作流程：

设计中的设计，
设计中的装配，
设计工业化

斯科特·马布尔

20 世纪 90 年代末期，许多建筑院校以及一些先锋的设计事务所开始逐渐使用计算机数控技术（CNC），我开始尝试从职业和学术双重角度研究这门新兴的技术，我确定这门技术必将能够重构建筑与产品的关系。在那段时间我与很多建筑师保持联系，我努力探寻使用图形驱动机器的能力，我开始浏览各种计算机数控技术产品的商店——从建筑工程到制造直升机和汽车零件用品的金属商店。通过一位机器达人的引荐，我与本地的一家公司取得了联系，这家公司开设了与我教学相关的一系列课程。这家公司网站上的信息包含极广范围的计算机数控技术应用于多种工业生产中的多种材料的介绍，这家公司提供的机器将是具有飞跃性进步的先进机器。我接到的邮件回复有些神秘，但他们是提供场地的公司，并不了解经营的产品。我又跟进通过电话联系，却发现在他们的商店里根本没有机器。事实上，根本没有商店，这家公司只有一间小小的办公室，职员们通过网络处理客户订单，并与世界各地的计算机数控技术机器生产厂家联系。这些订单通常是发给与核心业务无关的全球分布的工厂，这些工厂可以利用机器日常空闲时间进行生产，以减少机器的闲置时间。“从文件到制造”的直接流程始终通过这种更广范围的、潜在的数字信息所形成复杂的沟通工作流程而有机会得以实现。

显而易见，本书的目的是将建筑师、工程师、制造商和建造商的协同工作通过数字化交流相协调，从而改变我们目前的工作方式以及我们工作的工具。新的数字化技术将设计的组织结构和层级从相对独立的各部分重建为集合工作流程。设计师的角色以历史上类似作者、独立的发明者转向半独立的、建立于科学算法基础上的整合数字化交流平台。这一转变给建筑学科重构评估机会和风险带来了压力。具有代表性的变化即建筑本身在整个工业流程中所扮演的角色。在科技和设计一直变化的情况下，建筑、工程和建筑设计行业的关系也处于变化的状态。新型产品带动的经济红利、更加直接的沟通、提高的工作效率以及劳动密集型产业的革新都已经悄然开始。期望本书可以在这场变革中为未来的建筑师指引方向，为适应这场变革打下良好基础。

建筑行业的数字化工作流程的逻辑已经开始重塑建筑设计的方式、房屋建造的方式以及工业生产的组织结构。这些工作流程主要从三个主题发展而来，原本相互间是独立关系的三个方面开始趋于整合。第一个方面——设计中的设计，关注工作流程问题，主要关注专业的设计步骤是如何向整合系统转化的问题。大量的描述性的、不同层级的信息可以帮助设计定位和评价。这些信息的大部分通过软件进行过滤筛选，进而生成建筑设计的数字化情境。建筑设计成为通过几何学、空间和技术等方面信息模拟、分析及优化的复杂的工作流程，在这个流程中可以生成一个集成的、参数化的建筑信息模型，从而控制从能耗到生产指令的整体流程。通过这个参数化的、基于科学算法的设计流程，以往依赖于视觉信息作为设计的第一手资料的产品设计和评价得以得到理性的规则、数字及相关量化的逻辑支持。这种逻辑在创造性思维和计算数据之间发挥作用。设计设计流程即提出设计本身就是一个设计问题，并预测了建筑师在开放的脚本和闭合的应用之间协调文化边界和技术争论，并在工作中提出“设计空间”的定义。除了可以避免标准应用程序的盲点这种立即可见的好处之外，专门编程的脚本促进核心层面的创新机会，使单一设计升级为经过设计的设计。通过这样的背景，下列问题的论点将被讨论论证：

——如何提高当今众多建筑项目中相关信息的参考价值来指导自己的设计和设计团队？

——计算机技术在建筑设计中的应用范围从可视化设计到自由定义的算法进行的抽象化的编码，把参数化的数字输入转化为建筑设计。在这两种情况下，这种工具可以帮助设计者拓展设计能力和想象能力。这种工作过程如何在你的设计中应用？你会选择在何时运用这种技术？

——在对设计效率的需求不断提升的背景下，你觉得在未来定性和定量化设计标准之间的关系是如何的？

第二个方面——设计中的装配过程是材料问题，即指数字化产品和材料的性能如何影响设计概念。这个方面是以数字化制造发展为中心，作为设计过程的延展，为建筑师提供可用于建筑组件制造的技术与工具的直接联系。通过数控技术，建筑师可以重新定位制造和施工过程中的设计战略，这样的设计信息超越具象的、高度精确的指令。此外，这些指令可使建筑组合的逻辑嵌入建造过程，同时，在设计中重新建立工艺在设计过程中的作用。作为衡量建筑师在建筑中倾注的技艺的象征，建筑设计的细节更大程度上是设计与工业关系影响下的直接产物。如果现代主义的细节是建立在预制的组件材料与功能相协调的基础上的，那么当今的细节就是建立在对于材料信息的组织中，通过这种信息的协调组织，装配流程可以数字化控制并以参数化形式成为复合化的工作流程的一部分。细节现在是指为建造部分建立具有逻辑性的参数化关系。设计组合在设计前景预测上，不仅仅是实现建筑组建组合的内在逻辑关系的数字化控制，从“文件—工厂”的模式转变为“工厂—文件”的模式，新的模式创建设计概念、材料性质、生产方法和装配序列之间的相互关系[1]：

——如何将建筑设计与建筑施工的细节之间的关系重新定义数字化文件——建造的流程的语境？
——在你的工作中，数字化程序对传统的工作流程与建筑师产生了什么样的影响？
——可以说，几何的复杂性一直是数控技术在建筑设计中应用价值评估的一个重要驱动，通过这种复杂的特性对材料、制造及成本进行控制。还有其他的这种技术可以推动设计创新吗？

第三个方面——设计工业化，是一个基于复合目标驱动的组织过程，包括采集跨学科的信息、建模及有效的管理等工作。对于任何一个建筑项目来说，庞大的有价值的相关信息增长的速度都远超我们目前常用的工作方法的处理能力。我们需要把这些信息融入建筑的设计、制造及施工流程，这需要多学科交叉的、高度专业化的团队通过新的组织模式来完成。当然，逻辑方面的问题可以通过例如建筑信息模型（BIM）和综合项目交付系统（IPD）等这些新的应用得到解决，然而，整个工作流程的组织也是对于多重支持及复杂意见的合作的组织。问题是建筑师的新角色是简单地领导这个新的专家团队，还是像以往一样由建筑师、工程师及建造商这个三角体系与相关专业的专家相配合，这将重新定义设计及产品体系。对于建筑师来说，任何一种设想都给了建筑师压力，要求建筑师提高核心竞争力。在新的知识及技能高度专业化的背景下，建筑师需要何去何从？在很大程度上，这已超过建筑师的控制范围，通过提升设计品牌知名度，建筑师还可以通过名气获得新的项目，然而，在大多数情况下，设计师需要适应新的设计秩序。

——建筑师在新的组织模式中扮演什么样的角色？

——在当前产业重组的基础上，建筑师将在设计行业中扮演更加重要角色的潜力如何？数字化技术在设计中发挥核心作用会提升建筑师的优势吗？

——针对专业信息量的增加，新的建筑合作模式是什么样的呢？这种趋势会导致产业中的企业将被整合为大的设计机构，还是分化成更多专业化的、反应迅速的、网络化的小型设计机构？

1. 参见 Menges, A. (2010) Uncomplicated Complexity, Integration of Material, Form, Structure and Performance in Computational Design, *Graz Architecture Magazine* 06, *Nonstandard Structures*.

如何使用本书

本书介绍了当下新兴的数字化工作流程的理论知识，并且引证了案例进行深入分析。起始于工业产业的图示化趋势，书中所总结的三个主题是从大量实践中总结出来的，并且很少独立存在，通常都是同时存在的。这些主题也是基于研究人员长期的交流合作的基础上的。每一部分的编者按提炼突出了本部分的重点内容。文中评论的目的并非试图总结不同的论证观点，而是鼓励持续化地、深入化地探讨数字化技术在建筑及工业产业中的作用，及在未来扮演的角色。

书中的案例研究大多集中在数字化技术在设计和施工流程中的实施，而非仅针对项目结果而言。这些案例体现了设计工作中对数字化技术的不同的依赖程度。在这种意义上，这些案例代表了数字化技术的狂欢以及其在设计中的应用的平衡。这些案例的选择是基于数字化技术在设计中应用的代表性案例，大多数案例是基于实际建成的建筑设计案例的。这不是对于设计实践以外的研究工作的忽略；相反，如此选择的目的是为了更加明确地证明前期的研究在实际工程中应用所产生的巨大效应。在这方面，本书意图架构数字化技术与建筑设计形成实验平台，从而持续地推动材料生产及实际建造工程中应用新的工作流程。

致谢

直到我完成这本书才发现建造建筑是非常困难的事情。在完成的时候我才意识到这两个工作是如此相似。工作中困难重重；预算、进度等总是在你需要考虑的问题之列；设计过程包括从整体的概念设计直至每个字母的间距等所有宏观的、微观的问题；这种状况持续不断；这个过程中产生的新的想法及思想都是针对功能问题的，当然对于读者也是有参考价值的；这本书的编写过程直接或间接地涉及了很多人。首先，我要感谢本书中参与扩展讨论的作者们，他们对于本书贡献良多，并且在撰写过程中经过多次修改才最终完成。David Smiley、Adam Marcus、John Nastasi 和 Nina Rappaport 给我提供了非常有价值的反馈，对于本书绪论及编者按部分有极大贡献。我对于本书话题的兴趣是来自 20 世纪 90 年代初由伯纳德・屈米（Bernard Tschumi）率领的哥伦比亚大学 GSAPP 工作室的研究，他们的作品及研究对于数字化在建筑学领域的应用产生了重大影响。马克・威利（Mark Wigley）在过去的三年里，对我的工作给予了巨大支持，特别是在哥伦比亚大学建立的数字化信息项目（CBIP）。我的合作者大卫・本杰明（David Benjamin）和劳拉・科甘（Laura Kurgan）等在过去三年中通过 CBIP 项目帮助我拓展数字化工作流程的理论。我不会忘记在深夜与迈克尔・贝尔（Michael Bell）在 Emerald Inn 酒店的讨论，这场讨论给了我数字化技术在未来建筑学教育及实践领域应用的灵感。卢克・布鲁曼（Luke Bulman）和杰西卡・杨（Jessica Young）提出的概念设计为本书增色不少。简而言之，如果没有安德烈亚斯・穆勒（Andreas Müller）和杰森・罗伯茨（Jason Roberts）不知疲倦的支持，本书就不会完成。安德烈亚斯总是能在恰当的时候通过邮件帮助我推动本书的进度。最后，我也想将本书献给凯伦（Karen）和卢卡斯（Lucas），感谢他们对于我在深夜及周末写作的理解和支持。

设计中的设计

DESIGNING

DESIGN

超越效率

大卫·本杰明

大卫·本杰明（David Benjamin）是哥伦比亚大学建筑研究生院（GSAPP）The Living and Assistant Professor of Architecture 的共同创始人。

效率

在 1906 年，一个名为帕拉托（Vilfredo Pareto）的意大利人出版了一本厚厚的名为《政治经济学手册》（Manual of Political Economy）的书。[1]这本书中运用了很多小手绘图和几百个方程式来阐释当时的计算原理。作为该作者的第五本著作，这本书表达了一个曾经秘密宣传演讲并被政府封杀的专家对于数学的最后的坚守。然而，就像帕拉托以往的政治评论一样，他在这本书中表达的数学观点是具有时代突破性的。即使他的这本书在当时被忽略，然而现在却被视为现代微观经济学的开山鼻祖。

在这本政治经济学手册中提出的创新概念之一就是“帕拉托效率”，是指资源分配的一种理想状态，假定固有的一群人和可分配的资源，从一种分配状态到另一种状态的变化中，在没有使任何人境况变坏的前提下，使得至少一个人变得更好。当社会资源处于分配的效率最大优化状态时，这种平衡状态即可称为“帕拉托效率”或“帕拉托最优”。例如，帕拉托假设当前有一定数量的生产面包和红酒的原材料，一种分配方式是把大部分资源用于生产面包而剩下的少量资源用于生产红酒，当然也存在另外一种截然相反的分配方式。对于这两种分配方式，都存在一个生产效率最优化的分配方案的比例“边界点”。由于“帕拉托”效率的优化“边界点”都可通过数学公式表示，因此，“帕拉托效率”可以用来研究社会资源平衡分配问题（图 1）。

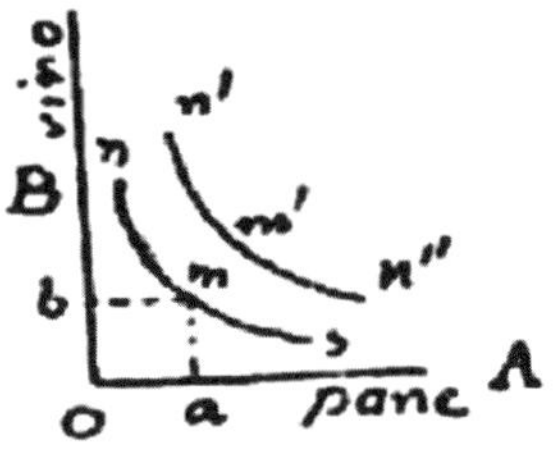

B
b
O
a
pane
A

图 1　帕拉托通过图表的方式从面包生产和红酒生产中提取了一个简单的帕拉托效率。图上的每一个点代表了在不同潜在社会的资源分布情况。

帕拉托效率是经济学领域内的概念，同时也可以应用于设计中，在设计范畴内，这一概念可以解决许多问题。由于工程师在大多数情况下需要以两个或以上不同方面的目标为前提进行工作，例如，在模拟电路设计时，设计师需要同时考虑最少回路及低频率的最大滤波两个目标，帕拉托效率原理为最优选择提供了非常实用的映射框架的设计组合。近年来，建筑师也开始在建筑设计中使用类似的原理作为指导，例如结构设计同时寻求荷载下的最小变形及最少用材量。

从这个意义上说，也许帕拉托的《政治经济学手册》从经济学角度为建筑设计提供了一个最优化设计方案选择的工具。在大势所趋下，如今的建筑师可以像经济学家和工程师一样通过数学计算选择最高效的方案。但帕拉托在 20 世纪也提出效率所能涵盖的范围是很窄的。一个有效的资源分配并不一定是社会实际最理想的分配方案。一个经过计算优化的设计方案也不等同于好的设计方案。正因为如此，对绩效分析方法应用于建筑设计中持有反对意见的人认为好的设计不能仅仅依靠数字判断。对于他们来说，判断和直觉是建筑设计的重要部分，设计中的重要的细微差别无法用帕拉托边界值表示。换句话来说，在建筑设计中过度依赖指标及计算优化设计是对于数学领域的绩效的错误解读。

另一方面，完全回避计算优化的态度是片面的，尤其是在当今科技发展的势头下，几乎日常的所有行为都与数字逻辑有关。完全依赖判断和直觉来解决复杂的建筑学问题也是对于科学的创造力的错误解读。

效率就是对于创造神话的反击，反之亦然。但是在当前数据处理及数字化流程中，最关键的问题不是两种态度选一，而是我们需要在这两种态度中找到平衡点，理顺其关系。

开发与探索

在统计领域针对这种平衡竞争开发出了几种有效的方法。其中之一是利用数学方法解决“多角度目标”问题。这个问题可以类比老虎机上的两个拉杆，人们根据攫取的信息来拉动其中一个拉杆，但是问题是选择哪个拉杆达到目的。有两种选择：一种是根据攫取的信息（拉动已知信息的拉杆），另一种是寻找新的信息（拉动未知信息的拉杆）。一般来说，这种类型的问题统计学家称之为“宣传与探索间的光谱”。

对于设计问题，这种光谱也许是有用的，即使设计师与统计学家有不同的目标。为了更加深入地讨论设计中的绩效与创造力的平衡问题，我们不妨将这些条件按照宣传与探索排列。开发方面的一个例子就是高铁的前立面形态是根据空气动力学性能进行设计的。在这个例子中，设计师根据两个目标确定了一个性能最优化方案：最小阻力及侧风稳定性。设计师希望通过细微的差别的投入达到最好的使用效果。他们运用几何造型的微调实现最优化目标效果（图 2）。另一方面，探索的例子可能是大空间结构的巨大进步是超出预期的。在这个问题上，设计师想要找到形式新颖又在最小阈值以上的结构，设计师通过不同的尝试，达到类似的结果（例如，大跨结构不同，但是荷载性能相似），他们使用不同的结合变化，目标是实现一个创新结果（图 3）。

当我们在判断一个设计问题是依靠设计方法解决还是通过开发与探索其他解决方法时，我们可以绘制多种可行性设计方案，这种途径可以帮助我们进行判断。当一个设计空间实现三维可视化，它可以被看成一个拓扑表面，X 轴与 Y 轴标注的数据为设计提供参考，而 Z 轴表现空间性能。在目前的工作中，具体的设计方案必须经过这种三维拓扑化模拟，这已经成为设计的一个不可或缺的步骤。

设计师一般对于开发一个狭窄的、连续的空间感兴趣，例如一个带有两个突起点的倾斜平面。在这种情况下，设计师往往能够迅速找到最佳的设计方案。设计的空间越简单，寻求最佳优化方案的速度越快。

设计师也会对探索一个宽阔的、不连续的空间感兴趣，例如多重峰峦起伏的山脉。在这种情况下，设计的空间包含多个不同的区域，设计师可以通过设计激发这些区域的最佳性

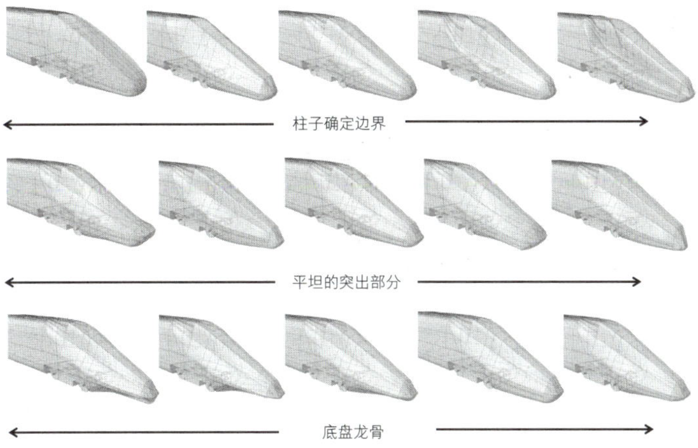
柱子确定边界
平坦的突出部分
底盘龙骨

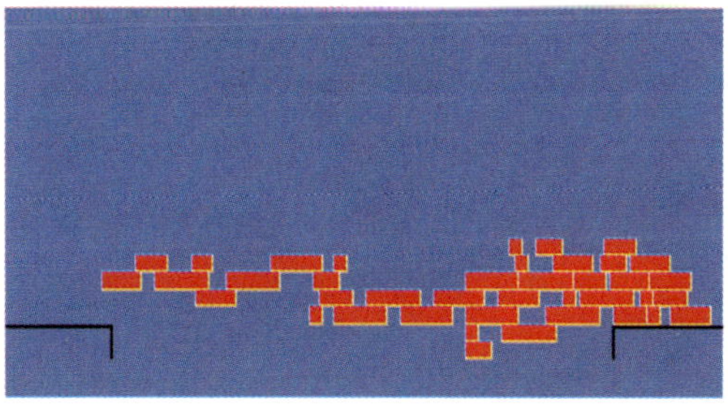

图 2（左） 对于庞巴迪的 Zefro 列车来说，每组设计排列包含不同的几何模型和不同的空气动力性能表现。随着时间的推移，自动化进程演变为更高性能的设计。

图 3（右） 乔丹·波拉克（Jordan Pollack）在布兰迪斯大学运用 EvoCAD 和动态演化机器结构将简单的建筑砌块以不同的排列方式装配，从而创建一个能够从右跨到左的结构。随着时间的推移，自动化过程演变为能够实现最低性能要求的新设计。

能。设计的空间越复杂，将越有可能出现不可预知的发现（图4）。

建筑师努力寻求最大化地控制并利用计算机的潜力，开发/探索模式及设计空间可视化技术为建筑师提供了实用的研究工具，这些技术帮助建筑师研究并扩展数字化工具和方法。下文列出了数字化设计的五方面策略。

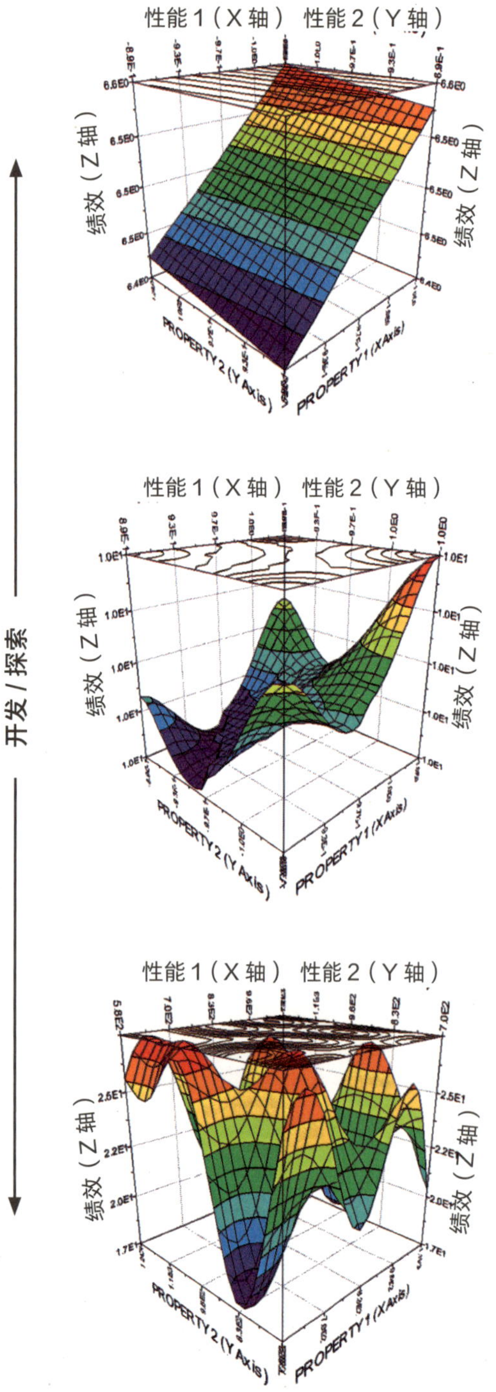
性能1（X轴）　性能2（Y轴）
绩效（Z轴）
PROPERTY 2 (Y Axis)
PROPERTY 1 (X Axis)
性能1（X轴）　性能2（Y轴）
绩效（Z轴）
PROPERTY 2 (Y Axis)
PROPERTY 1 (X Axis)
性能1（X轴）　性能2（Y轴）
绩效（Z轴）
PROPERTY 2 (Y Axis)
PROPERTY 1 (X Axis)
开发 / 探索

设计计算程序

毫无疑问，计算程序对建筑设计的最终成果产生巨大影响。在计算过程中，双曲表面被抽象为两条波浪线；算法程序将复杂的结构力学抽象为定量的元素，这种方法可以解决更加复杂的问题，甚至被应用到人工智能中。像IBM这种编写计算程序的公司可以轻松完成（赢得）在游戏节目中的艰巨任务，也可以在堆积如山的法律文件中迅速检索到需要的信息（同样的任务，人工完成的话可能需要一个人整整工作一周）。由康奈尔大学的胡迪·利普森（Hod Lipson）研发的程序，可以用来生产不需要任何人工控制的新机器，也不需要任何数据采集，这种工作原理可以通过数学模型来表现（图5a、5b）。

然而这种数学算法在设计中有明显的缺陷，并且不是非用不可的。算法的设定是基于一定的假设条件的。如果这些假设条件发生变化，那么设计的产品将会非常不同。在建筑学

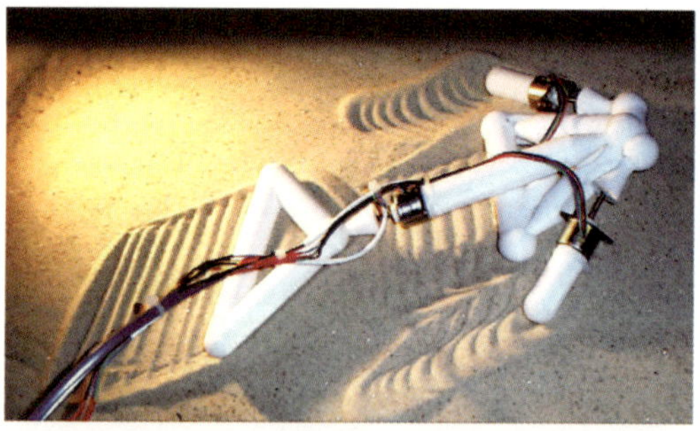

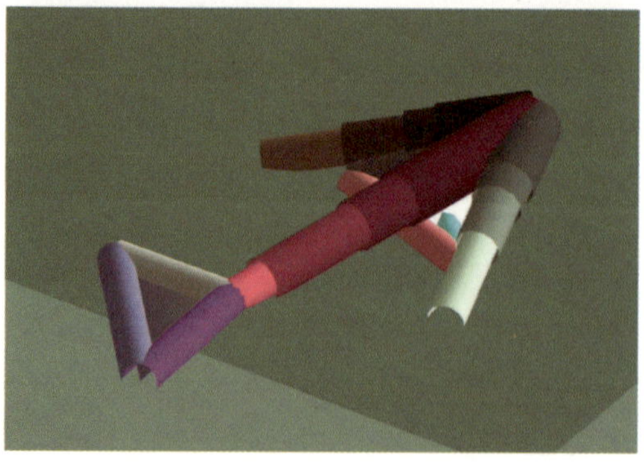

图4（左）　每一幅图代表不同的设计问题。随着问题变得更加复杂，描述设计空间的表面变得更加复杂。对于顶部的问题来说，找到最高点相对明确简单，但是对于底部问题来说则更加具有挑战性。

图5a（右上）、5b（右下）　几乎没有预定的规则，胡迪·利普森和乔丹·波拉克的（Jordan Pollack）机械臂运算法则项目演化为一个成功但意想不到的设计，配置的机械臂能够在指定的方向迅速移动。

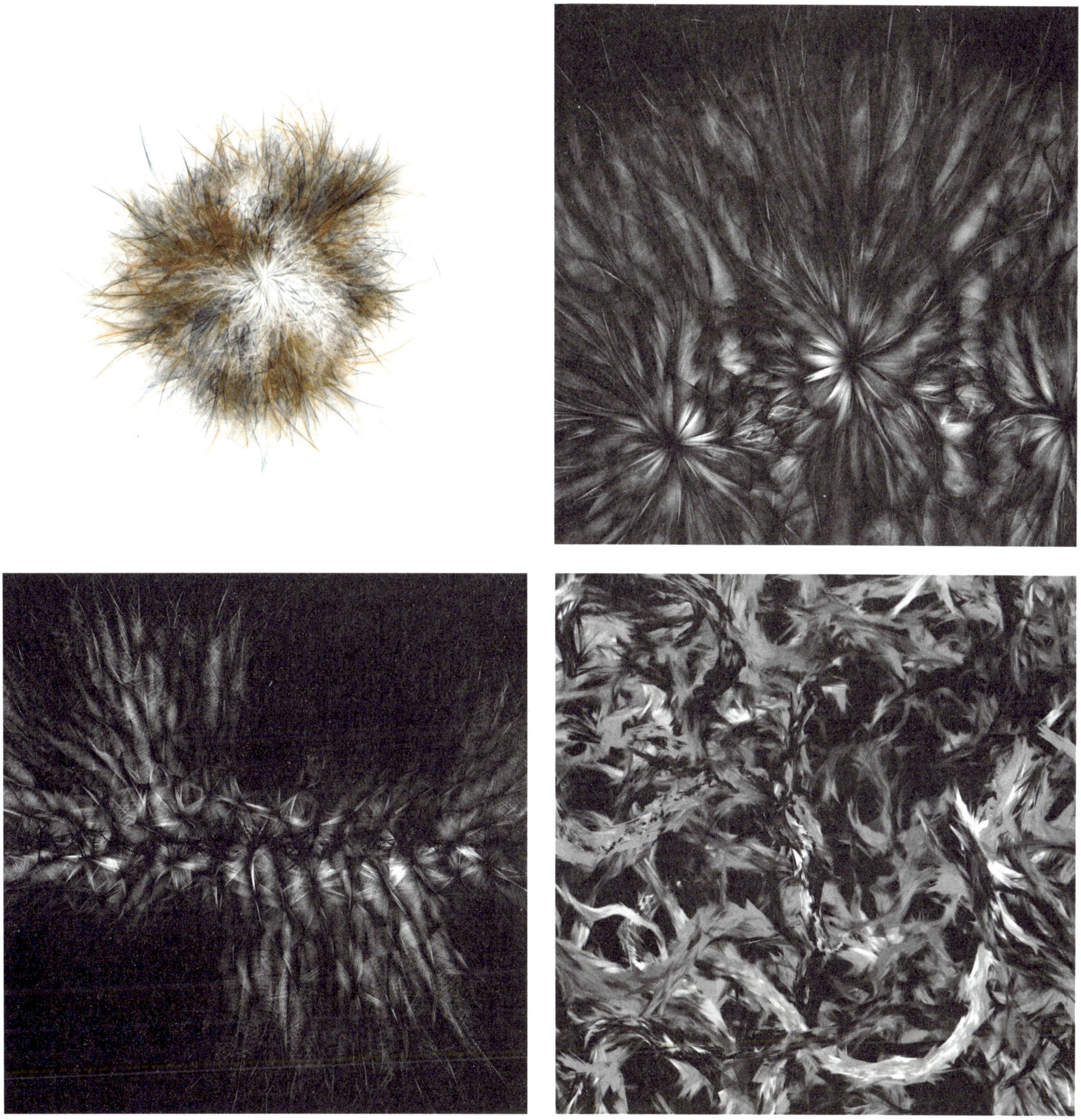

图 6a（左上）、6b（右上）、6c（左下）、6d（右下）　凯西·瑞兹设计了核心应用算法和他个人项目的算法，利用工艺处理创造出标新立异的图样。

领域、数字化工作流程和应用——例如BIM（建筑信息模型）这样的数字化建模的软件——一定程度上驱动着我们的设计。这些数字化工作流程和应用在建筑设计、空间设计等设计问题中发挥着重要的作用。在拓扑化的空间设计中数字化软件可以对设计产生巨大影响。当终端用户把非线性的拓扑化表面的参数输入后，软件将自行生成表面形态。应用软件的改变意味着设计形式的改变。但是对于建筑设计软件以及其内在的数学算法，往往是由计算机专业的软件工程师设计的，而设计过程中又缺乏建筑师的参与。所以，软件中的参数对于建筑师来说，往往是难以准确确定并输入的。正如计算机软件工程师埃坦·金斯彭（Eitan Grinspun）所说：“我认为建筑师简直如被劫持一般！建筑师工作中所使用的工具主要依靠经过高度科学性、工学培训的程序员编写。建筑师如果想使用并熟练掌握这些工具，他们就需要适应工程师的语言”。[2] 换句话说，建筑师使用软件工作就意味着像工程师一样操作机器工作。

也许这种现象可以改变。建筑师有可能更加主动地去理解甚至参与创作这些足以对他们的设计产生巨大影响的数学算法。建筑师有可能主导数字化程序，而不是仅仅通过数学算法建构空间来实现空间创意，然后再费力去控制数字化程序进行模拟。也就是说，通过设计应用的数学算法可以对设计过程进行设计。

当然，许多年轻建筑师已经适应了快速发展的数字化工作流程，并且可以编写一些软件程序的自定义脚本。但是，与软件核心程序相比，这些脚本中的计算对设计结果的影响非常有限。为了避免像金斯彭所说的那种被动情况，建筑师需要在软件核心部分设计上扮演更加积极的角色。这显然不是容易的事，但是还是有一些先例的。

在电影动画产业，软件公司通常提供早期的应用程序版本给动画师，并试图在核心功能固定化之前输入核心数据。这种开放式的输入不同于一般的由程序员完成的软件调试或者仅仅针对修复漏洞的测试。

一个更加深刻的例子是，设计师参与编写新的应用软件。在2001年，设计师凯西·瑞兹（Casey Reas）和本·弗莱（Ben Fry）参与到名为Processing的软件初期编写工作中。这个程序语言是由具有计算机科学背景的设计师开发的。Processing软件主要处理交互式及可视化设计，设计师瑞兹和弗莱可以充分展现他们的设计意图（图6a、6b、6c、6d）。但与此同时，软件也为建筑师提供了新的、开放式的工作平台。这是设计师自己设计的软件。[3] 十年之后，通过Processing软件创作了上千个不同的设计，而且更难以置信的是在网上有专门的围绕该工具讨论设计的论坛社区（图7）。Processing软件只是设计师参与创作自己的应用软件的开端。

在建筑领域，把控制数控程序算法直接应用于设计中，这种现象仅仅在为数不多的一些使用类似Processing这种新型软件的建筑师中使用。

计算机模拟

计算机模拟在建筑设计领域的地位逐步提高，原因之一是出于建筑性能模拟对软件的需要。现在大多数复杂建筑项目的设计需要结合

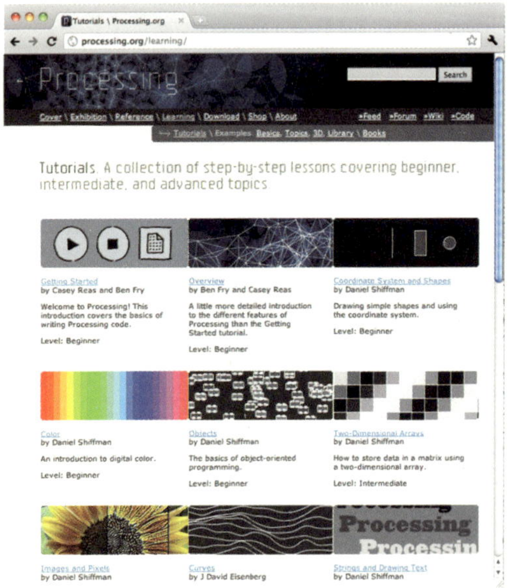
Tutorials \ Processing.org
processing.org/learning/
Processing
Search
Cover \ Exhibition \ Reference \ Learning \ Download \ Shop \ About
»Feed »Forum »Wiki »Code
Tutorials \ Examples: Basics, Topics, 3D, Library \ Books
Tutorials. A collection of step-by-step lessons covering beginner, intermediate, and advanced topics
Getting Started
by Casey Reas and Ben Fry
Welcome to Processing! This introduction covers the basics of writing Processing code.
Level: Beginner
Overview
by Ben Fry and Casey Reas
A little more detailed introduction to the different features of Processing than the Getting Started tutorial.
Level: Beginner
Coordinate System and Shapes
by Daniel Shiffman
Drawing simple shapes and using the coordinate system.
Level: Beginner
Color
by Daniel Shiffman
An introduction to digital color.
Level: Beginner
Objects
by Daniel Shiffman
The basics of object-oriented programming.
Level: Beginner
Two-Dimensional Arrays
by Daniel Shiffman
How to store data in a matrix using a two-dimensional array.
Level: Intermediate
Processing
Images and Pixels
by Daniel Shiffman
Curves
by J David Eisenberg
Strings and Drawing Text
by Daniel Shiffman

图7　这个工艺处理网站提供教程、示例项目、源代码、用户社区和软件应用程序的免费下载。

多种类型的数字化模拟，包括对结构的有限元分析（FEA），对气流的流体动力学分析（CDF），以及对整体系统的环境节能分析。当设计遇到复杂问题或者很难找到基于经验的最好的方案时，模拟软件变得尤为重要（比如设计空间有像一个锯齿形的山脉的拓扑表面）。数字模拟的过程经常结合数字优化，这使设计成果具有有说服力的定量结果，这样反过来也促进了基于性能的建筑设计。换句话说，如果帕拉托原则提供了基于性能设计的基础，那么软件模拟则提供了实现这个过程的燃料。

但是很显然设计工作中依然有很多方面很难做到数字模拟和优化。建筑的一些定性特征看起来不能定量化。当定量特征，比如结构和环境评价可以很好地被模拟软件驾驭，一些定性特征，比如美学和场所感则被很少有计算机辅助而由有更大开放性的设计过程操控。通常这将导致设计过程的二元性。这种二元性可能会产生另一个版本的创意部门或者一系列新探索。但是这种二元性不会使问题简化，而且它已经受到了最近一些运用模拟软件进行新领域探索的项目的挑战。

AnyBody 是一个模拟人幸福感和人体舒适度的模拟软件。它已经被应用到汽车脚踏板和轮椅设计中（图 8a、8b、8c）。从工程设计的角度看，这款软件非常实用，因为人体结构的复杂性使我们很难通过手臂计算力和应力。[4] 从建筑设计的角度看，这款软件很有意思，因为它结合了衡量人体舒适度的指标系统，这通常被看作是计算分析领域以外的定性特征。

在相关领域，越来越多的软件开始模拟人群行为，其中有英国标赫（Buro Happold）研发的 SMART Move（图 9）。这些模拟考虑到大量人群之中人的相互影响。如果没有计算机辅助，这种计算会非常困难。事实上，大多数人群行为软件对人流的模拟非常类似于 CFD 通过简单的规则和数学向量对气流的模拟。

Vavate 是一个增加了一层复杂性的人群行为分析软件。它模拟飞机紧急疏散时的人群行为，它能计算社会交往和人类心理因素，它能包括这样一些情况：一位团队领导的出现、帮助一位残疾人的行为、惊慌、慌不择路和竞争及合作行为（图 10a、10b、10c）。Vacate 使用的人群行为数据来自一个叫作“飞机事故数据与认知”的数据库（AASK），其中的数据来自幸存者对飞机事故的描述，它们之后被编入计算软件。由于很多社会及心理行为被识别并编入这个数据库，使它们整合成一个计算机模型并建立一个可以进行数字模拟的环境成为可能。Vacate 提供给设计一个独特的资源，因为我们很难从真实事故中获得可靠数据，而

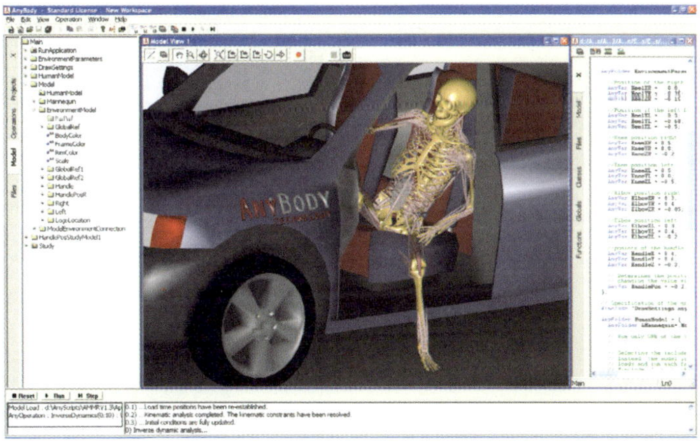

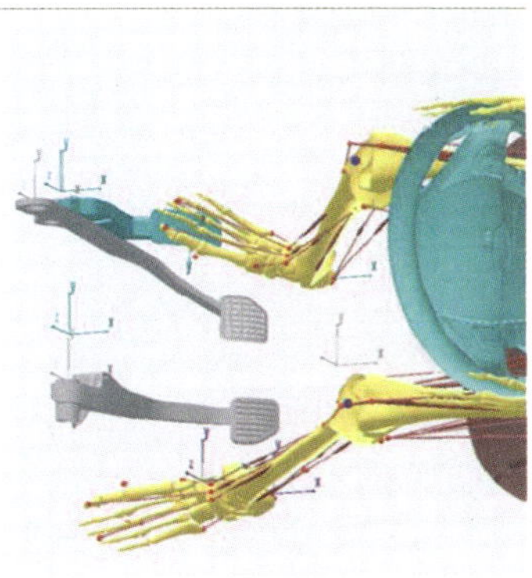

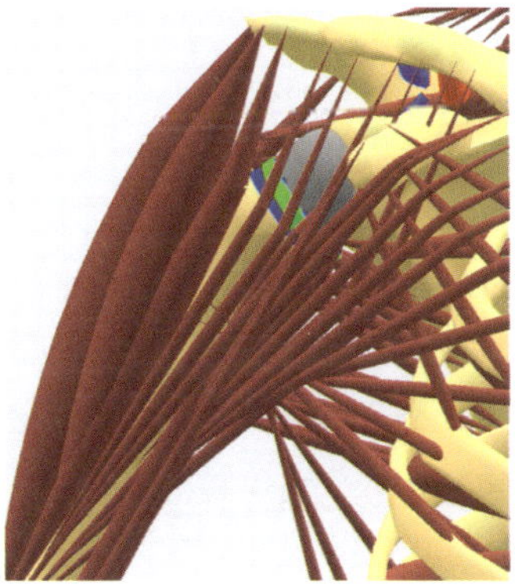

图 8a（上）、8b（左下）、8c（右下） 在这项模拟中，从人的肌肉和骨骼几何形状开始，增加了当身体运动时不断变化着的多个压力和拉力，并且对于每一种方案的舒适程度进行数据上的对应。

图 9 通过智能移动，人群行为模拟产生了如持续循环这样的性能指标以及视觉表现动画。

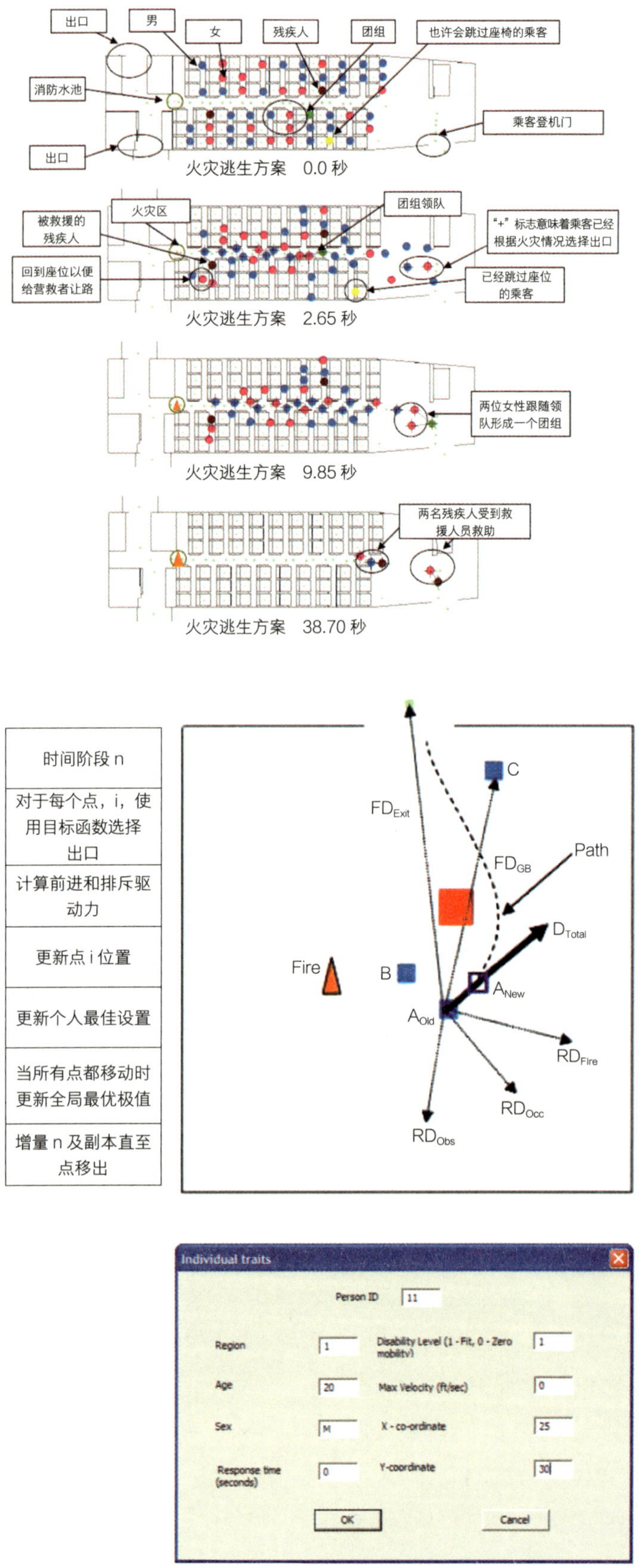
出口
男
女
残疾人
团组
也许会跳过座椅的乘客
消防水池
乘客登机门
出口
火灾逃生方案　0.0 秒
被救援的残疾人
火灾区
团组领队
"+" 标志意味着乘客已经根据火灾情况选择出口
回到座位以便给营救者让路
已经跳过座位的乘客
火灾逃生方案　2.65 秒
两位女性跟随领队形成一个团组
火灾逃生方案　9.85 秒
两名残疾人受到救援人员救助
火灾逃生方案　38.70 秒
时间阶段 n
对于每个点，i，使用目标函数选择出口
计算前进和排斥驱动力
更新点 i 位置
更新个人最佳设置
当所有点都移动时更新全局最优极值
增量 n 及副本直至点移出
C
FD Exit
FD GB
Path
D Total
Fire
B
A New
A Old
RD Fire
RD Occ
RD Obs
Individual traits
Person ID 11
Region 1
Disability Level (1 - Fit, 0 - Zero mobility) 1
Age 20
Max Velocity (ft/sec) 0
Sex M
X - co-ordinate 25
Response time (seconds) 0
Y-coordinate 30
OK
Cancel

图 10a（上）、10b（中）、10c（下）通过疏散，人群行为模拟涉及多种类型的旅客，考虑到不同的社会和心理行为，每一种有不同的规则。

且进行物理测试会涉及伦理问题。[5] Vacate 提供了计算机模拟社会的案例，当模拟软件的范畴扩大到预测“软”反应特点时，比如人体舒适感和紧急情况下的人群运动，建筑界对计算机辅助的恐惧感会发生转变。

设计问题

机场[6]是复杂的，同时它们也受数据驱动，所以它们会为当今大多数数字化工作流程提供测试场地，并且它们也是平衡效率与创造力的重要场地。机场设计已经使用了大量的模拟软件，包括对于长期议题比如 GDP 的经济模型和城市发展的模拟，以及针对建筑问题比如结构和环境分析或者飞机流线、车流、行李流线、旅客流线的模拟（尽管人群行为模拟通常不包括像 Vacate 关注的社会和心理行为）。每一项模拟必须按照逻辑顺序进行。在设计的恰当阶段必须咨询到每一位专家。不定量的目标和要素必须和定量的目标和要素取得平衡。一般来讲，不同的模拟软件被不同的专家运行，它们针对建筑的不同的使用人群。一般理解下，建筑师扮演指导者的角色。建筑师和所有不同专项的专家合作，他们将不同的模拟合成到一个连续的设计过程中，他们指导多种数字化过程并将它们和建筑结合。这涉及集合和判断数据。建筑师必须检查每项模拟的背景设定、条件约束和假设，并且结合市场竞争需求做出权衡。

举个例子，一个经验丰富的机场设计师德里克·穆尔（Derek Moore）解释道，在设计旅客流线时，第一个步骤是进行一个低技术的调查来确定对预期旅客的“配置文件”。这个“配置文件”是指去已建成的机场观察当人们到达机场和穿过登机口时的运动过程。

这个“配置文件”里的信息将被整理成一个表格来研究人流。至此，这个表格就是建筑模拟的一个简单版本。之后，一旦初期设计和相应的数字模型结合，我们将会加入更多复杂的人流模拟。设计过程包含有关模拟和专业问题的多种步骤，这让建筑师必须了解全局（图 11）。

再举一例，穆尔说，设计飞机流线时需要创建一个机场运营的时刻表作为参考，叫“设计日时刻表”（图 12）。这个过程涉及多领域专家和不同种类的分析，并且有时是在雇佣建筑师之前。利用设计日时刻表，建筑师会根据人的体验和惯例绘制出布置图。他们根据布置图建立电子模型，然后运用更复杂的模拟软件，比如 PathPlanner，分析在特定闸口的局部运动来确定拥堵点（图 13）。在闸口的尺寸和位置被细化设计之后，更加精确和复杂的模拟软件，比如 SMMOD 和 TAAM，会进行一个在设计日时刻表中关键时段整个机场内流线情况的分析。

第三个案例是关于行李流线。在穆尔的总结中，很多因素影响这个流线而且每个系统包含子系统。设计必须考虑到登机柜台、安检、人工行李搬运、自动行李分类、装上飞机、卸下飞机和传动带运输。一个有趣的问题是我们必须区分出机器运输模拟和人工运输模拟的不同。机器和人工都会出现错误，但是机器的错误容易被计算机检测出来而人工错误无法套用在一个公式里。在其他的设计过程和案例中，建筑师同样扮演着合成不同的模拟并整理成一

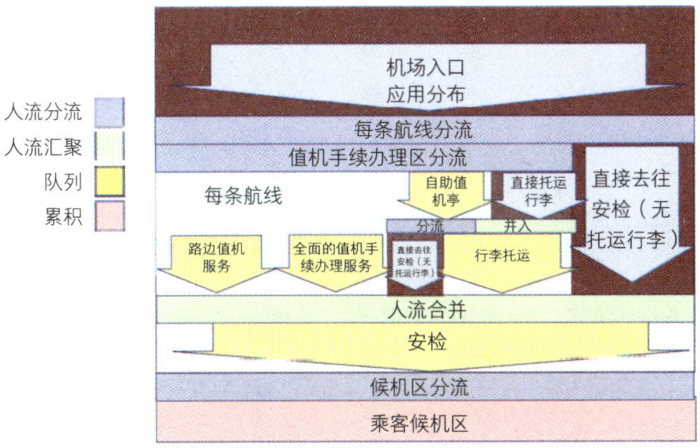
人流分流
人流汇聚
队列
累积
机场入口
应用分布
每条航线分流
值机手续办理区分流
每条航线
自助值机亭
直接托运行李
直接去往安检（无托运行李）
分流
并入
路边值机服务
全面的值机手续办理服务
行李托运
人流合并
安检
候机区分流
乘客候机区

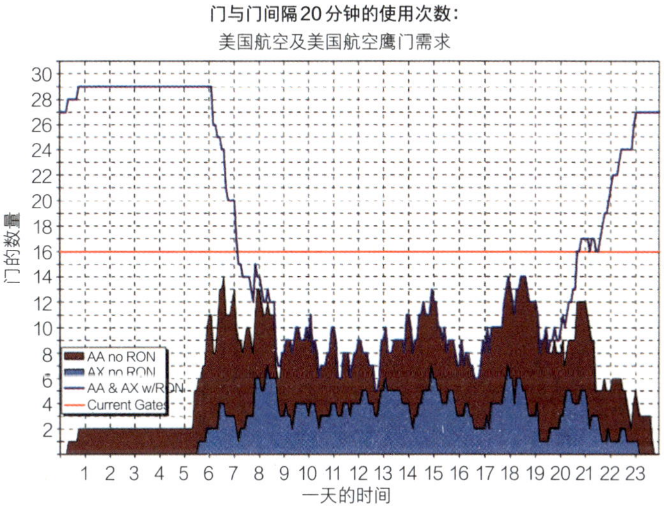
门与门间隔 20 分钟的使用次数：
美国航空及美国航空鹰门需求
门的数量
AA no RON
AX no RON
AA & AX w/RON
Current Gates
一天的时间

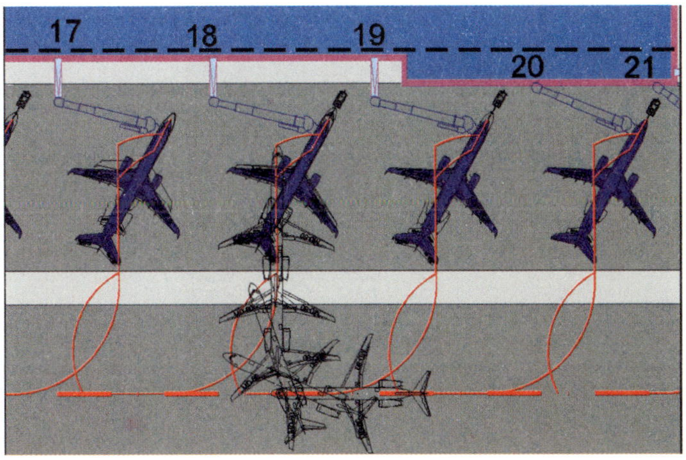
17
18
19
20
21

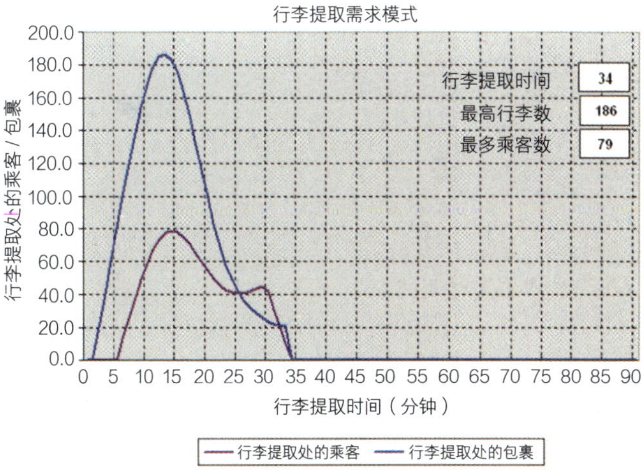
行李提取需求模式
行李提取时间 34
最高行李数 186
最多乘客数 79
行李提取处的乘客 / 包裹
行李提取时间（分钟）
行李提取处的乘客
行李提取处的包裹

图 11（左上） 在这个旅客流的图示中，每个步骤需要不同专家的输入，并且运行多个数据模拟，从而对性能进行评估。

图 12（右上） “设计日时刻表”包含随着时间变化旅客人数的改变。

图 13（左下） 基于飞机到达和出发信息，以及旅客移动数据和数据处理，飞机在登机门处的移动是可模拟的和可视的。

图 14（右下） 与机场设计的很多方面一样，行李流线的设计涉及数字输入、数字输出、数据模拟和模型，例如这个旅客流线和行李流线随着时间推移的图表。

个连贯的建筑设计的角色（图 14）。

在这种建筑师作为指导者的模式中，暗含各方力量的分裂，或者说是效率与创造力之间的制衡制度。这里假设人类的直觉和创造力与计算机辅助是分开的。所以指导者必须能够监控和驾驭计算机，而计算机必须能验证指导者做的决定。

但是这些分离的过程有可能被整合。效率和创造力可能同时是一个计算机模型的一部分。也可能主观标准会被引入优化程序中。与独立优化相反，一个单一的程序就能同时解决多种标准。

这里有一个众所周知的方法，叫作多目标优化。它通常被用在产品设计和飞机设计上。尽管这种方法看起来非常适用于有多种复杂需求的建筑设计，但它目前并没有被使用。甚至是将主观标准和客观技术标准结合在一个优化流程中的数字辅助过程都很少被研究。在这类过程中，多目标优化会把诸如场所感、美学之类的目标和结构性能、流线、行李搬运效率这类的目标结合。这里，这种算法集合了最终方案里应具备的很多特征，并且设计过程中的创造性将包含设计目标和设计性试验而不是仅仅给出解决办法。换句话说，建筑师的角色需要设计这个问题。我们不仅要关注一系列过程中的形式和性能，我们也要关注为整体方案创造可能的设计空间，比如复杂的锯齿状表皮。

有创意的优化

安东尼·雷福德（Anthony Radford）和约翰·吉罗（John Gero）在一本名为《建筑和构筑物的设计优化》(Design Optimization in Architecture, Building and Construction)

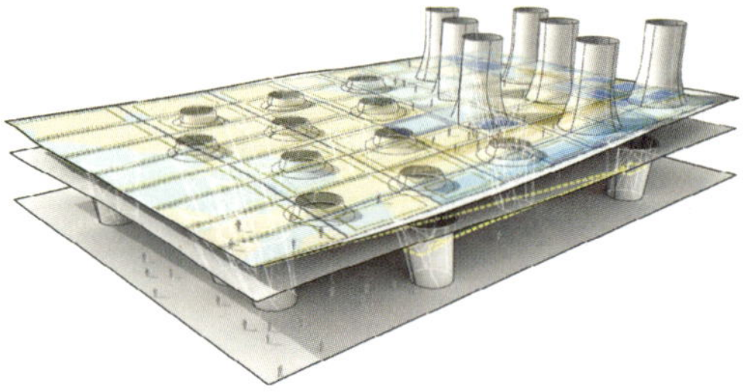

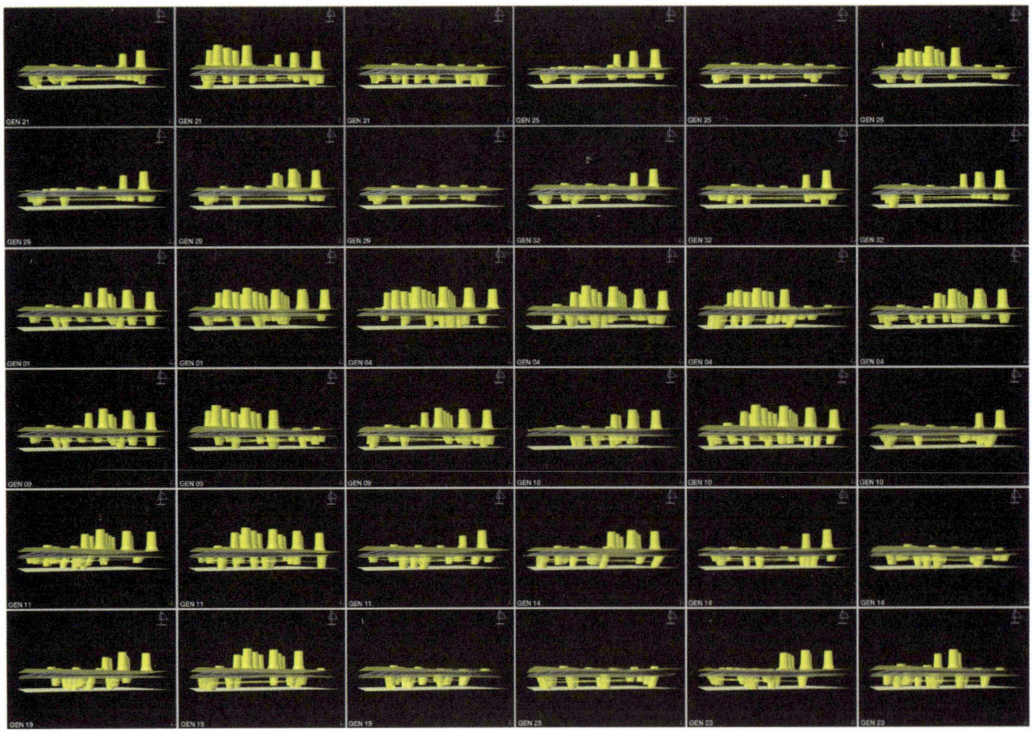

图 15a（上）、15b（下） 在这个 GSAPP 学生约翰·洛克(John Locke）所做的机场屋顶空间实验中，设计序列基于精确的设计目标，但是结果比典型优化更加具有广泛性和探索性。

的书中研究了“帕拉托最优”在建筑设计中的应用。相比于其他的优化工具，帕拉托优化“对设计更加现实和实用”，作者总结道，“因为它考虑了主观标准”。[7] 雷福德和吉罗主要指出这种判断方法可以从一组根据“帕拉托最优”的优化设计中选出一个设计。

这个论点的延伸涉及利用优化去探索而不是单纯利用，是在有广阔潜力的设计空间中有创造性地探索，而不是仅仅局限于很小潜力的设计空间中提高效率。换句话说，我们可以利用算法去创造而不仅是为了没有激情的效率。我们要有创造力地优化。尽管优化在大多数情况下应用在求一个整体的最大值，它的基础算法可以同样应用于求复杂系统的局部最大值。所以在一个探索性而不是利用性的工作流程中，这个方法可以用在寻找很多创新的高性能的方案而不是一个最好的方案。

比如说，在对一个机场进行最初体量设计时，我们要建立一个自动优化系统，探索项目的不同需求、流线和复杂空间网架屋面。我们要校准几何学和优化过程的目标来生成很多有意思又能满足设计要求的总体安排，它们中可能有些并不按常规出牌（图 15a、15b）。在多种用途的塔的原理设计中，自动优化程序调查众多相关联系。在这里，几何学和目标定位用来寻找结构稳定的方案，提供使人惊喜的公共大空间，并且能直接有力地连接各个空间。除了计算机模拟各种复杂关系，数字化过程对生成多种几何形态也很有帮助，并且可以明确判断出各种形态的优点（图 16a、16b）。

在这两个例子中，计算机参与设计过程扩大了设计选择而不是缩小它们。优化设计得到的结构可以被理解为对设计问题的创新性解决。更广泛地讲，在预测并不立即可见的设计发展空间，或者跳出现行思维的局限性，或者确定有价值的进一步研究方向时，这种设计过程非常有效。把这个问题用统计学术语包装一下便是：拉动未知的杠杆本身的价值并不在于赢得大奖，而是它提供了新的信息，而信息本身便是价值。

民主化设计

我们可以使用算法和数字化流程讨论数值，而不只是效率和创造性。任何一种多目标优化和参数模型的评估过程都需要明确界定设计本体（也称为匹配度标准）。设计的对象即为数值：除了效率和计算，它们是一个项目的目标和愿望，包括判断和信仰。所有的算法都包含数值，尤其是针对设计的算法。

不同数值之间的关系，以及这些数值的优先级，是在参数模型中被明确定义的。尽管它们可能会被隐藏或被其他代码掩盖，但它们一定会在那里。建立一个没有数值的参数模型非常困难。同时任何优化过程都离不开数值。如果一个项目的数值可以用平实的语言阐释清楚，数字模型就可以成为讨论项目的平台。在许多建筑项目中，设计团队的跨专业成员现在正寻求关于建立数字参数模型数值的讨论方法。这个过程可以被延展开，也可能会招来非设计行业的听众的讨论。它们可能吸纳更广泛的公众在一个成熟的有效率的方式下进行讨论。有着各种各样背景的艺术家、哲学家、居民和公民都可以加入讨论和辩论。

当代的数字设计过程已经让它们以很多方式融入设计过程了。设立数字模型的过程也可以在这个讨论中占有一席之地。例如，在一个新塔的设计中，塔的层数应该是固定的，还是应该取决于首层公共空间的数量？这个问题很明显引入了一个可以被广泛讨论论证的数值，而且这个问题的答案很明显会影响数字模型的建立。相似的是，这种调整数字模型的过程同样应该在这场讨论中占有一席之地。例如，通过参数模型，尽管可能会增加投入，一个选区的议员仍然可以提议改善环境。不同的是，另一个选区的议员则可以讨论一个标志性建筑的出入口的位置，尽管这可能会削减环境质量。这个模型可以通过不同的数值进行调整，使其符合不同的目的。而控制数据的滑块便可以成为调节这两方矛盾的工具（图 17）。

由此，数字模型成为了一个有包容性的、开放的设计过程的平台；它增大了设计参与者的广泛度；它让设计变得更民主。

帕拉托用面包和红酒来预设这个道理。在这个社会资源分布的例子中，帕拉托的边界可能就是对于数值的讨论。它可以是关于设计序列和取得均衡的讨论的出发点。尽管帕拉托边界中所有的设计序列都是可变的。但是数值和判断还是要在它们之中选择的。我们应从帕拉托的众多解中选择一个设计，因为有效率的设计可以被理解为是计算与设计、社会、政治、文化相契合的点。

如果帕拉托模型中最好的面包和最好的葡萄酒用第三种物质加以补充，一个新的帕拉托模型就可以被建立。因此，不同的帕拉托模型可以通过不同的数值来建立。电脑模型和多种可能的帕拉托模型是一个对于判断数值优先级的非常有信息量的模型。

超越

1916 年，帕拉托在经济领域取得突飞猛进成果的 10 年后，出版了一个本名为《社会意识：一般社会学论集》（The Mind and Society: A Treatise on General Sociology）[8] 的与之前套路完全不同的书。帕拉托也从洛桑联邦综合工科学校（University of Lausane）的政治经济学教授职务上辞职。他已经厌倦了经济理论的简单化和已经成为对经济预测的可怕的记录。他放弃了人们通常意义上的常规经

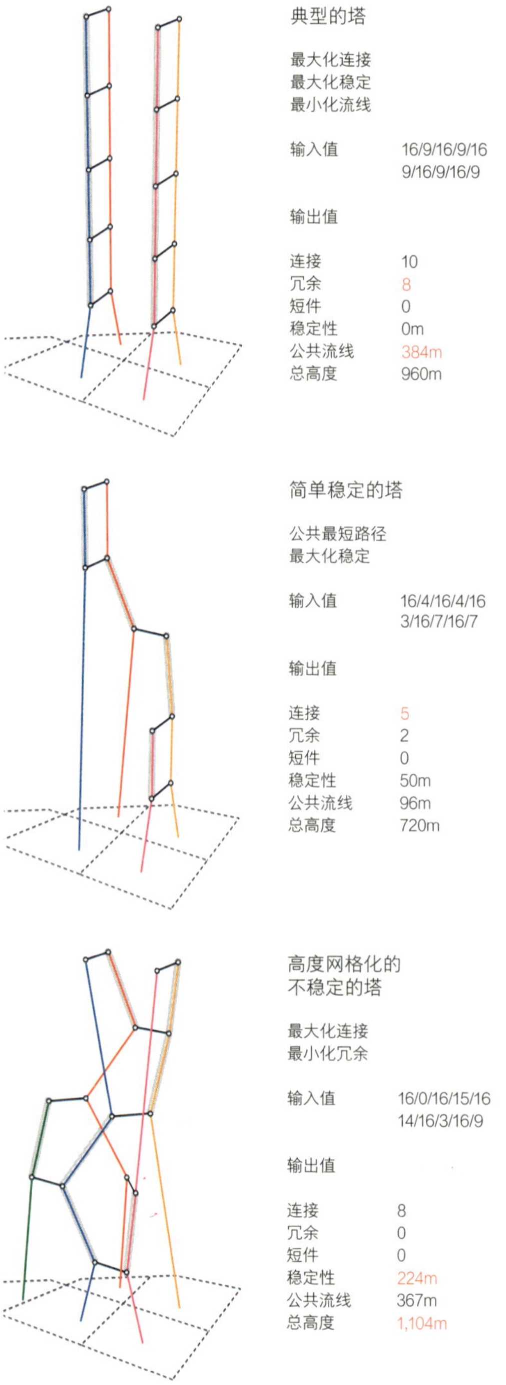
典型的塔
最大化连接
最大化稳定
最小化流线
输入值 16/9/16/9/16 9/16/9/16/9
输出值
连接 10
冗余 8
短件 0
稳定性 0m
公共流线 384m
总高度 960m
简单稳定的塔
公共最短路径
最大化稳定
输入值 16/4/16/4/16 3/16/7/16/7
输出值
连接 5
冗余 2
短件 0
稳定性 50m
公共流线 96m
总高度 720m
高度网格化的
不稳定的塔
最大化连接
最小化冗余
输入值 16/0/16/15/16 14/16/3/16/9
输出值
连接 8
冗余 0
短件 0
稳定性 224m
公共流线 367m
总高度 1,104m

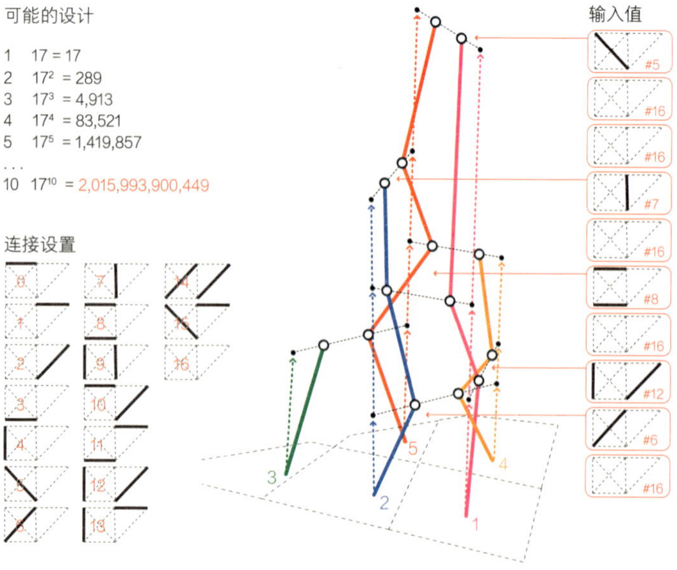
可能的设计
1 17 = 17
2 17^2 = 289
3 17^3 = 4,913
4 17^4 = 83,521
5 17^5 = 1,419,857
...
10 17^{10} = 2,015,993,900,449
连接设置
输入值

图 16a（左）、16b（右） 在这个 GSAPP 学生丹尼尔·纳吉（Danil Nagy）所做的混合使用高塔的建筑实验中，数据处理为创造性的探索设计选项提供了一个工具：它有助于过滤巨大数量的可能结构构造，与多个局部最大值进行对应，并且为每一个构造提供几何和数据分析。

济操作方式。取而代之的是，他认为人们是非理性的，但是却认为自己很理性。在他的新书中，帕拉托从经济学的等式中转而研究更复杂的行为理论，并且涉足社会学。这仿佛是在说明他早些年前的研究和图标需要被重新评估。帕拉托简单的数学模型已经不能满足一个多维世界的需求，显然，他的模型需要更新。

也许，这对于建筑数字设计过程也同样适用。

也许，现有的方法需要被重新评估与改造；也许需要更多的方法。问题是有多少原始模型需要保留，以及新的框架是否需要和这个已经对我们产生深刻影响，并带领我们走得很远的模型相仿。

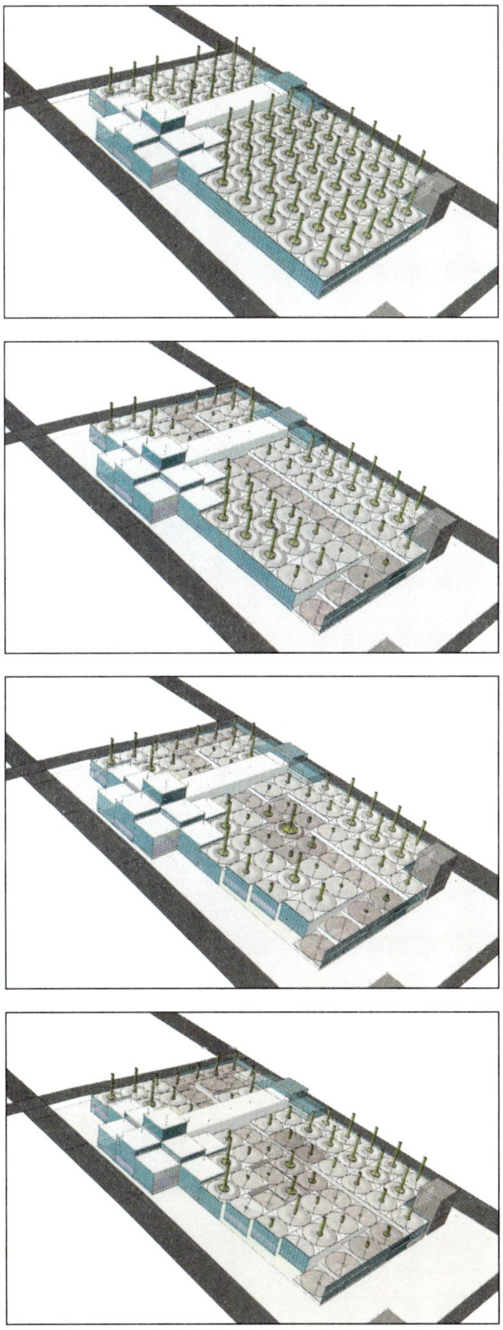

图 17 在这个 GSAPP 学生穆川·帕克（Muchan Park）、帕特里克·科布（Patrick Cobb）和米兰达·罗默（Miranda Romer）所做的纽约贾维茨中心假想重新设计中，参数模型结构在两个相互竞争的价值观之间进行权衡：屋顶上新的公共空间与为室内提供自然光的采光井之间的对比。

注释

1. Pareto, V. (1906) *Manuale di economia politica*, Milan, Società Editrice.
2. Eitan Grinspun, from a transcript of the Columbia Building Intelligence Project Think Tank, New York, February 18, 2011.
3. Maeda, J. (2007) Forword, in Reas, C.; Fry, B. (eds) *Processing: A Programming Handbook for Visual Designers and Artists*, Cambridge, Mass., MIT Press, p. xix.
4. “Design Optimization for Human Well-Being and Overall System Performance”, Gino Duffett and Hiram Badillo (APERIO Tecnología en Ingeniería, Barcelona) and Sylvain Carbe and Arne Kiis (AnyBody Technology, Aalborg East, Denmark).
5. Xue, Z.; Bloebaum, C. L. (2009) Human Behavior Effects on Cabin Configuration Design Using VacateAir, 47th AIAA Aerospace Sciences Meeting and Exhibit, Orlando, Florida, AIAA-2009-0042. Also, Xue, Z. (2006) A particle swarm optimization based behavioral and probabilistic fire evacuation model incorporating fire hazards and human behaviors, Master Thesis, Mechanical and Aerospace Engineering, State University of New York at Buffalo.
6. Material for this section is based on discussions with and writing by Derek Moore, Associate at Skidmore, Owings & Merrill, and an expert on the design of airports.
7. Radford, A.; Gero, J. (1988) *Design Optimization in Architecture, Building, and Construction*, New York, Van Nostrand Reinhold.
8. Pareto, V. (1916) *Trattato di sociologia generale*, Florence, G. Barbéra.

建筑师的身份

编者按

建筑师的身份很大程度建立在其原创设计解决方案的基础上，这些方案能通过独特的视觉和空间体验激发想象，并解决实用方面的需求。实际使用需求通常有明确的定义，因此我们能轻易解决——独立的设计空间相对狭窄，能够数量化且容易通过算法定义。相比之下，创造那些独立体验则较模糊，该过程依赖于建筑师的知识及其自身居住体验的相互交融，并且间接关联的还有他们对于用户反馈的预期能力。结果无法完全知晓或者预见。此种情况下，如果不能将空间进行量化定义，设计空间将是十分困难的过程；人们对于高度定性化的类型空间更加熟悉并且易于判断。

尽管把设计空间描述成定量化或者定性化兴许过于简单，因为在实际情况下，这两者思路是相互交叉的，然而这样做能够起到突出抓住建筑设计意图在数字化工作流程中的全过程的作用。随着在这些工作流程中设计、分析以及匿名程序员原创的性能算法所需的步骤越来越多，建筑师的身份将变得模糊。如果建筑师在工作流程中参与更多的计算工作，长此以往，数字化工作流程的扩大范围将转变传统的计算过程。

大卫•本杰明（David Benjamin）的观点包含了数字化技术的全面使用，他认为定性和定量标准都包含在设计算法中。在他的五大设计策略中，通过分散的规则使设计过程自动化，既不会对人类创造性造成威胁，也不对职业身份造成威胁，反而提供了在建筑业中重新指导使用数字化技术的方法。除了众所周知的虚拟化、分析和优化技术，如结构和环境行为等以所选建筑部分的量化性能为目标的运用，本杰明设计策略是以人类行为及空间舒适度为基础目标。这为我们展现了融合了定性和定量的设计标准的建筑的新的数字化工作流程。

建筑物是物理上分割的部分空间的各种组合，在这些组合中，最终确定哪些部分将被使用以及这些部分的关系的决定是模糊的。做出决定的过程本身——设计空间，在理论上能把关于创造性的无序行为通过量化和组织进行精确定义。[1]被动要求去发掘整理计算中基于多目标平衡的无序关系以及算法输出的优化过程，整合产生了一种工作流程，在该流程中，所有人类的决定通过计算来进行判定。对本杰明来说，在进行空间判定时，人类的直觉和判断被应用于选择输入数据和评估输出数据，也就是设计算法本身的过程中。在这样的工作流程中，任何工作都不会被减弱。通过专门关注设计空间作为做决定的核心，各种算法会成为创意工具来拓展建筑的设计能力。

通过设计算法、限制因素（控制可能的设计选择）以及变量（探索可能的设计选择）之间的关系能够成为建筑师全面设计意图的一个完整的部分。本书中所展示的几个案例研究阐明了建筑师授权和发明的算法的出现以及使用。这些算法有小范围的如克雷格·施威特（Craig Schwitter）和伊恩·基奥（Lan Keough）的网状雕塑的小范围项目，在项目中专门定制的算法被用在一个项目发展的各个方面；还有大范围的项目如谢恩·伯格（Shane Burger）带来的钢铁博物馆（Museo de Acero），在该项目中，专门的算法被创造出来改善设计的表面。通过计算社会的复杂行为和潜在用户对于建设项目条件的反馈，能够通过历史数据和统计概率来评估，目的是更好地让人类专家了解启发性的处理技巧。通过设计问题，在一个复杂的建筑体中的多重定量和定性目标能够被建立并在一个单独算法过程中互相关联，例如上文所述的多目标优化。这是本杰明在哥伦比亚大学的过去几年的研究工作中一直所中探索的。作为这项工作的延伸，有创意的优化重新确定了优化过程。关于被紧密关注和密切联系的目标，这些程序被习惯用于提升一件设计作品的具体特质，通过把似乎没有联系的目标并置在单一的优化例程中，这些过程可以适应于发掘更广泛的设计可能性。远非随意，这些并置表达了建筑师富有创意的选择，把十分有乐趣的一方面融入了本身极度逻辑化的过程。它们可以被视作一系列从约翰·凯奇（John Cage）的乐器表演到杰克逊·波洛克（Jackson Pollock）的滴画技术的程序性实验。

也许本杰明的五大设计策略是通过算法应用使设计更加民主化——把建筑文化从以一个设计者的价值为要务变成赋予设计者们的团队以更高的价值，在这个团队中，每个建筑师对任何建筑物的设计都能做出贡献。正如本杰明写道，通过算法构建出来的设计过程要求清楚地阐明各种能被理解、讨论以及争辩的目的和参数。他认为，这些参数扮演了认同设计原理的角色，这些设计原理推动了可能解决方案的产生。通过把内部计算的“黑盒子”变到外部,并且把“创造的神话”经常与最成功的建筑师联系在一起，能够找到一个共同的平台来整合程序员和建筑师的价值和偏见，来优化作品并随后变成下一代数字化流程。

—

1. William J. Mitchell，致力于算法研究及特定语言编程，建立了计算机技术对建筑设计影响的理论研究及早期计算机辅助设计的理论框架。见Mitchell, W. J. (1990), *The Logic of Architecture: Design, Computation, and Cognition*, Cambridge, Mass., MIT Press。

不精确世界中的精确形式

尼尔·德纳里

尼尔·德纳里（Neil Denari）是洛杉矶NMDA建筑师事务所总监和加利福尼亚大学洛杉矶分校的建筑学教授。

“主要词条：pre·ci·sion

发音：\pri-'si-zhən\

功能：名词

日期（起源）：1740 年

1：保持精确的质量或状态

2a：精细程度，用来衡量一种运作——与accuracy 比较

2b：精度（在二进制或者小数位中）以此一个数字通常可以根据电脑可以显示的数位表示其数位”

——《韦氏词典》（The Merriam-Webster Dictionary）

精确的范围：建筑学科的义务

尽管我们不能很确定究竟是在何时信息时代的横扫使得生活在物质上和体验上与以前如此不同。然而，可以毫无疑问地确认这个过程在过去 15 年中已经通过各种数据的产生、储存和传输产生了最深远和彻底的进步。为了支撑这种数字化世界的变化速度，各种新型的完整数字化语言被发明出来，的确，这些语言强化了硬件和软件的能力，这些硬件和软件使数字化领域应用更加广泛并且得以实现可接触性。在许多学科中都在经历这种数字化对于传统工作形式的无法逆转的改变，建筑设计也是其中的代表。的确，不管人们是关注实体还是虚拟设计的产物，在建筑领域，数字化环境如今都前所未有地超越对灵巧的动手能力的依赖。然而，尽管在生活中的质疑与争论越来越少，数字化世界继续作为一种有争议的现象而发展，即其已经取代基于器械的创作方法而以计算精度和精确性所驱动。就像被放逐到了一个没有生气的领域，如今精确性经常紧密地与科技联系在一起，这往往使人们忽略了设计的本源是基于人的创造，其次才是机械性指令。事实上，带着精确无误本质的精确性的逻辑并没有必要与数字化科技的应用一起增长，然而，它显然变成了最清晰的和最纯粹的传递思想的途径，无论它们是不是一开始来自于精确性的思想。

精确性是一个引起挑剔与苛刻的术语，不包括精度和最小容忍度，经常用来描述一种物理人造物的特质。本质上，精确度认为精细化是一种最终的状况，在这种情况下，不能通过其他方法创造出人造物：这种情况下，其一切有关的东西都是正确的，无论整体还是部分。往往因为欲望及需求所驱动，一座建筑的设计行为、生产、组装和建设是一个渐进的、综合的、精细化的过程，尤其在一个数字化驱动的设计世界中，它将促进物质化实现：一种意图和决心都完美的状态。在这种意义上，精确性是一种跨文化的抱负，这种抱负存在于科技控制的世界中，在这些世界中，精确性的意图可以通过具象物体来衡量。小说家、数学家、诗人、剧作家、电影导演或者画家们都在他们各自的领域中找寻精确的形式。有人认为在马克·罗斯科（Mark Rothko）画作中的笔触或者希区柯克（Hitchcock）惊悚片中的镜头角度如同锋利的刀剑一般精确。无论用画作、

文字或者镜头，制造东西的人们练习与工具、技术和系统相关的手艺，正是在与科技和材料的关联中，人们清楚阐述了自身抽象化和概念化的思想。

1995 年以来的简短历史

当科技为一种论点或者为某种观点服务，意义和内容就通过对科技的恰当应用而得以实现。相反，当科技本身是一个论点，技术就成了内容。当新的工具或者范式引进到具体的文化中，这种技术化对概念化的吸收无疑是事件的最自然状态，无论如何精确或者不精确，15 年前出现的技术已经对建筑设计产生影响。首先通过引入 SoftImage 和 Alias Power Animator 等软件的使用，那些已经引进到电影行业、建筑业以及相关专业的学生中的技术能实现可视化与材料化的虚拟，同时也开始了随着范式转移的理论化过程。通过使用模拟动画角色的工具，“blob”这个词在 20 世纪 90 年代末兴起并非巧合，因为通过 NURBS 软件实现的改变形状的可能性允许新用户在无限的计算中增加拓扑界面，它们中的大部分产生于机动而非纪律。的确，甚至一个粗糙构造出来的数字化模型可以很吸引人，这种做法相当于为了探索未知的反应而把随意的化学物质放到烧杯中。尽管这鼓舞了很多人，也可能造成更多干扰，这种粗糙的形式很快受到格雷戈・林恩（Greg Lynn）和杰西・雷泽（Jesse Reiser）的约束，他俩都激发了吉尔・德勒兹（Gilles Deleuze）的“不精确却严谨”的拓扑实体理论，或者更准确地说，这是一种预估的形式受到精确的推理和模型化的约束。[1] 事实上，可以认为数字化文化产生的最深远的影响是在其最初产生的时候留下的，即形式新颖立即超过了 20 世纪 80 年代末解构主义时期现代派的复杂性。一种新的形成模式之前已经出现，这种模式已经挑战了所有主流的意识形态，但并非通过一个不同的概念性意识形态，而是通过一种技术意识形态。现在，数字化更具有决定性地激起了弗雷德里克・基斯勒（Kieslersque）式的自由，而不是一种新的以机器为基础的精准。尽管彼时的弗兰克・盖里（Frank Gehry）和他的团队在 20 世纪 90 年代末正在通过把 CATIA 引入毕尔巴鄂博物馆（Bilbao Museum）的记录（而非设计）过程，来实现他更加直观的工作方式，电脑很大程度上成为一种彻底的 3D 曲率实验的方法，该实验的曲面通过手工绘制或建模几乎无法实现。

随着建筑业领域计算机化的出现，“能做成什么”突然取代了“应该做什么”这一由概念化思索产生的问题，这些问题产生的摩擦不只是在每代之间，还在那些想象或者把建筑单纯当作一种缓慢积累且能被证实的过程的人身上。确实，这项新技术或许通过提供越来越自由的、不需要受到规则约束的新工具来改变建筑行业。通过简单地从铅笔变化到鼠标，绘画的行为已经转移到了 3D 建设数字模型，与手工的绘画或者物理模型的情绪和反馈都不同。在笛卡尔的黑色坐标中，数字世界深刻影响着我们的感官，并进一步影响我们的判断。只有这样大规模的模式转变才能在一个始终由技术进步所定义的领域中支持这样的疑问、激情和抱怨。

但是，作为一种随意的形式化的实验先锋，这个模式很少有对建筑的预期，这种情况直到 2000 年转变成一种场景，这种场景给著名的建筑师带来使命，这个使命就是与科技联系，这种科技激发他们对于极端建筑解决方案的好奇心。不再只是被机器允许的没有限制的自由发挥，这件作品开始塑造数字化世界的身份，正如我们现在知道的那样：作为一种基于数字化精度和量化基础的环境。如弗兰克・盖里的华特迪士尼音乐厅（2004 年）和赫尔佐格和德梅隆（Herzog & de Meuron）的北京奥林匹克体育馆（2008 年）通过科技赋予特定的几何形状以有生命力的、壮观的、形式的转变。人们更愿意把这十年时间总结成为不受限制的建设，并且迅速地接受那些通过年轻的数字化勘探者设计出来的独特构造和物质实验带来的巨大成就。

至此，计算机化从一种将屏幕当作油画布的艺术实践转化成一种信息过程，灵感重新找到了约束，至少理论上如此。计算机化的维度明显上升，但是发展之初那种看似无穷设计可能的狂热状态已经让位于一种文化，这种文化不仅普遍使用技术，而且把技术作为一种衡量，量化变成新的无可辩驳的逻辑工具。在某种程度上，做出决定的过程也回到了从前，于此，这个决定过程可能成了新的争论核心：机器的逻辑（数据、脚本等）已经取代人类判断而成为建筑界最严谨的探寻形式了吗？

数字化的机会

在强大的计算机力量出现之前，建筑行业在某种程度上被（如果不是受限于）建筑师通过伴随着原创的表现形式的条件（图画、物理模型等）来管理和思考。在这种环境下要做到精准需要与工业检核标准相关的构造逻辑。例如，现代主义是一种网状的模板建设系统，这种系统直接来自于这些标准。然后，定制化是一个艰辛的过程。如今，精准性已融入设计过程，即通过控制原始输入量（参数）来生成多种未知的、更难预测的设计结果。这表现了新机会并非与可以控制的设计过程截然分开，例如这是由拓扑的形式引起的设计。的确，现有大量成套的工具可以用于设计过程，更好地控制复杂性是可以实现的，使得建筑师能够以更少的知识、更多的规范进行操控。尤为明显的是在脚本和代码编写中，建筑师通过已有的方法，不能用以任何先验的方式勾画出来的结果进行构建。这反过来可以导致一种新的模式，这种模式被一种理论、逻辑和数据之间的关系所驱动。此外，如果现代主义是基于清晰组织的设备（如机器）和哲学准则（如形式追随功能），那么在建筑界计算机主导的环境将输入（输出）和偶然性带入了新高度。但是现代主义追求把形式减少到直接朴素的状态，数字化过程被复杂的系统定义，这个系统可以根据给出的安排生成回应大量初始数据的形式。有人在此认为例如生物模型、细胞自动化的概念以及以时间为基础的设计过程，不能以任何一种数字化环境以外的形式开发，因为它们复杂到不能用模型构造。

在这种环境下，两种非常戏剧化的状况出现了。第一，从美学的角度看，新的形式或许会出现，给那些把形式看作是高级设计中最重要而不可或缺的部分的建筑师提供一种过程，该过程依赖计算机技巧，并且更多地依赖于指导信息。第二，一种清晰的理念，即机器精确地决定了形式，并且产生最高水平的表现效果。当同时看二者时，这些状况表明新形式也是创新的形式，也能够影响一系列的标准，从最基本的项目到有巨大影响的项目。在此，创新被定义为对现有模型的翻新或者改良。在建筑行业，创新（而非新颖）是一个精确的词，这个词表达了主流类型或者范式逐渐积累的变化。通过计算机化，看起来不同的形式也有可能表现得更好，因为类似于功能运作的标准能够模拟出来并且插入一种数字化控制协助的设计方法。

除了新形式隐藏的或显示出的优势，数字环境还提供了在设计和施工所有方面进行更高水平分析和模拟的机会。从版本化到最佳化以及其他方面，建筑业已经成为更加具有流动性的实验，创造了内置的研发组成的设计元素，该元素之前应用在很少的项目上，这些项目有专门的预算研究。尽管在这种流动的环境中的进步不是直线上升的，新的被建筑师直接用来模拟的工具通过互动的、以比较为基础的方法，使得更多信息得以流通。通常，如信息网格的矩阵、多样化的设计方案可能相互交叉引用，并围绕有效行为、组合方法、成本、时间和可持续性的议题来分析。曾经机器是现代主义建筑的多变模型，而现在是任何建筑议程的奴隶，这些议程更少地依赖手工性质的艺术而更多地关注计算机时代的数学问题。

数字化的限制

因此，上面提到的围绕“想法是主体”还是“技术为主体”的冲突已经进入了一个停滞期，以缓解代际和思想上对计算机的抵抗。很显然，那些工艺在历史上被认为与人类多年经验获得的技能相关，如今因机器带来的新的专业技术形式在设计与制作两方面都产生变化，而被部分地重新定义。

但是，精确性从前被理解为属于建筑师职业道德（思考一个论点然后做出符合逻辑的决定）中的事，如今精确性至少能够部分被机器保证。基于数字化分析、模拟和制造，我们对精确性抱有极大期望，这种期望丰富了设计过程中的思考过程。我们对手工艺的严格的实践激情已经传到了数字化控制的工具中，这让各种新的为精确性创造的环境诞生。在一种环境中，精确性被理解为通过对软件控制的机器的正确操作来实现。在另外一种环境中，数据本身就成为了精确性。的确，数据是一种杰出的被用在当代建筑业的逻辑思考中的现象。数据被认为是确定的，因为它们源自数学计算的准确性，数据把信息和概念想法展现为同一种东西。随着工作变得更少地被人为过程操纵，一种新的自适应论述已经构思出来：如果它更多地被数据定义和被软件控制，并且更少地被直觉的冲动和判断操控，那么它就是严格的、完整的和极其精确的。奇怪的是，随着数字化范畴为新的空间和物质经验提供可能性，它也设置了标准和预期，也许没有人可以阻止对精确性的狂热，这形成了一种长期的不和谐，这种不和谐存在于那些可以被设计和记录的东西和那些可以被建造出来的东西之间。

在物质构造的观点之前，在设计界工作流程中控制数据已经成为惯例，这使计算机和利于数据交换的全球标准（共同的平台、软件和文件类型）变得普遍。有了模拟软件，例如有限元分析和界面分析的应用，让如今全面的模拟结构的物质行为以及在所有温度和压力条件下预先决定技术发展可行性成为可能。作为精炼化过程的一部分，在建设之前的建构数据代表了一种建筑的实验室版本。在完全数字化控制下，信息的全面性不仅是围绕该设计的知识还有自身零错误的实现。的确，如果数字并没有作假，那么结果就应该是有保障的。尽管这听起来似乎是盲目的相信，而不是严肃现实的结构知识，这就是数字化过程中的那种信任，即一个建造完美的建筑不会是建筑业的准则，而一种新的精确化的方法将替代它出现。

作为一种对比，在工业设计中，从模型（独一无二的东西或原型）到一系列人造品（大规模生产的东西）的发展假设是在精确度上的升级（零容忍），并且可以应用在大量生产上，也就是说它适宜地出现了，并解决在使用价值和物质生产的双重生态中的矛盾。但是对于一幢建筑，我们更多地选择手工制作而非机器制造，在设计过程中通常使用模型，而且建筑只能实现一次，受限于它的尺度、位置，最重要的是它的结构系统。建筑不可能像工业设计一样达到批量生产并保持精确度的程度。但是掌握一个模型建筑的愿望，在表达一座独特的建筑物的层面，当然可以通过设计过程实现，在此过程中，不同版本的模型在调整中被深化、分析和更新。然后这个轮回的过程在建筑进入一次性物质实现之前，产生了数字化描述（或者最大适合性）的最终状态。

然而，就像建筑挑战自然力量，这种终极数字化描述也会被容忍度、不规则、近似性、人类错误和材料不确定性影响，以上仅是众多偶然性中的几个，这让物理上的理论结果很难衡量为探求真实度做的数字化前期的准确性。在大部分与工程相关的材料科学领域，测量系统的精确性是与其实际数量相近的程度。精确性过渡到建筑业，就被理解为是一种对于建筑的物理演义的近似性。数字化被众多描述性文件审视，现代数字化过程的本质已经推动精确化从制定建筑规范转型为把想法变为现实的预期。当然，一种新的纪律规则会从这些预期中出现，精确化并不是仅仅为设计提供方便的理念。数字化工具的力量必将产生甚至繁衍出一种概念性过程，即让机器服务于定性论断和智力咨询。

注释

1. Deleuze, G.; Guattari, F. (1987) *A Thousand Plateaus*, University of Minnesota Press, 1987, p. 483.

HL23 与对精确性的狂热

工作流程案例分析

2005 年，西切尔西区特别计划案为了迎接高线周围的一个新的城市公园的开发进行了修订，这个公园临近一条穿越纽约 20 个街区的高架铁轨。由于高线公园穿过中区，一种新型的基地出现了，产生了一个有着覆盖基地的底座和三面尖塔的综合建筑。这块地位于 23 大街的北面，东面有 15 英尺的附属建筑物，西面有高架轨道，因此刚好允许 25 英尺宽的塔建在 40 英尺宽的建筑基地上。业主要求项目要超过可允许的容量。这项任务是设计一个不循规蹈矩的建筑以抵挡区域遮挡层，并且同时能与周围环境相呼应。

该项目设计通过一系列的 3D 模型进行开发，从一开始模型就考虑到在高线公园上方的悬臂结构难点。一个高度细节化的包含从结构到内涵的所有建筑构成的模型帮助开发制造和施工顺序，这样可以保证设计作品的精准性。HL23 依赖于作坊生产的精准性、预制和可调构件来实现施工和数字预期相符。外部抹灰由大型面板构成，这些大型面板使得作坊控制加工程序最大化并且简化了现场的组装。在整个建设过程和安装前期，为了使制造出来的面板结构正好在可接受的范围之内，钢结构被调研了数次。在一个精确的框架中，作坊制造的大型面板被连续地安装，它们平行相连并且面板对接面板。

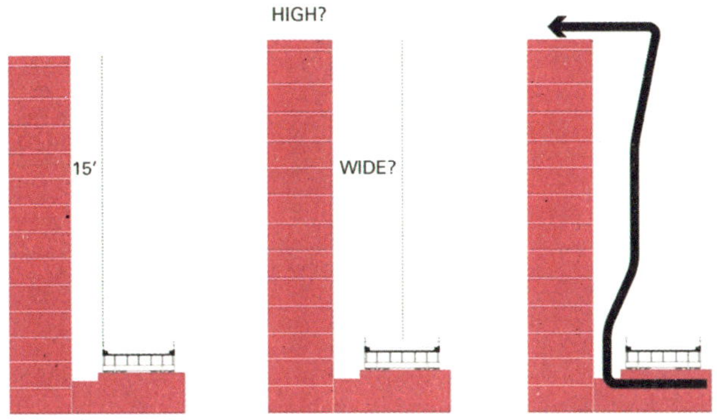
HIGH?
15′
WIDE?

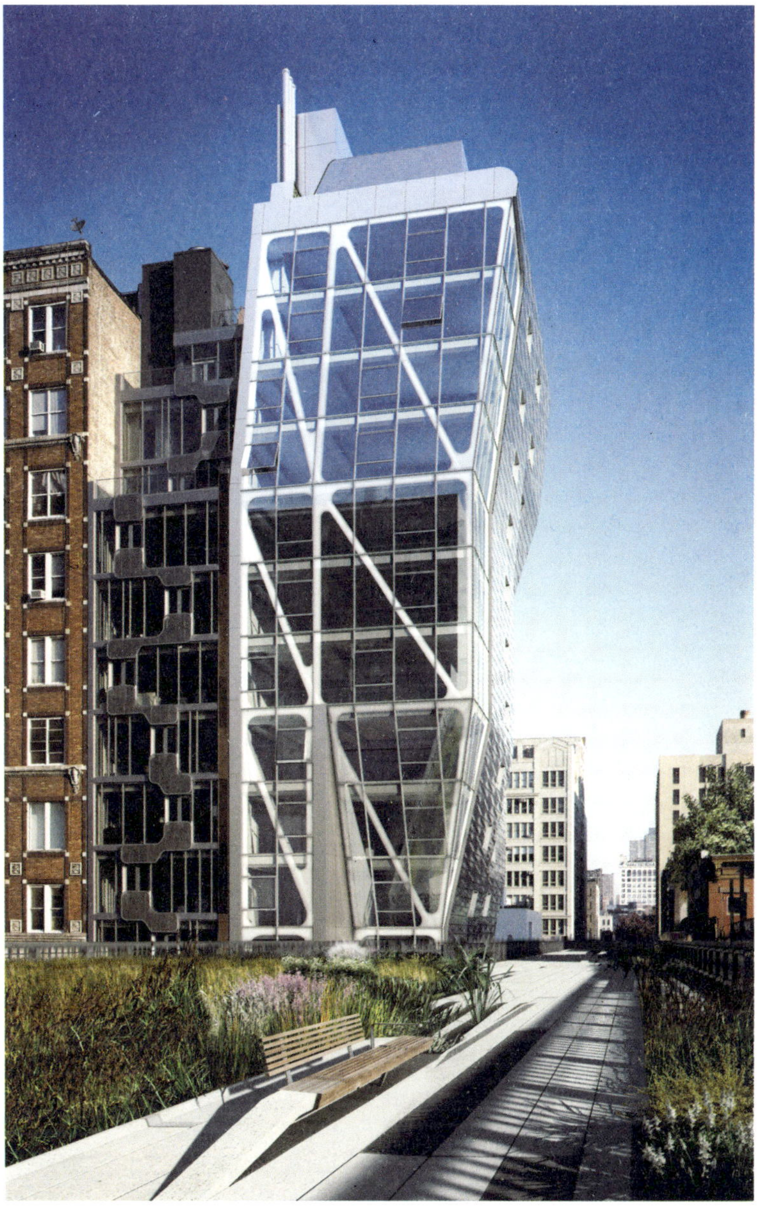

工作流程 1（左） 一个允许 HL23 在高线公园上方有 15° 悬臂梁的地区。

工作流程 2（右） 沿高线公园向北的渲染图。

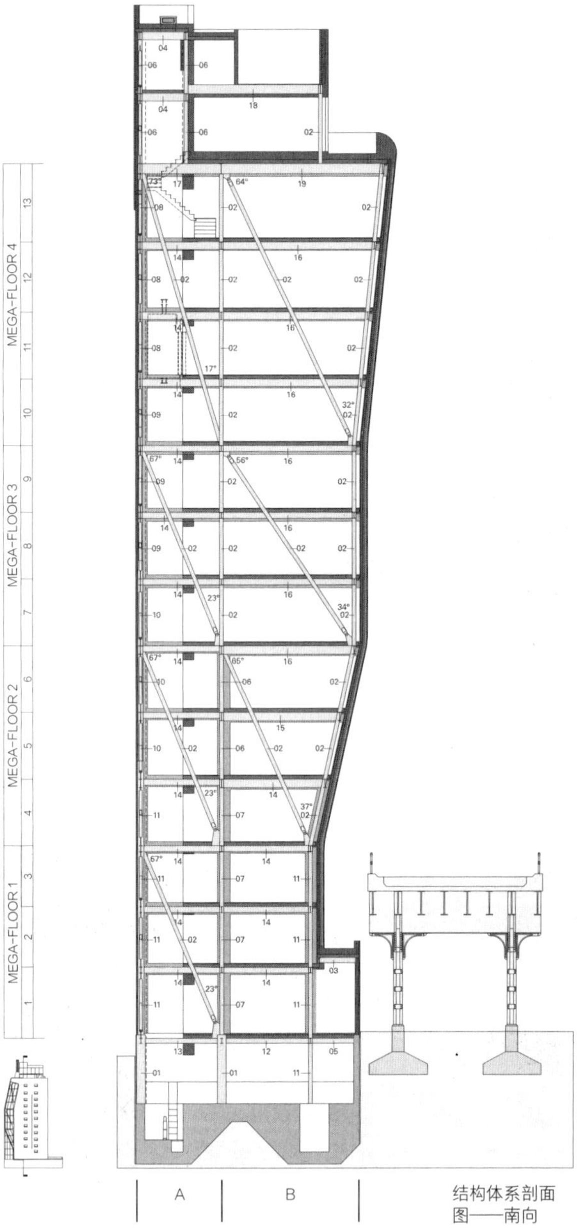
MEGA-FLOOR 4
MEGA-FLOOR 3
MEGA-FLOOR 2
MEGA-FLOOR 1
A
B

结构体系剖面图——南向

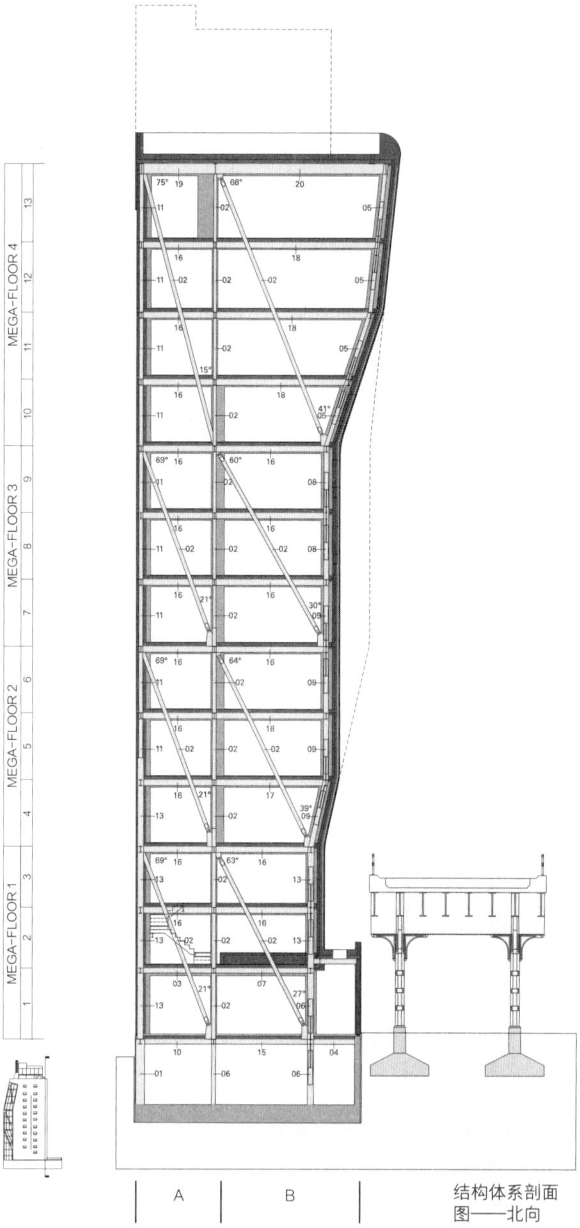
MEGA-FLOOR 4
MEGA-FLOOR 3
MEGA-FLOOR 2
MEGA-FLOOR 1
A
B

结构体系剖面图——北向

工作流程 3 HL23 东西剖面的挑出从二层的 32°到第 13 层的 45°。该建筑的几何偏心和小尺度呈现扭曲和翻转力，它们通过周围斜面支撑得到解决。南面和北面分割成两部分：（A）一部分扁平规则，相当于垂直交通核的宽度；（B）一部分更宽，更偏心，包括了建筑物宽度变化。

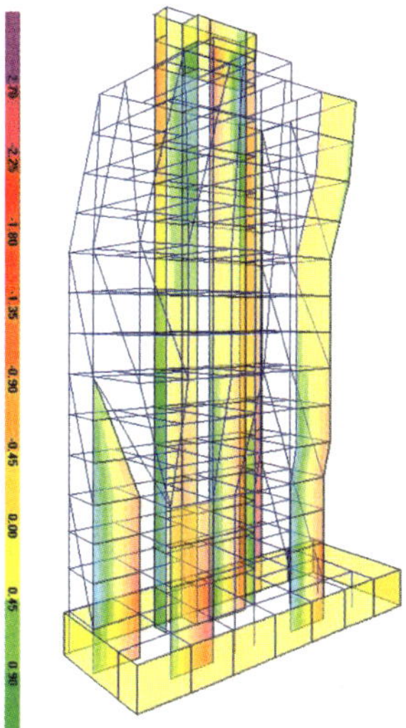

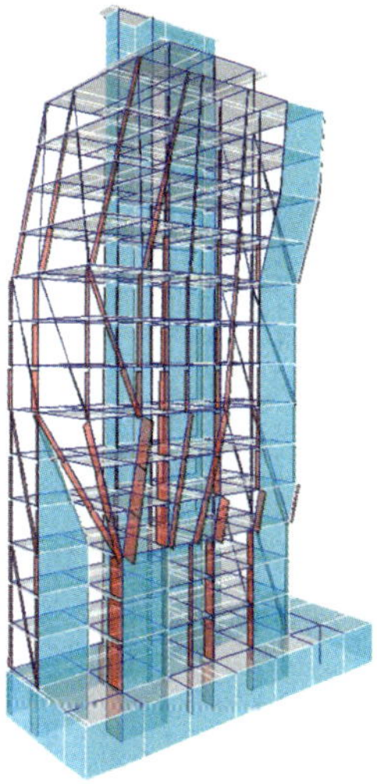

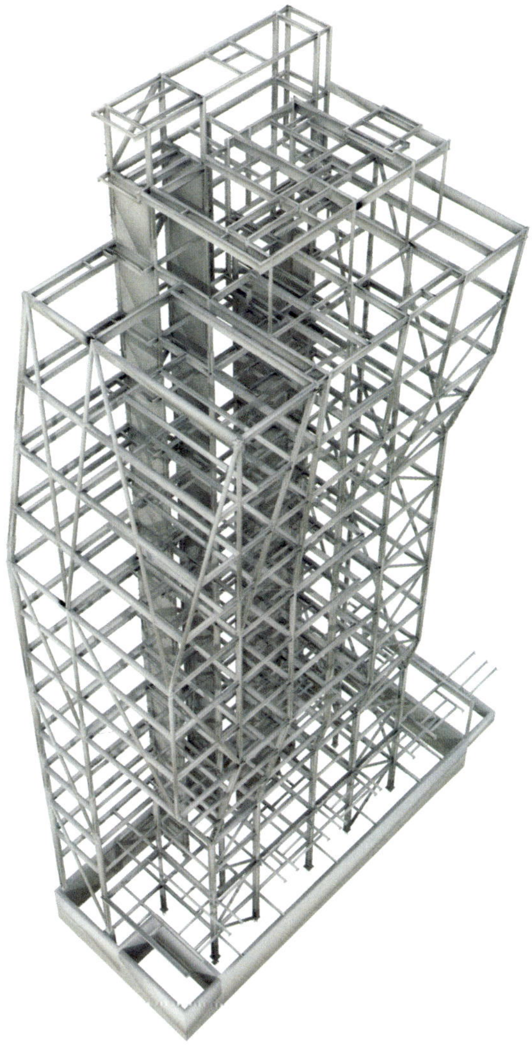

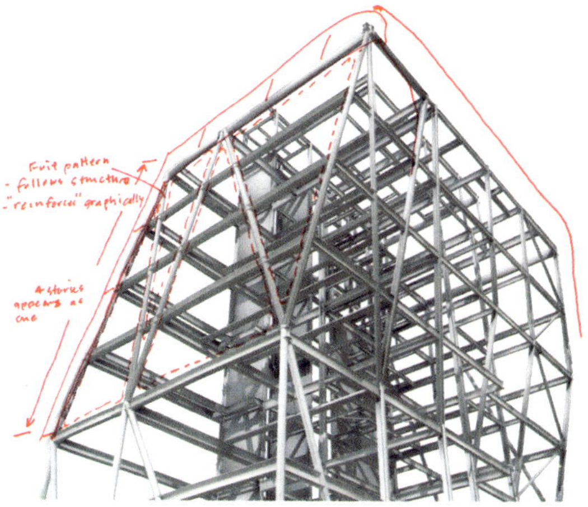

工作流程 4a（左上）、4b（左下）早期由 NMDA 在参与德西蒙结构咨询（DCE）之前开发构想出来的结构，展示了建筑物周围的框架支撑。之后，德西蒙的有限元分析（finite element analysis）展示了在提出的框架中的压力情况，这压力反过来表明剪板和对角线如何在结构中最有效地使用。

工作流程 5（中）使用了 NMDA 和 DCE 提供的信息，一个钢结构的工作数字模型被创建出来。NMDA 生成了外部表面几何属性和理想的与表面相关的柱中心线的位置；德西蒙决定了钢件形状和尺寸。

工作流程 6（右）结构模型让 NMDA 可以检查连接的细节，对细节部分做出调整并且把结构的要求融入设计。这张分析图显示了对角线结构如何影响幕墙分格的设计。

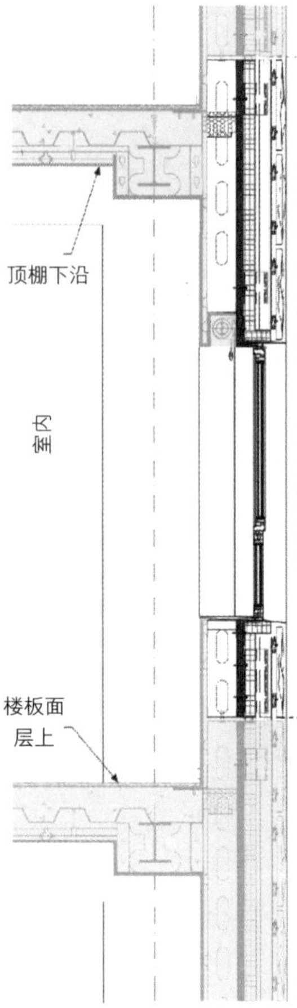
顶棚下沿
室内
楼板面
层上
预制巨型幕墙高度——多样（从11—13英尺）
室外
墙身剖面图（不按比例）

巨型幕墙室外外观

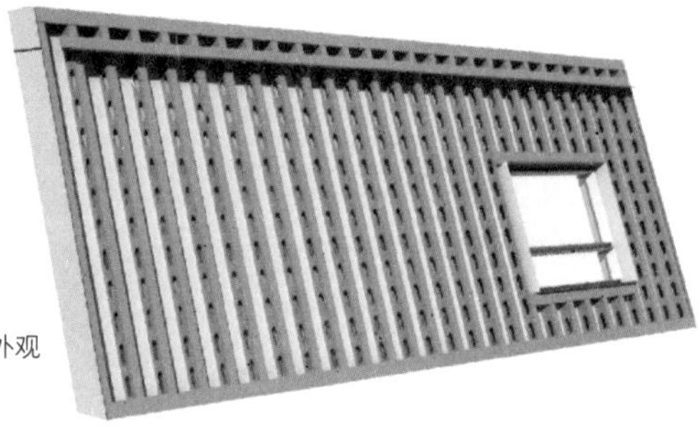
巨型幕墙室内外观

工作流程7 起伏的东立面有一系列“大型面板”，它们被挂入混凝土盖板。外部的面板由11.5英尺×1.5英尺镶嵌网格的冲压不锈钢组成（布宜诺斯艾利斯TISI生产）。备用墙的生产和最终大型面板的组装在纽约卡尔弗顿（Island Industries in Calverton）上进行。

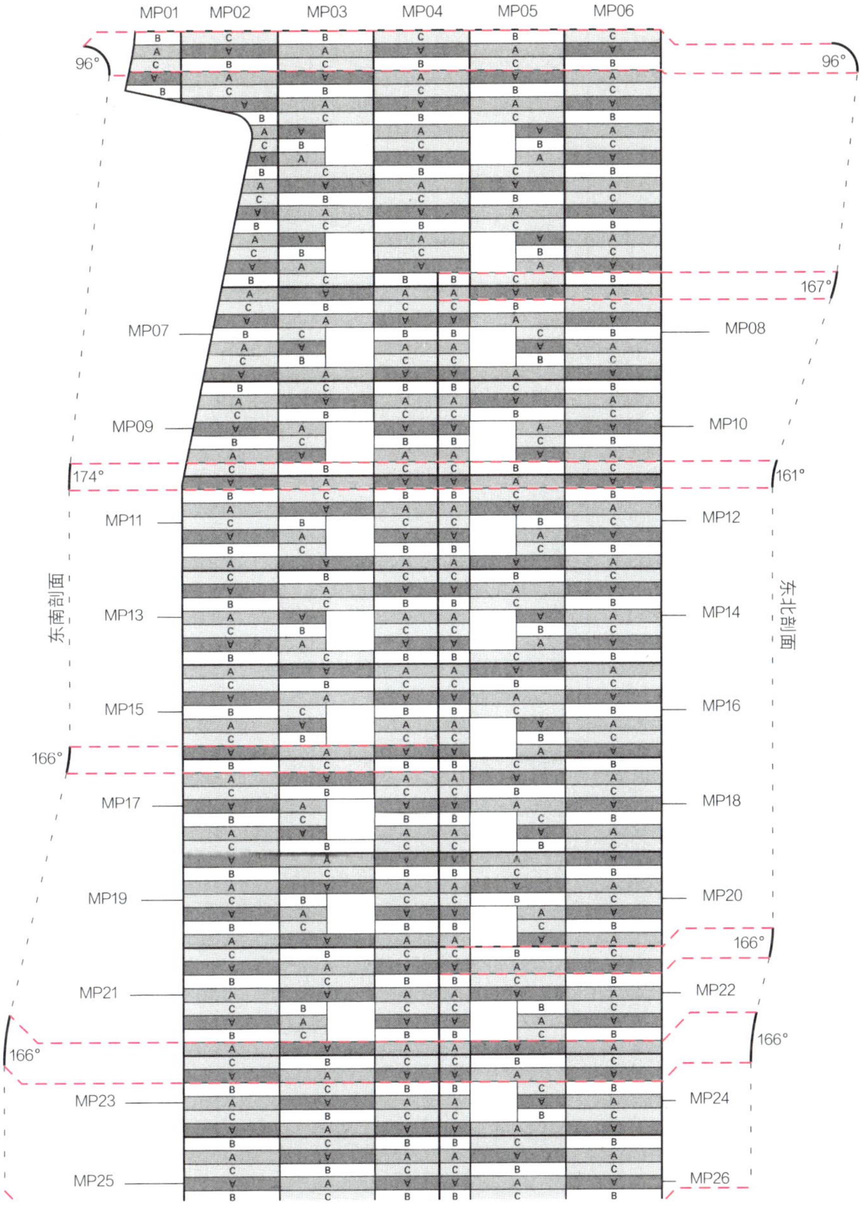
MP01
MP02
MP03
MP04
MP05
MP06
96°
96°
167°
MP07
MP08
MP09
MP10
174°
161°
MP11
MP12
MP13
MP14
MP15
MP16
166°
MP17
MP18
MP19
MP20
166°
MP21
MP22
166°
166°
MP23
MP24
MP25
MP26
东南剖面
东北剖面

工作流程 8（左上） 图片显示为东立面制作冲压不锈钢雨幕面板的研磨钢模具。每个模具由两块研磨钢螺栓连在一起，从而使得四块模板制造一块面板。每半块模具都要耗费 4 天来研磨。我们要求手工抛光以去掉模具的工具痕迹。

工作流程 9（左中） 整体利用三块独特的面板，旋转这些面板中的一块来形成连续的场地。这种变形穿过每一块模板的短边，但是从不穿过之前就做变形的长边。TISI 在工厂里为每块大型面板做透气面层，并仔细检查连接的一致性和表面清洁度。

工作流程 10（左下） 东立面大型不锈钢面板已经整装待发。

工作流程 11（右） 不锈钢面板的大图显示每一块面板如何和其他面板拼接。

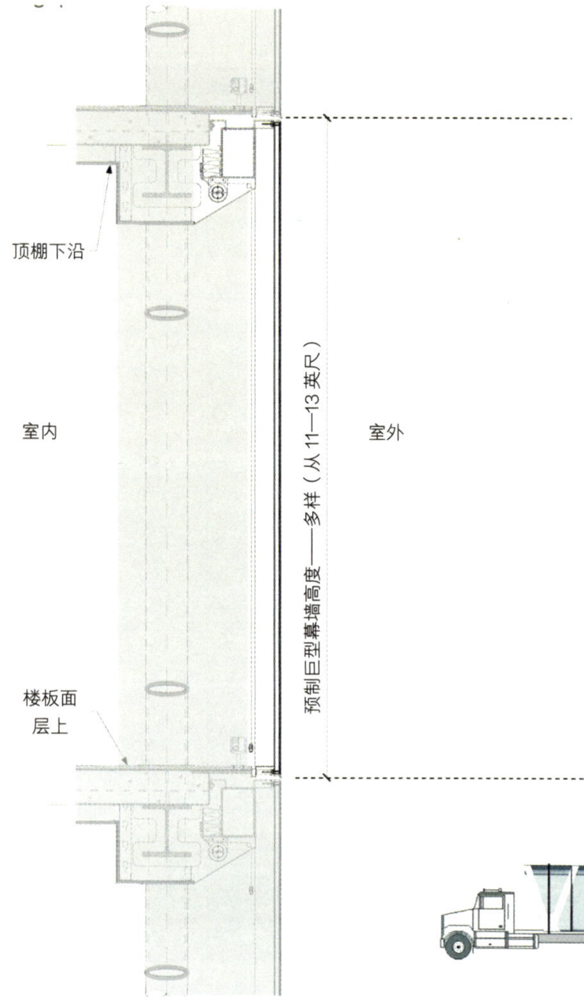
顶棚下沿
室内
预制巨型幕墙高度——多样（从11—13英尺）
室外
楼板面
层上

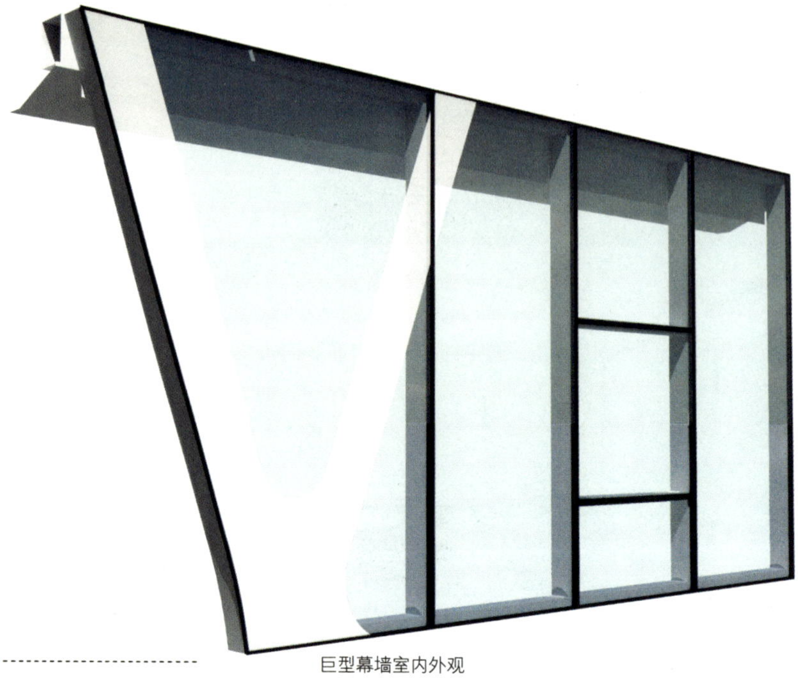
巨型幕墙室内外观

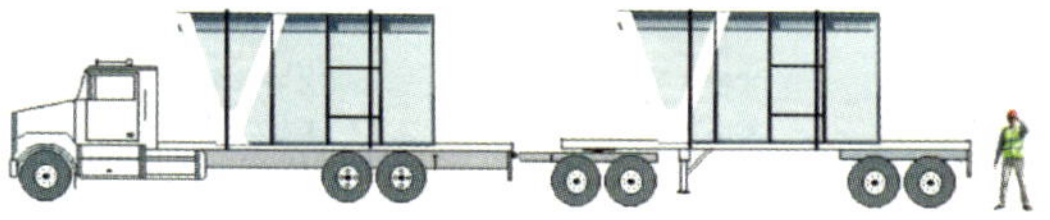

工作流程 12　北面和南面幕墙大型面板由中国东莞 SGT 玻璃厂预先制造，超大的绝缘玻璃单元（IGU 制造）跨越整个楼层并被放置在焊接的框架中。顶部空心钢管（可作为连系梁）通过整体大型面板传递稳定性。

工作流程13（左上）　图片显示SGT玻璃组装工厂，HL23玻璃大型面板在前方地面上。钢架被立起来用于连接IGU的产品，之后手工填缝。

工作流程14（下）　第一个在SGT完成生产的大型幕墙面板。内部的钢结构包在1mm珠喷砂不锈钢片中。

工作流程15（右上）　兰博基尼工厂照片（1969年）。这里正在生产Espada模型，它们不是在一个流水组装线上，而是在一个固定的平台上。尽管所有车辆是完全相同的，它们像艺术品一样被单独制造，尽可能让手工制作和机器生产的部分一样多。HL23的玻璃面板也是这样。

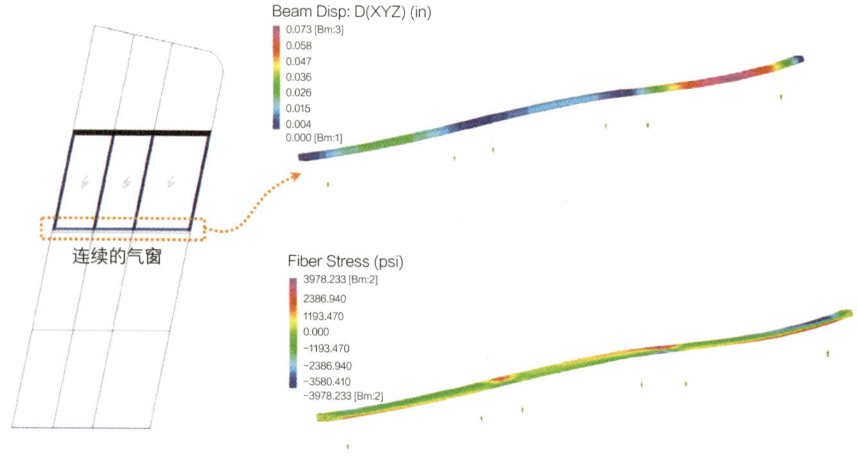

Beam Disp: D(XYZ) (in)
0.073 [Bm:3]
0.058
0.047
0.036
0.026
0.015
0.004
0.000 [Bm:1]
连续的气窗
Fiber Stress (psi)
3978.233 [Bm:2]
2386.940
1193.470
0.000
-1193.470
-2386.940
-3580.410
-3978.233 [Bm:2]

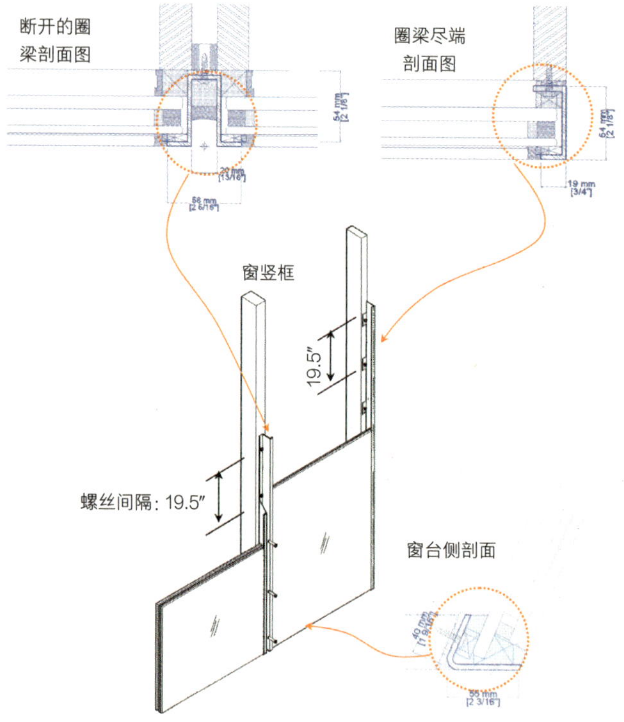

断开的圈
梁剖面图
圈梁尽端
剖面图
窗竖框
19.5"
螺丝间隔：19.5"
窗台侧剖面

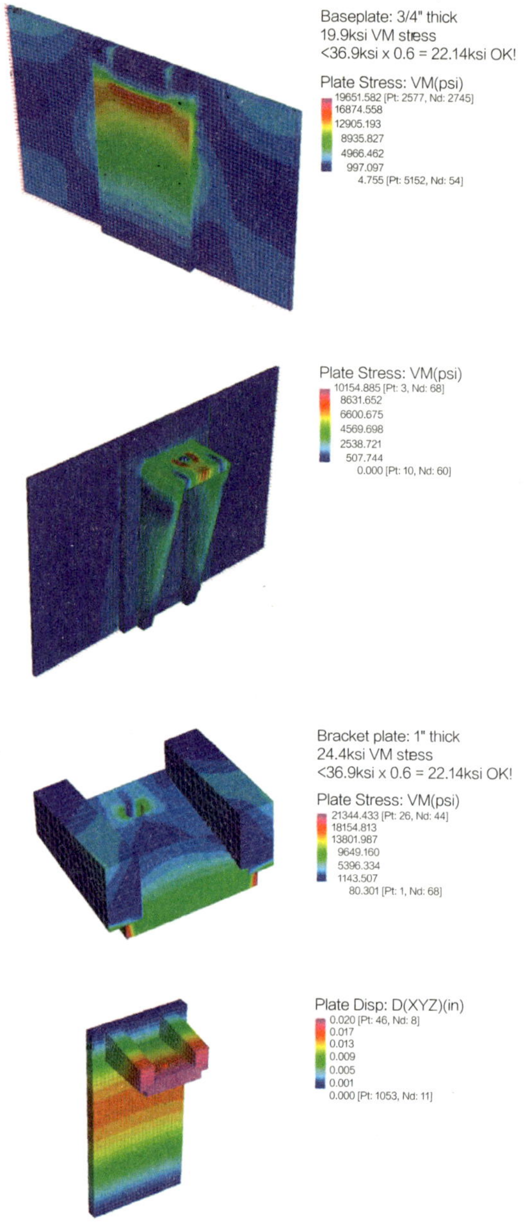

Baseplate: 3/4" thick
19.9ksi VM stess
<36.9ksi x 0.6 = 22.14ksi OK!
Plate Stress: VM(psi)
19651.582 [Pt: 2577, Nd: 2745]
16874.558
12905.193
8935.827
4966.462
997.097
4.755 [Pt: 5152, Nd: 54]
Plate Stress: VM(psi)
10154.885 [Pt: 3, Nd: 68]
8631.652
6600.675
4569.698
2538.721
507.744
0.000 [Pt: 10, Nd: 60]
Bracket plate: 1" thick
24.4ksi VM stess
<36.9ksi x 0.6 = 22.14ksi OK!
Plate Stress: VM(psi)
21344.433 [Pt: 26, Nd: 44]
18154.813
13801.987
9649.160
5396.334
1143.507
80.301 [Pt: 1, Nd: 68]
Plate Disp: D(XYZ)(in)
0.020 [Pt: 46, Nd: 8]
0.017
0.013
0.009
0.005
0.001
0.000 [Pt: 1053, Nd: 11]

工作流程 16（左上） 与弗朗特设计公司（Front Design）合作，每块大型面板的结构框架被分析和优化来完成简单的矩形轮廓和NMDA要求的最小瞄准线。

工作流程 17（左下） 用硅酮结构固定IGU到钢窗棂L形铝容器。由于没有在大型面板里和IGU的连接，就用3/4英寸的垂直连接实现。

工作流程 18（右） 大型面板的设计和安装都依赖于定制的工程构件。作为立面工程的一部分，定制支架由Front公司研发和挂板就位。

工作流程 19（左上）被吊装就位前，每块大型面板都在高线公园东面的卡车平台上。

工作流程 20（右下）对于每一列，附件系统需要一个从下到上的序列。在北立面，这个序列从二楼阳台开始。在安装之前，钢架已经在进行过程中被测算了多次来保证框架在允许误差内。有了精确的构架，作坊生产的大型面板可以被连续安装并做到面对面衔接。

工作流程 21（右上）连续梁附在楼梯框架中。在 2 米内，大型面板用棘轮链连接，这样允许缓慢谨慎的面板位置调整。为了初步面板微调对齐，垫片被插在板间。

工作流程 22（右下）东立面大型面板的组装。最上排的不锈钢面板正在吊装，所以大型面板是在现场铆接的。之后，其余面板都在现场拼装。像北立面的玻璃一样，雨屏面板是从底到上排序拼装的。

10 Av

工作流程 23（左上） 以高线公园为背景，植物的颜色被反射在不锈钢中。在这一点上，建筑达到了其最有纪念性意义的影响，尊重了高线公园，又融合对不一致性的要求。

工作流程 24（左下） 在西 23 号街和第 10 大道交叉口向西看的街景。朝着高线的东面是建筑场景的积累、折叠与放射状角落的融合、3D 加盖不锈钢雨屏面板和无拱肩玻璃带结构图案的组合。

工作流程 25（右） 东面的几何图形和材质可以被路人近距离地看到。视角转变和光影变化有助于建筑产生动态的有棱镜效果的感觉。

偶然性

编者按

有一种基于尼尔·德纳里关于精确性思考的警告性论调，他的思考提醒我们数字化机器是靠人类的决策驱动的，它们的产出听从于人们的理解。与设计相关，数字化过程的运行精确性，从通过脚本的抽象生成到以表现为基础的分析和模拟使人们分不清精确的想法和精确的执行之间的区别。确定性的设计结果能够通过便于操作的用户界面传达，而且会产生一种看似严格的感觉，这种感觉使得建筑师们不能够探索和理解他们所使用的工具的深层内涵。

随着设计过程从显形的模型（建筑师的输入量直接影响结果，就像手绘那样）到隐形的参数模型（设计策略与项目逻辑融合，设计师的输入量和结果被算法隔开了），这些考虑变得更加重要。年轻一代的建筑师或许已经意识到这点，因为他们变得不仅对设计输入感兴趣，也对设计算法感兴趣。这种将高级算法工具融入其中的过程更像德纳里所迷恋的计算机时代前的手绘[1]，它可以被看作是迈向德纳里所描述的新型精确思考的一步。

在实际的建筑施工中，建筑信息模型（BIM）的精确性可以创造预期，这种预期会让人们分不清虚拟与现实。综合设计和制造流程的内涵之一就是设计理念和现实之间长期存在的鸿沟——模型和图纸——可以跨越，建筑师的工作可以达到简明的程度，不用再对施工方一遍遍解释而直接用一对一的生产工具。这种零容忍的实现似乎在建筑师的可及范围内，他们总会在这个物质世界中减少维度来符合他们对世界的展示。正如德纳里所说，与工业产品的生产效率比较，建筑的过程似乎过时了，并且不能对新科技的好处给出反应。建筑师们长期对于预制的热爱是在数字化之前，他们想要对生产有更多的控制，他们从控制偶然性转战到控制工厂的环境。“场地条件”成为设计过程中不能确定和计划的导致效率低下的流行说法。德纳里的结论是即使有了设计与建设之间的数字化综合工作流程，场地条件的问题依然存在。衡量设计与建设的各个方面的压力正在增加，这种压力不仅不切实际而且有误导性。不像工业设计的模型那样，精确性与标准化通过一种正式精确的可调过程产生联系，对于德纳里来说，精确性应该与独特性相联系：不只是独特的形式，而且是独特的想法，这种想法来自严格复杂的新理念和不断变化的自然和社会的力量的协同。正是这种协同效应导致了建筑的形式。这是德纳里对设计如何设计的想法。

和探索几何与管理复杂设计问题的新组合带来的好处一同，在建筑领域，几个重要的问题正在产生。是否不同的输入量的参数设计模型导致真正独特的产出？作为一个学科，建筑行业是否应该尝试量化设计方法，这些方法使得一种可以衡量的因果关系存在于意图和结果之间？是否参数脚本不断发展使得设计从一个过程转变为一种产品？优化的工作流程是否会导致精确的工业设计产品适合于建筑业？也许需要被建筑师们了解和维护的是建筑是一次性的本质，即使它们存在低效和偶然性，也会为我们的人造环境质量做有意义的贡献。城市之间非常大的不同就是对该现象的衡量不同，德纳里的 HL23 作品就是一个很好的例证。这座建筑独特的外表沿着纽约市的高线，它的背后是强大的区域法规、发展需求、经济约束，更不用说建设本身的挑战性，这就是精确性思想的价值。精确的思想，在这个意义上，超过了科技能力使得社会偶然性成为新的工作流程的一部分。

---

1 See McCarter, Robert (ed) (1987) *Pamplet Architecture No. 12: Building Machines*, Princeton Architectural Press.

工作流程模式：一种设计设计作品的策略

亚当·马库斯

亚当·马库斯（Adam Marcus）是一名建筑师，明尼苏达大学建筑学院客座研究员。他曾在 Marble Fairbanks 担任了 5 年高级设计师。

建筑业最近见证了大量通过使用数字化管理信息来重新思考如何设计建筑物的实验，无论是几何、结构、程序化、环境还是经济方面让我们重新思考建筑是如何被设计出来的。不断增加的计算机能力、高级 3D 模型软件套装，以及对电脑编程和新的制作技术的兴趣，让当今的建筑师已经能够拓展学科的限制，无论是形式还是表现。然而，尽管最近的试验成绩斐然，大多数的成果最终都归为两个领域。第一个可以理解为一个精确正式的项目，在这项目中，复杂的几何图形由算法规则、数字化塑造过程或者其他类似的计算工具产生。第二个在于计算机化和数字处理来产生一个建筑，这个建筑可以直接做出反馈和处理特定的性能标准。

如今建筑师们面临的挑战是分离的趋势的两极化和最终合成数字化信息进入设计过程的有限模型。一方面，高度自省的设计过程，它由算法和科学模型激发，但是它的风险来自每天的建筑实践都要面对的现实：规模、项目、材料、施工不确定性，更不用说解决社会文化或者经济的问题。我们可以在扎哈·哈迪德或者格雷戈·林恩的作品中找到明显的例子，他们两人已经发明了高度精练的使用电脑产生惊人的复杂建筑的方法。这种感知度也延伸到了年轻的设计师，如马克·福恩斯，他参与了来源于数学规则和算法驱动的过程。

另一方面，一种经验主义的设计过程，这种过程赋予规格和性能标准以优先权，这是完成特定功能目标最常用的方法，然而它忽视了建筑的更加不直观和基本的方面：空间的、标志性的和美学的质量，这种质量能把建筑作品和建筑物区分开来。超越功能的心态赋予技术性能优先权，通常高质量的工程构件反应非常特定的功能要求。例如像福斯特、SOM 那样的事务所做的适应严酷气候条件的高性能立面系统，它们从能源效率这种基本的考虑出发。这种感觉在很多学术项目中也有研究，例如伦斯勒理工学院的建筑科学生态中心和斯蒂文斯理工学院建筑产品实验室。可持续要求的背后驱动力往往是设计的性能模型，但是纯粹由数据驱动的模型（优化上述技术表现）会带来以更广设计目标为代价的盲目优化的风险。

尽管新的数字化工具在许多方面从旧的实践模式中解放了建筑师，我们发现自己正面临一个在科技决定主义的两极之间的选择：分离的形式主义和一个超级功能主义。像 20 世纪大部分时间在形式还是功能占主导的建筑争论那样，最终产生了反面效果和限制。我们缺少的是一个更加细致入微的、关于对数字化信息管理如何有质有量的重新构思建筑设计过程的理解，并有丰富的内部逻辑和可调整的外部输出。

根本的问题似乎是其中的一种组织：设计过程中的信息组织如何满足定量和定性的目标？随着建筑物变得越来越复杂，建筑师被要求必须满足更加苛刻的方案和技术的需求，我们怎样才能依靠数字科技来解决这些需求，比如技术挑战可以成为建筑的机会吗？

从这个角度，模式的概念已经重新出现在建筑的设计中，尤其作为一种关键的工具用来管理设计过程中大量的信息。模式的兴起最近尤为显著，特别是在当代的建筑中，无论是在建筑的结构表达比如 OMA 的 CCTV 北京总部（图 1），复杂的外立面例如赫尔佐格和德梅隆的旧金山笛洋美术馆（图 2）或者是 FAT（图 3）。[1] 不可否认的是模式在建筑中呈现出一种大胆的新形式，尽管它常常与数字化设计技术联系在一起，实际上存在着一种更深层次的模式与数字化科技的对话交流。如果今天的设计师越来越多承担着管理大量的且具有流动性的数据的任务，那么模式可以被理解为一种用来组织和管理这些信息流的设计技术。新的计算机技术提供了处理能力以新的不可预见的方式优化设计，但是模式提供了一种可视化方法评价计算机输出。对模式的优化因而成为人类和电子信息过程的重叠，提供一种人类直觉和计算机力量的连接。再次想一下这个过时的词——模式，它本身就是一种变色龙，在建筑史的不同时期以不同面目出现，信息技术的背景提供给建筑师开放性，它要超越统治今日多时的技术统治论。

看看两个最著名的建筑模式支持者威廉·莫里斯（William Morris）和克里斯多夫·亚历山大（Christopher Alexander），提供了某种关于模式如何理解为一种谈判限制和管理信息的论述。莫里斯，一个 19 世纪因采用递归算法生成植物形态的天才，认为模式在本质上是一种装饰和光学的领域。在工业革命时期，通过满足机械生产的需求，莫里斯给我们提供了一种模式的模型，作为一种系统工具来解决难度很大的实践和美学的难题（图 4）。

与莫里斯以视觉为主导的项目相比，克里斯多夫·亚历山大的作品提供了一种替代

图 1（左） OMA 设计的北京 CCTV 总部大楼。

图 2（右上） 赫尔佐格和德梅隆设计的旧金山笛洋美术馆。

图 3（右下） FAT（Fashion Architecture Taste）设计的博克斯特尔（Boxtel）圣卢卡斯艺术学院（Sint Lucas Art Academy）。

的模式理论，这种模式作为一种建筑学的和城市设计的组织性的系统。克里斯多夫·亚历山大职业生涯中众多令人惊异的方面之一，是对于一个如此扎根于现代电脑科技的建筑师，他的许多建筑形式却是保守的以及新传统的。尽管他的系统驱动理论已经成为环境主义、地区主义和新城市主义运动的圣经，它们很大程度上被数字化产生的形式的提倡者所忽视。1977年，在他具有开创性的著作《一种模式语言：城镇、建筑、结构》（A Pattern Language:Towns,Building,Construction）[2] 中，克里斯多夫·亚历山大开创了一个新方法来设计建筑和城市。尽管固定数量的静态模式最终限制了设计的议程，克里斯多夫·亚历山大的系统对于建议建筑和城市能够在规定的方式内设计出来这一点是具有革命性的。这表现了一种原算法设计过程，在这种意义上建筑形式不再从上到下或者通过手势创造。这些建筑街区跟WM或者是今天兴起的视觉表面模式没有相似性，但他对于设计作为一种系统的过程的理解是一直都有关系的。

图4 威廉·莫里斯的纺织品图案模式试图推动工业生产的限制，通过标准化的手段创造看似无限的艺术作品。

威廉·莫里斯和克里斯多夫·亚历山大等先驱提醒我们，关于建筑行业模式角色的理论化存在很长且丰富的历史。但是他们也开始建议一种更加广阔的定义，把模式定义为过程，一种用信息本身作为原材料的设计方法。两个例子都能被理解为是在信息管理领域实践。作为今天的设计师，他们的任务是在设计过程中处理各种形式的信息。

一个探索模式的拓展信条可以通过建筑的方式表达出来的逻辑起点是表面和覆盖层系统的设计，它们被典型地划分为建筑的模块。在新的数字科技的环境下使得我们能够把以科技或者性能为基础的逻辑融入设计过程，我们可以开始确认几种关于如何将新的模式方法应用于建筑行业的指导原则。模式是多种多样的：从定义的角度，模式是重复的、有规律的，但是应该可以容纳内部变化的（图5）。模式是装饰性的和结构性的，但是又不能只是其中的任何一种性质。参数化建模的应用能够在建筑结构和效果之间形成一种反馈的循环，一种在结构逻辑与装饰功能之间互相决策的关系（图6）。模式能够表达并且回应许多不同种类的信息（图7）。我们能设计模式，但同时也能从对现存环境的解码中获得模式。总而言之，模式能够从使用和视觉性两方面生成。正如威廉·莫里斯的编织模式，模式的需求是从材料和经济的约束中得到的，但是它的效用却是可以帮助我们取得更大的效果。因此，模式可以从技术和美学两方面来理解。

注释

1. Pell, B. (2010) *The Articulate Surface*, Basel, Birkhäuser.
2. Alexander, C.; Ishikawa, S.; Silverstein, M. (1977) *A Pattern Language: Towns, Buildings, Construction*, Oxford, Oxford University Press. 本书中的大部分理论来源于亚历山大在哈佛大学的博士论文，这篇论文于1964年以《形式综合论》(*Notes on the Synthesis of Form*)为名出版。在《形式综合论》中，亚历山大将设计（创意形式）定义为严格的系统训练，一个由规则和参数构成的、自适应增量过程。亚历山大的系统研究方法很大程度上受到他在哈佛大学认知研究中心（Harvard' s Center for Cognitive Studies）和麻省理工学院的计算机系同时进行的建筑学研究的影响。

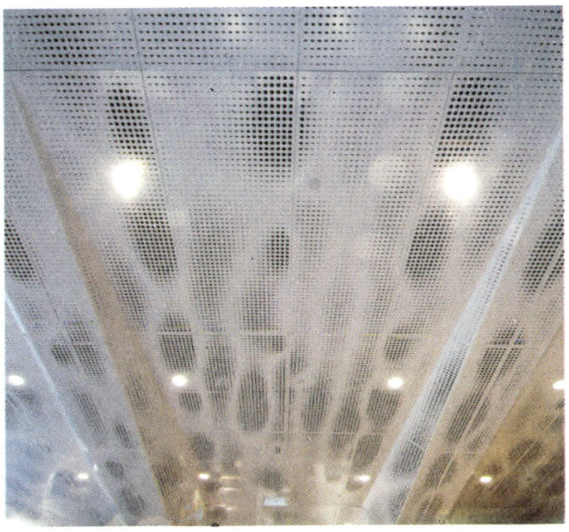

图5（左上）　位于纽约的哥伦比亚大学Marble Fairbank建筑师事务所设计的托尼斯塔比尔学生中心（Toni Stabile Student Center）的吸音吊顶，由椭圆形组成的顶棚孔眼排列是无限变化的，这种模式能够适应和回应空间内的不同的声学条件。

图6（下）　平台，现代艺术展览馆。平台是一大片不锈钢板体系，经过切割、刮裁、折叠形成装配的部件，不需要额外的固定零件。

图7（右上）　托尼斯塔比尔学生中心的防晒顶棚。通过参数化建模手段将来自不同数据流的信息整合，运用到金属遮光板的孔洞排列中。

托尼斯塔比尔学生中心

工作流程案例分析

在 Marble Fairbanks 的每一个项目中，我们都在设计过程中寻找运用信息处理技术，为了参与定性创新和定量优化，模式已经成为实现该目标的关键。在为哥伦比亚大学新闻研究生学院设计托尼斯塔比尔（Toni Stabile）学生中心（纽约）时，我们开发了一系列模式策略，在设计 3 个高度工程化的表皮时运用参数模型。模式被用作一种技术，用于组织技术数据进入物质反馈，即以光学、空间和交流的方式参与进周围建筑中。表皮的模式，包括两面顶棚和一面墙，每个都通过电子过程生成来满足特定的技术或项目要求，同时创造建筑和试验价值。每个界面运用了一种模式策略，每一种策略将各自的性能要求量化，优化它们并且在这些技术的限制下提供灵活性以测试反复的选择，这些选择能够被评估它们的定性可能性。模式因此成为了一种把优化逻辑和性能变成一种美学策略的技术。

在学生中心实施的模式策略也让人们了解整个工作流程，包括设计团队自身的组织。一个专家团队贡献相关的知识来为每种单独的界面建立特定的性能标准和数字化模型。这样做的意图是要拓展我们的联合咨询网络来最大化技术专业，同时管理信息流和沟通，来保证建筑的定性效果与整个项目的设计目标保持联系。作为一个未来设计实践的模型，这个方法为建筑师承担了更多的流动性和灵敏性，目的是为了解决越来越复杂的技术挑战，这些挑战要求高度专业化的知识。重要的是，建造者从一开始就包括在设计的讨论中，允许我们全面接触和测试材料性能、组装技术和不同的方法，以及评估每个界面的空间和量化效果。在这种意义上，工作流程本身可以理解为另一种形式的模式，在这种模式中，数字化技术的使用和参数软件使得一个高度反复和回归的过程更加便利。以这种方式理解工作流程使我们能够解决信息管理的高度技术化挑战，同时也追求创新设计的可能性。

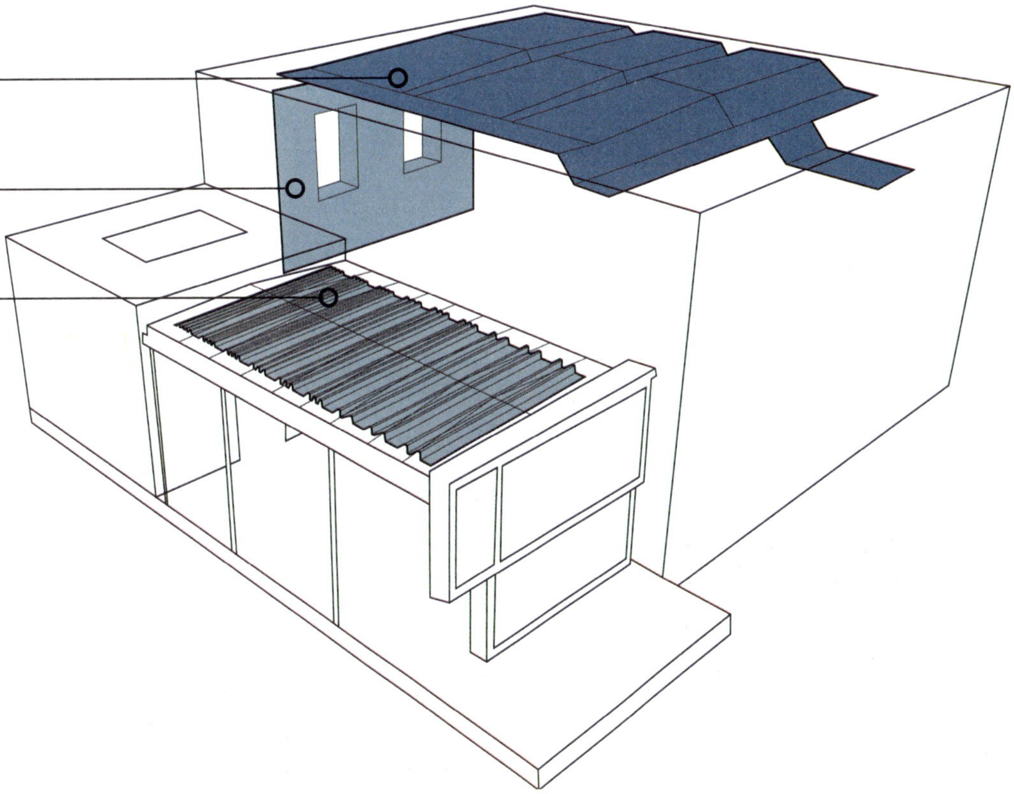
第一区
声学性能
第二区
图形性能
第三区
环境性能

工作流程 1 项目图解。这个项目围绕一个“社交中心”展开，包括传媒图书馆、教职员工和行政人员办公室、教室以及网吧等各种空间。三个项目内的区域被认为是发展模式策略的机会，模式策略用来解决具体的性能标准和提升每种空间的体验。

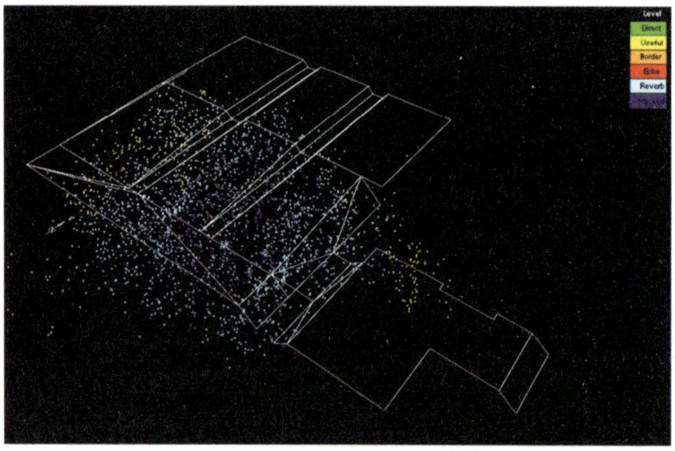
Level
Direct
Useful
Border
Echo
Reverb

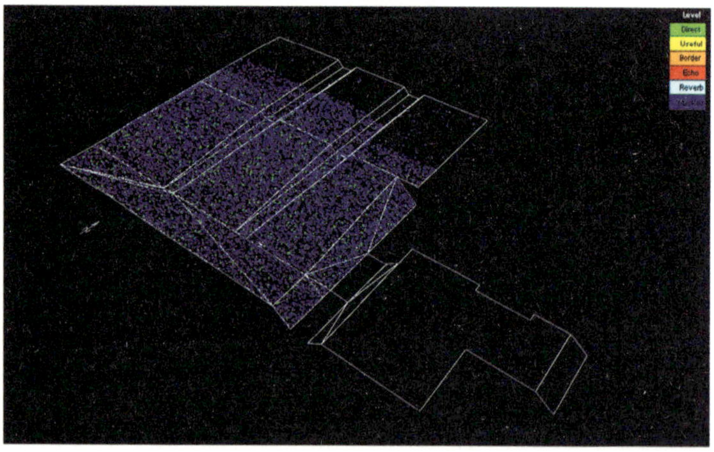
Level
Direct
Useful
Border
Echo
Reverb

工作流程 2（上）区域 1：社交中心。第一个区域，社交中心的顶棚，一种被设计用来吸收声音的表面。穿孔模式的逻辑被用于两个阶段：第一，空间的声音模型决定穿孔的密度，第二，随后的脚本过程被纳入了模板几何图形、照明和喷水布局，并在模式中吸收了这些元素。这种数字化模型变成了这些技术限制的仓储，而且给测试和精度更加定性化的模式提供了灵活性。最后的穿孔模式满足了空间的听觉需求，并且提供了产生过程的动态指数。

工作流程 3（下）听觉模拟和强度区域。在声学模型中生成几个场景来确定顶棚范围，通过增加声音透明度，减少和消除回音效果。这些点然后变成了“区域强度”或者是“吸引因子”来为模式模型生成脚本，这些区域的穿孔变得更大并提供更多吸声。

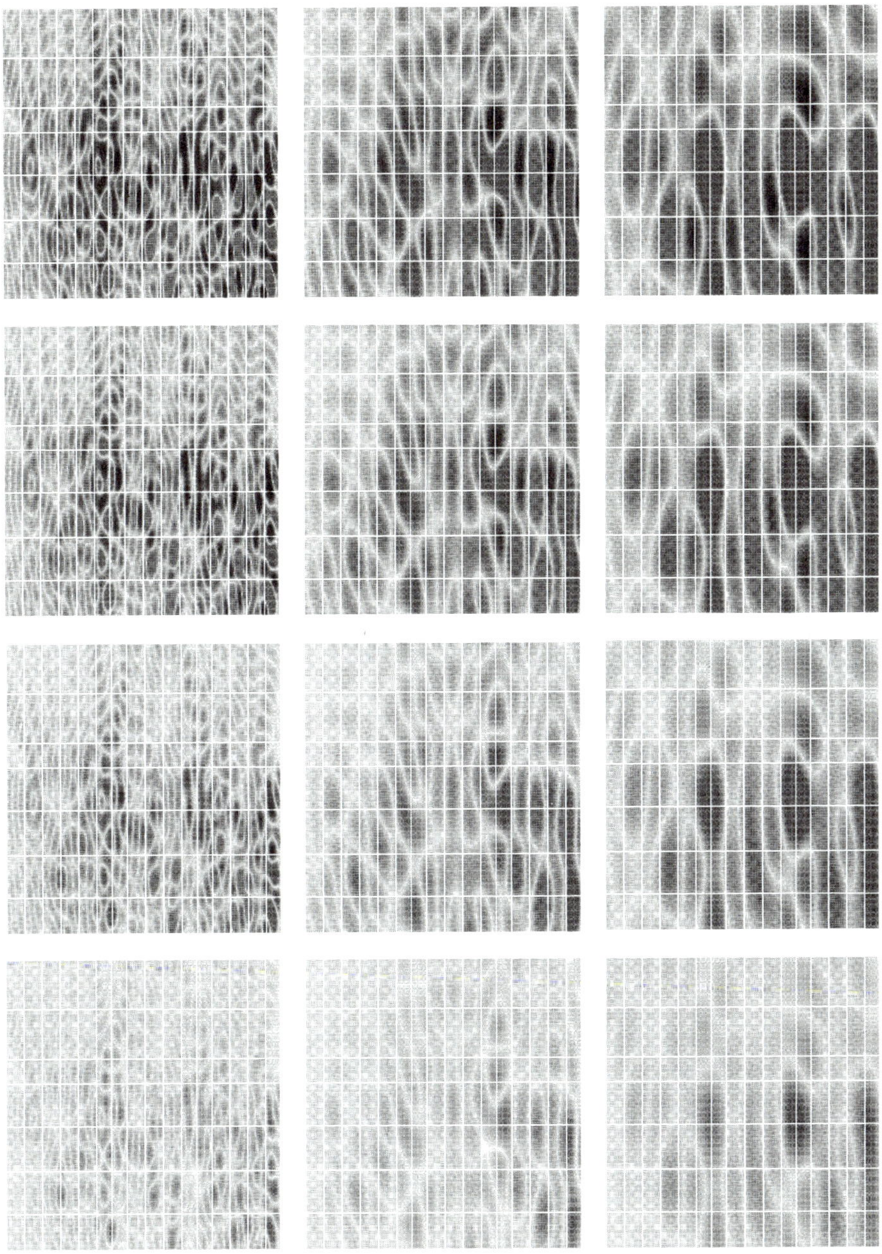

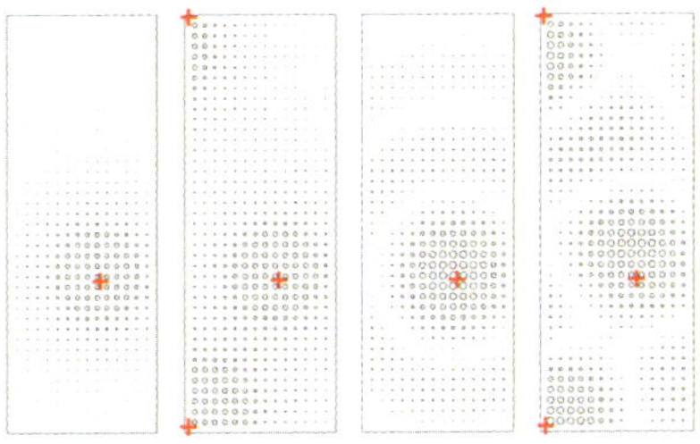

在吸引器位置上的穿孔增强

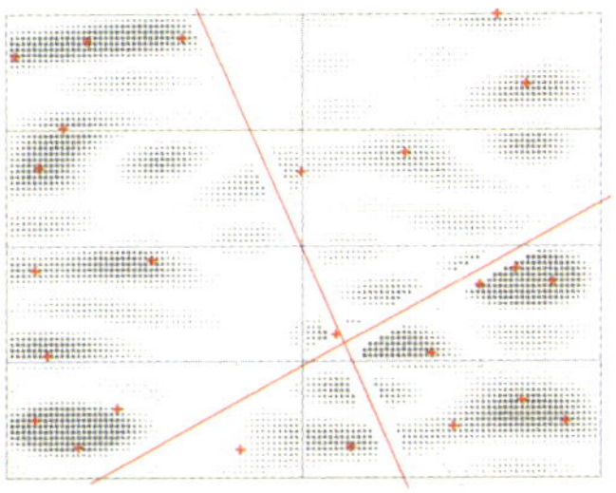

调整面板接缝和弯曲线模式

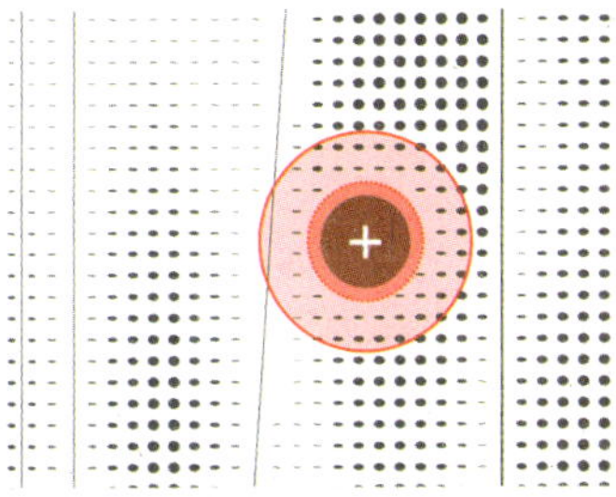

呼应光的穿孔和洒水器切口

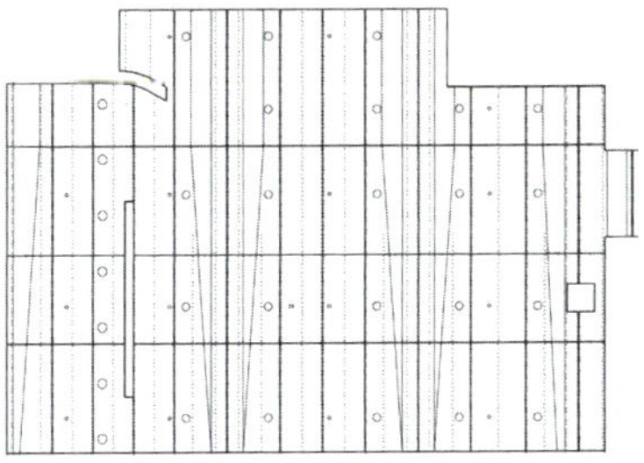

面板和钢结构网格

工作流程 4（左） 工作流程循环。自定义脚本设计产生一系列独特的循环声模式，每种模式都依赖于吸引因子，同时也满足听觉性能标准。这些循环从穿孔强度和整体定型化效果两方面评估。

工作流程 5（右） 听觉模式的改良。校准自定义脚本响应现有建筑结构，不仅仅集中于天花板，还有灯光、喷头和 AV 设备都被集成到顶棚。这种从声音分析生成的模式在脚本参数中加入了这些规则：

1. 所有的孔在 1—1/2 英寸的网格内。
2. 所有的孔可以无限地从 1 英寸的圆到 5/8 英寸的椭圆变化。
3. 在 1 英寸的面板连接线处没有孔。
4. 在面板连接线 6 英寸以内的任何孔的直径必须在 1/2 英寸以内。
5. 在透光口和撒水口 1/2 英寸范围内没有孔。
6. 在透光口和撒水口 6 英寸范围内的任何孔的直径在 1/2 英寸内。
7. 曲线 1 英寸范围内没有孔。

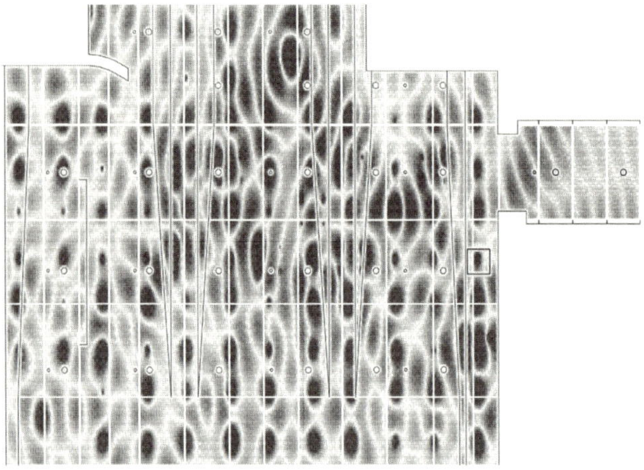

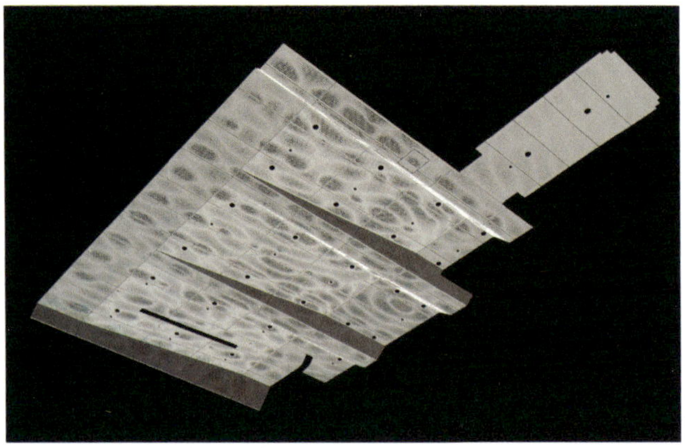

工作流程6（左上）、7（左下）、8（右） 最终模式从多种基于审美选择又满足性能要求的选择中选出。

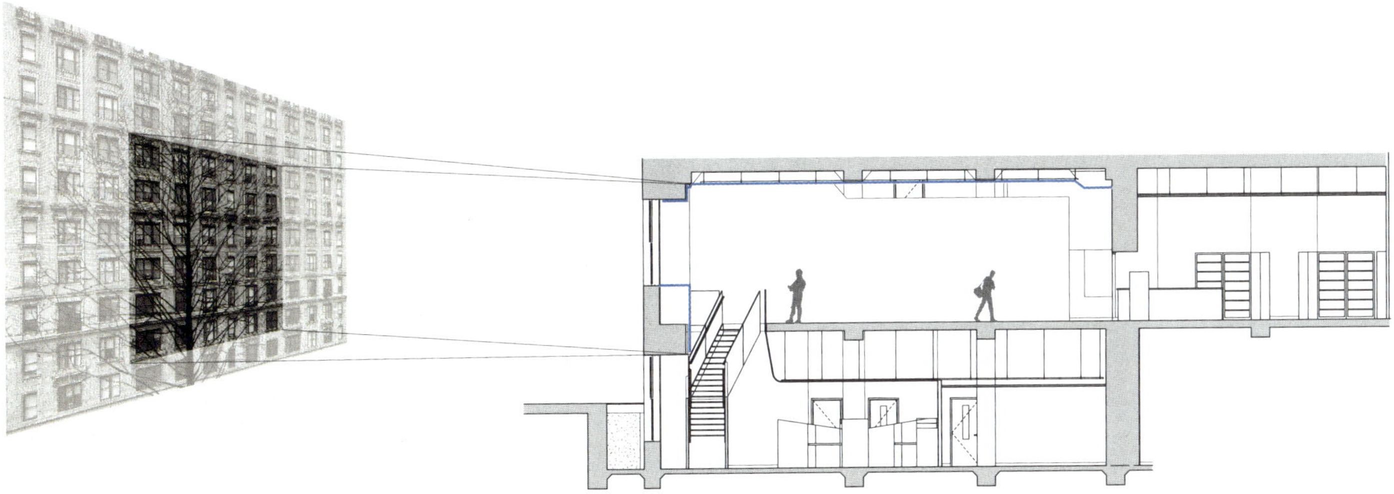

工作流程 9（上）区域 2：大厅墙。第二个区域，社交中心的西墙用来探索模型图形、实验性和空间感。图像像素和分辨率从不同的地点和视角提供多样的效果。产生的模式成为了一个平衡图像转换的数字化工具和全面测试结果合理性的方法。

工作流程 10（下）模式生成：内部 / 外部。这个表面的图案是通过在墙面之外过滤一张横跨百老汇大街的景色图片形成的，通过数字过程将其转化为在金属板上切割的孔洞。其目的不仅是把“外部”的形象投射到“内部”的墙上，而是同样允许观察者依据与墙面的接触产生不同的看法和理解。

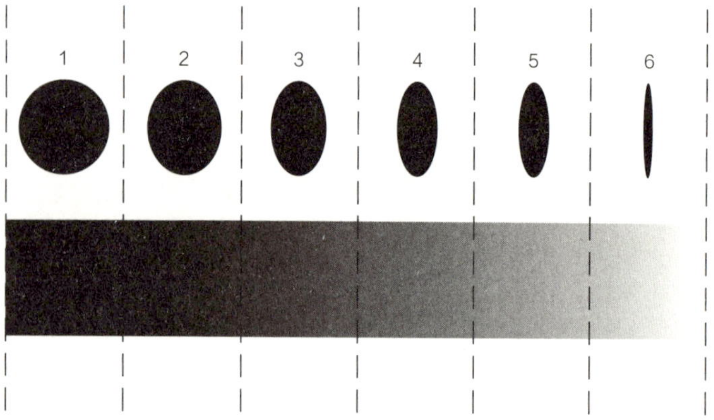
1
2
3
4
5
6

西墙，从40英尺—0

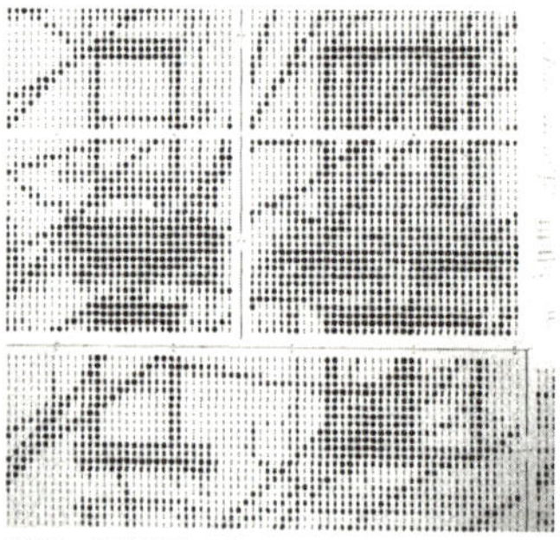
西墙，从10英尺—0

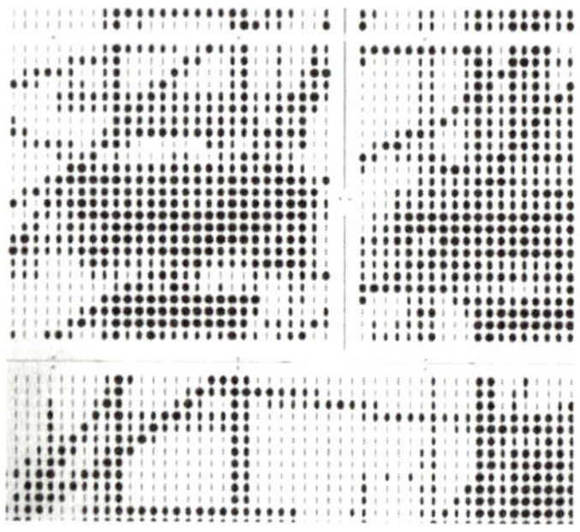
西墙，从5英尺—0

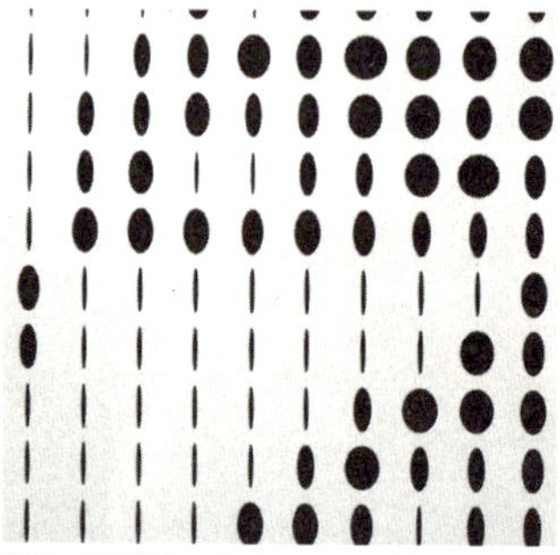
西墙，从1英尺—0

工作流程11（左上）像素化的逻辑。像素化的脚本过程运用六个离散字符的字母系统，每一个字符对应一个在黑白光谱内特定范围的色调值。通过一个简单的算法，脚本通过将光栅信息更换为色调值的方式将图像转换成孔眼排列。字符由0～1的阶梯组成。

工作流程12（左中、左下）、13（右）图样集中在特定的40英尺的距离进行捕捉校准——进入空间的那一点——然后当其靠拢时，分解为一个抽象的、椭圆形图样。

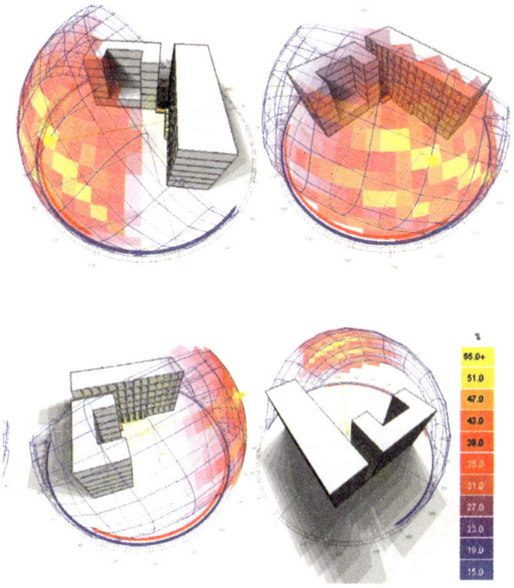

工作流程 14（左）　区域 3：咖啡馆的遮阳棚。第三个区域，悬挂的新玻璃屋顶下的遮阳天花板，与玻璃附件一同设计和施工以减少热负荷，同时也能够梳理自然光线。通过将参数化建模与环境仿真软件结合，开发了波纹和穿孔两种图案技术以减少内部空间的直射光和日照的热量。该模型的使用使技术性能标准得到满足，同时实现太阳光通过树冠过滤的定量效果。

工作流程 15（右）　太阳能研究。冷负荷最大值（屋顶对太阳直接辐射的吸收量最大时）通过一系列环境模拟确定，这个负荷成为遮阳系统设计的基准。

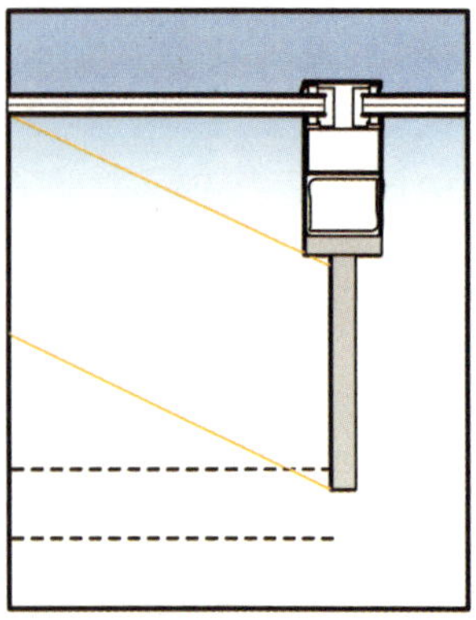

（A）**吸收。**找到在一年中设置装置区域吸收太阳直接辐射最多的角度。

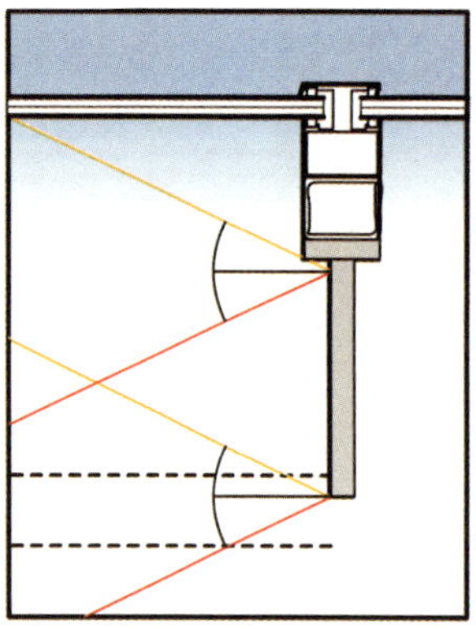

（B）**反射。**确定一个垂直的界面（屋顶结构）来反射光线并吸收辐射。入射角等于反射角。

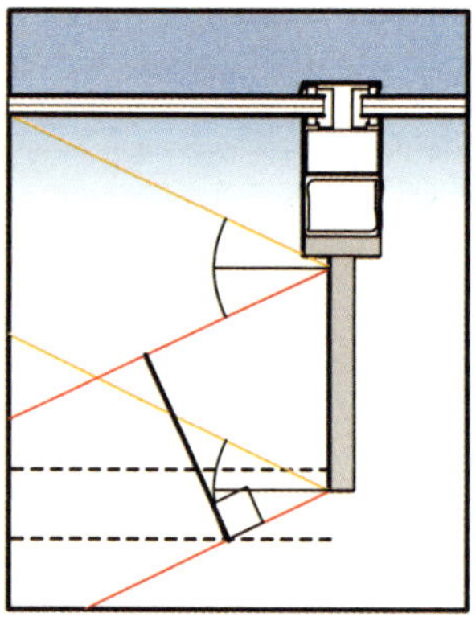

（C）**漫反射光。**找到一个与反射光线角度垂直的面。这个间接面可以打孔，以确保在最小化得热量的情况下带来最大的漫反射光线。

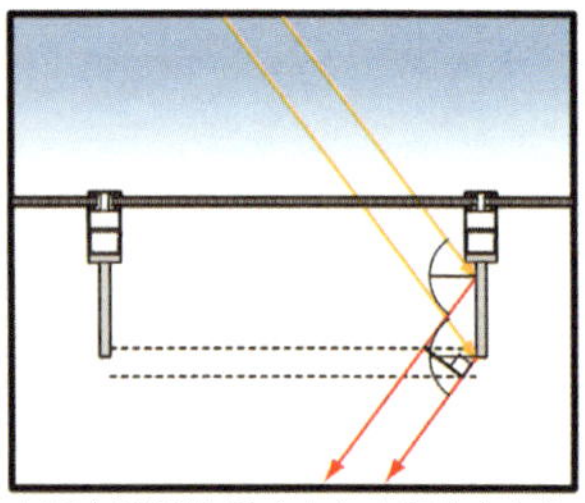

1. 西向设置装置（上午太阳在东向）。

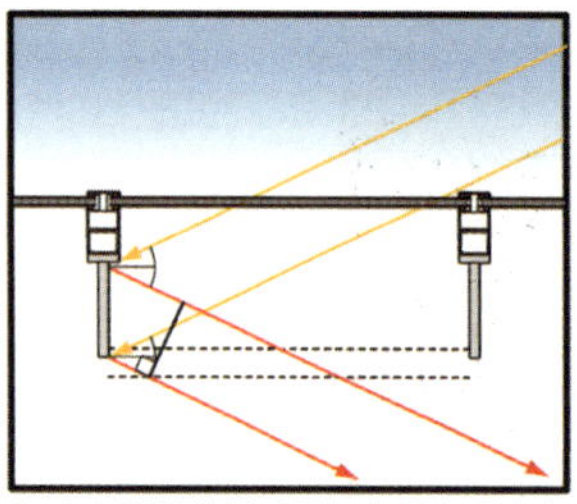

2. 东向设置装置（下午太阳在西向）。

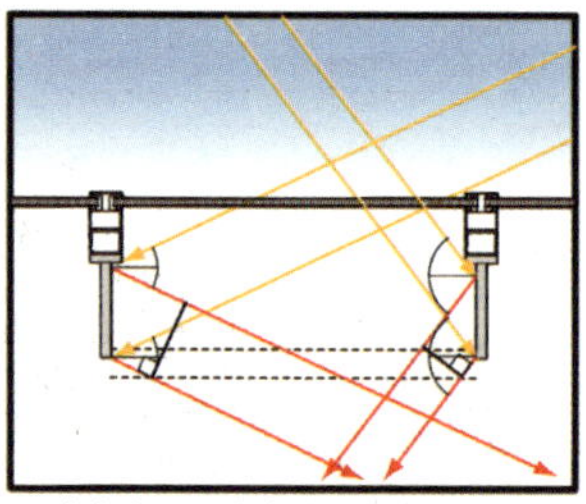

3. 确定东西两个方向的间接面。

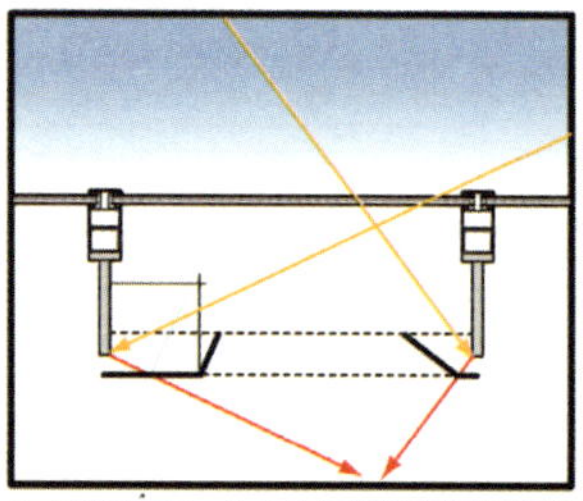

4. 调整东面，为灯具和喷淋提供水平界面。

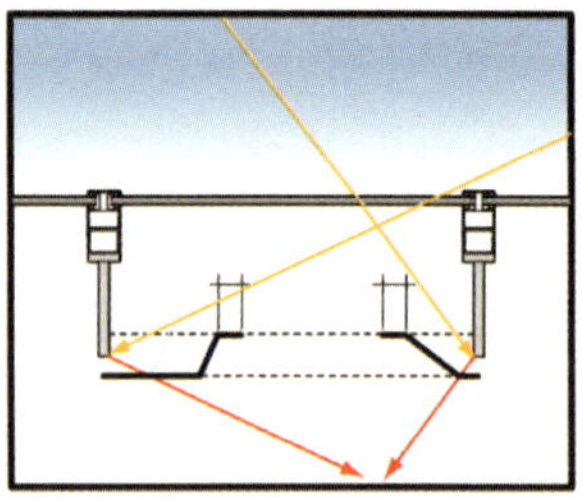

5. 在该区域顶部增加3英寸宽的水平表面（弯曲机件的最低要求）

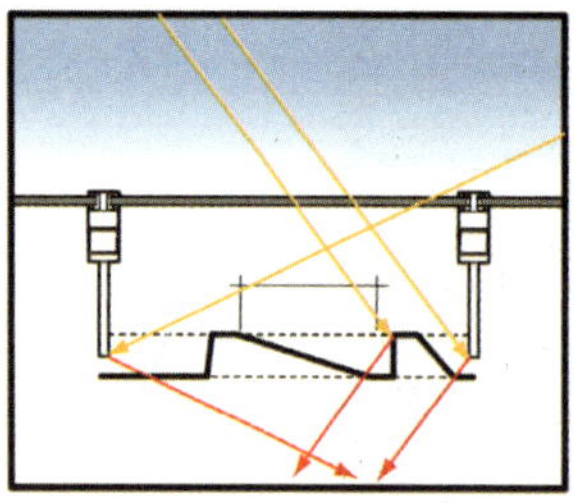

6. 设置折皱形式。

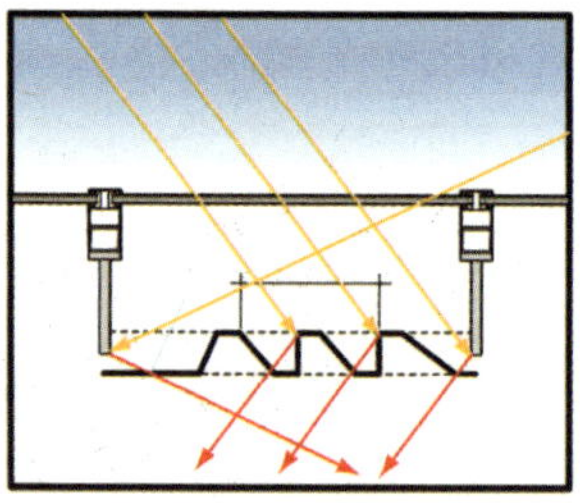

7. 变形：有三个折皱的板。

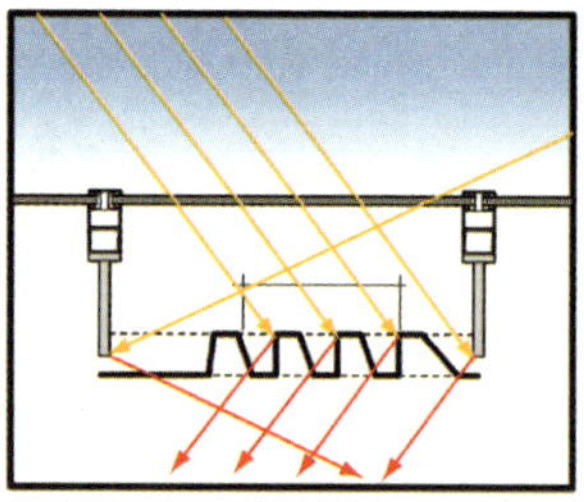

8. 变形：有四个折皱的板。

工作流程 16（上） 算法逻辑。太阳能分析信息反过来进入到参数模型，运用一个简单的算法生成天花板的弯曲型材。脚本的原理涉及用波纹阻挡阳光的直接照射，同时让光线反射和间接渗透到线面的空间。

工作流程 17（下） 典型面板生成。该算法运用反射原理（入射角 = 反射角）形成最佳的波纹形状，以尽量减少直接光渗透和最大限度的间接光扩散。输出几何形状被顶棚的几个实际条件限制：顶棚的灯具和喷头是否有足够的间隙，数据控制用来打断钢板的弯折设备的材料限制，以及与玻璃屋顶结构和安装硬件的接口。

ate Students to the School of Journalism

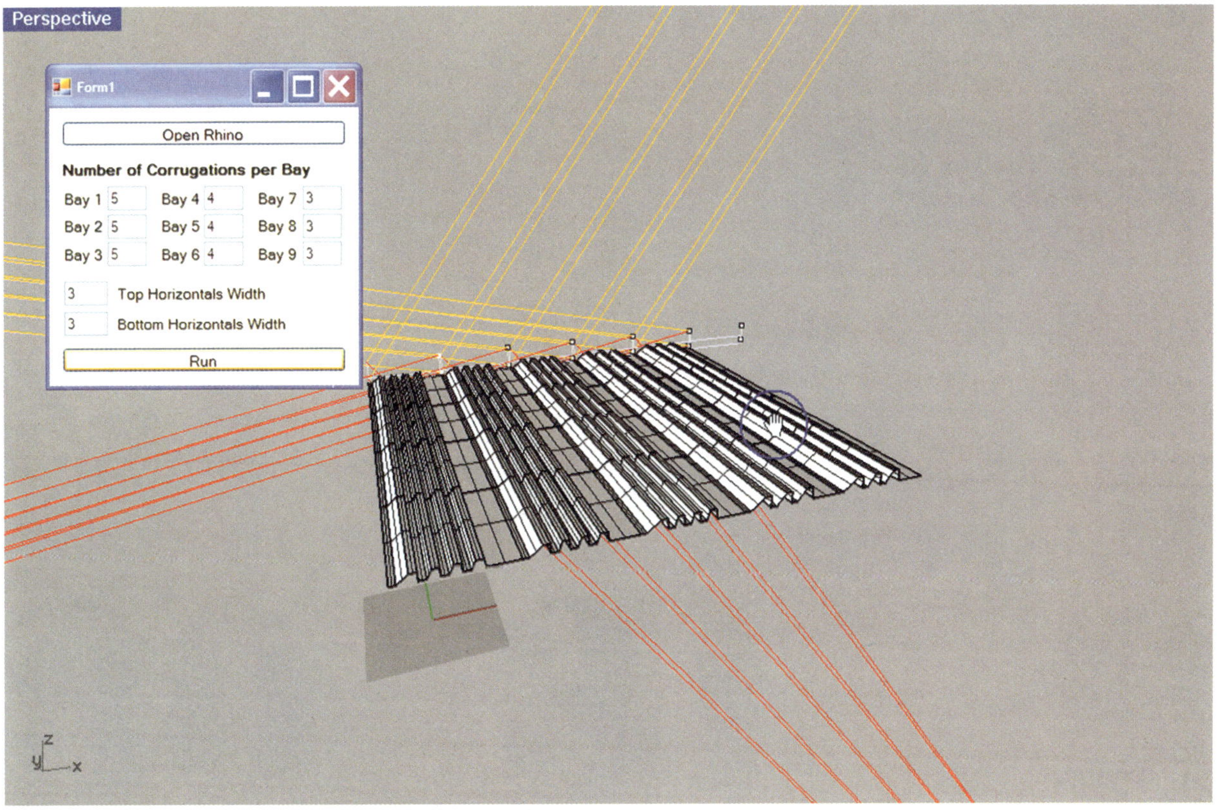
Perspective
Form1
Open Rhino
Number of Corrugations per Bay
Bay 1 5
Bay 4 4
Bay 7 3
Bay 2 5
Bay 5 4
Bay 8 3
Bay 3 5
Bay 6 4
Bay 9 3
3 Top Horizontals Width
3 Bottom Horizontals Width
Run

工作流程 18 脚本同样设计了一个用户界面，允许快速调整每张板面波纹的数量，用于测量不同折叠深度效果。

用于驱动射孔的云模式

显示面板接缝的云模式

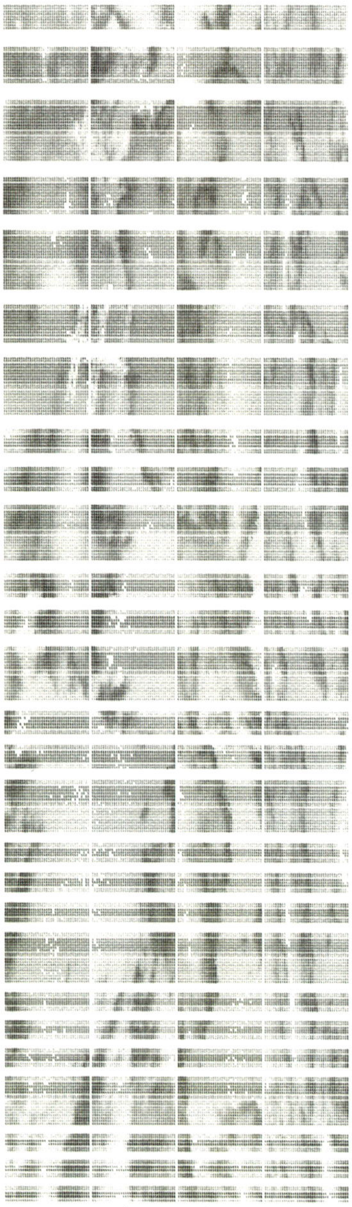
最终的打孔板（展开视图）

安装完成的屋面板细部

工作流程 19（上） 射孔模式的生成。一旦波纹图案被确定，所得的几何形状将被反馈到能量分析软件。每个面板的波纹曲面配置了最大允许百分比的穿孔，将满足已建立的能量模型中 80% 太阳热辐射降低要求。穿孔板的定量要求决定了板面开放的百分比，然而图案变化的逻辑来源于一幅天空的图片，就如同直接从咖啡馆的屋顶仰望天空一样。孔洞的大小和几何形状通过平衡分辨率的需要来决定，使激光切割的表面中的孔洞形成的图案清晰。

工作流程 20（右） 穿过顶棚的光线质量和穿孔式模具的透光性随太阳高度角改变。

使用模式

编者按

2002年，奥雅纳（Arup）纽约办公室的阿伦·里马尔（Arun Rimal）正在展示一些公司专有的数字化软件，包括环境的、结构的和听觉的模拟工具，类似于用于设计哥伦比亚大学托尼斯塔比尔学生中心的模拟工具。里马尔阐述了一个模拟员工在办公室发生火灾期间逃生的生命安全软件的早期版本。小点无序地在楼层中移动，然后慢慢地在楼层的另一端进行线性组织，逐渐引导到了火灾救生梯并最终逃离——每个人都安全撤离，这个建筑如计划一样运作。这个建筑成功了。

这款新的软件标志着算法发展的重大转变即在建筑中模拟复杂的行为。项目主题不再是通过一个房间的气流，而是人类。每个点都是一个算法介质，包括人们在生命受到威胁的情况下做出复杂决定的过程，不是一个一个的，而是跟其他介质同处危险的环境中。令人印象深刻。这种类型的行为模拟已经变得越来越普遍，并且正在应用于许多其他的人流情况，比如城市街道、剧院、飞机场和其他大型公共集散地。这些模拟是现代主义的“时间和动态”研究的科学管理技术的后续，目的是分析工人的工作效率。所有人都在寻找两种模式的汇聚点，即空间的构造以及用户的活动。

表皮模式作为通过计算化产生和解码的信息的一种新的审美，已经非常成功。但是对于使用该模式作为一种新型的空间生成器的探索在现在的研究和建筑实验中都是缺失的。任何关于通过计算化使用模式的探索或者存在于分析模拟中或者存在于服从性分析中。[1]然而，计算机化的优势之一是用许多分离的数据来产生和确定模式。

模式认识或者模式生成的算法过程怎样才能被用来在一幢单独的建筑中模拟交替和多样的使用者？建筑师彼得·艾森曼（Peter Eisenman）和弗兰克·盖里（Frank Gehry）关于数字化生成的正式理论和实验已经达到了一个新的水平。建筑师，比如雷姆·库哈斯和伯纳德·屈米的项目理论和实验怎样才能在相似的情况下通过数字化产生的使用模式进行发展？静态图像能够用动态模式补充。例如规范的行为可以作为出口模拟的基础来找到建筑设计和人类活动之间的平衡。这样的发展可以复兴，并且更新围绕建筑形式和项目的关系的争论。定义这种类型的设计项目的逻辑将成为数字化模式在建筑领域的挑战。

---

1 在与总务管理局（美国负责采购联邦大楼的联邦机构）合作时，查克·伊斯曼（Chuck Eastman）开发了一套分析软件，以评估县政府大楼的总体布局。Eastman, C. (2009) *Automated Assessment of Early Concept Designs*, in Garber, R. (ed) (2010) *Closing the Gap, Information Models in Contemporary Design Practice. Architectural Design* magazine.

对人造物的意向

菲尔·伯恩斯坦

菲尔·伯恩斯坦（Phil Bernstein）是一名建筑师，软件供应商 Autodesk 公司副总裁，并在耶鲁大学建筑学院教授专业实践课程。

1599 年，英国建筑师罗伯特·史密森（Robert Smythson）为他的项目设计了一种美丽、精确的十二玫瑰窗，并绘制了图纸。在最近的探索数学在建筑中的角色的展览中[1]，这幅图纸解释了建筑构造、建设顺序和安装，以及在一个对应的曲线墙面的窗户的镶嵌制作，并且镶嵌得非常精确（图 1）。史密森这一时期的设计建造者并没有看出太多设计意图和结果的不同，设计信息的创造者和消费者之间的分隔也在这个项目的很长时间内无关紧要。

400 年之后，设计过程和建设的关系产生了很大改变。设计者和建设者的角色已经分开，被视作不同的职业领域，并且被按照建筑师、工程师、专业咨询、施工经理、承包商、供应商、建造商和其他的等级进行细致的划分。如今，甚至一个简单的建设项目也可能涉及上百号人。即便跨越从设计意图到施工执行的一个小鸿沟也十分困难。建筑师和工程师负责创造设计的意图，但是某种程度上忽略了建设的方式和方法。这种状态在施工图纸中尤为明显。建造者往往为不相称的质量的需求和缺少经费以及紧张的日程所累，很少能看到施工图纸中有对于手工建造细节的注解。这些图纸中的设计意图和完成品之间的鸿沟是多方面的，因此建筑业总体上被认为面对着在成果和效率方面的巨大挑战。[2]

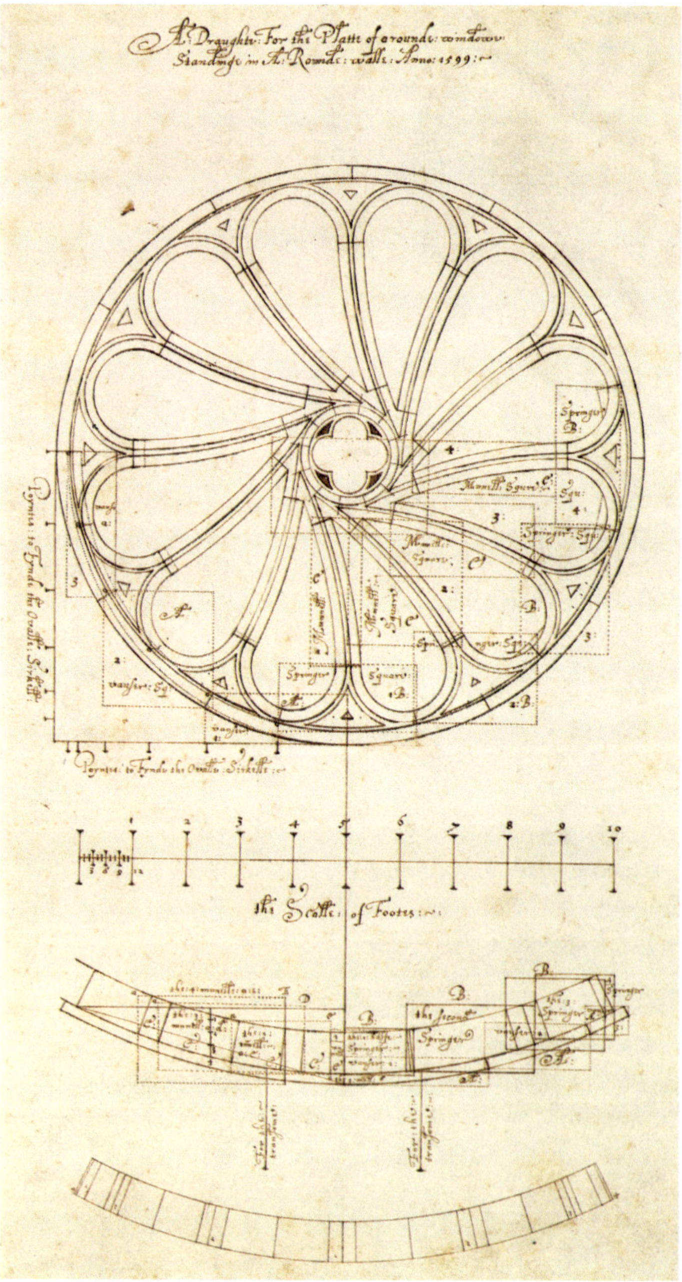

图 1　罗伯特·史密森的绘画作品，大约于 1599 年创作，“圆形窗设计图”。

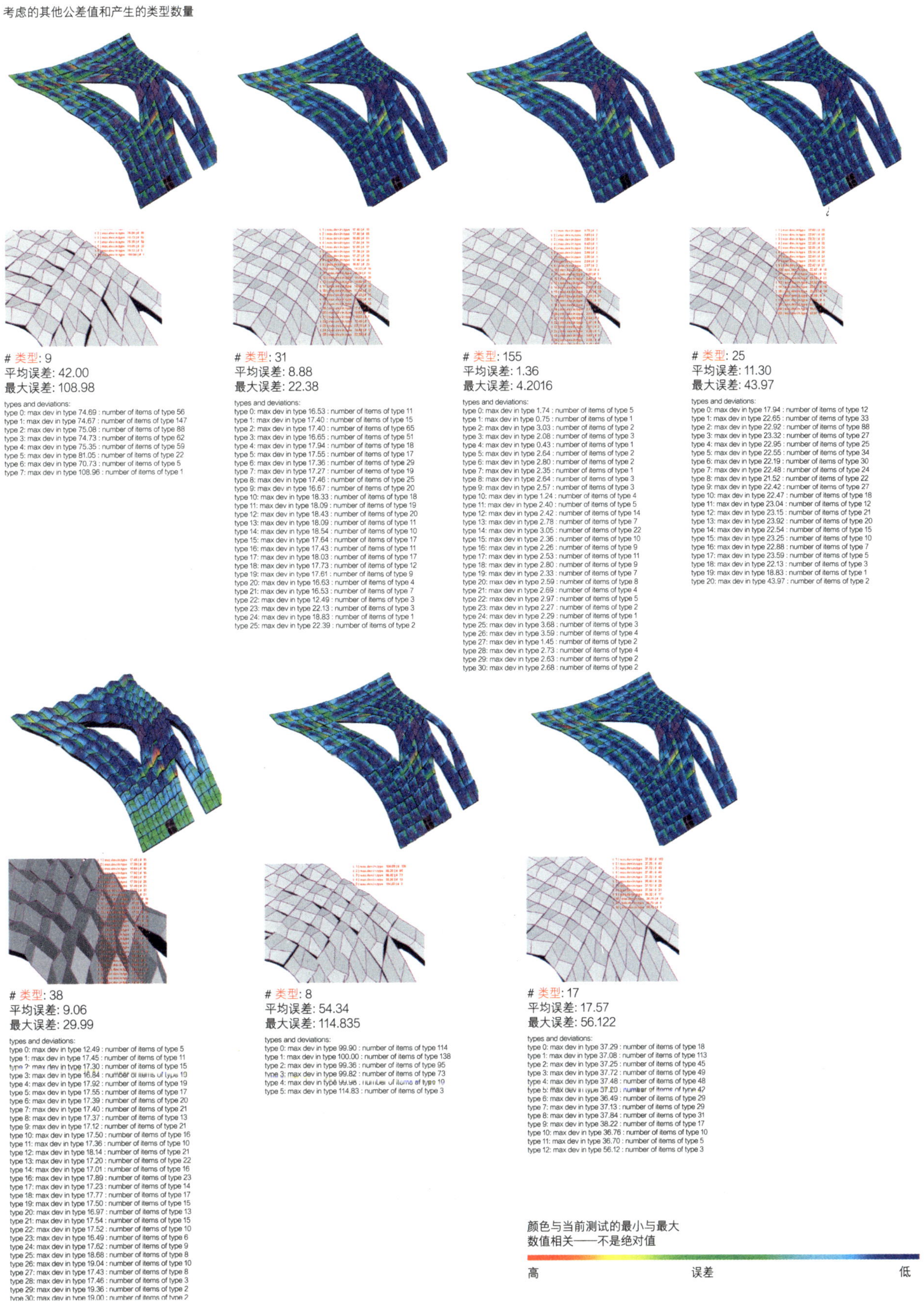
考虑的其他公差值和产生的类型数量

类型: 9
平均误差: 42.00
最大误差: 108.98
types and deviations:
type 0: max dev in type 74.69 : number of items of type 56
type 1: max dev in type 74.67 : number of items of type 147
type 2: max dev in type 75.08 : number of items of type 88
type 3: max dev in type 74.73 : number of items of type 62
type 4: max dev in type 75.35 : number of items of type 59
type 5: max dev in type 81.05 : number of items of type 22
type 6: max dev in type 70.73 : number of items of type 5
type 7: max dev in type 108.96 : number of items of type 1

类型: 31
平均误差: 8.88
最大误差: 22.38
types and deviations:
type 0: max dev in type 16.53 : number of items of type 11
type 1: max dev in type 17.40 : number of items of type 15
type 2: max dev in type 17.40 : number of items of type 65
type 3: max dev in type 16.65 : number of items of type 51
type 4: max dev in type 17.94 : number of items of type 18
type 5: max dev in type 17.55 : number of items of type 17
type 6: max dev in type 17.36 : number of items of type 29
type 7: max dev in type 17.27 : number of items of type 19
type 8: max dev in type 17.46 : number of items of type 25
type 9: max dev in type 16.67 : number of items of type 20
type 10: max dev in type 18.33 : number of items of type 18
type 11: max dev in type 18.09 : number of items of type 19
type 12: max dev in type 18.43 : number of items of type 20
type 13: max dev in type 18.09 : number of items of type 11
type 14: max dev in type 18.54 : number of items of type 10
type 15: max dev in type 17.64 : number of items of type 17
type 16: max dev in type 17.43 : number of items of type 11
type 17: max dev in type 18.03 : number of items of type 17
type 18: max dev in type 17.73 : number of items of type 12
type 19: max dev in type 17.61 : number of items of type 9
type 20: max dev in type 16.63 : number of items of type 4
type 21: max dev in type 16.53 : number of items of type 7
type 22: max dev in type 12.49 : number of items of type 3
type 23: max dev in type 22.13 : number of items of type 3
type 24: max dev in type 18.83 : number of items of type 1
type 25: max dev in type 22.39 : number of items of type 2

类型: 155
平均误差: 1.36
最大误差: 4.2016
types and deviations:
type 0: max dev in type 1.74 : number of items of type 5
type 1: max dev in type 0.75 : number of items of type 1
type 2: max dev in type 3.03 : number of items of type 2
type 3: max dev in type 2.08 : number of items of type 3
type 4: max dev in type 0.43 : number of items of type 1
type 5: max dev in type 2.64 : number of items of type 2
type 6: max dev in type 2.80 : number of items of type 2
type 7: max dev in type 2.35 : number of items of type 1
type 8: max dev in type 2.64 : number of items of type 3
type 9: max dev in type 2.57 : number of items of type 3
type 10: max dev in type 1.24 : number of items of type 4
type 11: max dev in type 2.40 : number of items of type 5
type 12: max dev in type 2.42 : number of items of type 14
type 13: max dev in type 2.78 : number of items of type 7
type 14: max dev in type 3.05 : number of items of type 22
type 15: max dev in type 2.36 : number of items of type 10
type 16: max dev in type 2.26 : number of items of type 9
type 17: max dev in type 2.53 : number of items of type 11
type 18: max dev in type 2.80 : number of items of type 9
type 19: max dev in type 2.33 : number of items of type 7
type 20: max dev in type 2.59 : number of items of type 8
type 21: max dev in type 2.69 : number of items of type 4
type 22: max dev in type 2.97 : number of items of type 5
type 23: max dev in type 2.27 : number of items of type 2
type 24: max dev in type 2.29 : number of items of type 1
type 25: max dev in type 3.68 : number of items of type 3
type 26: max dev in type 3.59 : number of items of type 4
type 27: max dev in type 1.45 : number of items of type 2
type 28: max dev in type 2.73 : number of items of type 4
type 29: max dev in type 2.63 : number of items of type 2
type 30: max dev in type 2.68 : number of items of type 2

类型: 25
平均误差: 11.30
最大误差: 43.97
types and deviations:
type 0: max dev in type 17.94 : number of items of type 12
type 1: max dev in type 22.65 : number of items of type 33
type 2: max dev in type 22.92 : number of items of type 88
type 3: max dev in type 23.32 : number of items of type 27
type 4: max dev in type 22.95 : number of items of type 25
type 5: max dev in type 22.55 : number of items of type 34
type 6: max dev in type 22.19 : number of items of type 30
type 7: max dev in type 22.48 : number of items of type 24
type 8: max dev in type 21.52 : number of items of type 22
type 9: max dev in type 22.42 : number of items of type 27
type 10: max dev in type 22.47 : number of items of type 18
type 11: max dev in type 23.04 : number of items of type 12
type 12: max dev in type 23.15 : number of items of type 21
type 13: max dev in type 23.92 : number of items of type 20
type 14: max dev in type 22.54 : number of items of type 15
type 15: max dev in type 23.25 : number of items of type 10
type 16: max dev in type 22.88 : number of items of type 7
type 17: max dev in type 23.59 : number of items of type 5
type 18: max dev in type 22.13 : number of items of type 3
type 19: max dev in type 18.83 : number of items of type 1
type 20: max dev in type 43.97 : number of items of type 2

类型: 38
平均误差: 9.06
最大误差: 29.99
types and deviations:
type 0: max dev in type 12.49 : number of items of type 5
type 1: max dev in type 17.45 : number of items of type 11
type 2: max dev in type 17.30 : number of items of type 15
type 3: max dev in type 16.84 : number of items of type 10
type 4: max dev in type 17.92 : number of items of type 19
type 5: max dev in type 17.55 : number of items of type 17
type 6: max dev in type 17.39 : number of items of type 20
type 7: max dev in type 17.40 : number of items of type 21
type 8: max dev in type 17.37 : number of items of type 13
type 9: max dev in type 17.12 : number of items of type 21
type 10: max dev in type 17.50 : number of items of type 16
type 11: max dev in type 17.36 : number of items of type 10
type 12: max dev in type 18.14 : number of items of type 21
type 13: max dev in type 17.20 : number of items of type 22
type 14: max dev in type 17.01 : number of items of type 16
type 16: max dev in type 17.89 : number of items of type 23
type 17: max dev in type 17.23 : number of items of type 14
type 18: max dev in type 17.77 : number of items of type 17
type 19: max dev in type 17.50 : number of items of type 15
type 20: max dev in type 16.97 : number of items of type 13
type 21: max dev in type 17.54 : number of items of type 15
type 22: max dev in type 17.52 : number of items of type 10
type 23: max dev in type 16.49 : number of items of type 6
type 24: max dev in type 17.62 : number of items of type 9
type 25: max dev in type 18.68 : number of items of type 8
type 26: max dev in type 19.04 : number of items of type 10
type 27: max dev in type 17.43 : number of items of type 8
type 28: max dev in type 17.46 : number of items of type 3
type 29: max dev in type 19.36 : number of items of type 2
type 30: max dev in type 19.00 : number of items of type 2

类型: 8
平均误差: 54.34
最大误差: 114.835
types and deviations:
type 0: max dev in type 99.90 : number of items of type 114
type 1: max dev in type 100.00 : number of items of type 138
type 2: max dev in type 99.36 : number of items of type 95
type 3: max dev in type 99.82 : number of items of type 73
type 4: max dev in type 99.98 : number of items of type 19
type 5: max dev in type 114.83 : number of items of type 3

类型: 17
平均误差: 17.57
最大误差: 56.122
types and deviations:
type 0: max dev in type 37.29 : number of items of type 18
type 1: max dev in type 37.08 : number of items of type 113
type 2: max dev in type 37.25 : number of items of type 45
type 3: max dev in type 37.72 : number of items of type 49
type 4: max dev in type 37.48 : number of items of type 48
type 5: max dev in type 37.20 : number of items of type 42
type 6: max dev in type 36.49 : number of items of type 29
type 7: max dev in type 37.13 : number of items of type 29
type 8: max dev in type 37.84 : number of items of type 31
type 9: max dev in type 38.22 : number of items of type 17
type 10: max dev in type 36.76 : number of items of type 10
type 11: max dev in type 36.70 : number of items of type 5
type 12: max dev in type 56.12 : number of items of type 3

颜色与当前测试的最小与最大
数值相关——不是绝对值
高
误差
低

图 2　建筑师扎哈·哈迪德，脚本参数几何生成图。

高分辨率设计时代的建筑设计

如果史密森今天还健在，他很可能会惊讶（而且失望）因为用来建造他的窗户所需的图纸数量太多。它会出现在大大小小的平面中，很多剖面及墙身大样，也许还会有一个或者两个窗户大样，标明窗体明细和规格。最终选出的石材承包商或者制造者会准备制作施工图。在一块石头采掘出来之前，这些数据会被创造、收集、协调及评估。这个从设计到建设的过程会不断扩充，随时应对潜在的问题。

但是详实的记录并不仅仅是风险管理策略的产物。它们是对影响整个设计过程的一系列因素的回应。当然，当今的建筑物要复杂得多，并且对其性能的预期也很高。建设方法更加复杂，然而建筑的雇工不能完全胜任。20 世纪末，手工制图向电脑协助制图转变，使得创造更多建筑的细节变得容易。但是从手工制图到电脑制图的转变对于信息从设计者传递向建造者的帮助甚微。这是否说明手工制图已经到达了它们独特性的尽头？

到 2004 年，一种新技术给建筑行业的 CAD 制图构成压力：在建筑信息模型化（BIM）中，绘画让位于三维模型，同时其他图纸都可以通过三维模型衍生。到 2009 年，大量的设计师和建筑师已经采用了 BIM 制图，并且到 2011 年绝大部分业内公司都计划采取 BIM 制图。[3] BIM 制图的流行与普及借助于简易但是极具竞争力的 3D 建模软件的广泛使用。在更加计算机化的方案中，几何模型被有逻辑性的脚本驱动。帕特里克·舒马赫（Patrik Schumacher）已经建议了一种以“参数化主义”为特征的方法[4]，在“版本、循环和大众定制”的环境下，这种方法已经被理解和流行，这种方法在一段时间内是很前卫的。图 2 描述了把参数化设计作为正式方案的替代方法的系统衍生的过程；设计师而不是形式本身操控了计算化的过程。[5] 两种观点都认为设计的过程

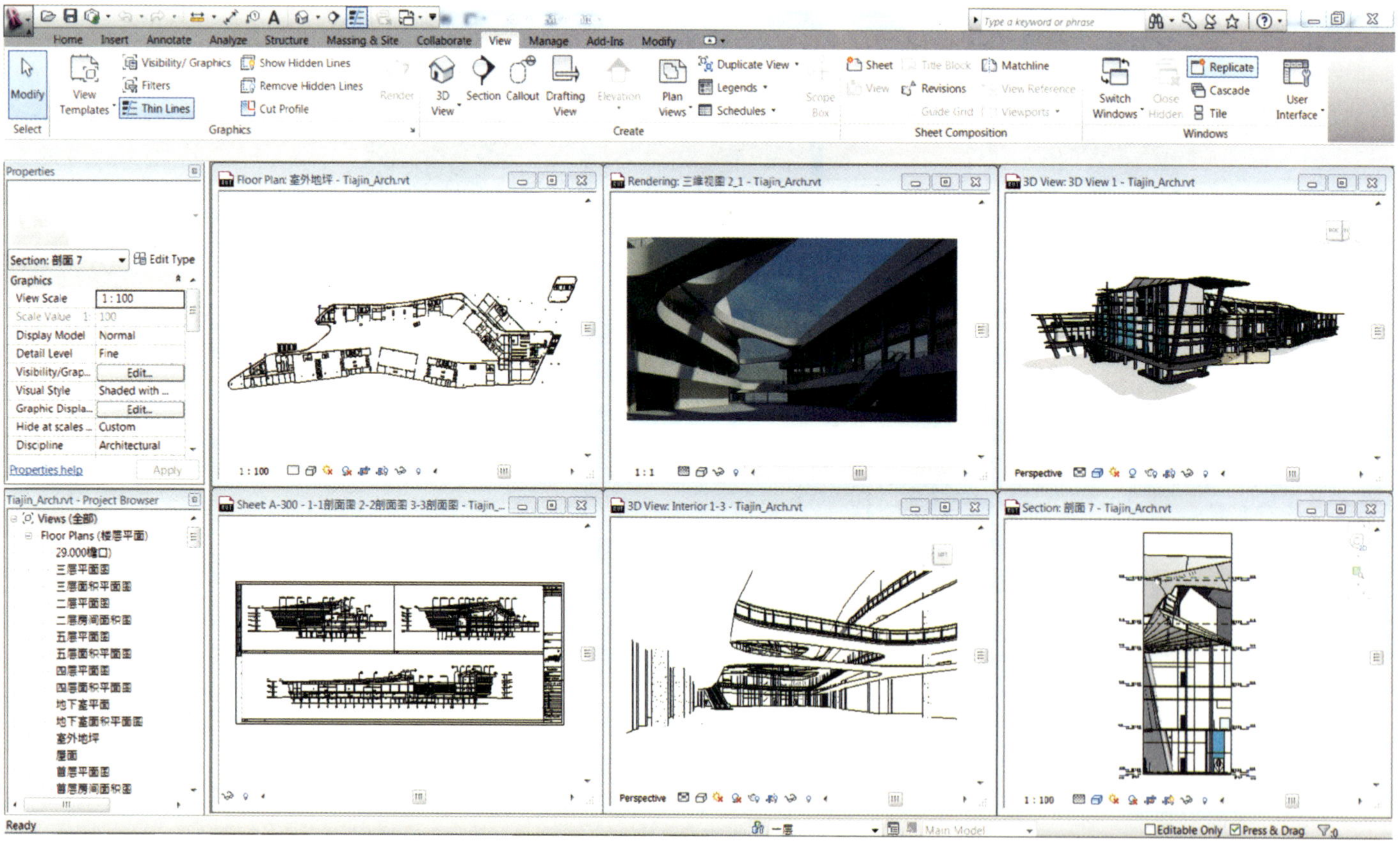

图 3 CCDI 集团，多视角的建筑信息模型展示。

包括了正式方案的衍生过程和程序化架构的策略。因此设计意图和产生的作品在结果和潜在规则的抽象表达中是绑定在一起的。

基于设计和设计原理的共同兴趣，BIM 在施工之前为设计师们提供了新的机会来对建筑物的数字化原型进行实验，也为建造者们提供了虚拟建设的机会。设计师们和建造者们可以共享同一个模型的几何逻辑、虚拟物质性、提取量、可识别的冲突甚至是对能源使用或者日光和阴影的分析，所有这些都有助于一个更便于预测的结果。该模型包括了设计的建筑构造和一些它的参数特征：尺度和构件之间的关系，同时结合了它们的几何和材质特征（图 3）。从概念的角度看，这些数据通过使用三维模型在设计意图和建造的执行上架起了沟通的桥梁。几乎并行的，一种称为综合化项目运作的新的项目组织方法出现了，这种方法中，BIM 的透明化为客户、设计师和建筑师之间的紧密合作提供可能。有了这两种发展，表现方法跨越了设计意图到建造执行的鸿沟。

如今，设计师和建造者们面临着表现化技术和 BIM 在核心上的组合（图 4）。因此涉及建设过程的每一个方面都在变得虚拟化并且相互关联。作为解决方法，设计模型的颗粒度和参数化特征在质量上有所增加，相关计算过程提供的分析深度也在进步，并在设计自身的发展过程中提供了实时的反馈。30 年前，参照德国科学家和设计师霍斯特·瑞特尔（Horst Rittel）[6] 创造出来的术语，彼得·罗（Peter Rowe）指出了关于设计过程的问题的特征是“恶劣的”，在这种意义上它的方法和终端都是很难准确定义的，他提倡“启发式推理”：

> “建筑设计的问题也可以说是恶劣的问题，因为这些问题没有最终形成的公式，没有明确的终止规则，总是不只有一种看似合理的假设，一个问题方程对应一个解决方法，反之亦然。它们的解决方法不能严格地判断出对与错。解决这种类型的问题需要初步的洞察力、一些规定性规则的实行、推理或者看似合理的策略，换句话说，就是启发式推理的使用。”[7]

作为推理的一种产物，设计方案的产生会越来越包含分析性反馈。

挑战从设计到施工的线性关系

曾经的从设计到施工的线性设计同时受到了挑战。“设计”曾经一度是建筑师和工程师的专门领域，建造者等待这以施工图纸的形式传达的“设计意图文件”，今天综合的以模型

图 4　美国总务管理局（U.S. General Services Administration），激光扫描点云图像。

为基础的过程具有设计定义和建设执行的大规模平行处理过程的特征。曾经建造者提供“可建造性分析”，今天的建造者有相同的“施工准则”模型（图5）。任何像幕墙这样的被逐渐在建筑师的设计模型中定义的子系统都将会与承包商的建造模型相关联，并且当一个模型将结果传递给另一个模型时，模型将不断变化。一个复杂的项目设计也许来自这些数字化数据组合——模型、脚本、分析运行和扫描。

克里斯多夫·亚历山大建议把设计理解成对一个构思的尝试，这个构思是一种“不确定环境中的无形的形式”。[8]当多个学科为“设计目标”的解决做出贡献，那种环境就变成了多维度的。启发式的方法已经变得更具有决定性且更加复杂。当然，设计过程总是要求设计者能在不连续的抽象化水平上管理全面想法的解决方法。例子包括总体模型、计划细节、规格部分，甚至是建设服从。

设计迭代是一个想法被确定、尝试、编辑并且整合的过程，它成了一个更加细微的任务并且需要在这个语境下做更多的探索。如果没有直接衍生的结果被传达给最初的设计者，那么一个给定的替代方法几乎无法被评估。但是必须给理念和想法一次机会来解释。一个受到良好约束的设计过程必须被创造出来，其“短板”必须很好管理，最不可能的解决方法在信息的连续喷涌下崩溃了。

把元设计融入设计

因此此处所说的周密思考的工作流程是指为了设计本身而创造一个新的模型。尽管亚历山大定义的目标不变，深层的策略却有着深远的不同，这可以最好地表示成“设计”和“元设计”的关系。建筑师有义务解决他的想法并且把想法呈现给建造者。但是亚历山大的“中介环境”已经不像以前那样。提供的关于现存状况的信息将以精确的2mm的高分辨激光扫描的形式出现。在BIM方法的指导下，相关设计规则创造的设计意图将会变成数字化、三维化，实现行为上的正确性。有些模型将会自我产生，由脚本、规则和限制的相互参数重复创造。分析性仪表盘将提供关于项目成本、可持续性甚至代码一致性的关键参数的即时反馈（图6）。当传递方法不断融入进来，建造者将和传统的设计者共同参与，高度细节化的建造分析和计划模型与不断发展的设计模型一起运行。如果建筑师仍然负责对关键设计概念的产生和决定性信息的正确融入，那么他之后也需要为它们执行的过程负责。

当建筑师们总是对设计过程的设计（元设计）负责，那些责任已经被传统地划分为“项目管理”，并通常认为是在建筑师作为设计领导者的状态下。在施工经理、业主代表、设计师共同协作的时代，所有的活动都是为了解决佩吉·迪默（Peggy Deamer）所说的建筑产业的功能障碍[9]，即建筑师自身主动脱离对于设计过程的责任。我们对于最接近创造形式的、近期的元设计的某些方面几乎是没有疑问的，包括如BIM和参数化等高级工具的使用已经成为并将继续被建筑师所钟爱。但是在更广泛的过程问题方面也存在危险，即从扩展的数字化资源的宇宙中来的输入流大量涌入设计当中，这些问题在某种程度上以保护“设计者

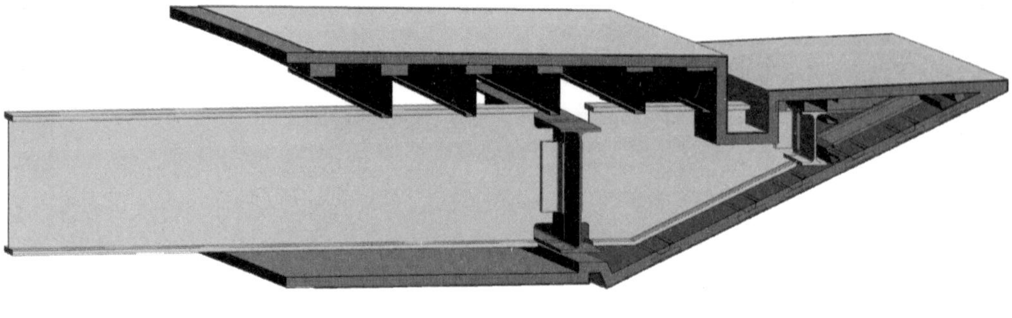

图5　Tocci建设集团，建筑顶棚结构模型。

优先权的纯洁度”的名义而存在。元设计在这种意义上无异于在意图创造和执行过程中对于基础设计原理的运用。

从现在开始，设计敏感性将需要应用于各种传统上被划分为“不涉及”的问题。必须创造出数据结构和模型标准，以保证每个相关的学科领域都能看到和理解其他人的工作，且设计决定过程必须清楚地构建出来。分析过程必须应用在最有用的时候，而不是过早地毁坏一个正在产生的想法。如果参数模型强迫设计者清晰地创造规则、脚本和关系，那么这些联系无法被管理，会产生一系列并非本意的结果，这些结果会变得难以理解。最重要的是，设计必须从一种合作的环境中产生，在这种环境中，专业和洞察力都是很清晰的，但是由人类创造的，可以最好地围绕设计本身组织。这些问题中的每一个都需要一种设计出来的方法。

把元设计融入设计中的能力对于建筑和设计本身的实践前景至关重要。这种融合必须正好发生在意图和执行的交会时刻。现在的技术，如数字化模型、分析和参数化，是科技发展产生的人工制品。它们使建筑师可以获得的设计工具箱改变，并继续发展成为今天未知的技术和技巧。如今清晰的一点是，通过不同的方式，每一个人都使得形式的构思能力和生产方法之间的不同变得模糊。诸如 BIM 和综合传递等方法已经被开发出来，它们不是为了支持和鼓励设计，而是为了解决建筑行业中严重的效率低下问题。建筑师们必须将这些方法用于更大的项目中，定义包含元设计的设计理念，否

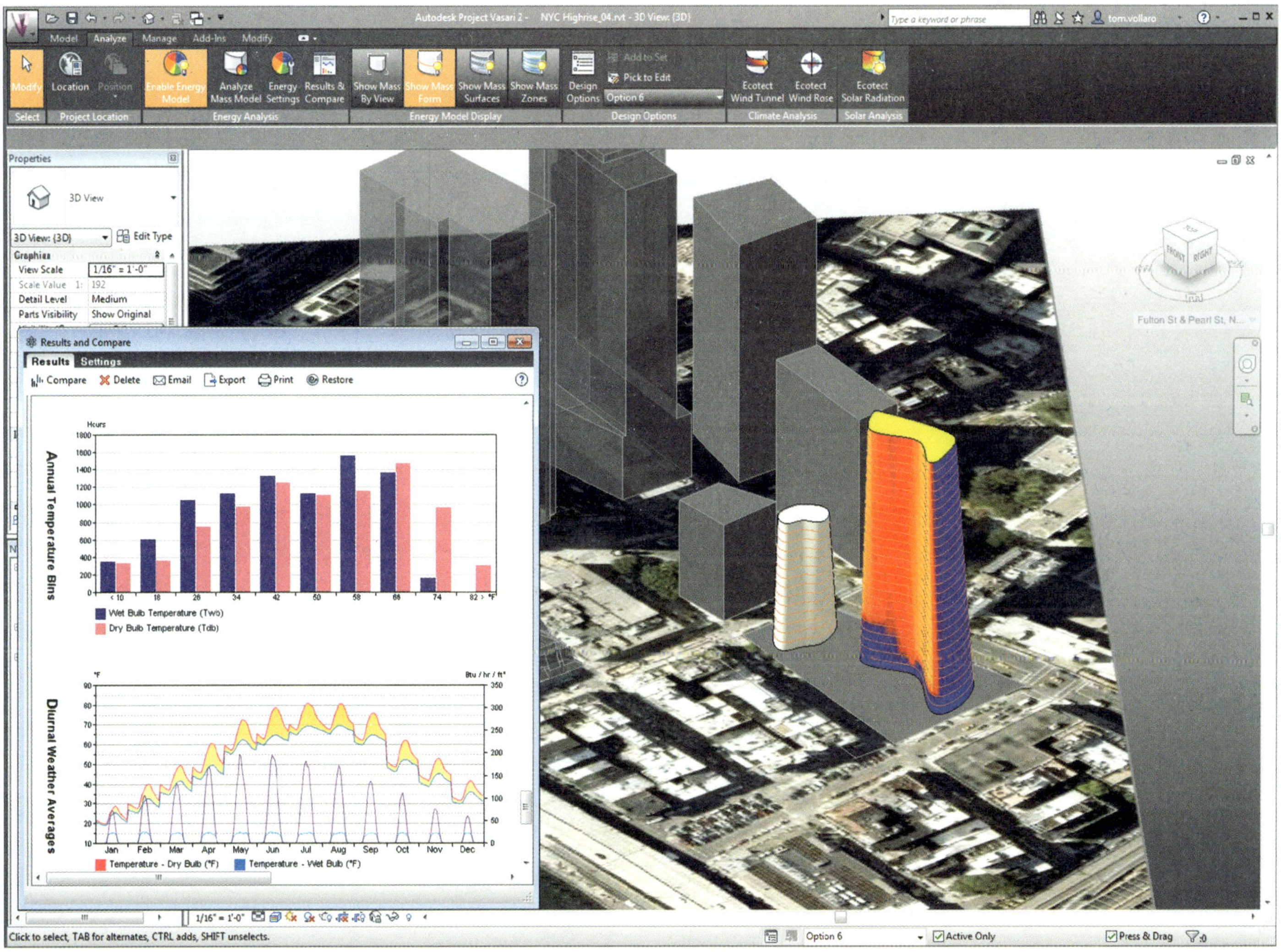
Autodesk Project Vasari 2 - NYC Highrise_04.rvt - 3D View: {3D}
Properties
3D View
Edit Type
Results and Compare
Results
Settings
Compare
Delete
Email
Export
Print
Restore
Annual Temperature Bins
Wet Bulb Temperature (Twb)
Dry Bulb Temperature (Tdb)
Diurnal Weather Averages
Temperature - Dry Bulb (°F)
Temperature - Wet Bulb (°F)
Click to select, TAB for alternates, CTRL adds, SHIFT unselects.
Option 6
Active Only
Press & Drag

图 6　Autodesk 公司，能源数据表和 BIM 分析。

则其他不了解建筑学科的人是无法完成这个任务的。

注释

1. Gerbino, A.; et al. (2009) *Compass and rule: architecture as mathematical practice in England, 1500-1750,* London, Oxford, New Haven, Conn., Yale University Press; in association with the Museum of the History of Science; in association with the Yale Center for British Art.
2. National Research Council (U.S.); Committee on Advancing the Productivity and Competitiveness of the U.S. Construction Industry; Board on Infrastructure and the Constructed Environment (2009) *Advancing the competitiveness and efficiency of the U.S. construction industry,* Washington, D.C., National Academies Press.
3. McGraw Hill Construction Analytics (ed) (2009) *The Business Value of Building Information Modeling*, New York, McGraw Hill.
4. Schumacher, P. (2008) *Parametricism as Style—Parametricist Manifesto*, lecture presented and discussed at the Dark Side Club, 11th Architecture Biennale, Venice 2008, http://www.patrikschumacher.com/Texts/Parametricism%20as%20Style.htm
5. Goulthorpe, M. (2009) Parametric Profligacy, Radical Economy, in Bernstein, P.G.; Deamer, P. (eds) (2010) *Building (In) The Future: Recasting Labor in Architecture*, New Haven, Yale School of Architecture, and New York, Princeton Architectural Press, pp. 44-59.
6. For more information on Horst Rittel see Gänshirt, C. (2007) *Tools for Ideas. An Introduction to Architectural Design,* Basel, Birkhäuser, p. 51.
7. Rowe, P. G. (1982) A Priori Knowledge and Heuristic Reasoning In Architectural Design. *Journal of Architectural Education*, 36 (1), pp. 18-23.
8. Alexander, C. (1964) *Notes on the synthesis of form*, Cambridge, Mass.: Harvard University Press.
9. Bernstein, P.G.; Deamer, P. (eds) (2010) *Building (In) The Future: Recasting Labor in Architecture*, New Haven, Yale School of Architecture, and New York, Princeton Architectural Press.

BIM 2.0

编者按

菲尔·伯恩斯坦是最多产和最有说服力的BIM和IPD方法的提倡者之一，他尝试解决AEC行业的分离的组织结构。该技术为他的公司带来的利益不应掩盖了他对行业进步的贡献和为建筑师提供的机会。当作为正在发展的行业标准工作流程的BIM和IPD显示了对解决程序性问题的承诺，伯恩斯坦正在鼓励建筑师们利用和详细阐述这种发展来处理设计的问题。对于伯恩斯坦来说，元设计为此制作出了架构规划，包含了建筑师、建造者和所有者的各种担忧和动机。

随着设计、生产与项目管理不断融入一个单独的数字化工作流程，创作设计作品的过程之间的区别已经变得不再显著。被用来开发和记录建筑设计的同样的数字化模型充满了设计生产和管理过程的所有潜在可能。作为在这本书里其他地方呈现的元设计的可能版本之一，马蒂·道奇（Marty Doscher）描述了由Morphosis开发出的工作流程。[1]这个例子显示了几个重要的教训：这种方法没必要在整个项目中全部涵盖，它可能或者不可能运行标准的BIM软件，同时它可能为激励机制所驱动而非纯粹的效率驱动。

设计和建设之间发展出来的分离已为建筑师创造了两种互斥的条件：第一，它已经发明了一种洞察力方法，这种方法保护了建筑的地位。第二，它消除了这种洞察力，从此建筑风险不再是必需的。当设计信息变得越来越虚拟化，洞察力和知识之间的交换变得与执行和生产方法复杂交错，建筑要保持与建筑物分离，同时保持自己的地位越来越困难。这种洞察力方法部分来源于与确定的建筑物的本质相关的建筑设计的模糊的方面。甚至有了更多的分析数据和模拟过程触手可及，使得设计决定更加明显，随意的决定仍然存在于这个过程中，建筑物从来都不完全是清晰和合理决定的结果。综合数字化工作流程毫无疑问地使得更多的决策过程更加顺畅，它们不需要作为从根本上开放的、具有创意的过程的约束。

引用一个例子，杰西·雷泽和梅本奈奈子十分依赖数字化工具的展示能力，但是也有正确的对脚本或者性能优化引导设计过程的怀疑。事实上，他们尽力为最大化实现自由创造条件，试图避免一对一地和计算机技术的关联。他们为了实现这个目的，参与了设计工作流程定量阶段。[2]在他们的014项目中，他们和结构工程师一起设计了室外壳体，该设计并不是为了结构优化，而是为了配合设计灵活性而在不影响结构整体性的情况下而做出的稍微“过度设计”。尽管纯粹有效率的工作流程的趋势本可以导致一种结构优化的设计，建筑师的参与重新指导了工作流程。有人可能会认为他们将一种“设计模式”运用到了项目限制因素的发展上，正如伯恩斯坦所说，这是纯粹由效率决定的设计空间之外的定性设计选择。

这种与数字化综合工作流程和系统化之间的关系以及建筑师在设计过程中对灵活性的渴求正好是设计元设计过程中的挑战之一。一个建筑领域的数字化综合元设计是否更加有朝向科技决定结果的趋势？例如BIM方法有能力创造出高度综合的建筑描述，这些描述是考虑周详的设计过程的一部分，但是最终的建筑设计或许是同一类型的，且缺乏创意。伯恩斯坦意识到BIM和IPD方法不是用来鼓励创新设计，而是解决程序性效率低下的问题。用它们来形成一种综合工作流程的志向使得建筑设计和建筑业有了一种新的关系，这可能是威胁，也可能是机会。结果如何取决于设计工作流程怎样融入工业工作流程——这是伯恩斯坦送给建筑师的挑战。

---

1. 参见本书中《一次性编码，持续性设计》一文，由马蒂·达索著。
2. 参见本书中《系统感知》一文，由杰西·雷泽和梅本奈奈子著。

建筑图解、设计模型及母型

本·范·贝克尔

本·范·贝克尔（Ben van Berkel），UNStudio创始合伙人，现任法兰克福Stäedelschule现代艺术学院建筑系主任及概念设计学教授

（以下为斯科特·马布尔对贝克尔教授进行的采访[1]）

斯科特·马布尔：从您对如何通过早期软件程序利用拓扑图来推进复杂程序、理清形态关系的探索，到您融合最尖端优化技术以实现大型城市工程的近作，UNStudio的作品自20世纪90年代早期起就在建筑业数字化演进过程中占有独特地位。尽管现在仍将这么多注意力放在数字化流程上已显得几乎有些过时，但不可否认的是，数字化已深深嵌入建筑师的工作中。那么，您关于计算机在建筑业中的应用的看法有着怎样的变化？

本·范·贝克尔：几年前，卡罗琳（Caroline Bos，UNStudio合伙创始人）与我合著了一本名为《设计模型》[2]的书，批判性地探讨了建筑设计数字化的优缺点。在这本书中，我们强调了引导数字程序、强调了利用建筑原型及其他起推动性作用的想法的重要性，以便能对数字程序提供的信息进行筛选过滤。通过我多年在工作中应用参数化和其他计算机技术及从我担任过的多个教职中得出的经验，我发现，我们仍然需要，甚至十分有必要，对计算机能够发挥的作用持批判态度。计算机是一个强大的工具，它掀起了潮流，但我们应对这些潮流存疑。就像某一学科中变得非常时尚的其他潮流一样，比如20世纪五六十年代应用于艺术领域的丝网印刷术，我们一定要小心，不要让工具失去其真正的优势。以波普艺术为例，我们通过沃霍尔、劳申贝格和汉密尔顿的作品可知，丝网印刷术作为一种工具曾让艺术作品的快速创作成为可能。突然之间，一系列的肖像画在几个小时内就可以完成。因此，这一新技术让人们对于如何进行艺术创作，以及如何让艺术产生新的效果有了新的认识。计算机也同样如此。它也带来了一些新的优势，但我们必须要保持警觉，要小心识别这些优势到底是什么。我一直都很支持数字化设计技术和虚拟技术，甚至在20世纪90年代时，我曾提出这样的看法，我说，对建筑行业而言，计算机的发明几乎就跟水泥的发明一样重要。但我也仅止于此。

斯科特·马布尔：Scripting脚本设计法及其他一些将计算技术应用于设计产出的生成设计法正变得越来越普遍，至少对更有革新精神的设计工作室而言是如此。当宽泛的设计意图被量化成输入和输出的过程后，这种量化总是能简化设计师的工作吗？又或者它能被用作探索性模型吗？换句话说，将设计意图"数字化"是否总是能够将意图简化？

本·范·贝克尔：我并不认为进行设计时所持的原则一定会帮你减少信息。我们的设计室在设计很多项目时都用到了编程，包括创造新脚本以合并多重程序。我们一直都采取多重程序进行设计，但现在，设计室里引入了一些高技能型人才，包括与谷歌有联系的程序员，他们在合并程序方面要出色得多，因此我们并不仅限于采用像Grasshopper一样的单一程序或其他的独立应用程序。所以，在这一点上，对设计进行设计更多地是指拓展设计意图，而不是简化意图。Scripting脚本处理、参数化建模等

新型计算机技术为更全面地探索建筑设计的关联性及包容性方面提供了可能，这一点也让人很感兴趣。大量相互关联的信息变得更易管理，所以，对数字化手段的应用看似简化了信息，但更让我着迷的方面，却是它能将大量复杂的问题变为让人意想不到的、相关联的答案，这就更像是一场设计探索。然而，你依然可能会发现，从一个模型中得到的输出就跟输入进计算机时一样复杂难解。你可能发现在将场地、基础设施、编程问题或建造因素等信息进行整合之后，你的模型仍然没有产出有用的结果。这就让我回到了我的论点，那就是，尽管你的技巧已十分娴熟，尽管你已掌握了很多专业知识，你仍不得不引入设计模型，仍需要给设计系统下达指令。你需要有一个理论框架来引导和指挥信息。你不一定要用到所有信息，但在设计过程中，你可以对信息进行合并及混合，这也正是对设计进行设计这一概念的有趣之处（图1）。

请在电脑前想象这样一幅现代派的流程图：左边是建筑的美学质量，包括心理行为及视觉效果等方面，而右边则是建筑的功能性及实用性。左右两边由一条线相连。如今，这一图示已可被无限拉伸，直至线的两端相连，形成圆圈，让人很难看出一项工程的美感方面和实用性方面从何处起止。而若将这一圆圈进行扭转，就像莫比乌斯住宅（图2、图3）的设计图那样，你就能开发出一个设计模型，并且我发现，这一模型比我们之前采用的现代派机械线性模型更能指导设计信息。通过设计模型将理论框架和电脑的处理能力结合起来之后，你就能够以一种大大加强关联性的特殊方式过滤筛选信息。

斯科特·马布尔：在您的早期图解作品中，您会将设计模型放在什么样的位置上？设计模型是一种新的建筑图解呢，还是一个完全不同的概念？您今天谈到，要对信息进行应用，首先就得对其进行管理，并要将其以相关联的结

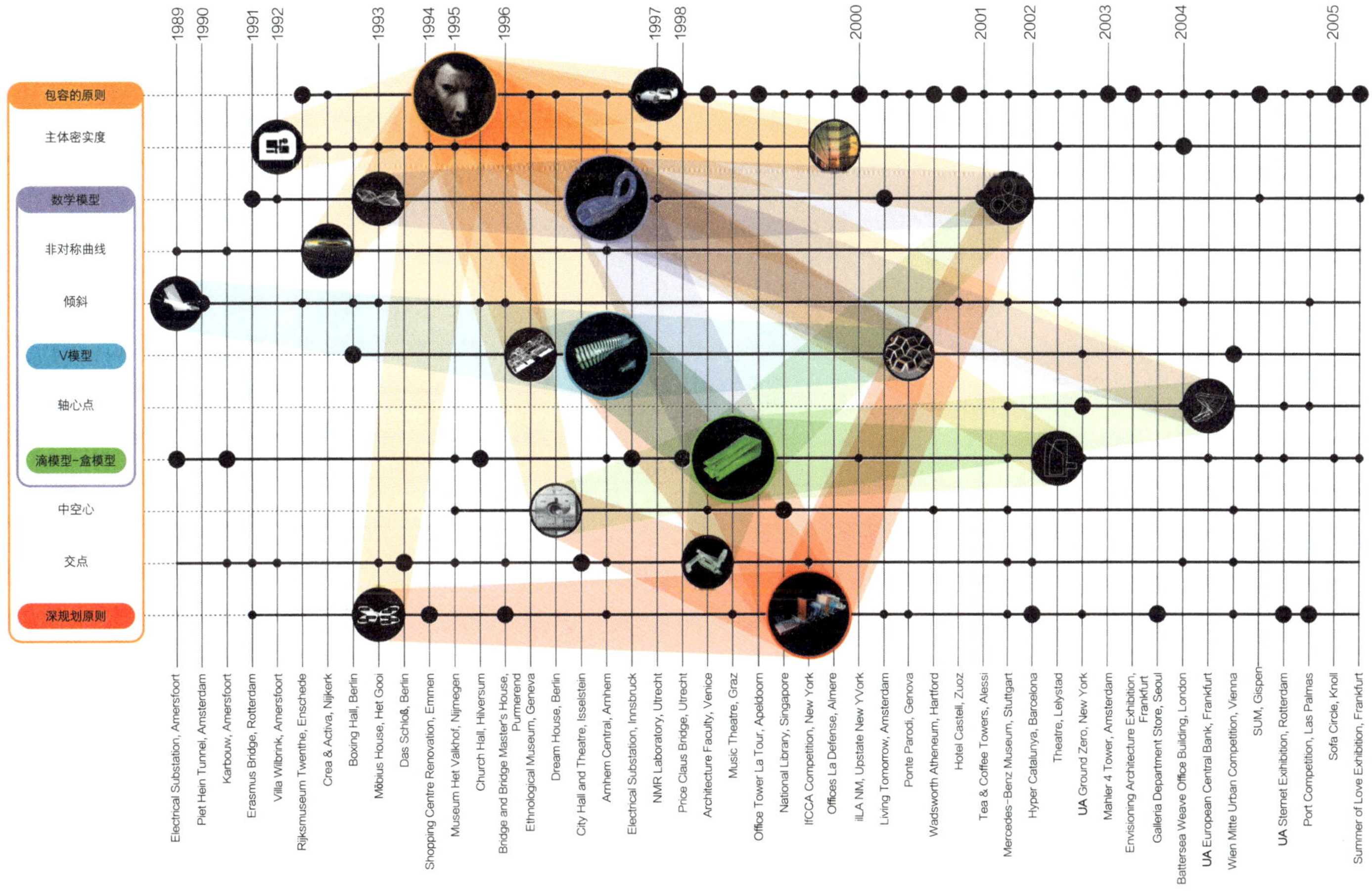
1989
1990
1991
1992
1993
1994
1995
1996
1997
1998
2000
2001
2002
2003
2004
2005
包容的原则
主体密实度
数学模型
非对称曲线
倾斜
V模型
轴心点
滴模型-盒模型
中空心
交点
深规划原则
Electrical Substation, Amersfoort
Piet Hein Tunnel, Amsterdam
Karbouw, Amersfoort
Erasmus Bridge, Rotterdam
Villa Wilbrink, Amersfoort
Rijksmuseum Twenthe, Enschede
Crea & Activa, Nijkerk
Boxing Hall, Berlin
Möbius House, Het Gooi
Das Schloß, Berlin
Shopping Centre Renovation, Emmen
Museum Het Valkhof, Nijmegen
Church Hall, Hilversum
Bridge and Bridge Master's House, Purmerend
Ethnological Museum, Geneva
Dream House, Berlin
City Hall and Theatre, IJsselstein
Arnhem Central, Arnhem
Electrical Substation, Innsbruck
NMR Laboratory, Utrecht
Price Claus Bridge, Utrecht
Architecture Faculty, Venice
Music Theatre, Graz
Office Tower La Tour, Apeldoorn
National Library, Singapore
IICCA Competition, New York
Offices La Defense, Almere
iLA NM, Upstate New York
Living Tomorrow, Amsterdam
Ponte Parodi, Genova
Wadsworth Atheneum, Hartford
Hotel Castell, Zuoz
Tea & Coffee Towers, Alessi
Mercedes-Benz Museum, Stuttgart
Hyper Catalunya, Barcelona
Theatre, Lelystad
UA Ground Zero, New York
Mahler 4 Tower, Amsterdam
Envisioning Architecture Exhibition, Frankfurt
Galleria Department Store, Seoul
Battersea Weave Office Building, London
UA European Central Bank, Frankfurt
Wien Mitte Urban Competition, Vienna
SUM, Gispen
UA Sternet Exhibition, Rotterdam
Port Competition, Las Palmas
Sofa Circle, Knoll
Summer of Love Exhibition, Frankfurt

图1　UNStudio设计流程及不同设计模型演化过程总览，展现了这些流程及模型被使用的时间及所被应用的工程名称。尽管设计模型通常都由数学概念衍生而来，但对它们的解读却需要考虑到某一具体项目的条件，并为更多的技术设计系统提供理论指导。

构建立起来，但是您之后又解释说，仅仅做到这一点还不够。你不得不要有一个什么东西来推动信息的发展。在您过去和最近的大多数作品中，图解的力量依然非常显而易见：梅赛德斯—奔驰博物馆的修建可以说是您对将设计模型变为建筑物所进行过的最复杂的解读。您目前是怎样看待图解及其在如今这样一个有着大量对设计产生影响的信息的环境中所起到的作用？它是否依然能像十年或十五年前那样推动设计信息的发展？

本·范·贝克尔：不能。这一点是很明确的。在我们像莫比乌斯住宅这样的 早期作品中，我们对图解这一工具的应用还非常原始。我们并没有原封不动地按照莫比乌斯的图解建造莫比乌斯住宅，而是以一种特别的、加入了很多建筑想象力的方式对图解进行了应用。比如，莫比乌斯住宅这一概念是受到三个几何角度——7°、9°和11°——的启发才得以提出的。这三个角度就像数学模型一样，被不断以顺序的方式在整个建筑里重复，将图解转变为了生活空间（图4）。尽管在这一早期作品中，我们对图解的应用还十分原始，但那时的作品里就已经体现出了很多我们的近作中所蕴含的计算机化的想法。图解中的重复、平移、旋转等概念自然地演变为了计算过程，且包含了独特的方向性和复杂性体验，这种方向性和复杂性

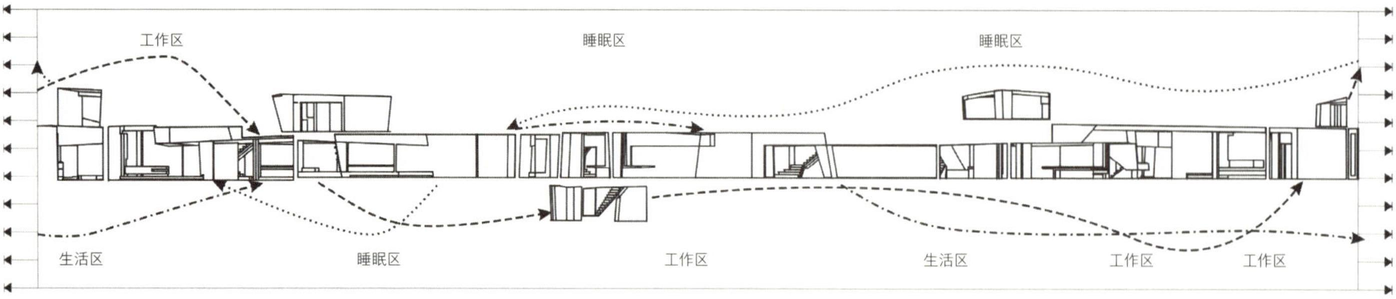
工作区
睡眠区
睡眠区
生活区
睡眠区
工作区
生活区
工作区
工作区

图2（上） UNStudio的作品，莫比乌斯住宅，位于阿姆斯特丹。这一工程是应用计算机运算筛选、管理相关设计信息的先驱之作。

图3（下） 莫比乌斯住宅。这幅展开图以示意图的方式描述了莫比乌斯带如何将光、空间、材料、时间、运动和生活模式组织于这栋建筑的几何图形内。UNStudio对建筑图解的生成及应用要早于很多后续作品中发现的数据计算设计思路。

在我们的近作中已变得非常成熟。

之后，我们发现，到了更高阶段、对复杂信息的处理更为抽象时，对图解的应用就不再那么简单了。这时，我们就将图解的概念进一步深化，提出了设计模型这一想法。设计模型依然可以像图解那样进行操作，但作为一个模型，其独特的几何及组织原则使其可以被应用于许多不同的工程，在一个工程上的应用也可以有很多不同的尺度。

“设计模型在计算机编程领域及工程领域都为人熟知，在这些领域，设计模型的意义包括含有一系列要求及目标的文件，制定这些文件的目的就是为了使执行工程时所需要进行的选择有一个更小的范围。建筑师开始设计时通常只有一个概念草图，然后会以线性的方式继续进行设计，但是其间时常会被打断，因为设计一般都会有不断重复的周期。这些设计上的中断就会被当作是挫折，并且也没有办法来衡量这个重复的设计过程中的不同的设计选择的高下，因为设计师之前并没有明确预期目标，而只有最初的概念草图来参考。那么，我们必须得要问自己，在这一设想的基础上，应当如何衡量任何改变所带来的潜在风险或益处？我们将设计模型看作是一套一套被辅以结构参数的组织或组合原则，这些模型对建筑工程而言是更为可持续且可被重复利用的向导。设计模型并不包含某一特定地点的信息，而是存在于一个更为抽象的水平，并可被运用于各种不同的工程及情境。设计模型的编写方式使其成为了一个内在参考，让人可以检验设计是否是根据既定原则和目的在进行。”[3]

本·范·贝克尔：在设计模型的帮助下，我们得以通过整合信息、将信息按比例分配，来确定项目的适宜尺度并进行设计，其中这些信息与其应用之处的尺度是相关的。目前，我对于如何将信息按比例分摊以指导设计这一想法很感兴趣。以前，在建筑业中，我们是将“质量”按比例分配，现在我们是将“信息”按比例分配，但是我们必须要基于我们正在研究的参数弄清楚要给予这些信息多少价值、给予怎样的价值，以及在哪里给予价值。在某种程度上，将之称为对信息进行比例化分配有些奇怪，因为我们过去常常使之成比例的是几何和形态，但这些是可以和信息结合起来的。是的，

图 4 UNStudio 作品，格拉茨音乐剧院。要想通过新的设计想象来对几何学学科、建造过程及其他建造时的实际情况进行重新思考，就必须推进数字化进程。

现在信息也可以影响几何，可以影响形态。

斯科特·马布尔：很长一段时间以来，想象力都是您作品的一部分。您认为想象力和计算机技术之间有什么关联？尽管这两者可被看作是相对立的，因为一个是与质量有关的，而一个是与数量有关的；但同时，为了通过人工智能等领域来推进高水平计算机技术的发展，人脑就常常被用作模型。人类想象力和理性计算机技术之间存在十分有趣的相互关系。对于这一关系对设计过程的影响，您怎么看？

本·范·贝克尔：我常和我的朋友罗伯特·范·里尔就这个话题进行长谈。里尔现供职于位于奈梅亨的唐德思大脑、认知及行为研究所。通过这些谈话，我发现，我设计莫比乌斯宅的所有直觉——重复、开始尝试重影的方式、对于丰富修饰和抽象的启发——都不是通过对电脑的使用而得到的，而是通过试图凭直觉说清楚空间美学的新形式而产生的。你只有运用你的想象力和经历才有可能在脑海中形成某物的图景，才有可能永远赶在电脑前面。如果数字技术变得比思考过程更为重要，那么这样一种奇怪的状况就会出现——仅仅因为电脑可以对一个建筑进行建模，它就一定可以建成——这也正是全世界正在做的事情。我们很清楚，利用计算机进行设计可以帮我们获得高度多样化的建筑，但我们却忽略了保持思考的重要性。我们必须激发自己的想象力，并通过对几何学、建筑学，以及基础设施等建造时需要考虑到的

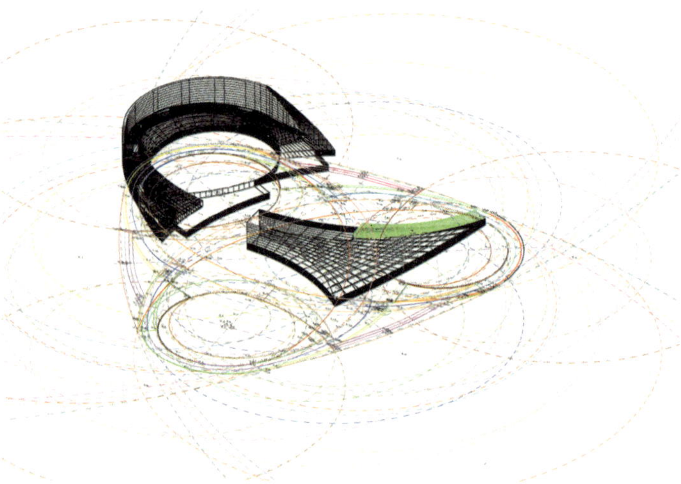

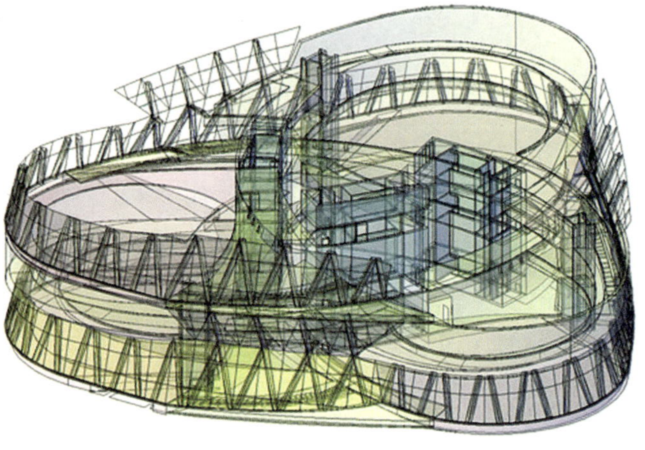

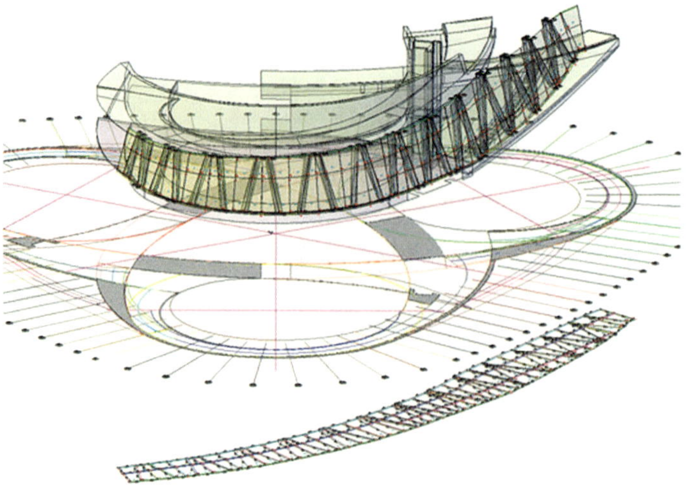

图5（左上、左下、右下） UNStudio位于斯图加特的梅赛德斯—奔驰博物馆。这一建筑的基本几何形是由相切的螺旋形和圆弧组成。这一系统被编进了母型（BIM的早期版本）中去，可以在保持整体几何图形的同时，很简便地对整栋建筑进行局部上的改变。

图6（右上） 模型展示了梅赛德斯—奔驰博物馆的一个剖面。定期跳出的数字化工作流程能提醒我们要对用于设计的信息和用于管理的信息进行区分。

实际情况进行再思考，来实现建筑革新。

斯科特 · 马布尔：这正好让我们进入下一个话题——“对设计进行设计”与“设计产业”之间的关系，因为对您来说，设计模型似乎就是起到了弥合抽象思考与具体现实之间差距的作用。最初在关于梅赛德斯—奔驰博物馆的建造中，您也曾提到过“母型”这一概念。设计模型和母型是同样的概念吗？还是说，母型是更为具体的设计模型？您认为这二者之间是怎样的关系？

本 · 范 · 贝克尔：母型是设计模型的进一步延伸。设计模型囊括了一项工程理论或是数学上的原则，而母型就是这一工程的实际 3D 模型，并将随着工程项目的开展而不断发生变化。母型具有很强的适应性，并且参与工程项目的所有咨询人员及团队成员都会接触到它。通过过去几年的经验，我们发现，母型能够控制快速的数字交换，并能更好地管理及整合设计团队的所有信息。未来有一天，你将可以与几十名专业顾问交换信息，然后第二天就可以在同一个模型中得到更新的反馈信息。

当 2004 年我们建造梅赛德斯—奔驰博物馆，并将我们第一批程序员引进设计工作室时，这还是一项很新颖的举措。那时，我们连 BIM 软件都没有，所以我们不得不自己建立了三个早期母型，使用 BIM 都是以后的事了。这一点激发了我们对这一种可能性的兴趣，那就是，今天，设计师是能够通过母型衍生出来的技术开发新的控制概念的（图 5—图 7）。

同时，我们对于图解在今天能发挥的作用依然十分着迷。在《Move》[4] 这本书中，我们写到了设计的三阶段。最开始的就是想象——

图 7　施工期进入第 16 个月时的梅赛德斯—奔驰博物馆。

没有想象，你就没有方向。然后是能引导你处理工程相关信息的技术。现在，我们更多处在第三阶段，在这一阶段中，我们是在测试一栋建筑能够带来的效果。更让我感兴趣的是，去建造一栋真正拥有四五种不同解读的建筑，以及如何让数字计算在这一工程中发挥作用。这就像是进行逆向设计——我们进行逆向设计的情况要比进行工程设计的情况多得多。逆向设计能让我们从建造技术中学到东西，并反过来指导设计。我们可从文化生产史中得知，通过心灵的眼睛才能产生知识。因此，你在建筑设计中产出得越多，你能从中得到的知识也就越多，同时，你还可以对这一知识进行丰富和改进，并将其又应用于设计。我认为，建造中的很多方面都可以反映出建筑师对建筑物在知识上的抱负。

斯科特·马布尔：现在，对建筑信息模型（BIM）的使用正在变得越来越流行，它很有可能会成为建筑业新的标准化工作流程。鉴于此，我们不禁要问一个很重要的问题，那就是，BIM 是仅仅作为一个管理工具存在呢，还是有可能成为一个设计工具？通过您对母型的描述，我认为您在一定程度上是将其看作是一个能让您管理材料、时间表、预算及其他工程限制条件等复杂情况的控制机制，这是在建筑工地的语境下而言的，而不是针对设计流程的。当前被理解为信息管理工具的 BIM 是否具有足够的创造性，足够到让建筑师保持对它的兴趣？

本·范·贝克尔：对这个问题的回答，可以是，也可以不是。我们之前提到过的美学—功能主义模型对质量的考量与现代主义对实用性的考量有明显不同，但这种对质量的考量也是与当代数字化设计密不可分的。美学—功能主义模型对于今天建筑师们应当怎样进行思考也是一个启发。建筑师应当清楚，对于一项工程来说，到底在什么时候要更重视其美学价值，又要在什么时候更重视其效能。应用现代建造及设计技术时，我们必须要开发出新型的控制概念，因为当设计技术变得太过实用主义，或不够实用主义时，我们需要知道我们应当在哪里停下来。我相信，未来的建筑设计与建筑工程各个阶段的关系都将会更加紧密，建筑师也必须对对设计进行管理与对设计进行设计有一定的了解，并对二者加以区分。这一状况十分

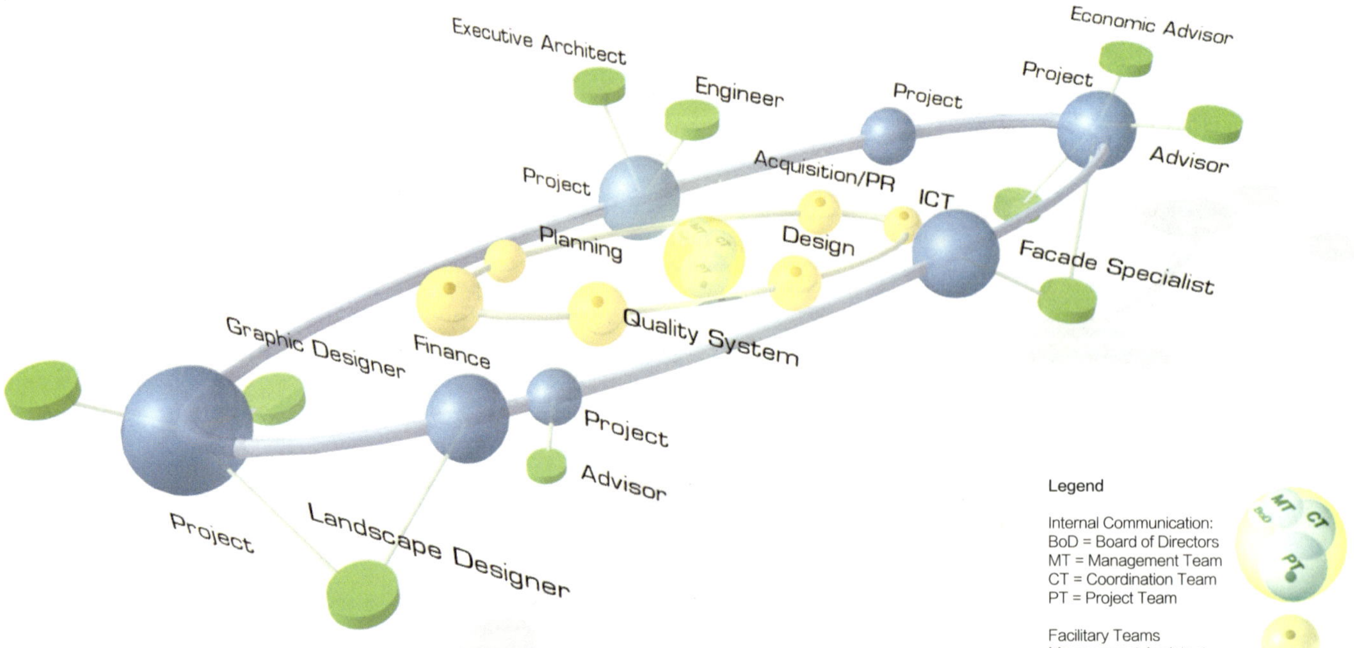
Executive Architect
Economic Advisor
Engineer
Project
Project
Advisor
Acquisition/PR
Project
ICT
Planning
Design
Facade Specialist
Graphic Designer
Finance
Quality System
Project
Advisor
Project
Landscape Designer
Legend
Internal Communication:
BoD = Board of Directors
MT = Management Team
CT = Coordination Team
PT = Project Team
Facilitary Teams
Management Assistant

图 8 UNStudio 被组织为一个包含若干小组和专家平台的实践网络。

复杂，现在对它也没有很好的界定，因为数学化流程使设计及建造中的一切都能成为可能。其结果也可能会非常具有诱惑性，使我们需要一定的准则来帮助我们了解应该在何时以及采用何种方法来分离用于设计的信息和用于管理的信息。鉴于此，我们很有必要时不时地跳出数字化工作流程，转而采用实体模型、草图及其他类似的技术。我们不能放弃这些不能被纳入数字化工作流程中的设计方法。对信息的管理又是另一回事了，它与你组织信息、分配信息，然后又将信息收集回来的方式有关。

斯科特·马布尔：但是，对信息的管理是设计上的问题吗？

本·范·贝克尔：它是。不过我想说的是，尽管现在线性的设计流程依然十分普遍，但设计已经不能再被定义为一个线性的流程了。相反，设计应当被理解为是一个更为复杂的过程。请再看这一个图示：如果从左向右画一条线，用以代表你的设计过程，接着你可以在这条线上画很多来来回回的箭头，有的长一些，有的短一些。你甚至可以再将这条线首尾相叠，弯成一个圈。这张图此时便代表了用以进行工程设计的信息的种类和数量，但同时它也显示了这些信息的组织性和关联性。因此，描述在哪管理是设计以及在哪设计是设计并不容易。我认为青年建筑师将不得不学习如何处理这二者的关系，而不能混淆它们。我认为对这一点直接进行强调需要作为今后建筑教育的一部分；现今，如管理设计、管理信息，以及编程这些主题在设计院校中已不再流行。然而，作为一个建筑师，你可以对一个包含设计过程的项目的资金分配和商业模型给出合理的层次结构。探讨商业设计是很重要的，对建筑师而言也是可实现的。只有明白了对支撑项目的资金问题的责任——这一问题又不见得直接和建筑设计相关——你才能开始进行项目设计，以实现具有创造性的又不凡的结果（图8）。

斯科特·马布尔：你是否认为新的数字工具在建筑师更好地理解及影响一个项目的商业结构过程中，发挥了至关重要的作用？从梅赛德斯—奔驰项目中吸取的经验使我们得知，打造一个完整的母型需要项目内各方积极参与，那么你现在开始新项目时，是否会领导大家组建团队并安排工作流程呢？

图9（左） UNStudio作品大立精品馆（Star Place）的立面，位于高雄，该立面是由垂直散热片按照一定旋转规律组成的。这是通过多次迭代数字测试得到的。

图10（右） 格拉茨音乐剧院。对所有几何形体的建造使其除了能够为混凝土模板和其他施工工艺提供精确地数据以外，还能够控制数字设计。

本·范·贝克尔：是的。这个问题没人问过，但它就是我对商业设计的理解，它也和你说的设计产业有关。当我们同一个新客户开始合作项目，我会以一种更为先进的方式——即通过数字交换，要求对某些管理任务负责，并对我们如何开展工作进行解释。这些管理任务包括挑选专家组配合客户工作，然后对所有专家的信息分配进行控制（这在通常情况下是管理人员的分内职责）。我们会索取部分管理费，接着往组里增加4-5个人。这几个人就专门负责不同专家间的数字交换。当一个项目进展到建造阶段，我们也会发挥更为核心的作用。因为我们有很多关于模型的三维信息，所以承包商经常找我们要详细的生产图纸。他们经常让我们从3D模型中导出制造图纸，因此我们会额外付费。我们现在已经培养出一种能力，可以更好地掌控对贯穿全建造过程的设计的维护。此处不会产生额外责任，因为在承包商拿走3D模型之后，他们会先确认从模型里导出的图纸都是正确的，然后再承担责任。这是一种很新的工作方式。尽管目前有不少障碍，而建筑师们不得不采取更为积极的态度克服它们——问题是看你怎么处理这一过程。

梅赛德斯—奔驰博物馆竣工后，我们把相似工作过程与已应用于该项目的工作过程结合，应用到新的项目上，包括中国台湾高雄大立精品馆（图9）、奥地利格拉茨音乐剧院（图10）、荷兰阿纳姆中央车站。但到目前为止我们采用的最为先进的过程被应用于中国杭州的来福士广场。这一广场的面积达40万平方米。该多功能广场拥有零售商店、办公室、酒店式公寓以及酒店设施。由于该项目特别复杂，进度特别快，所以我们内部组建了一个包括众多程序设计员在内的二十余人团队，专门进行设计及管理。我们吸收了更为尖端的数字设计技术，包括几何优化等，将设计模型目标同母型的可施工性目标进行整合。这一切使得建筑水平更上一层楼。

注释

1. 采访于2010年6月2日。
2. van Berkel, B.; Bos, C. (2006) *UNStudio: Design Models—Architecture, Urbanism, Infrastructure*, New York, Rizzoli.
3. Ibid. pp. 17-19.
4. van Berkel, B. (1999) *Move*, Amsterdam, Goose Press.

来福士广场

工作流程案例分析

UNStudio来福士多功能广场毗邻浙江省会杭州市的钱塘江，位于上海西南方向180公里。该项目包括零售商店、办公室、住房及酒店设施，是钱江新城地标性的文化景观。

该塔扭曲的几何结构脱胎于一个将多功能项目及建筑所在地的城市与景观条件相结合而得来的设计概念。形式上在立面上引入了一个复杂的几何图形，这个立面是利用自己编写的脚本生成的。编写的脚本协调了每个项目类型的特定要求，这些要求包括利用环保的建筑构件、实现材料的高效利用、考虑人工限制及总体建造可行性。这是UNStudio运用了参数化变形设计技术的最新的作品，这项技术的运用实现了对有关形式的、规划的及性能的设计概念的整合。

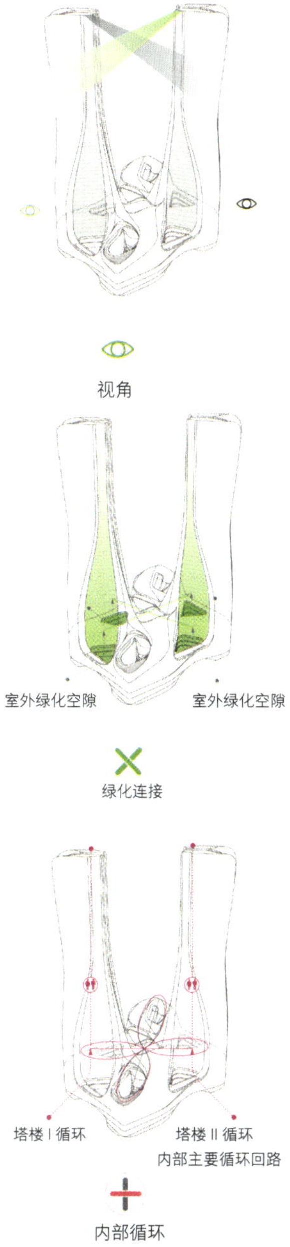
视角
室外绿化空隙
室外绿化空隙
绿化连接
塔楼 I 循环
塔楼 II 循环
内部主要循环回路
内部循环

工作流程 1（左）初步设计渲染图。

工作流程 2（右）双塔朝向的设计原则是基于视野、绿色景观关系以及内部交通流线。

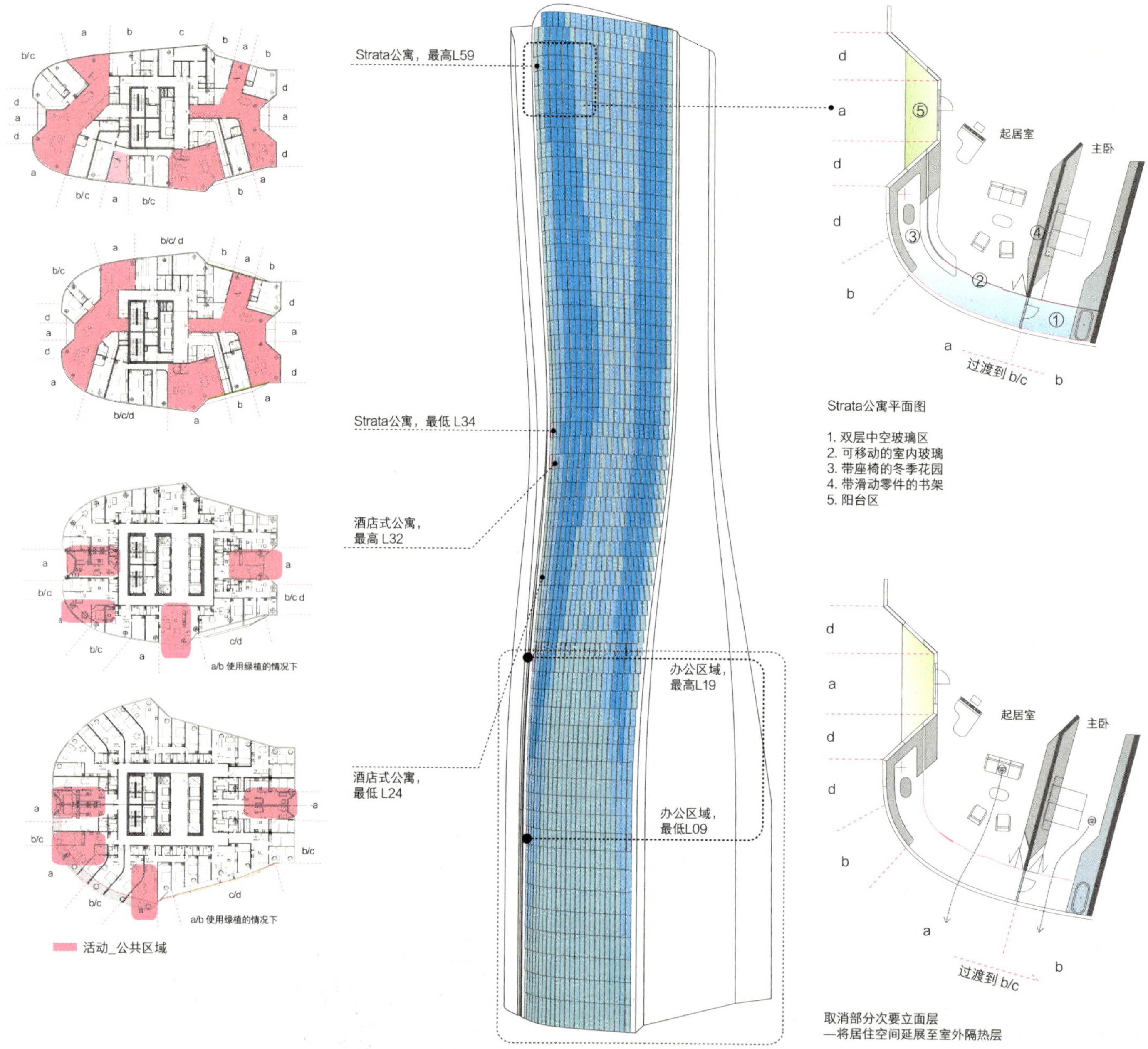
Strata公寓，最高L59
Strata公寓，最低 L34
酒店式公寓，最高 L32
酒店式公寓，最低 L24
办公区域，最高L19
办公区域，最低L09
a/b 使用绿植的情况下
a/b 使用绿植的情况下
活动_公共区域
起居室
主卧
过渡到 b/c
Strata公寓平面图
1. 双层中空玻璃区
2. 可移动的室内玻璃
3. 带座椅的冬季花园
4. 带滑动零件的书架
5. 阳台区
起居室
主卧
过渡到 b/c
取消部分次要立面层
—将居住空间延展至室外隔热层

工作流程 3　关于贯穿不同楼层 strata 公寓的双立面系统的早期研究。

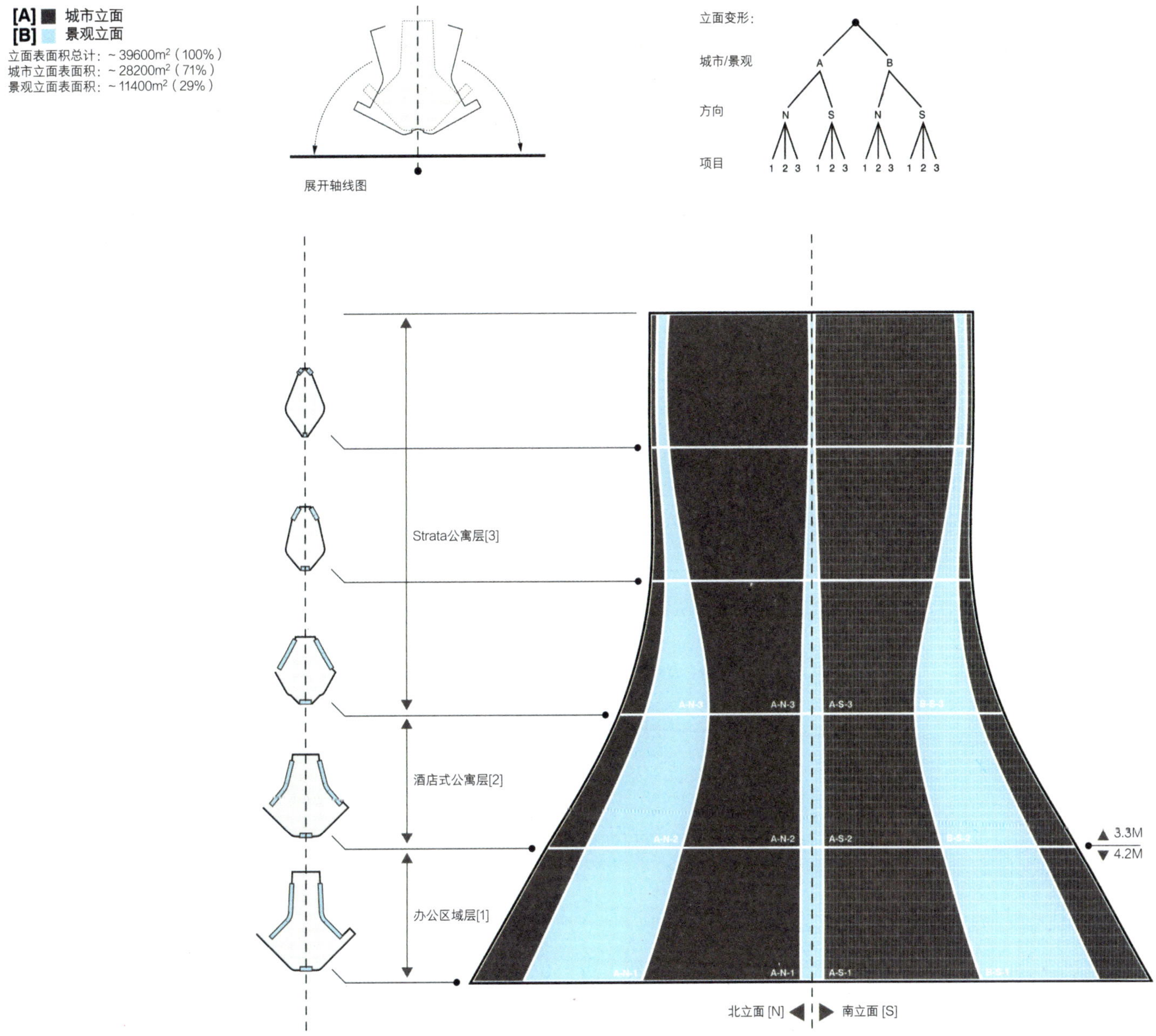
[A] 城市立面
[B] 景观立面
立面表面积总计：~39600m2（100%）
城市立面表面积：~28200m2（71%）
景观立面表面积：~11400m2（29%）
展开轴线图
立面变形：
城市/景观
方向
项目
A
B
N
S
N
S
1 2 3
1 2 3
1 2 3
1 2 3
Strata公寓层[3]
酒店式公寓层[2]
办公区域层[1]
A-N-3
A-S-3
A-N-2
A-S-2
A-N-1
A-S-1
▲ 3.3M
▼ 4.2M
北立面 [N]
南立面 [S]

工作流程4　对在此项目中用到的遮阳组件的初步研究。

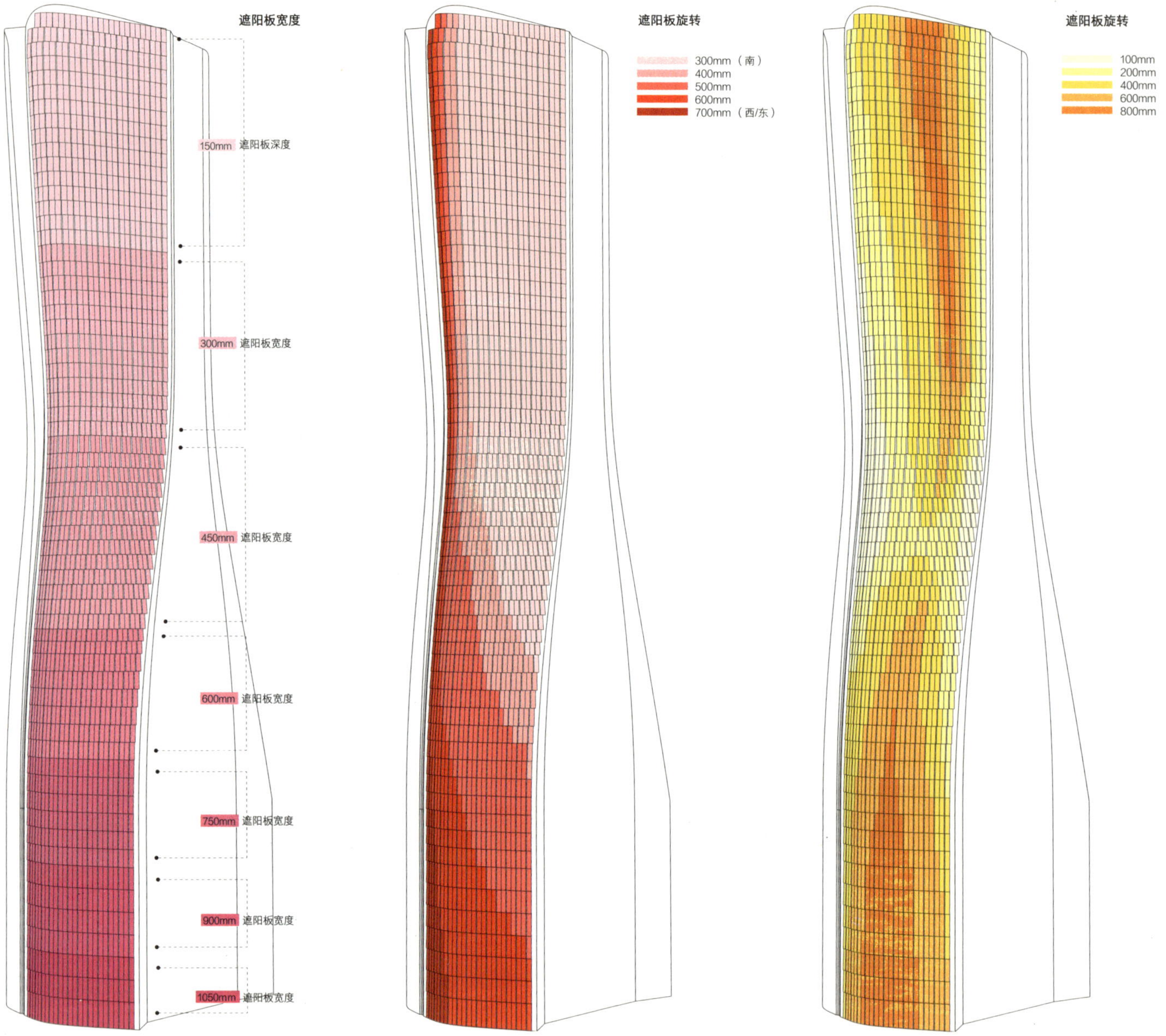
遮阳板宽度
150mm 遮阳板深度
300mm 遮阳板宽度
450mm 遮阳板宽度
600mm 遮阳板宽度
750mm 遮阳板宽度
900mm 遮阳板宽度
1050mm 遮阳板宽度
遮阳板旋转
300mm（南）
400mm
500mm
600mm
700mm（西/东）
遮阳板旋转
100mm
200mm
400mm
600mm
800mm

工作流程5　对不同尺寸窗格玻璃及遮阳板的优化随不同宽度、深度及旋转度改变。

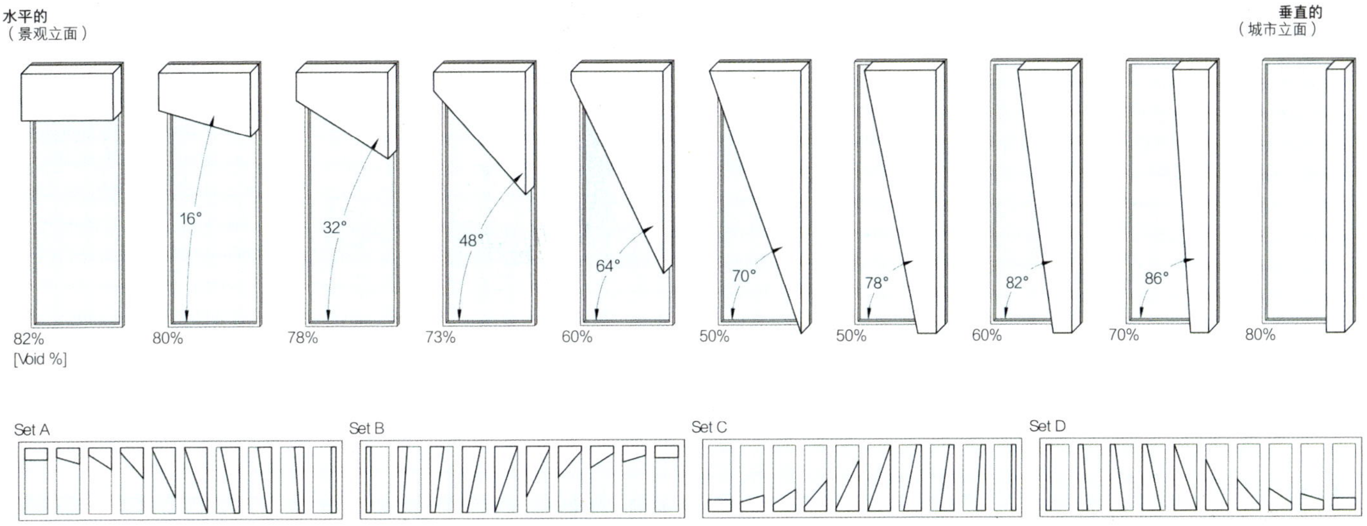
水平的
（景观立面）
垂直的
（城市立面）
16°
32°
48°
64°
70°
78°
82°
86°
82%
[Void %]
80%
78%
73%
60%
50%
50%
60%
70%
80%
Set A
Set B
Set C
Set D

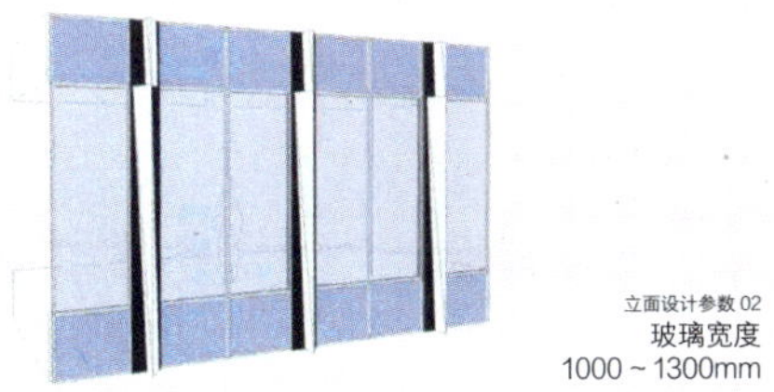
立面设计参数 02
玻璃宽度
1000 ~ 1300mm

A

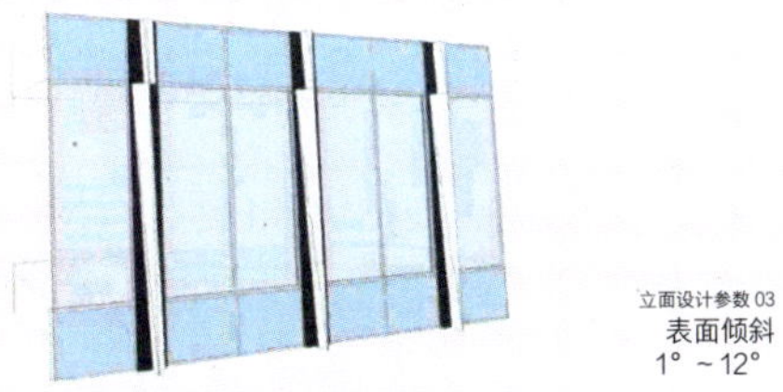
立面设计参数 03
表面倾斜
1° ~ 12°

B

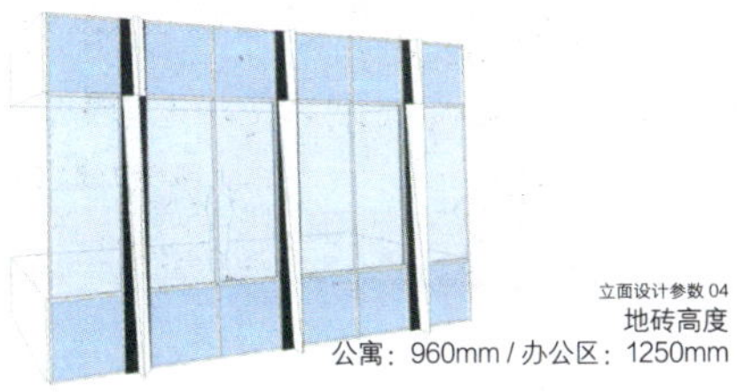
立面设计参数 04
地砖高度
公寓：960mm / 办公区：1250mm

C

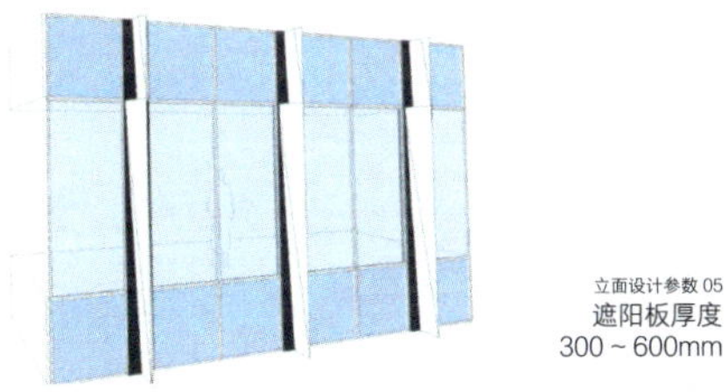
立面设计参数 05
遮阳板厚度
300 ~ 600mm

D

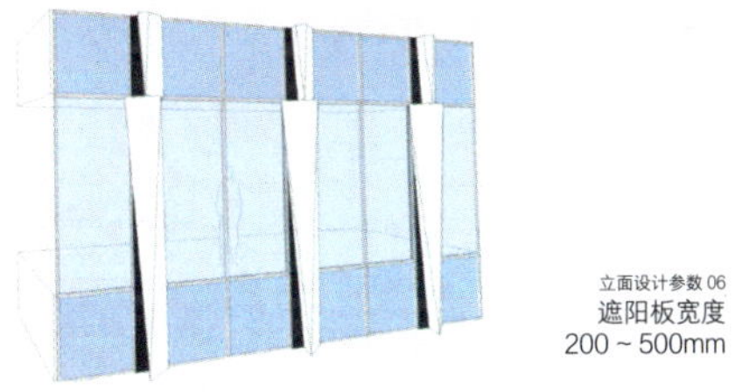
立面设计参数 06
遮阳板宽度
200 ~ 500mm

E

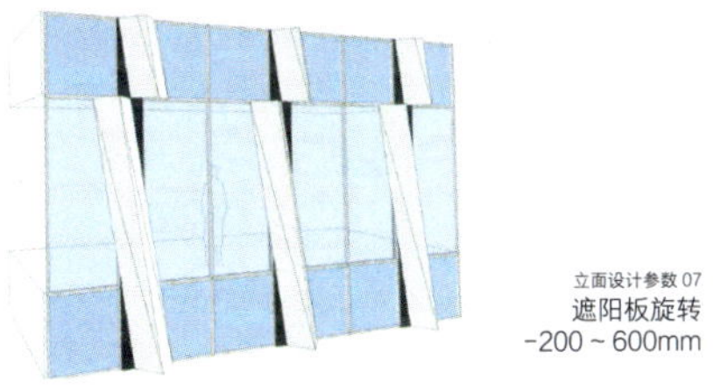
立面设计参数 07
遮阳板旋转
-200 ~ 600mm

F

工作流程 6（上） 对在此项目中用到的遮阳组件的初步研究。

工作流程 7（下） 所有影响立面设计的参数以及最小与最大程度可调性。这些参数在同一个系统中得到运用时，能满足立面设计的所有几何条件，同时也为建造提供了输出信息。

A. 参数：玻璃板宽度。这使遮阳板可在 1000 ~ 1300mm 的范围内改变宽度。

B. 参数：表面倾斜度。这使遮阳板可在偏离纵轴 1° ~ 12° 的范围内倾斜。

C. 参数：地砖高度。这使遮阳板可在公寓项目或办公室项目中考虑了楼板的厚度。

D. 参数：遮阳板厚度。这使遮阳组件厚度可在 300 ~ 600mm 的范围内进行调整。

E. 参数：遮阳板宽度。这使遮阳组件宽度可在 200 ~ 500mm 的范围内进行调整。

F. 参数：遮阳板旋转。这使得遮阳组件可在 200 ~ 600mm 的范围内旋转。

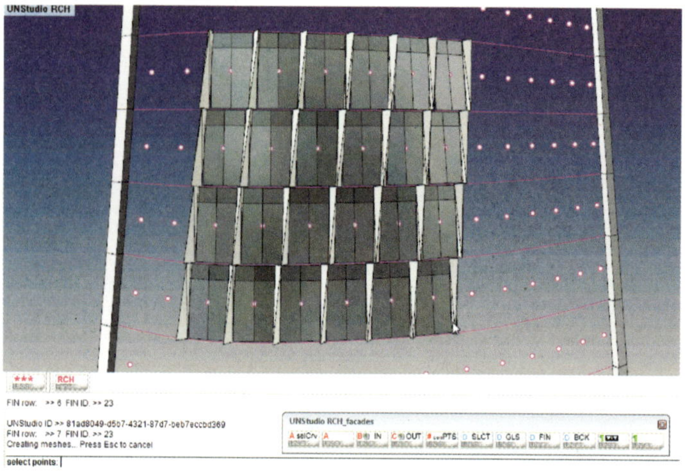
UNStudio RCH
UNStudio RCH_facades
select points:

A

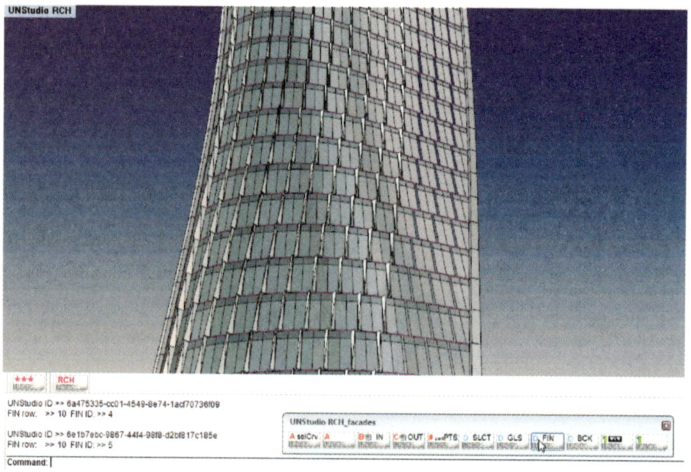
UNStudio RCH
UNStudio RCH_facades
Command:

B

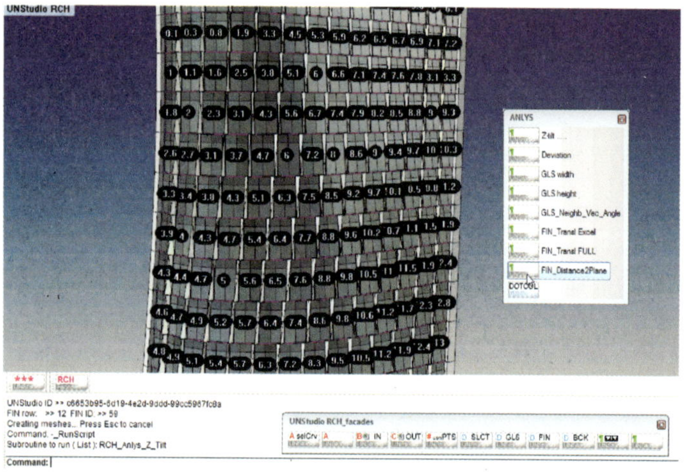
UNStudio RCH
ANLYS
Z-tilt
Deviation
GLS width
GLS height
GLS_Neighb_Vec_Angle
FIN_Transl Excel
FIN_Transl FULL
FIN_Distance2Plane
DOTCOL
UNStudio RCH_facades
Command:

C

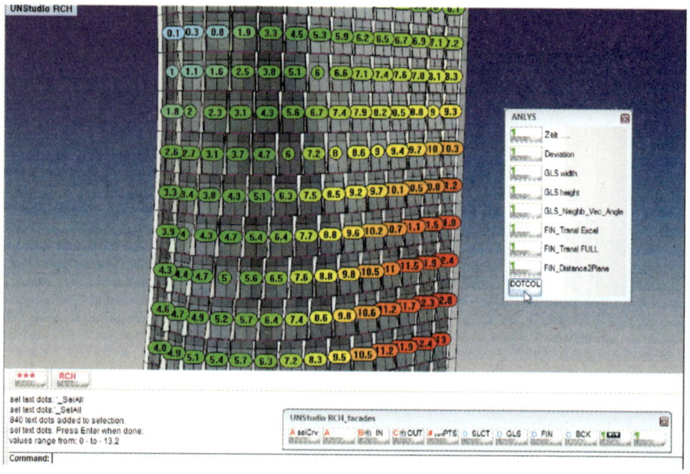
UNStudio RCH
ANLYS
Z-tilt
Deviation
GLS width
GLS height
GLS_Neighb_Vec_Angle
FIN_Transl Excel
FIN_Transl FULL
FIN_Distance2Plane
DOTCOL
UNStudio RCH_facades
Command:

D

工作流程 8a（左上） 定制工具在控制线旁生成一排插入点，用以确定建筑几何形体。这些小点被连接到一个 EXCEL 文件，包括对立面零件的参数化定义。在此脚本里，不同高度、宽度以及角度都被优化，以使不同玻璃板数量降到最低，同时也得以保留总体的设计几何形体。

工作流程 8b（右上） 这些立面零件可以沿着这条线排列，以适应控制几何体的弯曲度。

工作流程 8c（左下） 一旦排列好，立面零件就可以提供输出参数以描述几何体中的每个部分，以便生产。材料总数及其他信息也在脚本里注明。

工作流程 8d（右下） 脚本也包含了一个评估工具，当零件超出允许变化范围时能够在参数设置中识别出来（标红处）。这使得设计团队能够调整几何体，直到所有零件都在允许浮动范围内。

工作流程 9（对页） 设计模型的立面渲染图。

邻近地标
最大高度 300 米
Neighbouring landmark
max height 300 m
250 m
250 m
51 m
31 m
裙房 plinth
0.0 m
地面 ground

网络策略

编者按

自1988年起步以来，UNStudio一直将自己定位为致力于采用同多样化项目团队合作的新式的网络化公司，后来它默默地发展为多领域的全球性网络。通过利用设计的价值以解决一系列与标准行业实践有关的问题，它迅速地扩张服务范围。这家公司很大程度上是通过探索新式设计过程与项目交付方法而建立的。它把每个项目的组织当作设计问题来解决，而数字化的工作流程在此过程中也起到了至关重要的作用。

UNStudio是建筑领域数字化设计演变过程的革新者。自成立以来，它已经建立起一种独特的工作流程。这套工作流程通过利用在其范畴内逐渐扩充的图解、设计模型及母型，以适应它们更大更复杂的工作需求。UNStudio突破性的项目——斯图加特梅赛德斯—奔驰博物馆，已成为数字化工作流程使用的基准。它将图表的生成设计潜力与参数化的设计系统相结合，数字化的工作流程用母型在三维下阐释复杂的形式和程序化的关系（BIM版本），从而对工地和建造逻辑进行管理。图解作为一种设计技术，多次被运用于UNStudio的早期项目中。图解的吸引力使它能够在引导设计选择的同时，加入新的解释——在形式逻辑上具体而在应用上灵活。[1]梅赛德斯—奔驰博物馆中用到的三叶草是作为图表的早期数字化运用的过渡形式。它最初被用作一个组织概念，以快速搜索空间及程序迭代，后来被用来定义参数化模型的具体几何规则。

它在BIM软件流行于建筑设计工作室之前就早已出现，对其复杂程度的要求引发了它与专业顾问的很多合作。参数化建模专家阿诺德·华尔兹（Arnold Walz）在三叶草几何规则的基础上开发出用户脚本，捕捉到了一个模型的建筑元素设计内部相互依存的3D关系。[2]这发展成了母型，不仅被用于改善设计，也被用来维持施工期间复杂的形式关系：下游工作中的几何形体经参数化调整以适应工地环境。来源于这个模型的部分更为复杂的几何体被提取为双曲面混凝土形态的数控加工的基础。这使得混凝土结构被赋予更高精度，这对于从地板过渡到墙壁临界部分的表面连续性是必需的。对于这种复杂程度的建筑，如果没有这种控制，那么细微的尺寸差异带来的累积效应都可能导致实际施工与设计不符。

这些工作流程的不断改善，使得UNStudio具备了理论基础，以重新定义自己在后续项目中的角色。梅赛德斯—奔驰博物馆母型中包含的信息为它们后续项目实践中的组织性发展达到更高水平埋下了种子。其内部研究平台为这一过程提供了支持，这些平台包括：建筑可持续性平台、创新组织平台、智能参数平台以及革新材料平台。其中智能参数平台主要关注计算机工具与设计过程的融合，也关注其工作流程的发展，以简化各研究平台的数字信息交换过程，简化工作室的总体操作，同时也包括简化外部设计及精简制造专家的人数。

设计行业依赖诸如此类的积极策略。就利用自己作为建筑设计师开发的数字信息，以成为建造过程的设计师这一角度而言，建筑师处在一种独特的位置上。就像本·范·贝克尔写的一样，很多制造和建筑过程需要的信息已经体现在模型里了。建筑师们未来面临的挑战之一是进一步发展工作流程以获取这些信息。

1.See van Berkel, B.; Bos, C. (1998). Diagrams—Interactive Instruments in Operation, in *Any 23, Diagram Work: Data Mechanics for a Topological Age*, New York, Anyone Corporation.

2. 有趣的是，这项工作完全是在Mechanical Desktop上进行的。这软件起初是为机械工程师开发的，但它具有开放性的应用程序界面，使其具有足够的编程灵活性。华尔兹后来和费边·朔伊雷尔（Fabian Scheurer）合作实现了设计生产一体化，同时也合作以生成制造资料，为双曲面混凝土表面提供模板。

设计中的装配

DESIGNING
ASSEMBLY

设计中的装配：工具如何塑造组成空间的材料

弗兰克·巴尔科，雷吉娜·莱宾格

弗兰克·巴尔科（Frank Barkow）和雷吉娜·莱宾格（Regine Leibinger）是 Barkow Leibinger 建筑师事务所的两位合伙人。

“选择的革命”这一短语标志着建筑机会受日益增强的数字能力的驱动，同时它也意味着更为本质的东西，即一名建筑师对于预测及掌控来源于想象力的建筑制作过程本质中所具备的灵活性、权威性以及能力的向往。我们怎样才能更好地协调运用各种工具，而它们又怎样才能导出建筑成果呢？也许我们这不知疲倦的一代的明显症状就是在实践、研究以及学术工作室间往复折返。通过这一过程，一条实践性的线索把各阶段的努力串联起来，又进一步协调猜想与实践，并强调可以被衡量、评判并最终利用的新发现。下面的案例从我们发现自己所处的建筑文化的现状所面临的主要阻碍开始探讨，准确地指出构思能力深度以及对材料的掌握是如何相互交织融为一体的。

设计依从技术。带着好奇心与想象力甄别并开发新技术，为创作与发明过程重新注入活力。这一趋向赋予建筑师一种能力，使他们在评估技术与开发创新应用以达到设计目标方面成为自己领域最好的专家。同时它也挑战着依赖于厂商画册里提供的产品的标准方法。并且，它建立起一种事务所自己开发建筑元素的过程。这是一门兼容并包且海纳百川的专业技术，凭借可持续性、经济性、物质性以及良好的时间管理贯穿设计全过程，也使我们能以最佳方式预测产出结果。

在过去的15年间，我们的做法已经显

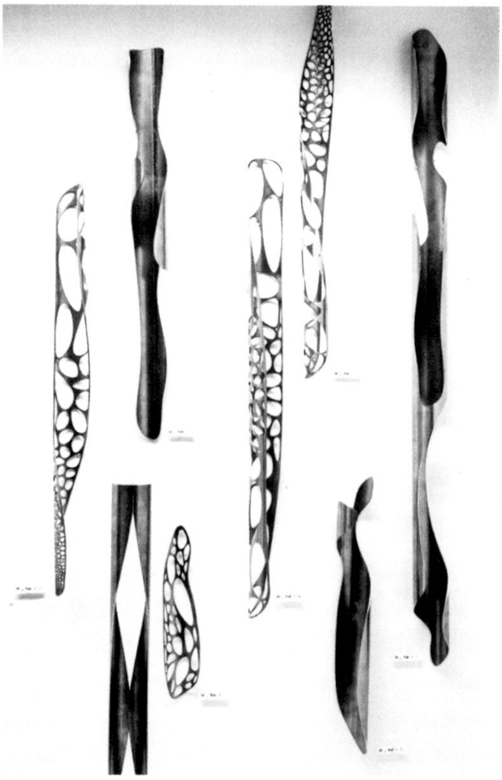

图1 设计手法（剪切）的编制源于探索数控切割技术用来操作特定材料的功能。这些实例是由一个旋转切割机生产的。

著改变。数字化和模拟过程在所有项目阶段都被结合在了一起，从最初的投机实验研究到已确凿的建设项目。组件的设计，作为一个材料问题，是这种转变中最具特点的部分。获知工具塑造材料，并使之构成表面、形状和空间的方式，这标志着一个生产路径和工作流程，它转变了实践初期我们的工作方式。我们在数字技术方面的竞争力已经从最初仅限于用作绘图工具的水平提升了，现在它发挥出了更大的作用，数字技术成为了加工材料的制导系统。开拓一个广阔的由制造合作伙伴、工具和测试网站形成的网络已成为这项研究必不可少的支撑手段。我们最近的很多工作已经得到了传统建筑界限之外的新兴技术的支持，举出目前的两个例子，即汽车和机床行业。

三个重点领域定位了我们的工作流程，从而将最初的研究与最终完成建筑项目结合在一起，并发展和演进了一种基于研究的实践行为。

下脚料

我们首先成立了有特定材料和数控加工科技的实验原型的研究领域。该初始步骤针对机器测试了原始材料，开发出塑造材料的各种可能性，用于将材料独立于特定效用、目的或经济的限制中。这将产生一种从建筑方面来说很有潜力的工作或档案机制，规模更小（比其自身的物理尺寸等），并且应用方面是开放式的（图 1）。如果在这个过程中有更好的方法出现，档案信息则将不断被添加和编辑。材料通过一个加工活动（弯曲、切割、叠加、铸造等）进行构造转换，通常包括一系列重复和分化的逻辑性序列，从而允许各个材料组件聚集和结合形成更大和更复杂的装配。我们充分理解并探讨了工具在加工材料方面的能力和限制（图 2a、2b）。

通常这项工作开始是由实习生去做，他们被要求调查一个特定的参数化或数码机，学习它的性能，包括其可以完成什么类型的动作，能够加工什么材料，以及生产速度和经济效果。获取这方面的信息后，我们开始预测、设计工件或下脚料来测试机器的性能限制。换句话说，我们需要有一个产生于技术系统控制和约束的建筑原型。我们会对这些下脚料进行编目，存于办公室内部手册、我们的网站和更正式的目录上，如《制造图集》（Atlas of Fabrication）[1]，将其提供给流程中的所有设计师。

脚本工具使数码探索和控制进入了另一种程度。这种技术最初应用于生产，结合了重复和分化的抽象图案，目前用于解决复杂的几何

图 2a（左） 对于下脚料，材料测试主要针对加工性能及限制，以探索数字技术和过程的结果，如生产速度、经济可行性和材料的耐用性。

图 2b（右） 通过直接与机器制造商和运营商合作，彻底了解生产逻辑，使我们能够在设计时超出建筑构件的限制。

结构问题。这方面的信息往往是由实习生去采集，实现了一个跨层次的工作效果，其中学生建筑师承担了项目开发的重要工作，在过去，他们只会做一些支持性的工作。这是学术工作室的一个重要特点，那就是我们在实践中教学。在这些实习工作中，学生可以近距离接触高新技术和专业咨询，与传统的学科训练相比，多了许多激发人潜质的部分，传统学科训练中的学科活动（远离实践和行业实际）一般会辅之以建筑学徒工作。现在创意实现和生产活动可以同步、重叠进行。

制造合作伙伴的身份提供了直接接触一系列工业机器来进行研究的机会（图 3）。我们的一个初步合作伙伴——通快公司（Trumpf GmbH）是德国斯图加特的一个主要机床生产商，20 世纪 70 年代时，它将激光引入金属板材切割技术中。这种大型的、扩大了的生产线帮助我们建立了最初的下脚料存档。尽管 Trumpf 机床的建筑应用仅仅是其市场的一小部分，但其潜力是巨大的，这个相对较新的技术举措正在顺利发展。另一个重要的合作伙伴是 Holzbau Amann，是一个更直接参与建造活动的生产商，它拥有数字削减层压结构木材和现场组装组件的能力，这项技术也被应用在了我们的 Cantina 项目中（见本文结尾的工作流程案例分析）。

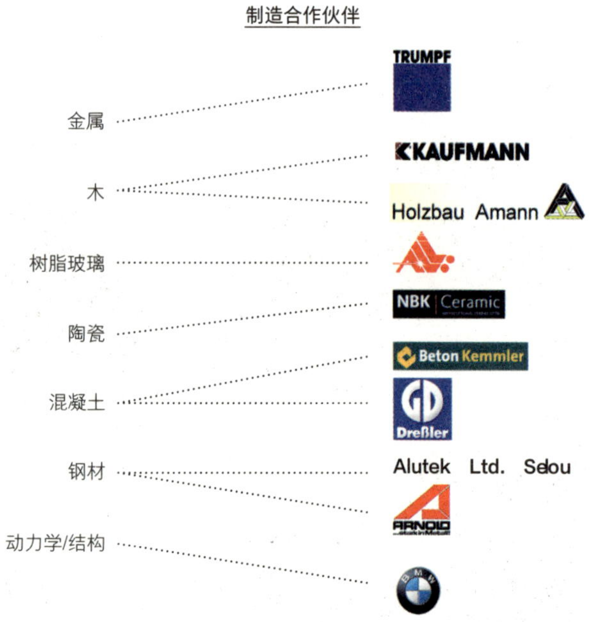
制造合作伙伴
金属
木
树脂玻璃
陶瓷
混凝土
钢材
动力学/结构
TRUMPF
KAUFMANN
Holzbau Amann
NBK Ceramic
Beton Kemmler
Dreßler
Alutek Ltd. Selou
ARNOLD

图 3 与特定行业的合作伙伴在研究项目以及建筑项目中的合作关系，可以为项目生产提供更好的控制。

为了保证这个研究领域作为建筑应用的重要来源，它需要在实践中进行初始自我管理。这种自我管理产生了一种实验方法，其中成功（或失败）独立于正在进行的项目期限、预算、代码或其他可能阻碍新奇方法的束缚。这种自我管理在高度管制和控制的建筑文化背景下尤其重要，例如德国的情况。在我们的实践中，自我管理的实现是通过实习生和建筑师的互相配合，对指定研究项目进行开发。当引进生产商合作伙伴以及 / 或者技术来探索特殊技术相关设计时，在学术环境中也可以进行研究。在哈佛大学设计研究生院，我们联手宝马的克里斯·班戈，并用其概念车 GINA（动力学 / 弹性概念的车身和内饰），作为一种来重新思考美国郊区住房的方式，强调可持续发展和生产。在洛桑的巴黎高等联邦理工学院，我们联手结构工程师迈克·史莱克，一起探索红外光混凝土的性能，现在可以用数字化制作这种可持续的自隔热混凝土的模板，这反过来又可以进行大量定制。

当一个建筑项目开始，相应的研究工作是从归档开始的，或专门开发研究新线以解决新的项目问题。单个建设项目可能会采纳一个或多个研究领域，为内置插件、覆盖层、外墙甚至主要结构系统解决问题。在这个阶段，试验研究会采取更彻底的测试，以便更好地理解它在建筑一同应用方面的适用性和可调节性。这里建模比例在 1 : 50 到 1 : 1 之间。在这个阶段，我们可以决定是否在研究到施工阶段都与相同的制造伙伴合作，或者我们需要改变合作伙伴。这一阶段的研究结果是开放、无定论的。

一比一

历史上使用建筑实物模型来预先确定建筑物的外观、规模或颜色，它目前可以更加直观地展示建筑的美学效果与物理性能（天气、结构坚固性、可持续性和构造物质层）的关系、经济可行性和通过数字化手段显示的时间管理可建造性。数字模拟可以更方便地展示细微变化，相比实物模型，这是一个更精细的展示手段。“一比一”是一种物理原型，可以作为一种用于客户批准的模型，也可用于建筑设备和展览模型。由于模型展示仅限自身信息，一比一建筑设备提供了实验研究和最终建筑之间的中间试验状态。这种设备，作为一种格式，提供了一个公开平台，有助于直接进行内部实验预测：材料和加工技术都可以进行技术测试和实验测试，可使观众在物理上和空间上参与到设备中。与不完整整体（模拟式）或片段相反，一比一设备充分提供了完整的、独立的建筑主张（图 4）。

一比一设备和实体模型同时也有助于为存在于表现法（历史图纸和模型）和实际建筑之间长久且困扰的鸿沟提供替代手段。数字化软件已经成为一个工具指导系统，而不仅生产可视化显示方式，我们用一比一结构来超越由建筑师的想象力和建设过程参与度带来的限制。我们反对视觉化或数字化展示的趋向，这并不是高于实物原型的更好选项。我们认为材料、效果和触觉的可操作性不能被完全模拟。现场材料的氛围效果是不可预测的。光线、天气和物理移动只是许多数字化仿真难以完全预测条件中的几项，它很难得出物理模型可以得出的结论。因此，在整个过程中，一比一是一种可以让我们控制设计过程的工具，它不是施工前的最后检查，更有效的是作为设计工具的用途（图 5）。

数字制作一比一也可以为场外装配过程设置新的解决方案，它具备所有预制优点，加速建筑时间表，减少浪费，提高产品质量、准确度和精确度。数字化制造的建筑构件可进行异地组装，规模较大但仍可进行运输的建筑构件随后可在现场组装，与其他系统时间配合“刚刚好”，加快了建设进程，并缩小了现场装配区域需求。数字协调的装配过程可以管理复杂预装配材料以及其他大型材料的现场堆积，从而消除了建设施工时，现场一次一件按顺序加工材料的必要性。

图 4 一比一实物原型构建在研究试验和全规格建筑组件之间架构了桥梁。

涓滴与建设：日常建筑问题

该程序的第三个方面是通过将建造研究叠加到正在进行的建设项目中，使其最终表现出明显的价值。这已经从最初的“配饰”建造与数字化制造组件发展成为现在看到的主要结构和围护系统数字化制造及装配（图 6a、6b）。这是一种投机取巧的方法，其目的是全面利用技术。与此同时，我们发现那些数字构思、制造的组件已与模拟、常规构造组件相互接触、相互融合。世界各地不同的建筑文化提供了不同的机会，也造成了不同的限制，所以调整的程度、对数字化的强调，或物质不仅因项目类型而变，也因项目实施地点而变。

当这些先进的技术应用于日常生活的建筑类型（办公室、工厂、住宅）时，复杂性就会与经济、施工速度以及预制速度相吻合。这种发展演变将增加一定规模的工作量，例如设备

图 5（下） 通过使用 Trumpf 机床厂的 Gate House，实物原型的制作在设计过程的早期阶段就已完成，并作为设计工具来研究那些难以建模和数字展示的大气条件。

图 6a（左上）、图 6b（右上） Gate House 的屋顶涉及复杂的激光切割板状钢件，须有螺栓孔和正确的连接角度，可被组装为箱形梁结构。屋顶是工厂预制成条状，再在施工现场由螺栓连接在一起，然后吊装到位。

范围内更激进的学术工作，高端的小而“精”的工作和大型、高预算项目。数字化进程可以恢复新的工艺、材料和构造技术，能够支持并吻合迫切的可持续需求，在施工期间改善时间管理效率，突破日常建设的经济限制。

技术是一个触发器，使我们的工作朝着想象力无法达到的方向发展。这一点，再结合我们的日常工作，就为发明创新、复杂性和项目实现的终极可能创造了机会（图 7）。

注释

1. Barkow, F.; Leibinger, R. (2009) *Barkow Leibinger: An Atlas of Fabrication*, London, Architectural Association Publications.

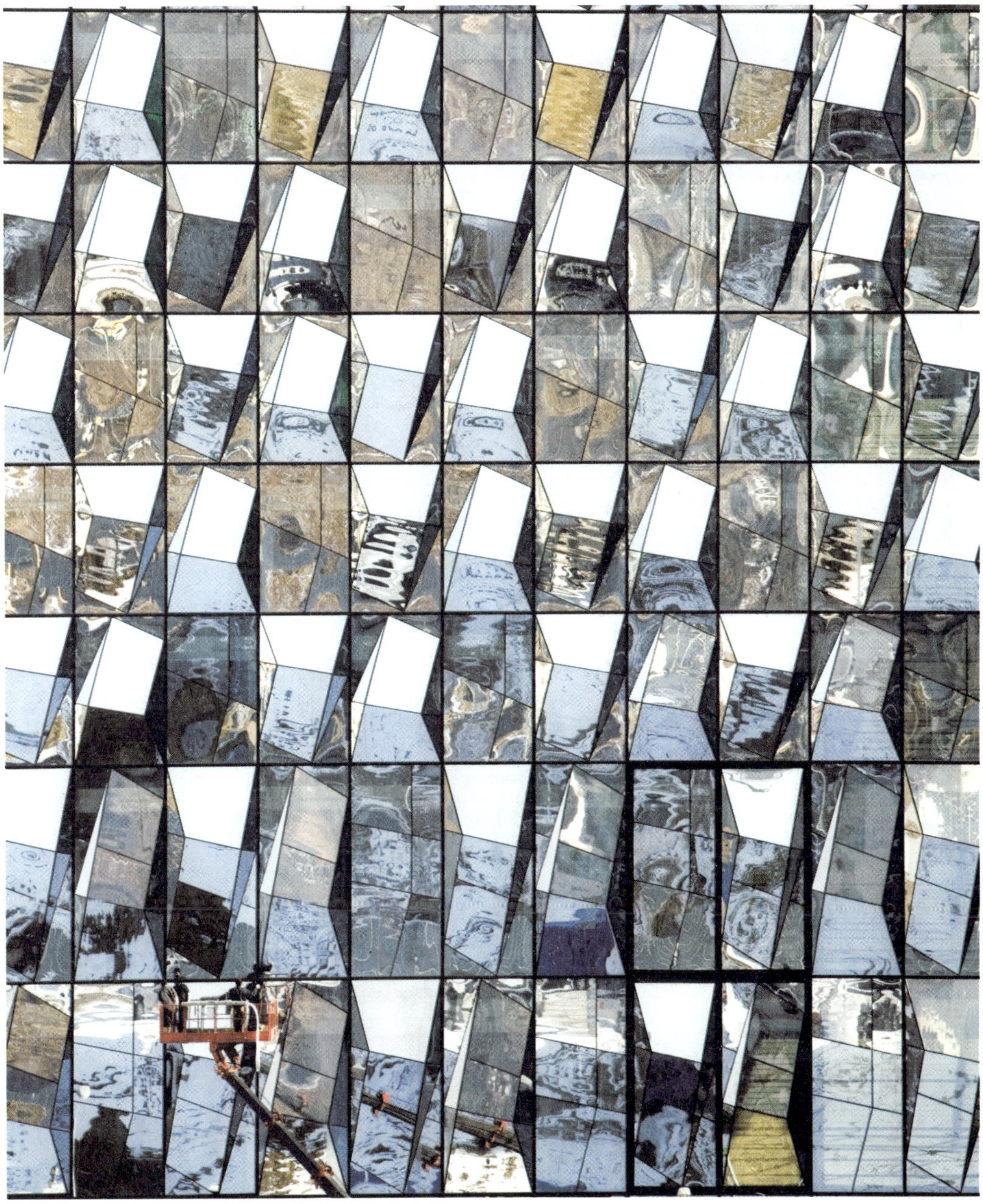

图 7 对于韩国首尔 Trutec 办公室和陈列室，我们采用激光多角度切割标准铝挤压组件，并同时使用定制支架来创建 3D 的外观系统，同时具有可变化性能。安装时，框架和玻璃组件可以呈现一种万花筒效果，反射交通、行人、广告牌和建筑物周边城市条件，造就了千变万化的效果。

CANTINA 园区

工作流程案例分析

Cantina 园区位于德国斯图加特郊区，包含了提供给 Trumpf 园区工人的咖啡厅和活动空间、国际电动工具公司、激光制造公司和金属制造公司。由玻璃围合的建筑被一个具有复杂的钢梁、木材的悬臂屋顶结构覆盖，由工程师沃纳·索贝克联合建设。该项目利用了数字化工作流程，结合了结构、环境和制造反馈，大幅度改进了以前完成几百米外的 Gate House 项目时的工作流程。

工作流程 1　对于 Trumpf 公司园区小酒吧的设计，我们启动了对细胞型和沃罗诺伊秩序系统在大跨度结构上的前期研究。本研究利用参数化建模，开发适应性强的几何形状，这种形状可以针对特定材料对于结构载荷、灯光、音响和几何形状的差异做出有关回应。这也引发了后续对钢板、木材、管框架和混凝土的研究，以及目前专注于大跨度屋顶的建设。

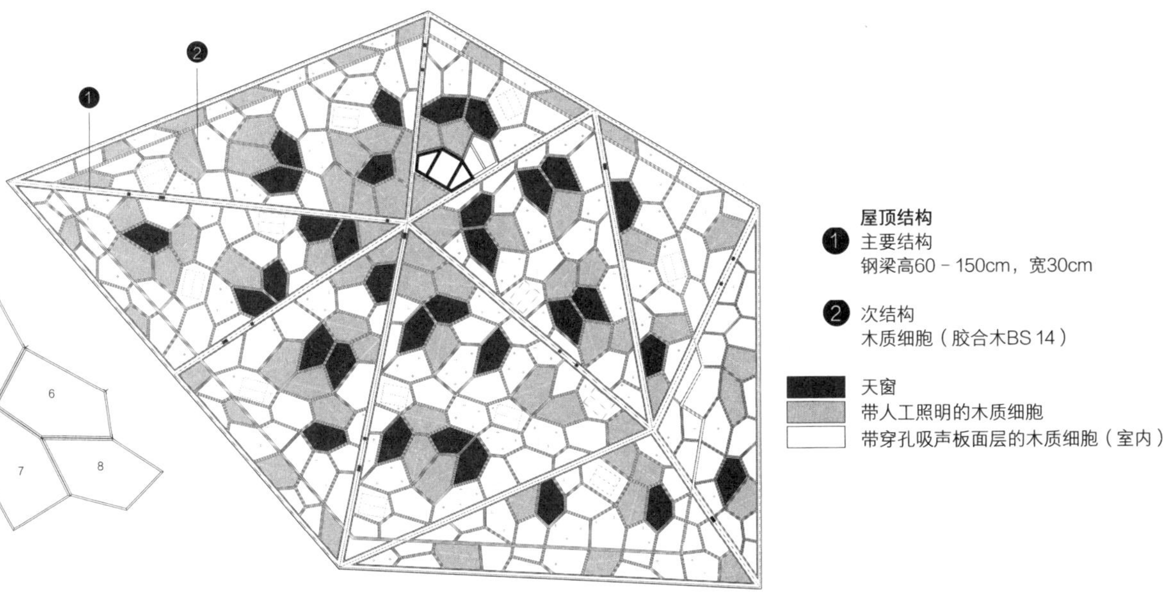
1
2
屋顶结构
1 主要结构
钢梁高60 - 150cm，宽30cm
2 次结构
木质细胞（胶合木BS 14）
天窗
带人工照明的木质细胞
带穿孔吸声板面层的木质细胞（室内）

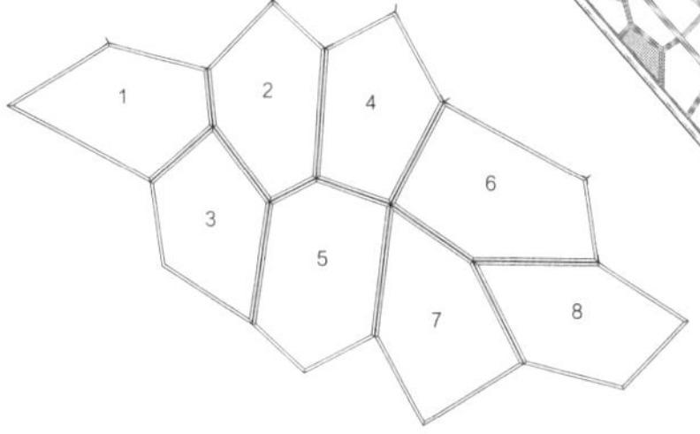
1
2
3
4
5
6
7
8

8 细胞模块

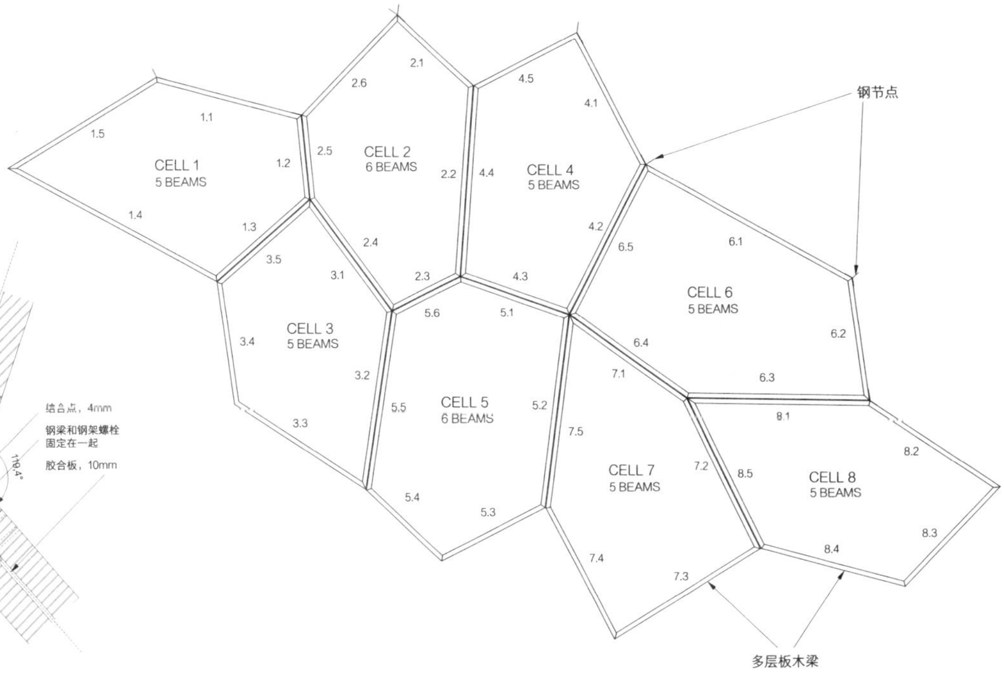
CELL 1
5 BEAMS
CELL 2
6 BEAMS
CELL 3
5 BEAMS
CELL 4
5 BEAMS
CELL 5
6 BEAMS
CELL 6
5 BEAMS
CELL 7
5 BEAMS
CELL 8
5 BEAMS
钢节点
多层板木梁

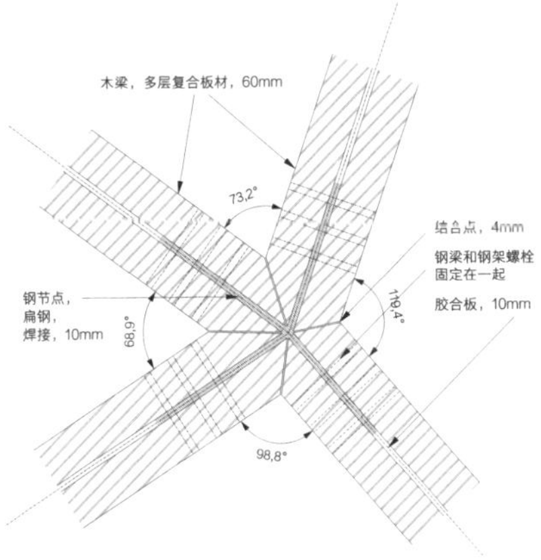
木梁，多层复合板材，60mm
结合点，4mm
钢梁和钢架螺栓固定在一起
胶合板，10mm
钢节点，
扁钢，
焊接，10mm
73.2°
119.4°
68.9°
98.8°

工作流程 2（上） 对几个几何迭代进行了研究，每一个都有关于一种特定的材料，然后由结构工程师沃纳·索贝克（Werner Sobek）评估性能和架构效果。在以后的版本中开发了钢材和木材混合结构，主要由钢框架结构和柱（强度高、跨度大），以及胶合木材单元的二次填充（可持续、简单可行）构成。通过与 Transsolar（我们的能源和可持续顾问）以及巴顿巴施（Bartenbach，我们的采光顾问）进行环境优化流程，每个单元都附加了一个新性能，该性能为隔音板（多孔木材）、采光天窗（起初为 ETFE 膜，后改为三层中空玻璃）或夜晚人工照明（铝蜂窝导流板）三者中的一个。

工作流程 3（下） 根据其在跨度上的能力及使用环境上的问题，选择胶合木材单元填充进行计算优化，以节省材料的重量，找到一个理想的单元尺寸和组织方案，并最大限度地获得有效采光。

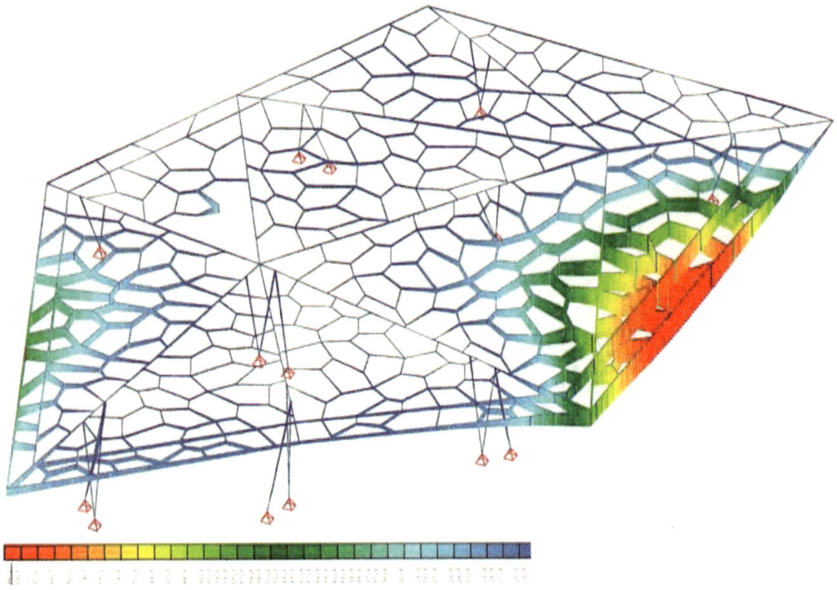

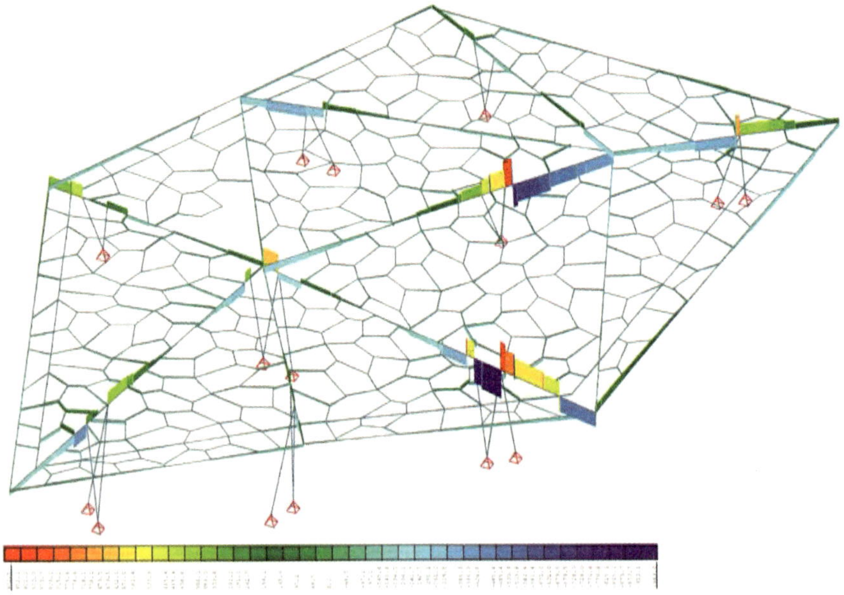

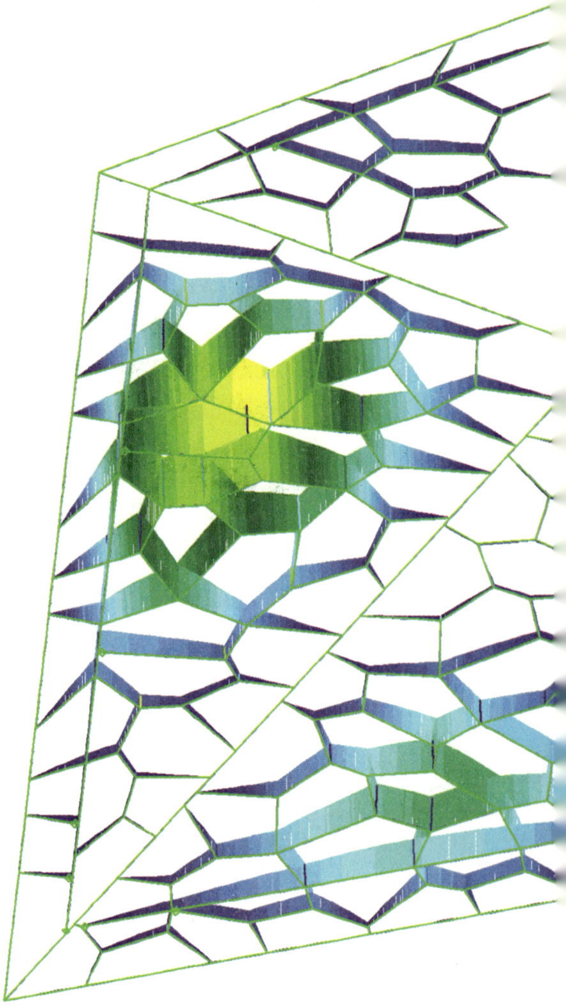

工作流程 4a（左上）、4b（左下）、4c（右）单元深度为 90cm、120cm、150cm，单元布局通过结构优化来进行调整，以满足结构装载要求，因此在跨度中间单元深度大，跨度周边单元深度小。另一优化策略能够确定单元的类型和大小，在建设中可以充当结构隔板。

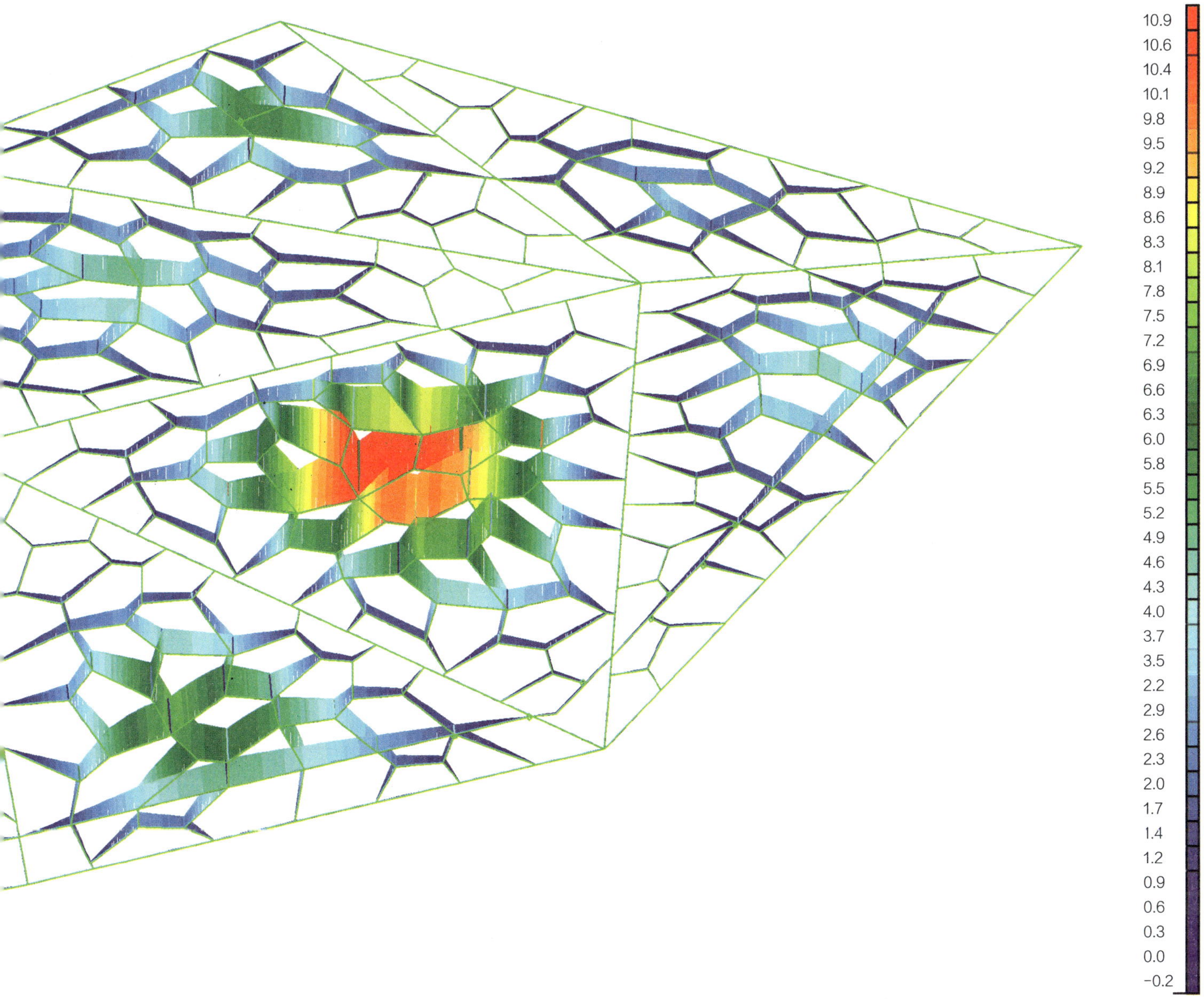
10.9
10.6
10.4
10.1
9.8
9.5
9.2
8.9
8.6
8.3
8.1
7.8
7.5
7.2
6.9
6.6
6.3
6.0
5.8
5.5
5.2
4.9
4.6
4.3
4.0
3.7
3.5
2.2
2.9
2.6
2.3
2.0
1.7
1.4
1.2
0.9
0.6
0.3
0.0
-0.2

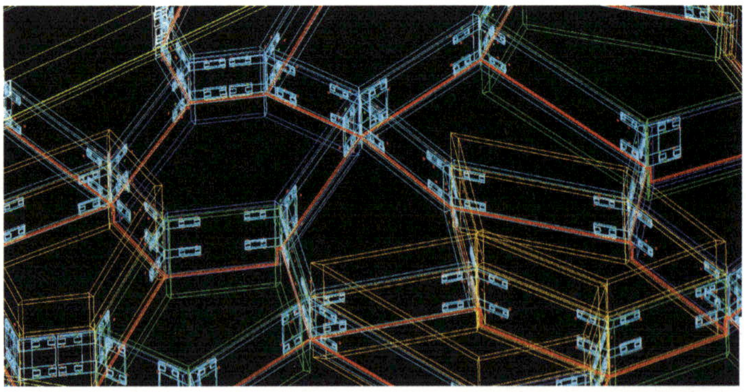

工作流程 5(左上)、6(中上)、7(右上) 被选定作为木材加工制造商后，Holzbau Amann 的工程师开始根据我们的数字模型来建造屋顶实体模型，他们与索贝克紧密合作，以优化单元的大小、数量和深度，然后制定结构连接支架和紧固件。

工作流程 8(下) 实体模型验证通过了数字优化过程中所做出的决定，并展示了建筑可行性、成本、预制速度和现场装配、完成速度及日光控制能力。如获批准，该实体模型可集全部生产力投入建设。

工作流程9 使用临时支撑柱以支持木材单元，直到其均被连接，并且可以作为一个综合结构系统发挥性能。

工作流程 10（左） 除了制造，Holzbau Amann 还负责监督其预制木材单元在施工现场装配。

工作流程 11（右） 已完成项目。

设计外形

编者按

对第一代数字化设计过程感到不满是很自然的，在形式探索中的乐趣与材料、装配和生产方式的逻辑相去甚远。这一时期内的一个常见方法是序列的线性步骤，其中，建筑师制造一个形式复杂的设计，随后经过工程师、制造商和其他数字化专家的翻译、合理化和优化过程，使其成为可视的建筑。有趣的是，实现这些设计所带来的挑战，促使先进的制造、装配技术快速增长，这也是这一时期的副产品之一。在这里，外形推动了技术创新。

这项工作对行业发展的影响已成为新设计方法的基础，这种设计方法更加适应数字化制造技术的能力，甚至可以受到它的启发。尽管先前设计和生产之间的隔阂产生了一定限制，但目前已经发展成为集成的工作流程，一个项目的任何阶段所包含的信息都可以推动初始概念的发展。Barkow Leibinger 建筑师事务所的工作充分体现了这个方法。在非线性工作流程中，设计思想通过机械加工技术探索得到发展，其发展源于制造和装配的逻辑，然后将工作回归到站点和程序问题，同时也预先考虑居住环境和用户体验的勘探开发。

"我们的实践被定位为新兴技术的决定端，而不是其接收端。这是一个令人难以置信、充满活力和挑战的时期，其中可持续发展、经济、理想、数字化手段和美学载体不谋而合，从而推动了新形式和新建筑的可能性。"[1]

《制造图集》由 Barkow Leibinger 建筑师事务所编写，是一本对于实验性质的下脚料、全尺寸一比一建筑以及完整建设的描述目录，其中描述了一些幕后步骤，包括如何与工业制造合作，以进行投机性设计探索和建筑构件具体项目的制作。他们与 Trumpf 公司（世界上最大的激光切割机制造商）的独特关系——同时作为客户和技术专家来源——也使他们在 Trumpf 园区完成的众多项目成为用来测试特定技术和工作流程的试验场，以再用于其他项目。他们与加工厂紧密的联盟为他们提供了充足的条件，不仅可以接触到工业机器，也得以接触到设计和操作这些机器的专家们。加工商成了设计团队的延伸。在这方面，直接的文件——制造流程——已经在技术和文化两方面重新定义了建筑师和制造商之间的交流对话。从技术上讲，设计和制造已经合并成数字代码的共同语言，建筑师所做的（设计图纸）与加工商所做的（加工材料）已经达成了无障碍交流。然而，这种联系不仅是一个文件的转移，也是一个机会，通过这个机会使得建筑师的设计与加工厂商的机器操作之间复杂的信息交流成为可能。[2] 技术可以作为一个通用的语言，它可以同化多样的信息知识，将专家们联合在一起，带来工业文化上的创新转变。

如果设计装配是通过严格的信息数字交换来联系材料生产与设计工具的过程，那么 Barkow Leibinger 建筑师事务所的工作，尤其是他们关于下脚料的概念，就会与本书中每位作者关于这种新的工作流程的例证极其相似。就像建筑师沃尔特·格罗皮乌斯（Walter Gropius）、康拉德·瓦士曼（Konrad Wachsmann）、让·普鲁维（Jean Prouvé）、查尔斯和雷·埃姆斯夫妇（Charles and Ray Eames）的做法一般，Barkow Leibinger 建筑师事务所将设计创新与生产制造过程，以及使用的技术工具和装配逻辑，紧密结合在一起，以探索外形和几何原理。在更自主的数字化设计流程崭新的逆转中，外形是一种抽象的算法逻辑视觉指数，与因建筑限制产生的创造潜力的关系微乎其微，甚至没有。Barkow Leibinger 建筑师事务所的工作就是始于限制最大的时刻。

他们的实践作为一种工作模式，为那些已经接受了“制造是设计开发和新型设计实践的基础”这一观点的新一代建筑师提供了模型。年轻的一代已经从设计物化中找到了新的灵感来源，并获得了在连续的数字工作流程中设计、建模和生产制造能力。[3] 虽然大部分工作只是在小规模的控制情景下进行，但是类似 Trumpf 小酒吧园区这样的项目可以让这些年轻一代建筑师相信，他们的野心是可以实现的，同时对于行业的未来转型来说，这种野心也是不可或缺的。

---

1. Barkow, F.; Leibinger, R. (2009) *Barkow Leibinger: An Atlas of Fabrication*, London, Architectural Association Publications.

2. 参见本书中《数字技术：从思考到建模，再到建造》，由费边·朔伊雷尔著。

3. 此类工作的优秀案例请参看 Iwamoto, L. (2009) *Digital Fabrications, Architectural and Material Techniques*, New York, Princeton Architectural Press.

数字技术：从思考到建模，再到建造

费边·朔伊雷尔

费边·朔伊雷尔（Fabian Scheurer）是一位计算机科学家，也是 designtoproduction 的联合创始人。

数字化工具是如何改变建筑过程的？从一个计算机科学家的观点来看，此段讨论有着潜在的令人惊讶的出发点：比如说，不同于雕塑家，建筑师很少在工地现场设计，直接触摸真实的建筑材料，把自己的手弄得很脏。在建筑设计过程中，黏土往往被非物质化的东西所取代，也就是说，以设计师脑子里的一系列神经性活动（一个想法）开始，接下来逐渐具体化，提炼出来，并物质化为口头或者书写语言、图纸、方案、比例模型等。最终得出一系列提供给建造者的清晰的指导方案，再由建造者在另外某个阶段切实去亲身实践。简单地说，建筑设计是一个通过不同媒介在各方之间发展、描述与交流想法、生成转换与交换信息的过程。

一旦我们从这个角度看设计过程，当前数字化设计和制造工具的发展众望所归的原因就显而易见了。计算机是储存与掌控信息的工具，它与网络的结合成就了有史以来信息内部交流最为强大的平台。将从 CAD 到 CAE，再到 CAM 的电脑辅助方法整合起来，并通过无缝传输把设计师的想法转化为实质结果，这一想法确实非常有吸引力。然而，事实上，要形

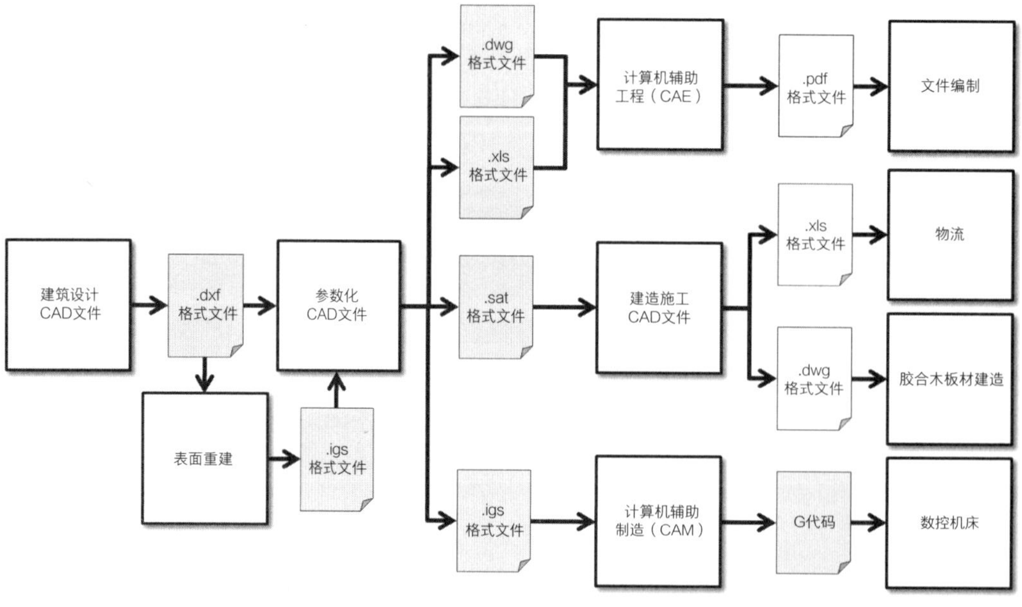

建筑设计CAD文件
.dxf格式文件
参数化CAD文件
表面重建
.igs格式文件
.dwg格式文件
.xls格式文件
.sat格式文件
.igs格式文件
计算机辅助工程（CAE）
建造施工CAD文件
计算机辅助制造（CAM）
.pdf格式文件
.xls格式文件
.dwg格式文件
G代码
文件编制
物流
胶合木板材建造
数控机床

图 1　示意图展示了多种软件程序之间信息的流通，这些软件用于规划和建造由坂茂（Shigeru Ban）和让·德·加斯蒂内（Jean de Gastines）设计的蓬皮杜梅斯中心（Centre Pompidou-Metz）的木屋顶结构。

成如此连贯的“数字工作流程”，仍然是一个巨大的挑战。为什么如此困难呢？

建筑的语言

数字工作流程一体化最常被抱怨的一点，是软硬件技术的不足，以及众多彼此不兼容的标准。这不仅局限于建筑，似乎也存在于所有试图将模拟过程映射到数字领域的领域中。为什么不能形成建筑行业统一标准的资料格式——形成一种能为建筑师、工程师、建造者以及其他所有相关人员运用的标准，以储存关于某栋建筑物的信息以及它在一个整体模型中实现的过程，继而向项目内所有人传递清晰连贯的信息（图 1）。

从前，在模拟时代，在任一个文件上做出修改，都必须在所有其他相关文件上进行相应修改，总会出现漏改的地方，于是导致了前后不一。此外，建筑师和工程师采用不同标准设计图纸及描述事物。哪怕是在同一个领域里，一个方案里的某一行或是一张表单里的某个数字都可能有不同的含义，关键看怎么解读。正如其他任何一门（自然）语言一样，建筑语言是模棱两可的。但又正如那些能够凭借自身知识和经验成功进行可行性论证的人一样，他们也能或多或少理解获得的数据。

另一方面，计算机语言则是清楚正式的语言。任何尝试用电脑编程的人可能都遇到过这种情况，即代码里仅仅少了一个分号都会导致整个程序无法运行，或者更糟的会导致出人意料的错误结果。编写电脑程序需要的过程同样也是电脑处理数据所需要的。[1] 为了在提供某些信息后使某种算法成立，电脑编程和数据处理过程都必须以一种清晰且正式的语言进行编码，必须连一个标点都不能少。因此，一个要经过电脑程序自动处理的数字建筑模型必须保证清楚，这样才能获取正确结果。算法并不是像人类专家那样，基于经验和直觉对数据的正确理解进行猜测，它只会根据内置规则对信息进行理解。一旦遇到有歧义或者有冲突的地方它就会停止并出现错误提示。然而，要找出这些不确定因素，编程人员必须预测问题，并在程序内完成必需的检查。否则，就像经常出现的一样，算法根本就不能发现问题，并且还会继续进行完全错误的理解。

为了在建筑方面提出一种统一的数据格式，包括形状描述、材料以及建筑处理本身等，我们首先得开发出一种统一、正式、能被机器识别的语言，以便正确无误地理解建筑的各个方面。尽管自 1995 年以来，我们一直与 IFC 合作，不间断进行新尝试，即采用一种叫作“建筑信息模拟”的开放性的标准（BIM），但在版本更新方面总是滞后。[2] 而版本更新的时间间隔又带来新的问题：每年，带有新功能的软件版本都会出现在市场上，但根本性的数据格式创新却是不紧不慢，四年才更新一次。IFC 的标准能跟上发展潮流吗？

标准 vs. 非标准

设立标准是为了让生活变得舒适。它能保证不同的 CAD 程序从同样的数据中读出同样的信息，且服务质量与其他竞标者是旗鼓相当的。但标准不仅仅让生活更舒适，也让生活更简单。标准将现实世界的无限可能减少到最小。比如，在 IFC 案例中，一栋建筑物不能有任何不规则形状的曲面，因为它们都是不能在 IFC 模型中进行定义的，仅仅因为这种形状还没有被定为标准。自 1950 年以来，NURBS[3]（一种精确的数学理论）就可供使用了，而今天的许多 CAD 程序包给打造这种模型提供了必需的功能。但很明显，几年前当 IFC 2×3 被定义并被接受为使用标准之时，相比其他形状而言，曲型精确建模被认为是不太重要的。今天，当你在看建筑杂志时，也许会觉得那是发展中的 IAI 协会做出的完全错误的决定。

另一方面，建立过去四年中在杂志上出现过的曲型建筑似乎是个比较合理的决定。为什么过分强调一个在全世界建筑中使用率还不到百分之一的特征呢？所有 AEC 软件都必须力图正确理解 NURBS 定义，仅仅是为了达到 IFC 标准，不管这种特征是否会被应用于项目设计。这可真是浪费软件工程资源！由于 IAI 的大多数成员都是软件供应商，会在经济需求的基础上做决定，他们最后决定不浪费稀缺资源来满足这一不到百分之一的需求。除此之外，即便是最不标准的建筑也包含了大量标准的基本要素。尽管接下来的一个版本 IF2×4 会包含 NURBS，仍然会存在非标准的既不能以标准术语（或语言或资料格式）描述，也不能利用标准工具并使用标准材料建造的物体。不管增加了多少新功能，一种标准的工具都只会为标准化设计服务。而有创意的设计师们总会努力摆脱或者克服这些标准。那么，要怎么应对非标准建筑呢？

通用机器

如果一个问题找不到既有的标准解决方案，那么定制解决方案就是不可或缺的了。数字化工具的真正优势是：它们是“通用机器”。一台计算机的功能不是在硬件里注明的，而是通过载入储存的软件定义的。如果在软件的某个版本中找不到需要的功能，那么就需要编写一个能在不改变计算机的情况下，在同样的硬件配置上运行的扩展版本。这种功能在设计实践里太过常见，我们都不用再去琢磨了。但进行到实际建造阶段，同样的原则依然适用——这通常让被教会使用产业化大规模生产元件的科班出身设计师感到惊讶：计算机控制的机械臂不在乎生产的是 1000 个相似的工件还是完全不同的工件。如果没有所需的元件，机械臂可以进行定制生产，价格与其他标准元件几乎相同，同时机械臂本身不需要进行改变（图 2）。

这些发展极大改变了非标准建筑的前景。当标准化软件可以被扩展到能够精确地满足设计师的需求，单个元件可以定制，而不需要大规模标准化生产，那么一个充满可能性的新世界就朝我们打开了。然而同时，一种

图 2 数控切割技术可以用于制造复杂的非标准组件，从而组成一个复杂的结构组件。

标准工具的任何特别扩展版本都会导致在工作流程中的不兼容。如果游离于 IFC 标准外的某种东西通过定制扩展被应用于 CAD 软件中，那么扩展信息将无法在与 IFC 兼容的标准 CAM 软件中使用。[4] 信息链断了，想要重新把它衔接起来，交换格式和所有从属工具都要被扩展。而除了数据交换之外，也出现了其他挑战。

大规模客户定制的逻辑

建筑从重复的、产业化的正交设计中分离出来，就会迅速成为劳动密集型的噩梦。比如，如果板材表面要弯曲，就得发展新的工作流程。因为标准的建筑材料要么是直棍，

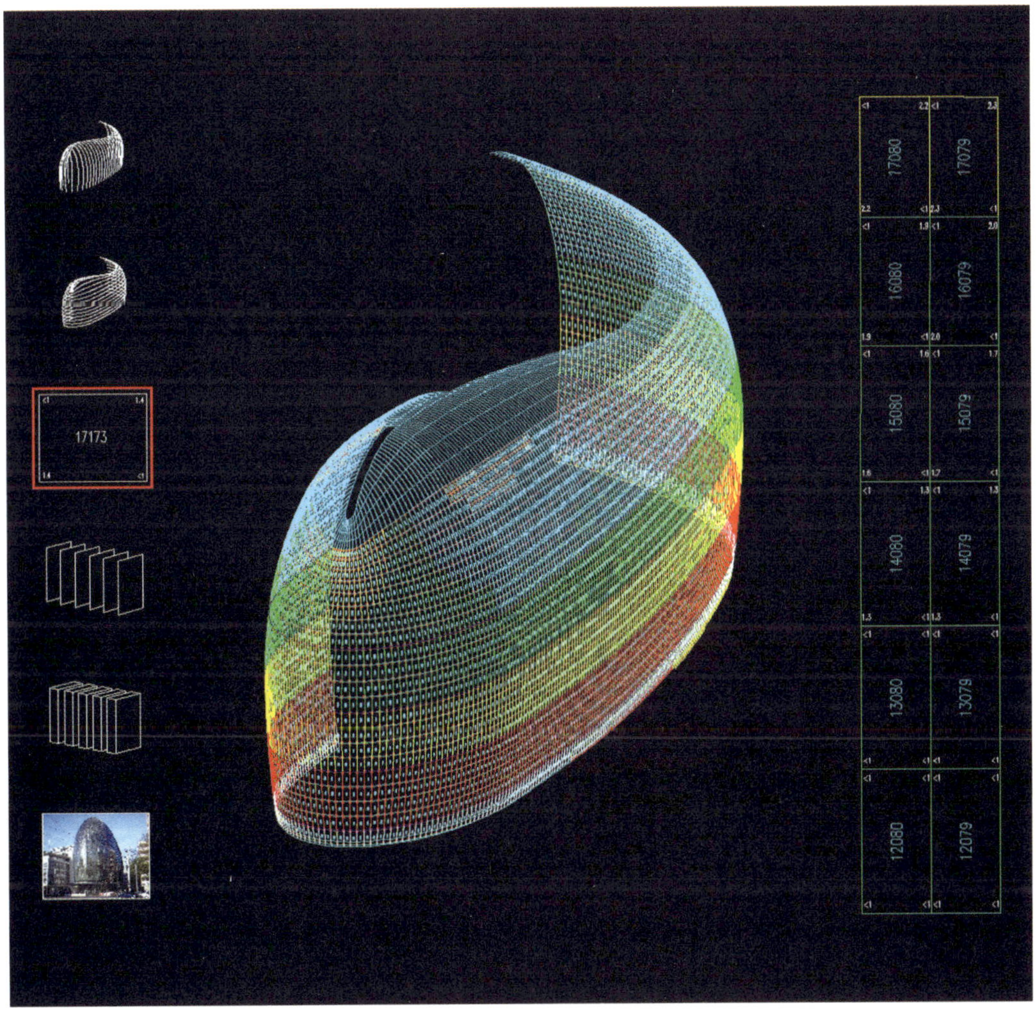
17173
17080
17079
16080
16079
15080
15079
14080
14079
13080
13079
12080
12079

图 3a（下）、3b（上） 伦佐·皮亚诺的科隆 Peek & Cloppenburg 百货商店立面上平滑的玻璃嵌板。

要么是平板。为避免弯曲，曲型材料可用平面小方块拼接而成，但那需要对板材尺寸进行仔细优化，以使外观好看且造价合理。不管是弯的还是直的，由于形状不规则，每个元件和接头的几何结构都有细微不同。便于直接利用的一整套详细图纸被成百上千张单独的施工图或是上千个单独的参数化程序所取代（图 3a、3b）。

如今，图纸可以自动生成。许多 CAD 系统可以输入某种元件或接头的最典型特质，接着导出一张完美的图纸（或模型）。用户只用写一个定制程序，或是“脚本”，就能基于一套规则和参数在模型里生成一条线，而不用再在鼠标上指指戳戳。有些 CAD 系统甚至可以通过图形将“算法建筑块”连接，而不用编写任何程序代码，就能使建造参数模型成为可能。[5] 因此，标准 CAD 软件的功能可通过用户工具得到扩展，从而使没有软件工程文凭，但具有创新意识又充满好奇心的专业设计师打造属于自己的数字工具。设计师成了工具制造者。但不管一个参数化模型是怎么建成的，它都使建模问题更为抽象。首先，得先编写一个程序，然后生成物体描述，而不是先建一个数字模型，然后生成物体描述。很明显，只有在进行一些复杂的、需要多次重复画线的设计时，这些努力才是值得的。如果同一个脚本可以给所有非标准表面的不同接头生成图纸，那么花上几周时间进行编程就是值得的了。

这就要求找到一种普遍的抽象描述以满足各种单独元件的要求，而不是一种结构良好的、清晰的、只满足某种元件需求的描述。为了最终使元件具体化，要建立完整的生产链，包括设计、材料采购、数字建造、质量管理、一次性元件的运输与组装。

在消费者货物产业里，这叫作“大规模定制化”。客户决定自己新衬衫的尺寸或是新车的配置，经过几天或数周产品到货后，再根据客户要求对其进行加工。

在建筑领域，大规模定制化往往与工厂预制房屋联系在一起。经济学家称之为商务—客户模式（B2C），它要求有数量充足的客户，每人都为自己的定制房屋买单，从而补偿建造者的初始投资。然而，大规模定制化也通过建筑项目作用于商务—商务模式（B2B）。一栋办公楼、一座博物馆或一座音乐厅的表面可以轻易由上千种元件组成，而这些元件可能就是

图 4 由 ALA 建筑师事务所设计的位于克里斯蒂安桑（Kristiansand）的克尔顿演艺中心（Kilden Performing Arts Centre）的弧形木墙。其中的 3500m^2 是由 125 个预制墙单元组装而来，包含 250 个竖直的和 1250 个单弯木梁，以及 12500 个锥形橡木复合板。所有这些构件都是由 CAD 参数化模型和数控建造的。

同一个客户订购的。为这些元件实施一项完整的计划并执行整体流程的努力在单个项目内就可以实现。一项针对具体项目的标准就制定出来了：以用参数化手段决定各种必需元件形状的数字化计划工具开头，一套完整的大规模定制化解决方案就被交付给建筑工地了。项目竣工后，整个过程可能就被弃之不用了，因为没有设计师想把同一个点子用两次。除此之外，大项目往往持续数月甚至数年，涉及来自不同领域的人群。未来项目中的团队成员以及可用技术很可能会大不同，这就需要全新的工作流程。

系统学与复杂性

参数化方法最大的优势是能通过简单的系统得出复杂的解决方案，这已经很明了了。一个成功的参数化模型应为越简单越好，但也包含极端个例。当最牢固的曲面板材和弯曲度最大的接头决定解决方案的参数范围，其他案例也就很容易解决，仅用少量不同类型的参数化元件就能建成建筑立面或者屋顶。这种简单化的方法总是与另一种方式混淆，即首先解决简单案例，当简单解决方案失败后再增加特别案例。在正交标准建筑物上，这种方法完全适用，但要在复杂形状的非标准建筑物上用，情况就大不相同了。

图 5　蓬皮杜梅斯中心木屋顶结构的 4000 个节点都具有不同的几何形状，但是它们都遵循相同的简单规则。

复杂性可以被定义为对一个系统里各种相互依存关系的估量。如果一个复杂系统没有经过仔细设计，那么依存度高的关系有可能导致这种情况，即所有案例都是特殊的，每个案例都需要单独解决。根据柯尔莫戈洛夫（Kolmogorov）的定义[6]，以下是可能出现的最复杂案例：100% 都是例外情况，每个案例都是单独进行描述的。为了减少复杂性，使设计更简单，必须找到基于所有特殊案例的参数化系统和通用规则。这些可以在一个精益参数化模型中进行编码，通过修改参数值，几千个自动制造单独元件的定制化数据就轻而易举地生成了。

但如果这些修改导致某一个元件的参数化界限被扰乱——也许一个立面里的一块玻璃板的凹痕太大，没法切成标准尺寸，整个系统都会停止工作。要么重新修改立面，直到所有参数都回到范围以内，要么往系统里引入一个特别案例以解决这种特殊问题。

不幸的是，这一切不只是买对软件工具的问题。计算机擅长储存信息和处理数字，但需要加入人脑思考，才能找到良好的解决方案并进行精确描述。同时也需要熟知计划和建造过程各阶段的专家组，能够正确定义普通模型的复杂程度以描述解决方案。

最小模型

建立模型的目的是把真实世界的复杂程度浓缩到可以进行理解和模拟的程度，而不需要先把建筑物实实在在地建出来。同目前人们所持观点不同，一个完美的模型并不是包含越多信息越好，而是越少越好。建模的艺术是将与既有目的不相关的东西清理并排除，而将必要的东西保留。因此模型的质量与该目的息息相关。因为一个模型包含了能够从地面延伸到顶楼的结构墙板，它可能对一个结构工程师来说是好模型，但对于室内设计师来说就不一定了。因为后者需要把地板和顶棚之间的内墙区域的所有地方都涂上油漆。为了让同一个模型对二者都有用，要么得把同一面墙描述两次——这样会导致信息冗余和前后不一致——要么制定新规则，把工程师对于墙的定义转换为室内设计师对墙的定义——这就给解释算法增加了难度。对于整栋建筑内某单个元件的定义成倍增长，这就不可避免地导致了模型比两种用途实际需要的“胖”。当我们天真地继续把从设计到设施管理所必需的信息都整合起来时，我们的模型就会迅速变得笨拙，进展缓慢，对任何人都毫无用处。这就是为什么规模合理的建筑项目中，总会存在满足不同需求的大量模型。

如果一个模型要被输入参数化设备，那么它必须非常精确。哪怕是数控机器都只能在公差小于 1mm 的范围内正常运作，才能把对长达数米的元件的预制造像乐高积木一样堆起来（图 6）。

但如果没有质量观念，那么有瑕疵的输入数据将会导致有瑕疵的输出数据——如果 CAD 模型中有裂纹，那么最终产品里也会有裂纹。把建模和计算过程中的数值错误考虑

图 6 位于韩国的希斯利九桥高尔夫度假村（Heasley Nine Bridges Golf Resort）的，由坂茂设计的 32 个屋顶模块中，每一个都有 $81m^2$。它是由约 150 个不同的木材组件组装而成的，数控切割精度在半毫米以内。组件之间只有 2mm 的极限间距，就足以使组成单元安装到位。

在内[7]，模型的精度起码要比实际的建造需要高一个等级。通常情况下，在建筑或工程办公室里做出来的CAD模型完全达不到这些要求，因为他们的目的只是生成透视图或图纸。只有在涉及建造时，几何描述才会绝对精确，会在元件运到工地前就提前钻好孔。要把这些零件都精确地定位，CAD软件按键背后隐藏的数学，突然就变成了以正式形式出现的矢量、曲率等。这是一门专业技术，常常被建筑师和工程师忽视。本来可以用优美的数学公式描述的东西，如今不得不以笨拙的点云数据和长长表单里的坐标出现。因为在此工程中的某个阶段定义了许多固定点，它们与自己的数字表面只是略有不同，此过程中一开始很容易建模的东西到最后变得非常困难。

制造蓬皮杜梅斯中心的屋顶，需要一台拥有工厂大厅的数控机床每天工作24小时、一周工作七天并且连续工作六个月才能完成。没有现成的原材料，材料需要提前几周订制，而且生产好的元件也无法在一个地方保存，所以采购和生产都需要根据装配日程来同步协调好时间。元件制造地与建筑工地相隔甚远，需要把元件运过去，并且要能装进标准型号卡车和集装箱里，这就对尺寸、重量以及一些额外的大件物体上的接头提出了限制要求。工地上所有连接处都必须被精确定位，这听起来好像比装一个有2000块小件的拼图容易，每个小件长度跟一辆巴士差不多。如果期望这一切都能在建筑模型里定义好是不现实的。这一过程需要用到的专业知识涉及至少六七个领域。要把这些知识整合，相关各方必须协力工作，了解彼此的需求，厘清所有互相依存的关系。而由于项目是非标准的，也就没有标准步骤可循。

这就是工业生产的主要差异：大规模生产是以带标准连接的标准化生产过程为基础的。每个过程中的每一步都是被明确定义好的。只要它们之间的连接不变，那么此过程中的每一部分都会在本地根据不同需求优化，而不用考虑其他部分。换句话说，所有专业待在自己的领域里都会很舒服，因为该领域的界限是经过一致同意的标准明确定义了的。

工匠精神

要开始一个非标准的项目首先意味着要定义界面。在考虑最终结果以及使用高效方式获取结果的同时，要仔细弄清所有的依存关系。这也需要深深植根于实践基础上的经验与专业知识。但更重要的是要有超越自身领域的宽广眼界，要有考量每个决定会产生的后果的能力（这是因为必要的技术不只存在于某一位专家脑中），要学会与团队合作。同样，这一过程需要一组非常精通自己领域的专家，他们要有足够开放的心态，能与别人交流，并致力于掌控质量。简而言之，这里需要的是工匠精神，就像理查德·森内特（Richard Sennett）定义的一样：一种不亲自把自己的双手弄脏，而是被内在动力驱动；一种“持久而基本的人类冲动，想把工作做好的本能”[8]，“物质觉悟”与多年实践经验的结合[9]，对实用的模棱两可定义的策略性接纳；而不是执迷不悟的完美主义或是永不消减地想要学习的欲望。在这种语境下，建模专家、计算机编程员、工程师以及建筑师都可以是优秀的工匠。他们的技艺永远不会被取代，却能够被数字工具大大增强。

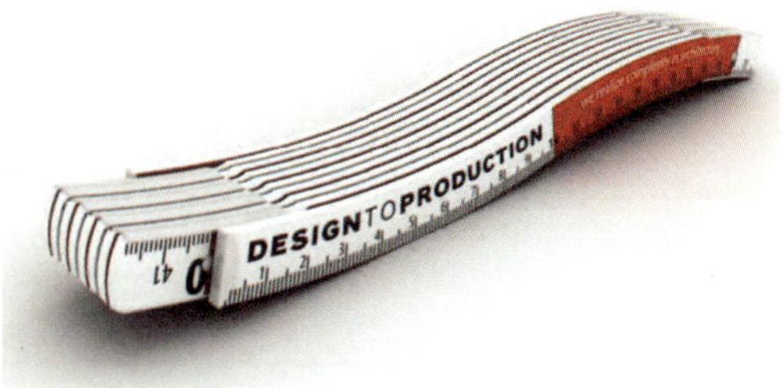
DESIGNTOPRODUCTION

图7 设计生产作为一个界面将非标准化建筑的意向通过优化组合、简化、输入材料组织和工艺处理引入到现实世界。

注释

1. 计算机基于“冯·诺依曼体系结构”(Von Neumann Architecture)——这意味着几乎所有的当代计算机——都使用相同的程序代码和数据并且使用同样的内存存储原理。
2. 工业基础分类(IFC)数据模型是国际互通操作联盟(IAI)开发的建筑业的一个国际标准数据模型。许多建筑领域的软件包都可以读取并且编写IFC数据，IFC被视为建筑参数化设计路程的未来支撑。目前，2006年2月发布的IFC2X3是最新的版本，预计2010年5月将发布IFC2X4版本。关于IFC的详细信息参见IAI官网：www.buildingsmart.com。关于BIM的总体介绍，参见：Eastman, C.; Teicholz, P.; Sacks, R.; Liston, K. (2008) BIM Handbook, New Jersey, John Wiley & Sons.
3.NURBS是非均匀有理B样条曲线(Non-Uniform Rational B-Splines)的缩写，是在计算机图形学中常用的数学模型，用于产生和表示曲线及曲面，在20世纪50年代由法国汽车产业的工程师提出。
4. 也许可以转移数据，但是CAM (Computer Aided Manufacturing，计算机辅助制造)软件没有相关的有效的规则。
5. 例如奔特力(Bentley)工程软件系统有限公司开发的“Generative Components”软件或者McNeel’s的犀牛(Rhinoceros)软件插件“Grasshopper”。
6. 在算法信息理论中，一个对象的柯氏复杂性(Kolmogorov Complexity)是由给定语言的最短描述来定义的。
7. 把实际数字编码成0和1，计算机在每次计算的时候都会产生微小的舍入误差。除此之外，许多几何运算并不会直接计算出精确的结果，而是得出近似结果，以便保证在合理的计算时间内完成。假设这些误差累计到一起，那么最终计算结果有可能是完全错误的。这就是布尔几何运算(Boolean geometry)失败的常见原因。
8. Sennett, R. (2008) The Craftsman. New Haven & London: Yale University Press.
9. 一般估计掌握一门技术需要上万小时的学习。

蓬皮杜梅斯中心

工作流程案例分析

坂茂、让·德·加斯蒂内和菲利普·固姆施吉安(Philip Gumuchdjian)赢得了国际大赛奖项，为具有里程碑意义的巴黎蓬皮杜中心设计扩建。他们设计的新建筑位于法国东部城市梅斯(Metz)，包括几个吊顶、弧形下的直线型画廊，设计灵感来自中式草帽。随着该项目的发展，这些稻草演化成18000m的木材横梁和14cm×44cm的横截面，以形成屋顶结构。这些横梁必须由独立数控制成，具有复杂设计接头，以保证设计意图，保持结构的完整性，并保持现场装配高效性。作为施工队伍的一部分，designtoproduction公司为屋顶提供了几何参照，并为木材建筑公司提供了必要的CAD工具来有效地定义细节，并生产制造出近1800件双面弯曲的胶合木质组件。

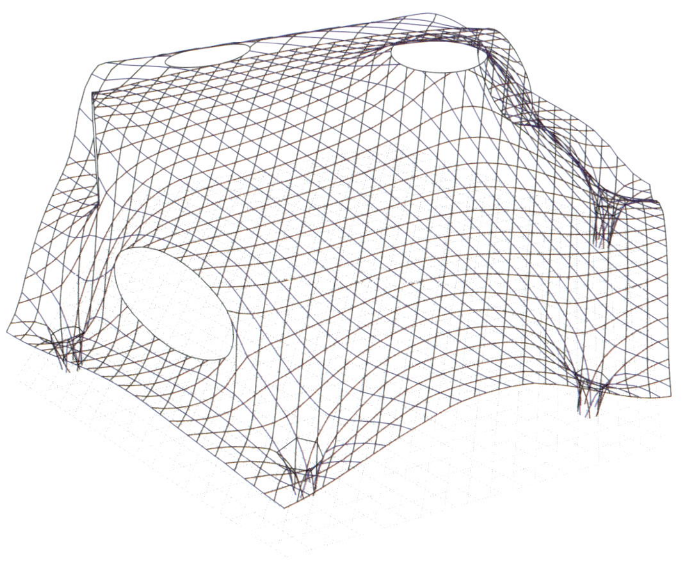

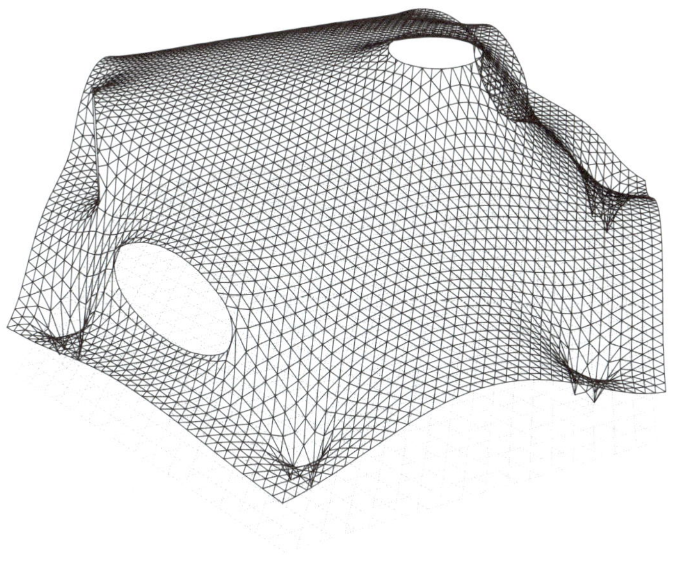

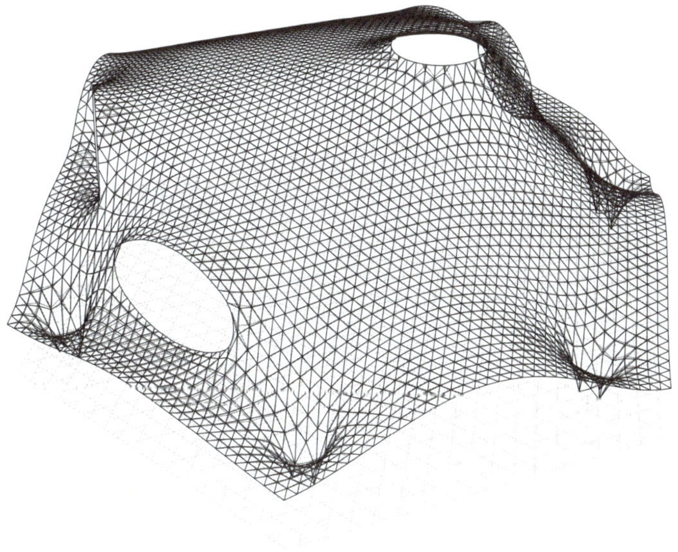

工作流程1 蓬皮杜梅斯中心屋顶的漏网结构最初的设计更加随意，没有采用经济的方式建造。在designtoproduction公司的帮助下，漏网结构被改善得趋于合理化，成了由小三角形组成的、基于一系列可以被计算和建造的规则的漏网。从改善后的几何形状中发展出了线框模型。

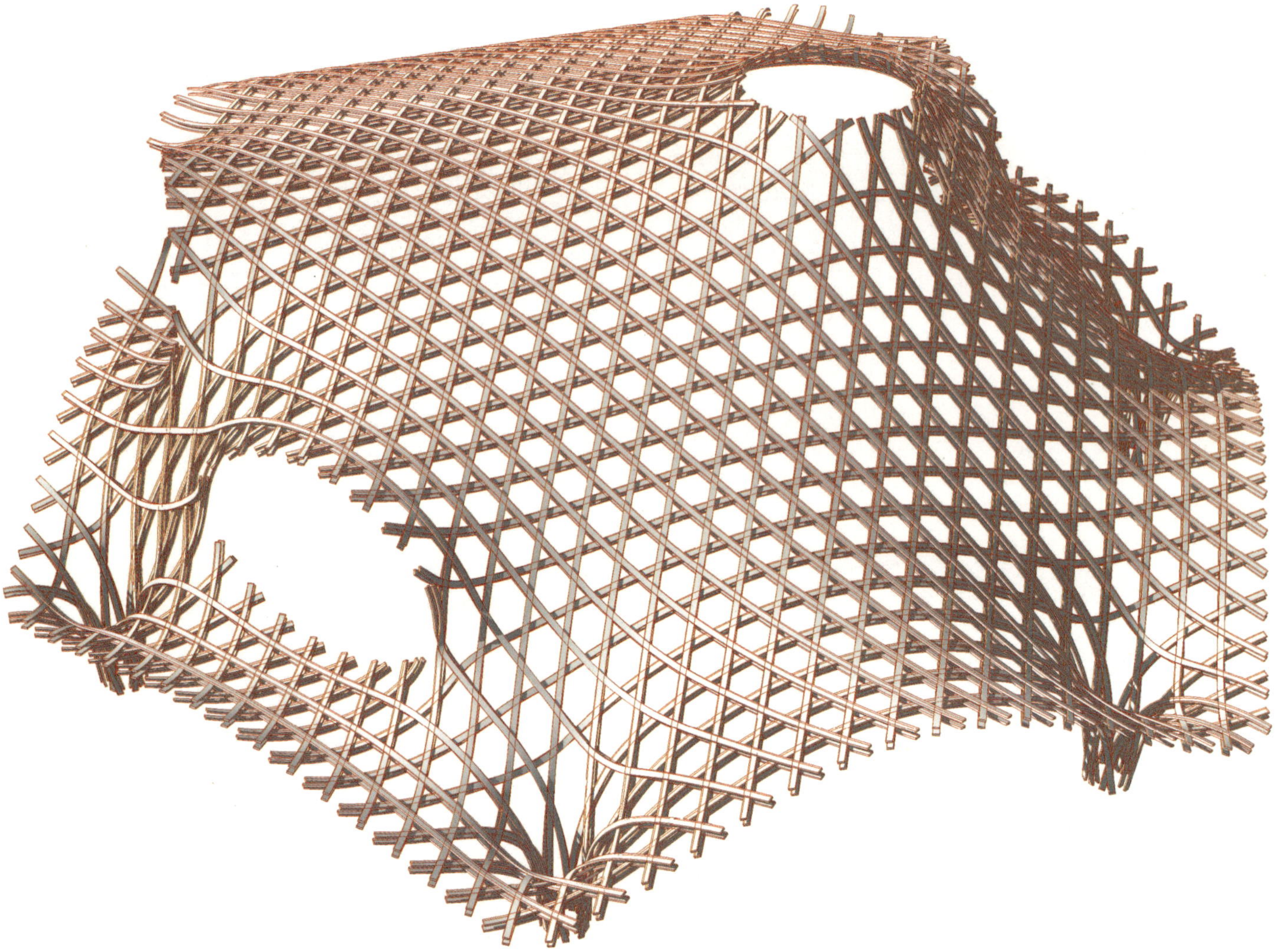

工作流程2 从线框结构可以看出，一种结构体可以在原有几何形状的基础上进行设计。在此案例中，使用了木质的胶合层木来打造复杂的弯曲结构。

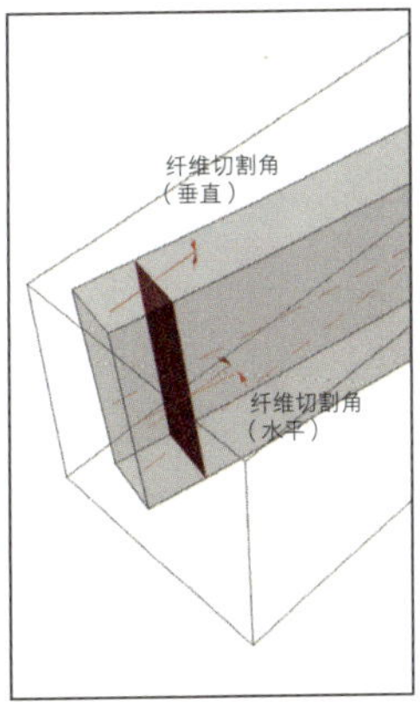
纤维切割角
（垂直）
纤维切割角
（水平）

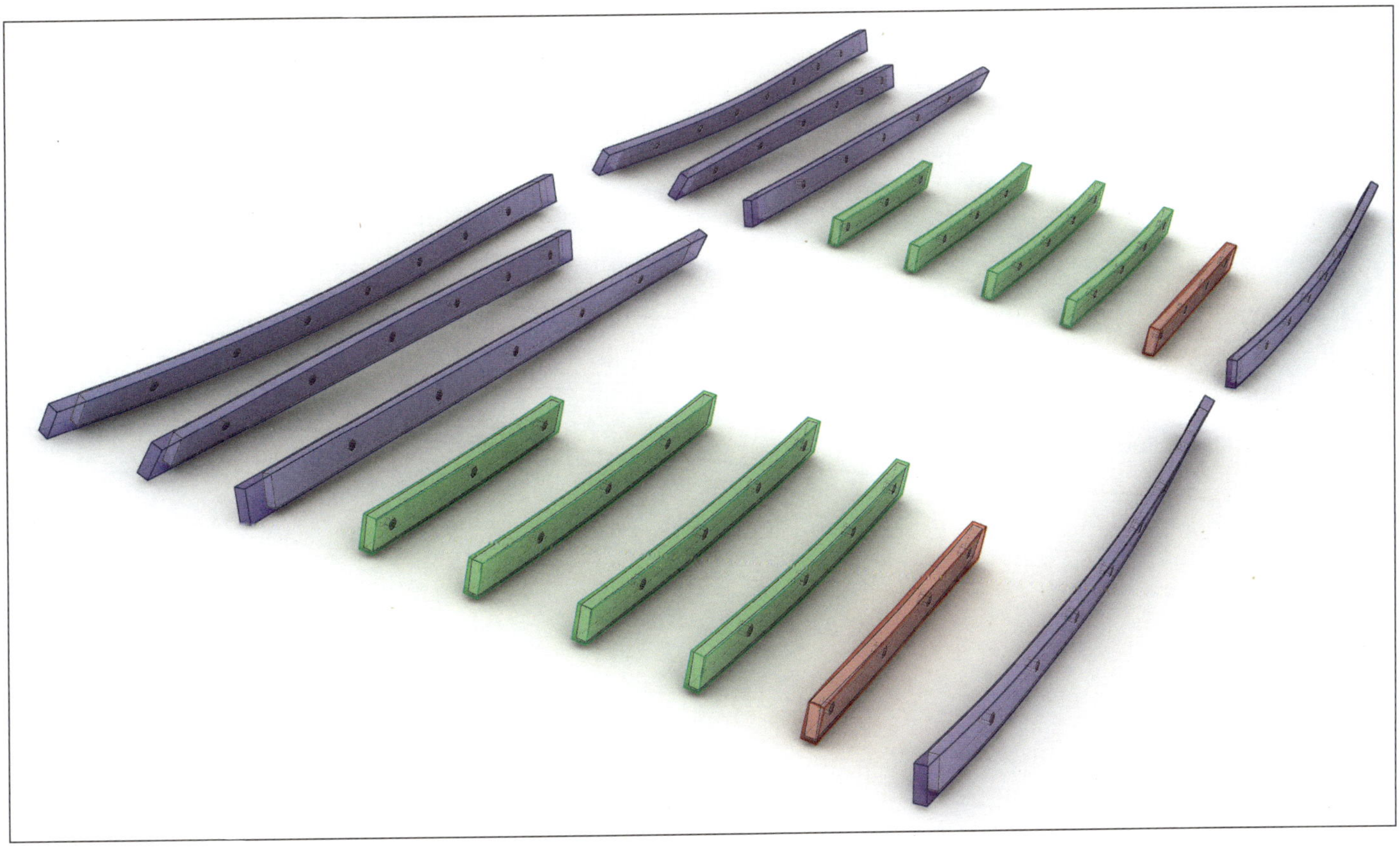

工作流程 3（左上） 因为没有哪两种连接方式是相同的，在每个部分都需要用特定的细木工制品。这样就出现了各种复杂的组合细节。

工作流程 4（右上） 木头的材质很重要，比如要切一个特定的角度时它的性能怎样等等，这样在工作流程早期它就能被纳入系统编程中，从而使线框结构参数化地适应整套规则。

工作流程 5（下） designtoproduction 给木材制造公司提供了必要的材料，以定义 1800 件双面弯曲的胶合木质组件。每块弯曲的木材首先都被做成几何体（如图中外部有影印的表面）。被用于给加工后木材铣边的精确几何体则体现为内部实心表面。

工作流程6（左上） 数控机器会给最终从模型中衍生出的精确几何体铣边。不管设计是否有差异，机器都会以相同速度快速加工整体结构中的每一块。

工作流程7（左下） 每一小块都被加工，在实际建造时能够像一套零件工具一样被装上。连接处的插头是为了便于安装组合。

工作流程8（中） 在工地安装屋顶结构。

工作流程9（右） 竣工后的项目。

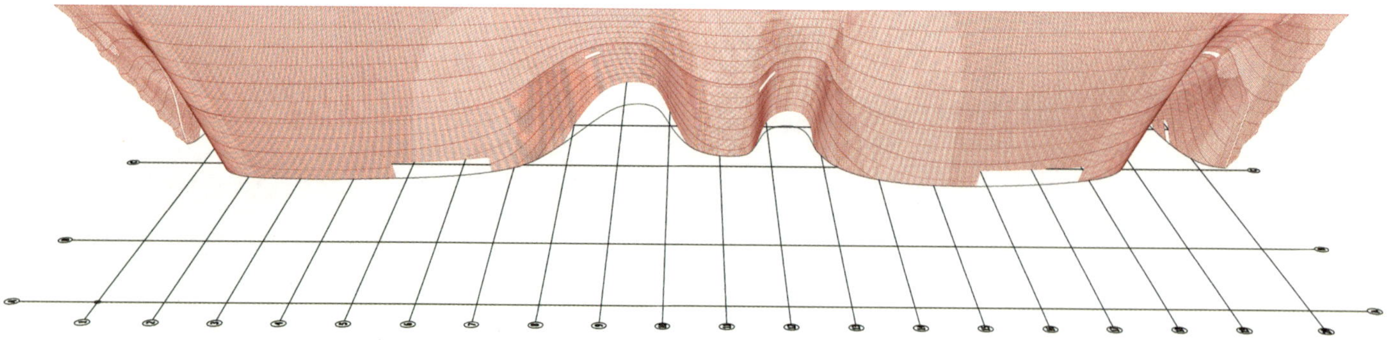

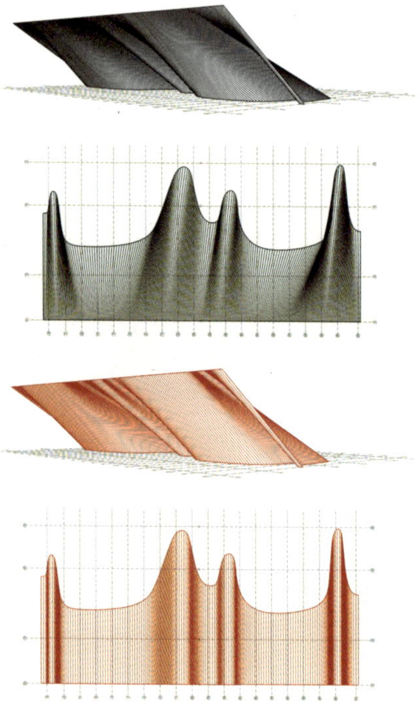

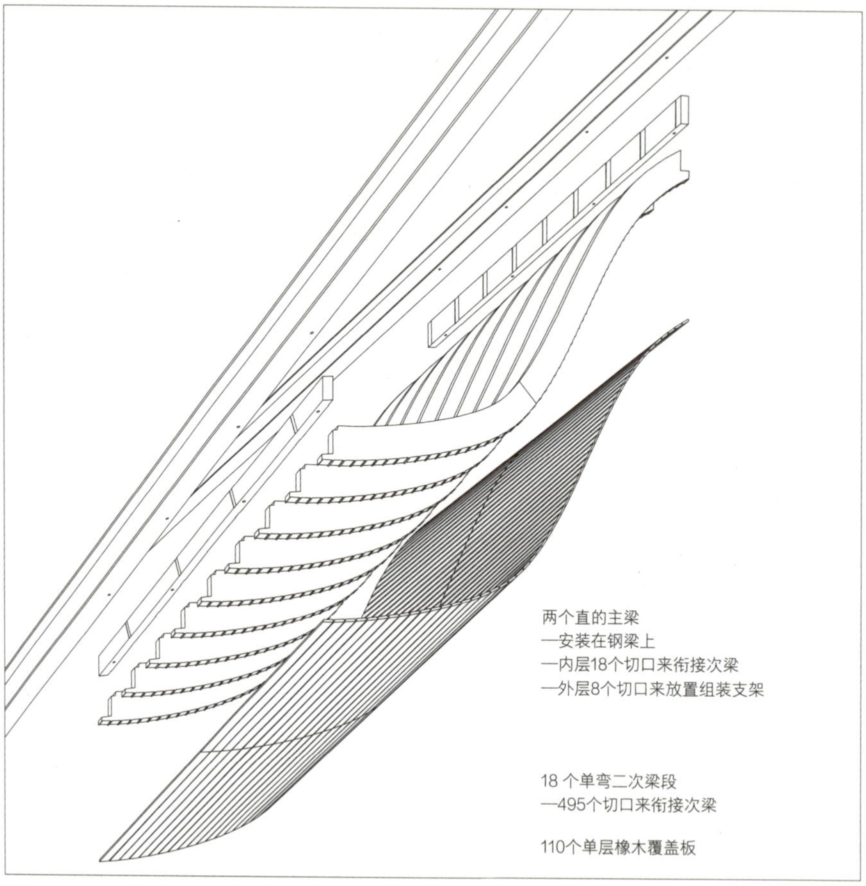
两个直的主梁
—安装在钢梁上
—内层18个切口来衔接次梁
—外层8个切口来放置组装支架
18 个单弯二次梁段
—495个切口来衔接次梁
110个单层橡木覆盖板

克尔顿演艺中心

工作流程案例分析

在与建筑师、工程师和木材专家深入合作后，为位于克里斯蒂安桑（Kristiansand）的克尔顿演艺中心（Kilden Performing Arts Centre）建造弯曲木质表面的加工及装配的想法诞生了。其工作流程包括细化建筑师的建筑几何设计，以响应上述想法，之后需开发参数型 3D 模型。这一模型包含有 14309 块多层胶合木料和就地取材的栎木保护层数据。该模型之后被用于生产实际产品，而这些产品被运送至木材加工厂进行数控加工。这是应用精细工作流程完成的众多木材项目之一。在精细工作流程下，SJB Kempter Fitze 提供的复杂木材结构工程技术与 Lehmann Timber Construction 的工艺及其数字木材加工技术通过 designtoproduct 的参数模型技术被结合在了一起。

工作流程 1（上） 建筑师一开始设计的克尔顿演艺中心的模型表面似乎很简单。然而，表面起伏似的几何体无法被分辨，也无法进行细节化分析或是建造。

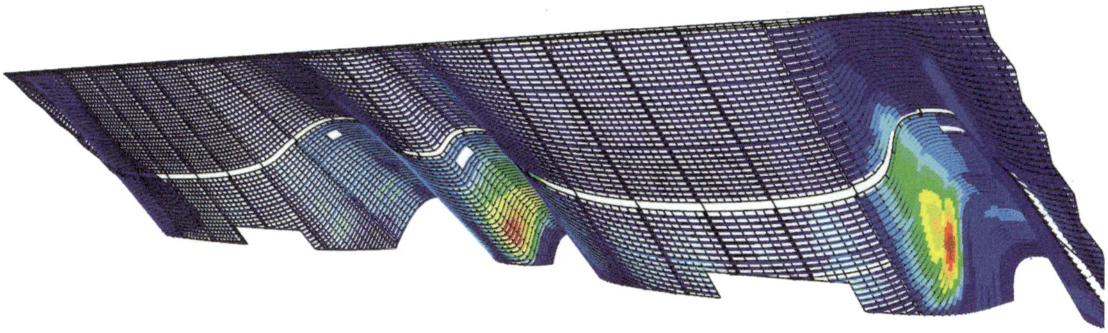

工作流程2（对页左图） designtoproduction合理化地安排了表面，这样就可以使用尺寸相似的厚木板，减少空隙以及原漏网上的挤压感。

工作流程3（对页右图） 这种设计的目的是打造一个肋状木垫板系统，可以把加工好的橡木覆层板固定住。这种模型使用了经数控机器铣边的“座切”，可以使安装既容易又迅速。

工作流程4（下）、5（上） 参数化地开发模型使得建筑师能够对立面的特定区域做出修改，也能实时获得系统可建造性信息更新。

工作流程 6（左） 参数化模型包括机械臂建造的 14309 块胶合层木板以及加工后的橡木板。每一块都包含了组合逻辑。

工作流程 7（右） 胶合层木板横梁结构使用了钢结构。数控机器对这些木板进行铣边，以塞进这些横梁中。

AF

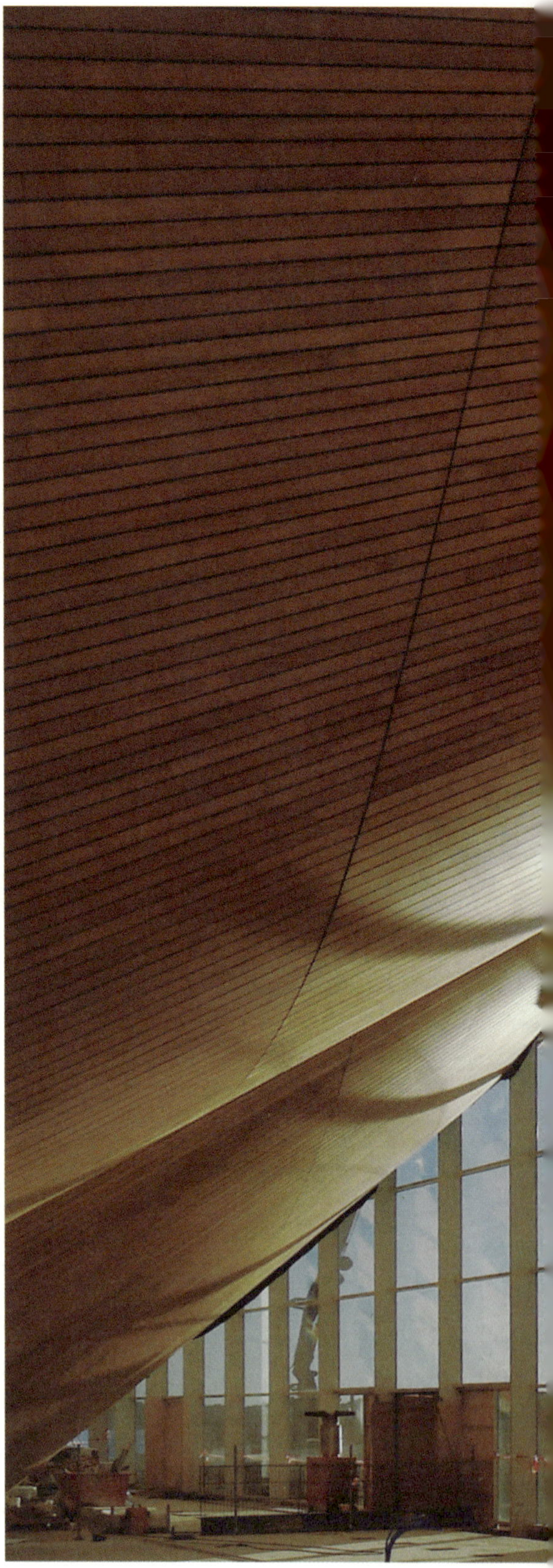

工作流程 8（左） 弯曲的木头表面不仅产生了立体效果，同时也有益于剧院内部的立体声传播。

工作流程 9（右） 通过与建造商以及建筑师直接合作，design-toproduction 跨越了设计概念与可建造的解决方案两大领域，既减轻了复杂程度，也提高了效率。

线框模型算法

编者按

对于建筑信息模型（BIM）的基本假设是最终的BIM模型会包含尽可能多的信息。信息红狗是试图用2D图纸来描述复杂的3D物体的副产品，它被想象成一种综合的虚拟模型，这让人有了设计将完全按照计划进行的期待。这一假设的部分原因是AEC工业不断参考航空航天和汽车工业中的设计和生产工作流程作为模型的结果，其中每个部件的详细建模和所有系统之间的高水平几何分辨率是设计和制造的要求。这种比较凸显了AEC行业工作流程效率低下的问题。近年来，一些雄心勃勃的档案建设项目探索了高度集成的工作流程。然而，要定义这两个行业之间差异的特定条件，则可能需要更灵活的模型。航空航天合同的设计几乎总是行业标准及全行业发展动态的风向标，与建筑业有很大的不同。[1] 除此以外，大多数建筑的一次性设计使其面临的过程性问题区别于大规模生产的喷气式飞机或汽车，在这种情况下则需要更多的时间和努力去创建一种可反复利用的综合数字化模型。[2]

费边·朔伊雷尔（Fabian Scheurer）提出了基于大量的极小模型方法——一种能够解决极小问题的模型，以便更为有效地实现未来的目标。这种方法特别适用于designtoproduction公司的工作，因为它们能够解决与制造、装配和施工执行相关的高度分化、信息密集的问题。朔伊雷尔指出，制造任务通常需要比设计任务更高分辨率和包容度的数字建模。极小模型解决了这种差异，但提出了如何保持设计信息从一个极小模型到另一个极小模型的连续性，不需每次重新建模的问题。这要求数字工作流程有下一步进化：建筑物的基础几何形体设计将由线框模型创建。其功能就像一个数字电枢，能够接收更多的信息以满足它在设计过程中的发展或在生产和施工过程中的需要。

designtoproduction公司从事工作流程顾问工作。他们具有针对性地创建了建筑师理性创新和建造业的数控技术潜力之间的工作流程，在一定程度上填补了从设计到生产过程中的空白。他们既不是制造业，也非建造流程的专家，但是通过与经验丰富、对材料有深入了解的制造商和了解现场条件的建造者的密切合作，他们能够将这些知识转化为管理设计几何、材料特性和装配参数之间关系的代码。在蓬皮杜梅斯中心项目里，他们与德国有几十年木材建构经验的建造公司Holzbau Amann密切合作。通过将自身的工艺知识与designtoproduction公司的编程技巧相结合，Holzbau Amann公司突破了他们的传统制造能力，生产出定义屋顶结构的双曲胶合构件。

关于设计和生产之间通过数字制造而产生的直接联系是如何将对于材料、细节和工艺的深度研究带回建筑师的关注焦点的，已经有很多研究。然而，与现代建筑设计相比，这是一种非常不同的参与方式。建筑细部不再由预制件之间的相互容错来定义，而是由具有嵌入式材料智能的定制装配逻辑的设计来定义。设计生产工作流程将这些信息共享，同时促进了制造业的发展进程。这正是designtoproduction公司正在做的工作，他们的工作介于建筑师完成的细部设计及建造商的制作手法之间，经常受雇于承建商去解决与建造有关的后勤问题；但是，他们通过保持设计的完整性，为建筑师提供了更多服务。

由此引发了一个问题：对材料、细部及工艺的关注何时何地将重回视线。未来有希望促使制造知识编码进建筑师早期设计中所应用的算法中。关于后理性几何上花费的时间和努力将被重置，以成为其部分形成过程。生产工作流程可以与设计流程并行。

---

1. 集成项目交付（IPD）是建筑业对于当前这种商业模式潜力的回应，尽管它解决了集成工作流程的许多法律障碍，但它将如何影响设计创新仍有待观察。
2. 参见本书中尼尔·德纳里（Neil Denari）在《不精确世界中的精确形式》一文中关于精确度的探讨。

关联建模中的算法流

谢恩·M. 伯格

谢恩·M. 伯格（Shane M. Burger），计算机设计单元主任，格雷姆肖建筑师事务所（Grimshaw Architects）副主任（2003–2011 年）。现任伍兹贝格建筑师事务所（Woods Bagot）建筑技术部主任，智能几何体小组（Smartgeometry Group）主任。

自然与直观

在 2008 年年中，我与公司的创建人兼董事长尼古拉斯·格雷姆肖（Nicholas Grimshaw）一起，合作开发了曼哈顿混合功能塔楼，度过了一系列令人振奋的时光。在前一个周末，我决定将我们关于塔楼的一些设计成果转换为组件生成的计算机模型（GenerativeComponents）。原因从方法论到实践：通过在联动几何环境中使用动态模型，我们可以将一系列的场地需求和设计决策嵌入一个定义良好的设计空间中，再进行创造性的探索。以这种方法可以显著减少反馈循环，增加团队的迭代性设计。这个定义明确的设计空间给了我们信心，所有的迭代都将满足场地和项目挑战所提出的要求，我们可以将注意力转向可能的几何变化，以便更好地展现建筑的预期形象。

几何设计是严谨的；从多年复杂形体的项目中得知，仅仅通过改变参量就能避免手动重建的严谨几何系统，是能立竿见影节省时间的方法。当尼古拉斯坐在我的桌子旁重新审视这个设计时，我只花了一分钟去解释屏幕上他所看到的画面。左边显示器中的是一个用来展示任何参数如何影响整体建筑几何轮廓的可视化成果的基础几何形体。在右边的显示器中，是一组滑块（用于几何体控制及项目划分）、输入参数（分区要求从右向左）和动态更新的电子表格，用于估计每层和每个项目的面积以及建筑成本。我花了 14 年时间磨炼我的数字设计技能，前 5 年专注于推进算法的模拟，当我在一个几何控制夹具中操纵这一系列参数时，尼古鲁斯却显得无动于衷，这是一个受欢迎的惊喜。虽然在两块大屏幕上展示的是符号图、数据以及带阴影的视图，但是我们的讨论完全集中于设计拓展中，而不是屏幕上所展示的新

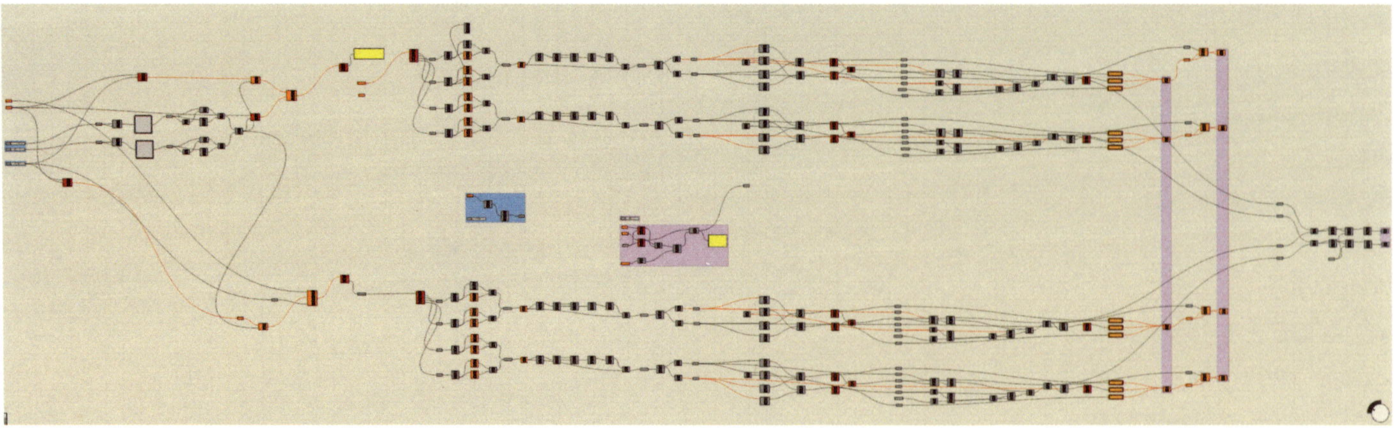

图 1 设计关系电池图。

技术（图1）。对于尼古拉斯而言，这种几何关联的使用方法是格雷姆肖建筑师事务所之前确立的设计方法的一种直观表现——单一的数字化形式，自然而直观。我所做的就是将我们的设计过程，通过图表和形式化的关系，嵌入一个可供我们迭代设计使用的数字模型中。

这个故事所展示的是我们公司背后的理念，是我们计算机设计单元(CDU)特殊的一部分，体现了数字工具建立者和开发者对建筑空间设计的追求。基于基地现状、项目情况、材料以及建造工艺的算法规则系统，根植于深受工业设计建造影响的格雷姆肖过往的几何系统条理性设计之中。这些规则系统通过三维关联建模表现出来，场景中的数字对象通过与其他对象的复杂关系建立属性和规则。这整个技术的出现，通常被称为算法设计。算法设计作为一种工具已存在了近三十年，它允许我们将根植于设计事务所的设计方法学的设计智能嵌入模型。

设计方法第一原则

位于伦敦滑铁卢车站的国际航站楼为格里姆肖使用关联几何系统奠定了基础。伴随着“英国高技派”建筑运动的出现，尼古拉斯先生早期的工作展示了设计方法第一原则的原理：材料属性和结构力量美的表达，并且通过对能源和环境影响的深入研究来实现性能驱动的设计。出于对“工业流程”原形的喜爱，许多早期项目被发展成为一个元件套件：依据定制的系统化工业设计组建进行空间设计。滑铁卢项目旨在一块多约束基地上创建户外跨越多轨道车站的逻辑系统。滑铁卢的元件系统借鉴了布鲁内尔的火车车棚，但反映了现代的建筑方法和材料，它不是建立在明确的测量基础上，而是建立在一系列隐含的规则和部件之间的关系上。

其模板很简单：两个弓弦桁架跨越铁轨，逐一紧随场地边界的变化（图2）。在使桁架弧切向的整个长度改变基地边界，导致每一个桁架结点的独特性，基于隐含规则的系统使每个桁架的开发指向明确。通过结构顾问公司YRM Anthony Hunt Associates的协助，这一系统进一步拓展了早期的CAD技术，结果复杂但不难懂。滑铁卢国际航站楼是严谨的结构和几何原则的结合，相互重叠，创造了视觉上的独特结构（图3）。

滑铁卢项目设计系统的影响力使格雷姆肖公司超越了过往。多年以后，YRM滑铁卢项目CAD结构模型研发小组的原班人马，在滑

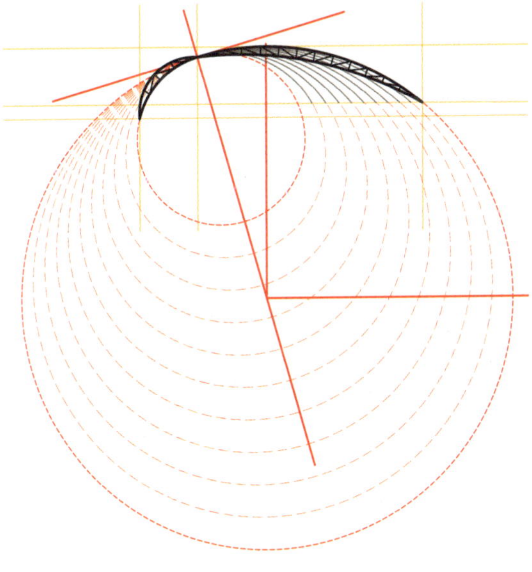

图2（左） 由格雷姆肖建筑师事务所设计的伦敦滑铁卢国际航站楼。参数化屋顶模型的几何形状由转向半径的切向圆弧和发展而成，以遵循场地从一侧到另一侧宽度的变化。

图3（右） 每一个拱形结构的几何形状遵循场地边界进行微调。

铁卢项目几何规则基础上，建立了智能几何体小组（Smartgeometry Group）。智能几何体小组的创始人休·怀特海德（HughWhitehead）（Foster + Partners）、J. 帕里什（J. Parrish）（Arup Sport）、拉斯·赫塞尔格伦（Lars Hesselgren）（PLP）及罗伯特·艾什（Robert Aish）（当时任职于 Bentley Systems，现在任职于 Autodesk）试图将滑铁卢项目中通过 CAD 联动模型沟通建筑和结构专业开发的算法技术重整旗鼓。智能几何体小组通过与 Bentley System 的 R&D 合作，协助开发在滑铁卢车站提供的早期测试模型，以成为先锋计算机设计软件再生组件（图 4）。现在通过早期的国际合作及联合会议，智能几何体小组与下一代计算机设计师继续共同发展。

迭代设计模型：从直接建模到关联建模

计算机辅助工具，包括用于设计探索和可视化的直接建模，以及用于复杂系统的算法建模，在过去 5 年里，在格雷姆肖公司已经是最常见的方式。直接建模多年来一直是该办公室的标准设计工具，它基于坐标关系的三维空间建出每个几何体。尽管在滑铁卢项目之后工作室经常使用成形的几何系统开发建筑形式，但是由于软件的局限，这些规则系统无法嵌入数字模型中。格雷姆肖公司遭遇了直接建模带来的典型问题：规则和算法通过草图中的图表记录在三维模型之外，在每个周期性设计中，随着设计条件或设计意图的改变，导致有时数小时或数天的手工重新建模。每个参数更改实际上都需要设计师按删除键从头再来，按照每条规则执行到完成，第二天又会有更多的参数更改。由于始终需要让不断变化的设计可视化，这个耗时的过程并不能省掉。

与直接对解决方案建模相反，关联建模使设计人员能够建立关系和限制，把建立设计过程和设计成果相关联，从而得出设计的结果。从本质上说，你是在将设计师的思维嵌入一个活跃的模型中——创建一个设计空间，在这个

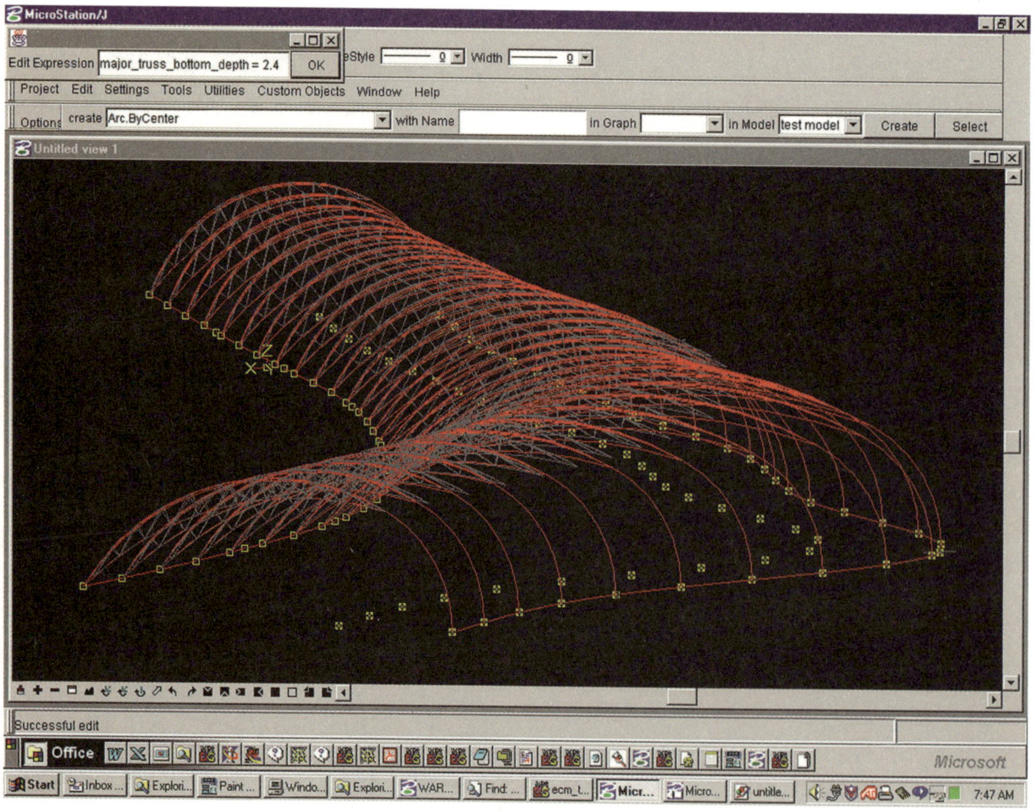
MicroStation/J
Edit Expression
major_truss_bottom_depth = 2.4
OK
Width
Project
Edit
Settings
Tools
Utilities
Custom Objects
Window
Help
Options
create
Arc.ByCenter
with Name
in Graph
in Model
test model
Create
Select
Untitled view 1
Successful edit
Office
Microsoft
Start
7:47 AM

图 4　在早期组件生成版本中对关联几何模型进行测试。

空间中，每一个结果都能满足设计前期的要求，从而让设计师得到解放，让他可以轻松地探索设计方案。

从伊甸园项目教育资源中心的屋顶设计开始，关联建模系统的早期测试和开发于 2003 年，在纽约和伦敦的办公室之间进行。在第一届智能几何体工作坊（Smartgeometry Workshop）中，我们的一名初级员工和我们的结构工程师进行了拼贴，基于向日葵的叶序模式，结合早期初版（alpha 版本）的 GenerativeComponents 开发出屋顶几何体型和面板（图 5、图 6）。在纽约富尔顿（Fulton）街运输中心穹顶的早期开发中，通过自然光分析和制造输出，在计算机设计过程中实现了附加控制层（图 7）。在运输中心项目中，看似平凡的元素，如包含 OSHA 标准作为维护入口坡道系统输入参数，证明其可以辅助解决一系列设计问题。

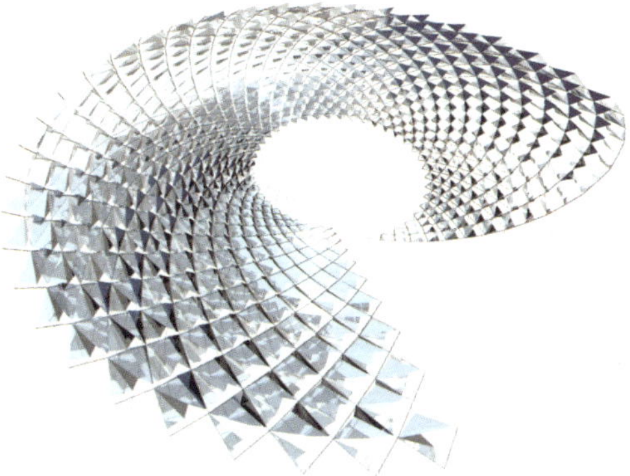

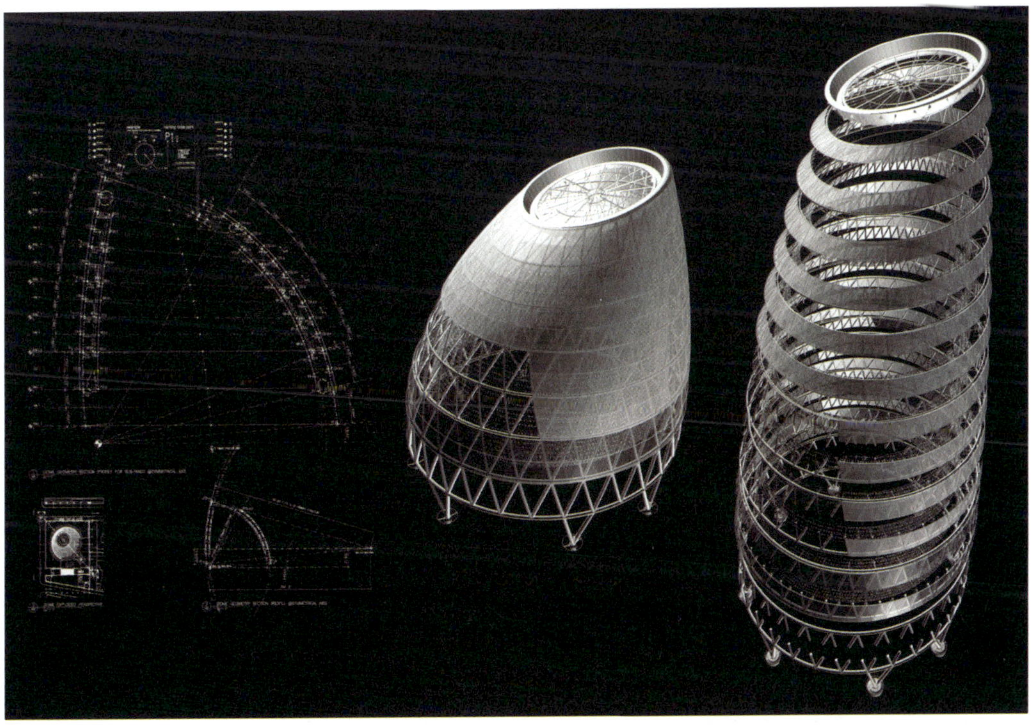

图 5（左上） 由格雷姆肖建筑师事务所设计的位于康沃尔（Cornwall）的伊甸园项目教育资源中心（Eden Project Education Resource Centre），其屋顶结构和折板结构是由向日葵叶序模式发展而来。

图 6（右上） 最终完成的屋顶由铜立接缝（standing seam copper）和光伏板制成。

图 7（下） 由格雷姆肖建筑师事务所设计的富尔顿街转运中心。圆顶的几何图形是基于一对圆弧和一个偏移圆阵列。玻璃和金属穿孔板的关联模型生成结构框架中心线和建造图纸。

在随后的项目中，关联建模工具的使用开始为迭代设计创建一个不同的模型，在团队如何与专注于分析的工程师交互方面，以及在格雷姆肖内部的团队结构中。就像一个木工将开发一个控制夹具来限制制作过程的各个方面一样。在创建了一个开发良好的夹具和清晰的控制系统之后，团队将对该设计空间中的进一步迭代拥有完全的所有权，并相信所有迭代都将满足夹具中嵌入的设计需求。

在后续的项目中，在团队如何与专注于分析的工程师交互方面，以及在格雷姆肖公司内部的团队结构中，使用关联建模工具开始让步于不同的迭代模型设计。我经常被要求创建一个数字工具，以便团队在开发他们的设计时使用，其原理类似于木工将开发一种控制选择工具来限制制造过程的各个方面一样。在创建一个开发良好的控制选择工具和清晰的控制系统后，设计团队需要在进一步的空间迭代设计中有完全的设计自主权，并相信所有的迭代设计都将满足设计需求。

墨西哥蒙特雷市（Monterrey）的钢铁博物馆（Museo del Acero）中，关联建模系统被用于开发设计的两个元素：屋面钢折板结构和外部百叶窗式包层系统。屋顶，基于投影在斜面上的点的圆形阵列的一组简单的几何规则设置了初始几何形体（见文后的“钢铁博物馆工作流程案例分析”）。在此基础上，构建连接点阵的平面面板，创建滑块和基于可变的控制面板，使系统中工作的团队具有广泛的可调节性。滑块类似于录音室混音板的音量控制，是关联建模工具中非常常见的一种方法，可以输入数字实现迭代，观察参数对模型的动态影响。团队工程师维尔纳·索贝克（Werner Sobek）开发了一种精密的反馈系统，得到了有限元分析的结果：当调整板块排列和折痕深度的结果时，模型将动态变化，并在几分钟内导出一个新的模型进行下一轮的分析。设计的最后阶段只需使用简单的展开算法将模型平面化，并通过从数字模型中推导出角度和坐标创建出一套施工图，并交给承包商即可。

“大厅”外部的百叶窗系统提供了一个可以发展为更复杂的、更富有表现力的几何形体

图8 蒙特雷市钢铁博物馆。百叶窗旋转是由连接到每一块嵌板上的三维控制面生成的。

控制系统的机会。超越滑块提供一维控制的限制，用一个有更多触控的系统通过三维控制表面来操纵百叶窗旋转。利用 NURBS 曲面固有的平滑特性，将控制表面上一系列的点直接映射到面板。控制表面任何在 Z 轴上的改变，都会在一定约束下导致面板的旋转。与电脑屏幕前的项目建筑师一起，我们故意操纵控制表面，创建一系列与视窗视图轴匹配的混合百叶窗开口。然后这个模型与最终的构造输出实时链接，用一个简单的电子表格列出了每个百叶的数字编码及其对应的旋转值。两天内，分包商就带着打印好的电子表格来到了现场，将百叶窗旋转至合适的位置（图 8）。

建造关联模型的共享之路

多年来，格雷姆肖公司的计算机辅助设计已经由我和一小组员工自主完成。这些成果让计算机辅助设计单元 CDU（Computation Design Unit）得以正式成立。应用研究与开发小组创新性地使用新型数字设计工具进行结构设计，CDU 公司的事业范围包括新型几何学和关联模型、早期环境分析、制造业和可视化。这样的安排，常见于大量的大型建筑和结构公司，持续了两年。认识到计算机设计的前景正在悄然变迁，新型的 CDU 模型成为自然而然的需要。随着算法工作流程开始成为世界各地大学标准学术课程的一部分，我们发现，初级员工可以更快契合到这一常规流程中。

为了管理嵌入在关联建模工具中的算法工作流程，CDU 转向了带有项目嵌入设计器的分布式模型的研究。格雷姆肖在 CDU 公司的员工身兼两个角色：在项目中作为计算机辅助设计者，直接与项目组对接，并且他们也参与整体的研发工作，负责项目技术。虽然我们没有将谷歌所倡导的“20% 时间”模式[1]从事个例项目或研究开发模式，但是我们已经有了相关主题科技研发小组。

近期总部研发已经生产出了一些专注于图像及排版技术的可重复使用系统。在许多情况下，这些系统最初是作为竞赛或项目设计研究的定制工具开发的，但是后续通过清理代码及分析图中的描述性注释得以扩展重新启用。其他团队可以使用这个新的扩展工具，并应用于他们自己的项目，以实现类似的效果。

在 3D 打印机及激光切割机等工具的辅助下，具有计算机设计工具使用经验的初级建

图 9（左） 位于纽约的由格雷姆肖建筑师事务所设计的 AMG 总部大楼项目中，玻璃和钢楼梯的全部材料和结构约束条件一开始就嵌入设计系统中。

图 10（右） 最终设计的钢缆和玻璃踏板效果图。

筑师早期遇到了建造问题。模型制作作为一种教育工具，提供了与材料直接接触的机会。由于板材的切割限制和一些其他模型材料的双曲率限制，设计团队发现了一些将表面细分为平面的分形方法。将材料和装配约束嵌入设计模型中开始成为项目的常规做法，在这些项目中，格雷姆肖可以与建造商直接联系。例如，我们的纽约工业设计团队接收了用于楼梯制造商 AMG 总部玻璃踏面和钢缆楼梯设计的材料和结构特性信息，并将这些信息作为设置参数化实体建模工具的约束条件。这种与建造商的直接互动产生了更为明晰的设计空间（图 9、图 10）。

使用现代数字制造过程的元素作为计算模型的一部分，仍然面临一些最常见的项目类型的障碍：交通和基础设施。在这些项目中，我们常常不能参与建造，因为建筑师和建造过程（包括其手段和方法）之间的分离是由大型纪检部门和政府规定的。虽然这不影响计算机工具研发设计的内部使用，但它确实限制了传统 2D 图形的输出。如何表达更复杂的设计元素是通过开发“几何方式生命”绘图概述规则来解决的，这些绘图概述了我们用来生成 3D 系统的规则。这些图纸可以让建造商在他们选择的计算设计软件中重建格雷姆肖的系统（额外的好处是，可以排除没有掌握计算设计技能的建造商）。

我们希望在设计过程中尽可能早地让所有制造商参与到共享关联模型的开发中，从而超越这种实践。在认识到建造商可以通过他们的产品提供宝贵的贡献后，我们希望通过统一的计算设计语言，为未来的项目建立一个完整的从设计到生产的工作流程。

新设计小组

我们所有的团队成员，不管他们在 3D 和算法设计方面的能力如何，都是设计师，为便于项目团队的协作沟通，我们开始发展一种新的文化和语言。项目建筑师要么直接在关联模型中工作，要么他们的计算机语言足够好，可以指导团队用这种新的设计方法工作。电池

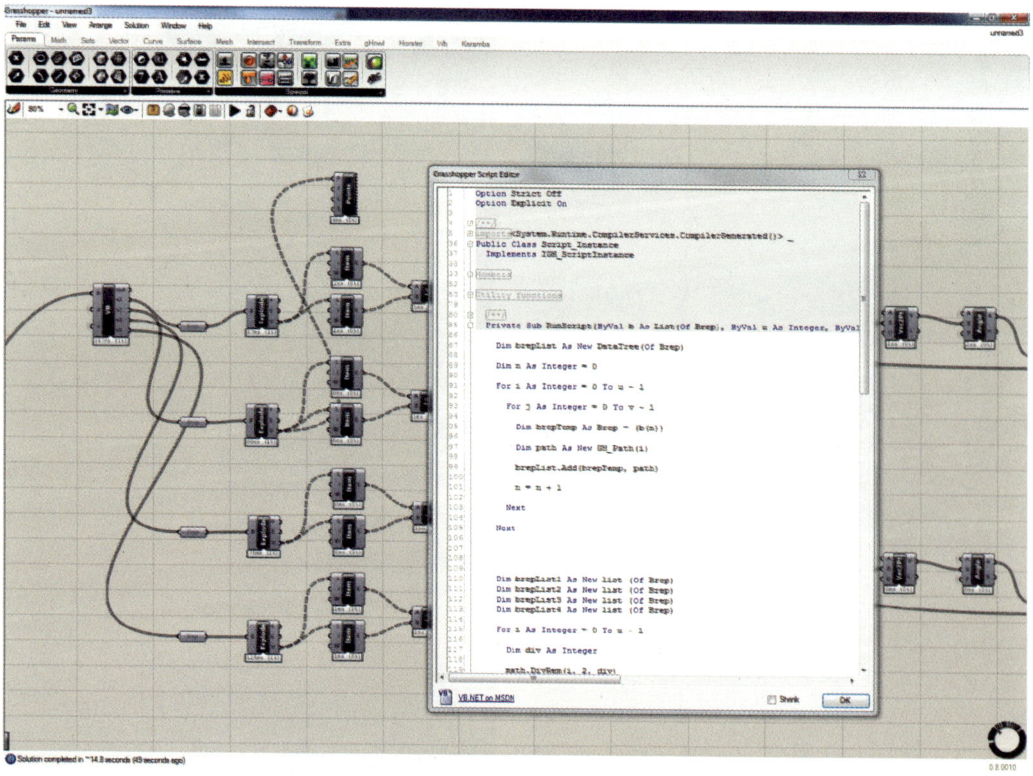
Option Strict Off
Option Explicit On
Public Class Script_Instance
Implements IGH_ScriptInstance
VB.NET on MSDN
OK

图 11 符号图（电池图）展示了几何关系和自定义脚本的联系。

图（The symbolic diagram）是关联建模工具中常见的图形装置，用于表征设计规则系统，它支持设计团队内部讨论（图 11）。所有的团队成员开始认识到蕴藏在抽象算法符号内部的力量。

虽然这种工作方法在早期的竞争和概念阶段更为常见，但它也适用于一些项目的后续阶段，用于指导建造。通过将建造方法及材料特性智能嵌入算法设计模型，设计团队能够设计融合概念和建造的工作流程，这支撑了格雷姆肖团队智能设计和生产的长期传统。所有的甲方都可以在设计之初成为塑造建筑的创造性力量，其提供的不论是环境还是结构的早期数据信息，都有助于使关联模型成为更丰富的设计空间。虽然我们还没有把这种工作流程方法完整地在一个项目中使用，但是在竞争级的研究中，建筑师和结构工程师之间共享的单一关联模型已经产生了令人信服的成果，值得未来继续探索。

建立在早期协作和所有团队成员共享的数字模型之上新的设计团队结构，对于在活动项目中实现这个工作流程是必不可少的。CDU的分布式模型最近被扩展到包括格雷姆肖全球所有 4 个办事处。现在，关于几何、建造、分析以及软件问题可以发布到小组中等待反馈，从而有效地形成了一组供评审的众包解决方案。在基于协作的内部网中使用 Web 2.0 技术，就像微博的快速发布问题及新闻和维基内部开发系统的文档一样，可以在办公室之间就新发现的软件和方法进行对话，而且更重要的是，还可以促进新系统的协作设计（图 12）。

在追求设计师和甲方、数字模型和构建之间的集成工作流程时，我们应该从自下而上（形式和程序）和自上而下（固件和建造）两个方向去处理设计。我们可以且应该将性能和材料的建造标准预先嵌入模型，以得到一个完备的设计空间。算法设计本质上应该是一种可以表达我们核心思想和设计方法的工具。它本质上是独特的，它是一个用数字工具和工作流程表达的可表达并支持独立设计的设计过程。算法建模不应视为一种风格，而应被作为新数字设计方法的一部分——基于第一法则实现设计概念的工具。

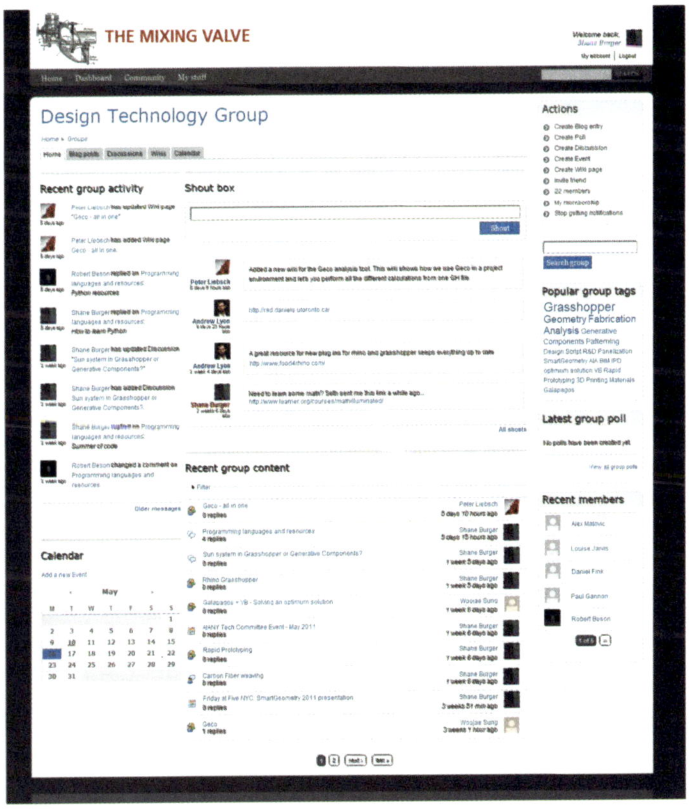
THE MIXING VALVE
Design Technology Group
Recent group activity
Shout box
Actions
Popular group tags
Latest group poll
Recent group content
Recent members
Calendar

图 12　格雷姆肖的社会和协作内联网原型截图，展示了微博、论坛和维基页面。

注释：

1 谷歌的“20% 时间”是一种管理哲学，它允许软件工程师每周花一天的时间开发新项目，或从事他们个人感兴趣但超出了他们主要工作内容的项目。

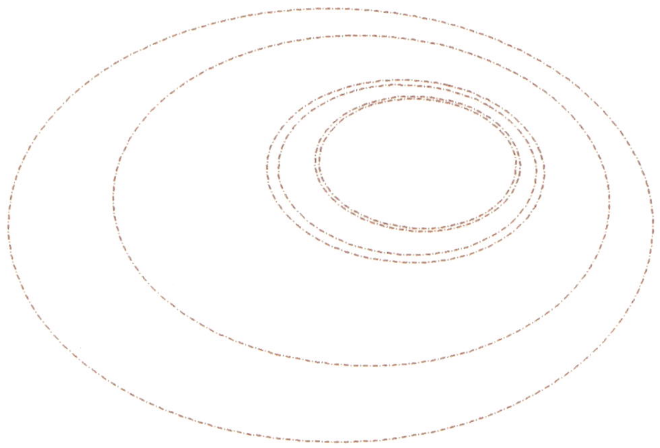

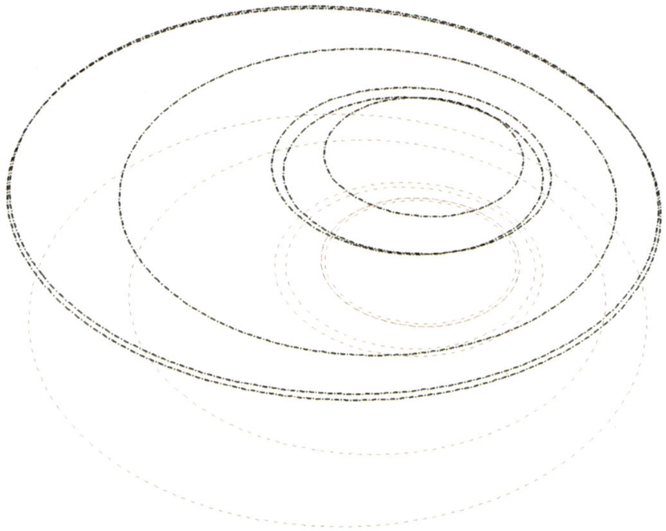

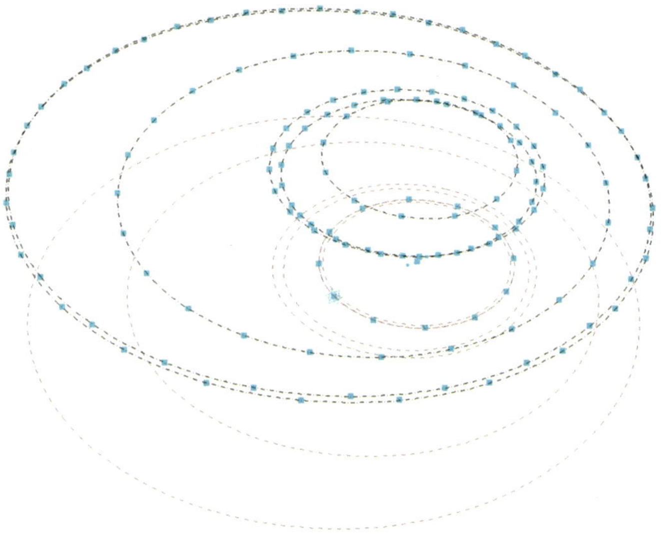

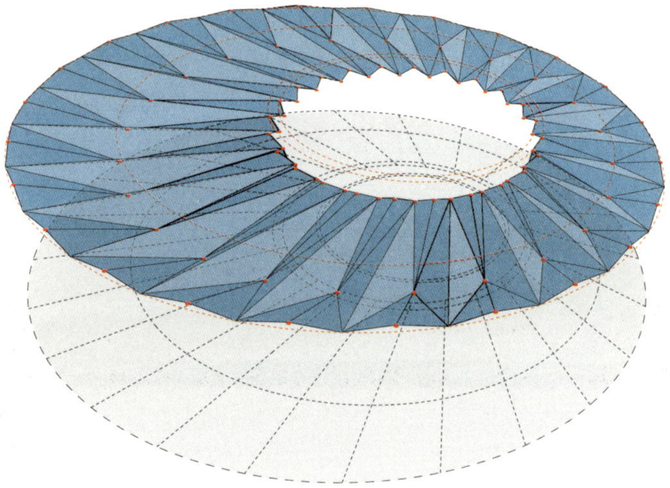

蒙特雷市钢铁博物馆

工作流程案例分析

坐落于蒙特雷市的钢铁博物馆包括一个废弃的炼钢厂和一个新的附加画廊进行系列展览、工作坊及教育空间。数字工作流程应用于环形画廊及铸造大厅的外皮的设计生成、形体优化以及建造流程的链接。

工作流程 1a（左上） 画廊扩建部分的钢折板屋面：同心圆和偏心圆在斜面上投影。

工作流程 1b（右上） 将投影得到的斜圆与初始圆进行细分，设置折板节点。

工作流程 1c（左下） 在折板节点间创建平面。所有圆的位置和半径、斜面的位置和倾角，及节点数量都可由一个定制设计控制系统实时调控。

工作流程 1d（右下） 屋顶的最终几何形态是由前面步骤生成的关联节点所确立的。由于它是参数关联的，改变一个几何部件将自动更新模型的其余部分，允许建筑师和结构工程师间的连续反馈回路。

工作流程2　参数模型可以导出，并在一个结构的有限元分析程序中运行，以确定结构和材料要求。

300
262.5
225
187.5
150
112.5
75
37.5
0
Illuminance (Lux)

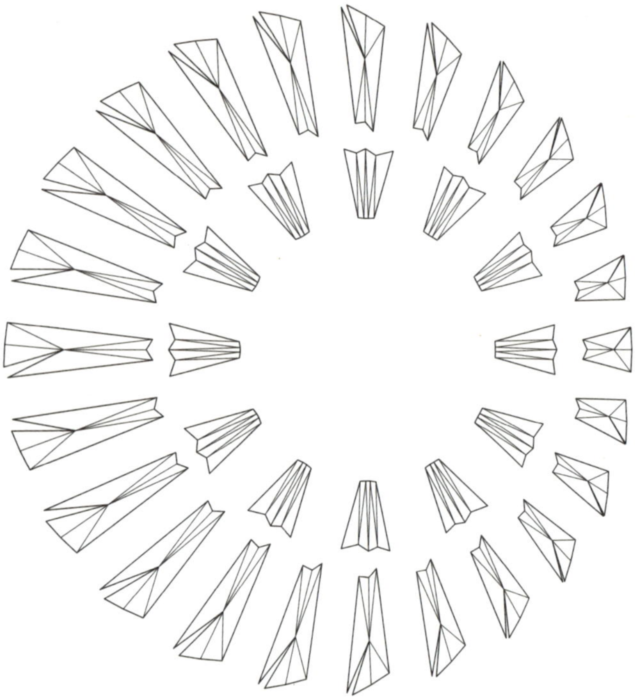

工作流程 3（左上）相同模型也可以导出，并在人工照明及声学仿真模拟中进行测试，以确定照明及消音要求。

工作流程 4（左下）接下来，模型分解为可建造组件，且几何形状可以展开用于加工。

工作流程 5（右上）建造中的画廊扩建部分及装有百叶的立面。

工作流程 6（右下）金属折板上的图案是被直接从展开模型及小尺度检测结构完整性的实体模型中开发而得。

工作流程7 金属折板组装为结构和屋面。施工现场进行临时结构部分占位，直到装配位置正确并且可以自支撑。

工作流程8 表面结构的表现形式充分体现了博物馆对钢铁在建筑和工业中的历史和应用的关注。

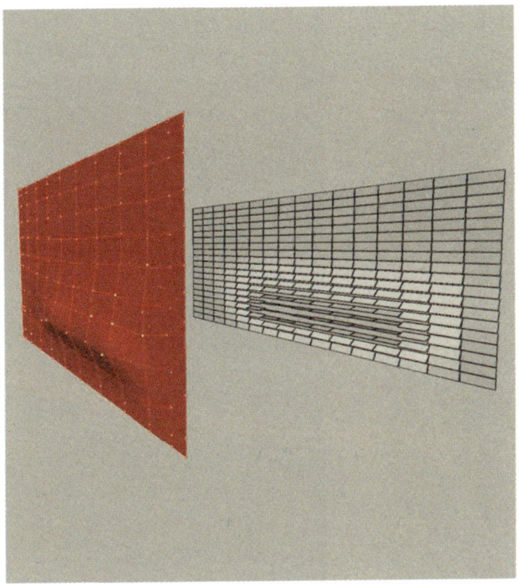

	1	2	3	4	5	6	7	8	9	10	11	12	13	14	15	16	17	18	19	20	21	22	23	24
A										0	0	0	0	0	0	0	0	0	0	0	0	0	0	0
B							0	2	5	10	16	21	25	28	30	31	32	31	29	25	18	7	0	0
C							0	2	8	16	25	34	40	45	49	50	51	50	45	41	29	12	0	0
D			0		0	0	0	3	10	19	30	40	48	53	57	59	60	59	55	48	35	14	0	0
E			0		0	0	0	3	10	20	30	40	48	54	58	60	61	60	56	49	35	14	0	2
F			0		45	0	0	3	9	18	28	37	44	50	53	55	56	55	52	45	32	13	0	4
G			0			0	0	2	8	15	23	31	37	42	45	46	47	46	43	37	27	11	0	5
H			0			0	0	2	6	12	18	24	29	32	34	36	36	35	33	29	21	8	0	6
I			0	0		0	0	1	4	8	13	17	20	23	24	25	26	25	24	20	15	6	0	6
J			0	0	45	0	0	1	3	6	9	11	14	15	16	17	17	17	16	14	10	4	0	6
K			0	0	45	0	0	0	2	3	5	7	9	10	10	11	11	11	10	9	6	2	0	5
L			0	0	0	0	0	0	1	2	3	4	5	6	6	6	6	6	6	5	4	1	0	4
M			0	0	0	0	0	0	0	1	2	2	3	3	3	3	3	3	3	3	2	0	0	2
N			0	0	0	0	0	0	0	0	0	0	0	0	0	0	0	0	0	0	0	0	0	0
O	0	0	0	0	0	0	0	8	15	15	15	15	15	15	15	15	15	15	15	15	10	0	0	10
P	13	13	13	13	14	15	15	28	30	30	30	30	30	30	30	30	30	30	30	30	20	10	10	20
Q	25	25	25	25	28	30	30	38	45	45	45	45	45	45	45	45	45	45	45	45	33	20	20	29

	25	26	27	28	29	30	31	32	33	34	35	36	37	38	39	40	41	42	43	44	45	46	47
A	0	0	0	0	0	0	0	0	0	0	0	0										0	0
B	0	0	0	0	0	0	7	18	27	33	36	39										0	0
C	0	0	0	0	0	0	11	29	42	51	57	60										0	0
D	2	3	3	2	0	0	12	32	47	57	64	69										0	0
E	6	7	7	6	2	0	12	31	45	55	62	67										0	0
F	8	10	10	8	4	0	10	26	39	48	54	58										0	0
G	10	13	13	10	5	0	8	20	30	37	43	46											
H	11	14	14	11	6	0	5	15	22	27	31	35	37	38	39	40	41	41	42	42	36	30	30
I	12	15	15	12	6	0	4	10	15	19	22	24	20	27	28	29	30	30	30	31	25	20	20
J	11	14	14	11	6	0	2	6	9	12	14	16	17	18	19	19	20	20	20	20	16	12	12
K	10	13	13	10	5	0	1	3	5	7	8	9	10	10	11	11	12	12	12	12	9	6	6
L	8	10	10	8	4	0	0	1	2	3	3	4	4	5	5	5	5	5	6	6	3	0	0
M	6	7	7	6	2	0	0	0	0	0	0	0	0	0	0	0	0	0	0	0	0	0	0
N	2	3	3	2	0	0	0	0	0	0	0	0	0	0	0	0	0	0	0	0	0	0	0
O	10	10	10	10	10	0	0	10	15	15	15	15	15	15	15	15	15	15	15	15	8	0	0
P	20	20	20	20	20	10	10	20	30	30	30	30	30	30	30	30	30	30	30	30	28	15	15
Q	29	29	29	29	29	20	20	33	45	45	45	45	45	45	45	45	45	45	45	45	38	30	30

工作流程 9（左上） 外部百叶立面的设计系统是通过三维关联模型控制的。接下来，百叶的旋转根据约束条件及项目需求可进行实时微调。例如，开口与建筑师想要的建筑内部视线对齐。

工作流程 10（下） 百叶的旋转值与 Excel 表格实时同步，并导出电子表格给分包者使用。

工作流程 11（右上） 承包商可以根据打印出的表格手动调整百叶。

工作流程 12（左上） 建成的展廊扩建部分屋面。

工作流程 13（右） 项目完成实景（前景：展廊扩建部分；背面：百叶立面）。

工作流程团队

编者按

数字化集成工作流程向工作方式的转换，意味着现有的办公结构中存在新的层次及新的实践模型。许多公司专注于将这些工作流程作为一种建立在BIM动机下的提升效率的手段，而其他公司关注探索新的设计潜力，这种新的潜力由参数化或关联模型驱动，这时效率不再是目标而更像是副产品。谢恩·伯格（Shane Burger）论及的工作流程，属于更有创造性的过程，并且已经激发像格雷姆肖事务所那样的建筑机构推进他们的设计哲学以及技术集成，使结构、材料以及生产方法成为创造性思维的基础。对于格雷姆肖建筑师事务所来说，关联模型的设计潜力比BIM的管理潜力更能推动新的项目与小组成员的工作关系。

过去十年，建筑设计师与数字技术人员的分工催生了外专业顾问和精英程序员数量的增长，他们致力于为专业事务所设计工作流程。然而，这种分工随着建筑师对数字设计工具的认识正在逐渐消失。在讲求激进技术的事务所里，数字技术人员是事务所内部重要的组成结构，从事研发的同时能够迅速整合到各个项目组。

随着格雷姆肖建筑师事务所计算机设计单元的进化，设计成员能够迅速被整合进团队并组建新的设计小组。CDU通常在日常办公室工作外参与特殊项目，项目目标是研发可能对项目的特定环境有用的设计工具或技术[1]。CDU的开源及研究工作成果已经快速成为很多项目宝贵的资源。由此开展了项目设计师及计算设计师的新动态关系，并且使研究小组成员成为项目设计组不可分割的部分。虽然类似CAD和显现的三维模型的数字技术的先前发展，简单地将手工绘图转向了计算机，并且很少或几乎没有影响设计流程或团队结构，但是关联建模对创作思维过程的潜在影响正如伯格所言：“（CDU是）将设计师思维嵌入一个‘活’的模型”。对设计意图的捕捉，在过去，往往因为技术限制以及能力，直到施工才得以实现；但现在设计系统与设计将共同拓展，在团队结构一般的工作流程预期中，计算设计师的工作实际是项目设计中方案设计的下一阶段延伸。

当数字模型的算法逻辑明确了设计空间的可能解决方案，它们就成为设计流程中复杂的一部分。在标准设计软件将成为对任何设计方法而言的通用方法前提下，伯格开发了可供普遍使用的脚本及工作流程。除此之外，他的设计小组还以服务其他事务所的特殊的设计流程为开发目标——该战略也被用于这本书中介绍的其他事务所，如Morphosis、UNStudio及英国标赫（Buro Happold）。这一战略的本质是：设计和技术开发与数字工作流程之间是相互依赖的关系；需开发与数字工作流程和新的类型的合作所需的技能。具有多年设计及施工经验的高级建筑师所积累的经验可以和有编程经验的年轻设计师相配合。[2]在谢恩·伯格与尼古拉斯·格雷姆肖坐在一起，探讨不同的数字接口所带来的不同设计选择时，这种动态联系在这一场景中变得再明晰不过。虽然这仍保持了设计师类型及各自角色的区分，但当项目设计人员自己开始使用基本编程技术时，设计团队将迎来进一步的发展。届时，项目设计和数字设计将交织在一起。

对于格雷姆肖建筑师事务所而言，对设计进行设计是将创造性直觉和人类决断力应用于参数化结构设计空间规则决策中的过程。典型的模拟设计流程的创造力，在零散的决定中达到顶峰并且定义了建筑，是设计系统中对于设计的先行之处。改进后的设计系统通过复杂的联系提供了更高层次的创造性探索（伯格提到过的“趣味性”）。如果没有计算，这一切将不复存在。虽然这对于像格雷姆肖这样的事务所是“自然与直观的”，但是它向被数据和技术包围却没有工作流程去驱动它们的建筑师提出了挑战。

---

1. 这种参数化研究团队大都存在于大型的设计公司中，并且随着科技的进步不断发展。代表性例子包括英国标赫工程顾问公司的 SMART Solutions 团队、SOM 建筑设计事务所的 BlackBox 工作室及 UNStudio 的 Smart Parameters 平台。
2. 这种类型的协同工作的另一个方式是传统设计与算法设计师之间的新工作关系，即马蒂·达索（Marty Doscher）在本书中提出的“长期设计中的一次性代码”。

工作流程顾问

斯科特·马布尔，詹姆斯·科特罗尼斯

詹姆斯·科特罗尼斯（James Kotronis）是盖里科技（Gehry Technologies）美国东部地区总监。

弗兰克·盖里为1992年巴塞罗那奥运会设计的鱼形雕塑，标志了设计、装配及工业之间关系的转折点。由此引发的建筑数字化进程已经演变至今天所使用的更为全面的工作流程。该项目采用了对于设计与建造行业的新技术，包括数字化三维扫描技术、从数字化信息中提取部件的数控加工，以及用于定位数字部件现场组装参考点的GPS。经过多年的流程内部的自省和精炼，盖里科技已经开始向整个行业大量提供这些服务。依赖于被称为“数字项目”的私有软件（由Catia公司提供，是一款强大的参数化软件，主要用于航天航空工业）以及先前项目的工作协议，盖里科技开创了一种新型的“工作流程顾问”产业，开始着手将因几十年形成的学科隔离所孤立的行业拼接在一起的艰巨的任务。

从那以后，涌现了许多其他版本的数字工作流程顾问，试图利用数字化工具的潜力，将现有的行业部门联系起来，并引入新的部门，以应对智能流程和智能建筑日益增长的需求。[1]

盖里科技的工作最初针对阻碍将正式复杂设计有效转化为制造、建造的程序问题。随着在施工一开始几何构造的“蛮力”合理化，解决方案演变成一个复杂的数字工作流程，集成正式的设计意图、场地约束、材料特性、装配设计、运输限制、成本参数和进度协调，以迪拜哈利法塔办公大厅天花板为代表。该工作流程设计得足够灵活，允许特定的项目因素在适当的时候被整合。例如，在哈利法塔项目中，单板映射纳入工作流程模型以解决大表面上均匀分布颗粒纹样的审美挑战，否则该任务将被随意搁置，并且有可能导致大量的材料浪费。为了使模型能包含尽可能多的信息，这个过程通常涉及实体原型或测试来确定材料的极限反应和将它们作为模型中的参数限制，以此定义可行的设计方案范围。专家工匠的经验也可以集成在模型中，以知识工程[2]的形式从关于项目特定部分的手绘草图和非正式交流中提取规则。

高度独特的设计加上复杂的项目条件，如Diller Scofidio + Renfro设计的布罗德博物馆，鼓励更多的建筑师参与进盖里科技开发的工作流程。尽管盖里科技已经明确定位自身不是设计顾问而是技术服务商（不要混淆了盖里科技和盖里设计），毫无疑问，他们提供的知识和对项目的输入对最终的建筑结果产生了重大影响。大多数被作为建筑师培训的员工代表着新一代的设计师，与上一代建筑师相比，这些员工将看到设计意图和技术之间日益减少的分歧。

盖里科技试图避免与设计建筑师的角色产生混淆，但问题在于独立设计师文化，仍然是关于建筑师身份的主要来源。正如作家肯斯·索耶（Keith Sawyer）指出：“我们已经接近孤独天才的形象，他神秘的顿悟改变了世界。但是孤独的天才是个神话，而团队的才智会产生突破性的创新”。[3]由盖里科技开发的基础结构集成和交互工作流程类型，提供了推动开放包容的工作模式向前发展的机会。通过实

现它们的手段和方法测试稳定性，来识别和挑战坏的方法，也可以无论源头以同样的方式优化好的方法。这种合作方式不应与“集体设计”所产生的平庸相混淆，“集体设计”是妥协的结果，而这种合作方式更应被视为具有明确的职位和技能专家会议。

数字工作流程的副产品有设计脚本以及在代码中捕获的素材和过程性知识清单。由此提出了代码的可重复利用问题。通过对数字工作流程的重新利用和细化来改进行业范围内的过程性议题的优点——类似于软件版本升级——是非常显著的，但对设计过程进行相同处理的优点是一个更有争议的问题。下文所述的盖里科技和欧文·豪尔（Erwin Hauer）之间的工作，说明了其中的一些问题。在数字化设计工作流程中，设计师的“独特性”在代码中被捕获，只需简单地调整输入参数，就可以在新的设计中重现，这是否存在一种新的设计经济？创造力的行为是否与设计师的“独特性”相同，或者其他人将其转化为代码的能力是否比输入产生的结果更独特？这些令人兴奋的问题正激发着新的设计、装配、行业工作流程以及新顾问类型的出现，如正在探索他们的潜力的盖里科技。

书中三个盖里科技纽约办公室的代表作中展示了在不同尺度以及本书中介绍的三种类型的工作流程背景下的影响：设计工作流程以及包含设计意图的基于规则逻辑的开发（欧文豪尔墙）；可以融合复杂的形式与材料和加工能力制造和装配的工作流程（哈利法塔大堂天花板）；以及将设计、施工和业主意愿放入被明确定义的，可以调整、协商并与利益和后果相结合的参数中的行业工作流程（布罗德博物馆工作流程）。

注释

1. 案例包括 designtoproduction，其工作内容见本书中《数字技术：从思考到建模，再到建造》一文，作者为费边·朔伊雷尔。

2. 知识工程是一个将人类智慧和经验转移成计算机代码的过程。

3. Sawyer, K. (2007) *Group Genius*, New York, Basic Books. p.7.

世界银行欧文豪尔墙

工作流程案例分析

欧文·豪尔（Erwin Hauer）的工作已经成为诸多当代建筑师探索建筑立面连续性和形式复杂性方向的参考点。这个项目是由在20世纪90年代早期跟随豪尔学习，并且现在成为豪尔工作室一员的恩里克·罗萨多（Enrique Rosado）开始的。这一切都始于计算机建模的引入和工作室引进了一台5轴金属切割机，并推动了豪尔依靠数字方法使设计流程得以演进。当一些对现有工作的扫描被证明不能令人满意时，罗萨多开始建立连续的实体建筑屏幕和墙体。后来，他联系了盖里科技洛杉矶办公室的罗纳德·门多萨（Ronald Mendoza），并一起为新项目测试立面实体模型，这也成为之后盖里科技纽约办公室加入该项目的契机。

该项目是设计一面矗立于华盛顿的世界银行的巨大墙体。该墙体延展数层之高，并实现将楼梯和大堂紧密结合。豪尔希望该墙体的形式和几何形体形状在其原有的工作基础之上得到进行进一步优化和演变，并且尺度上也得到一定的扩展。盖里科技在该项目里将在参数化建模语境下，定义基础形式逻辑，使设计参数的迭代更加快速，以能实现更便捷地建造。除了描述几何体的静力结构，项目本身是一次关于捕捉设计意图的艺术内涵的探索——去讨论一个艺术家如何控制并操控形态、创建全新的数字工具，并用新的方式去实现它。

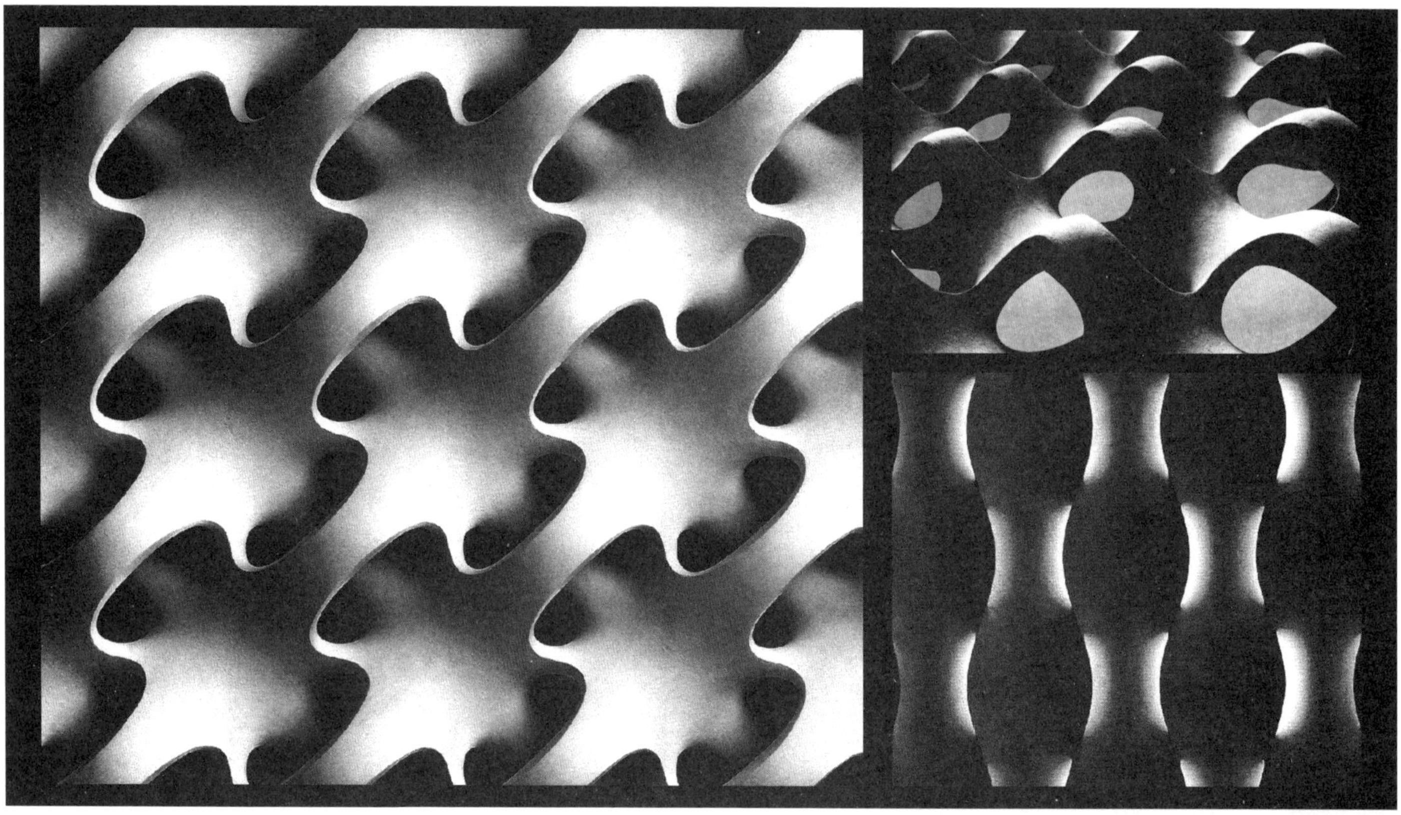

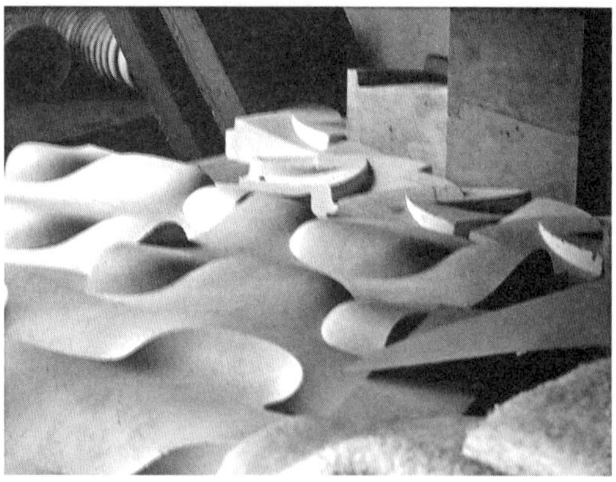

工作流程1（上） 豪尔的（曲面）形式已经发展了将近几十年，并且设计者不断将过去的项目积累作为新设计意图的基础，并随着时间不断发展。

工作流程2（下） 根据豪尔的原始手工模型制作的铸件。

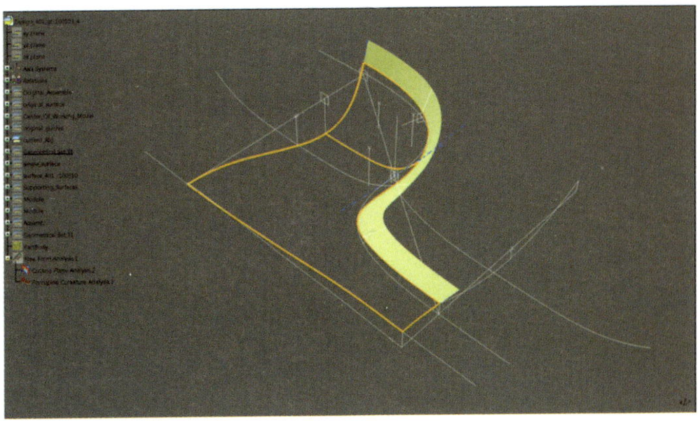

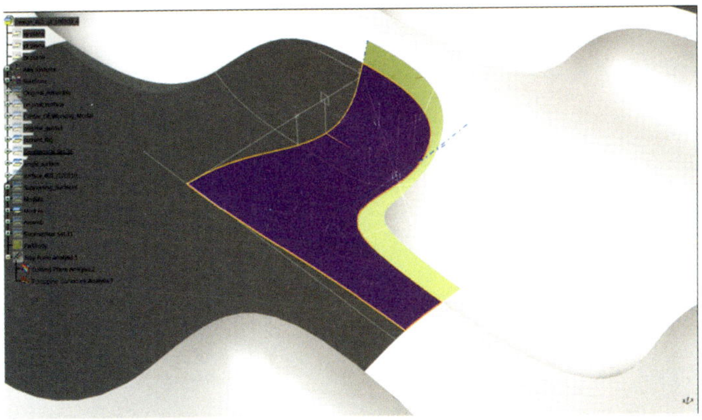

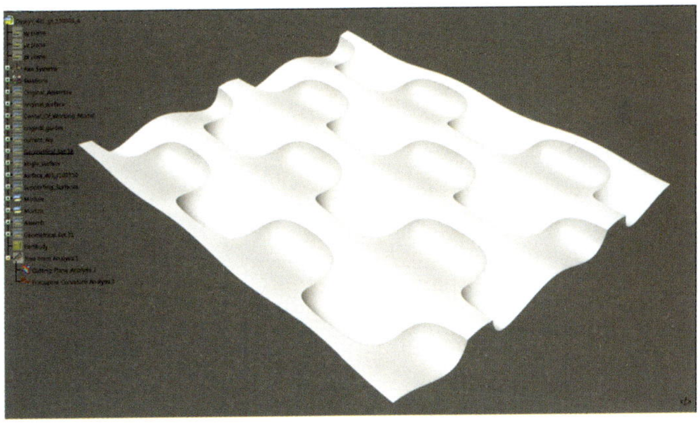

工作流程3（左上） 豪尔的设计主要依靠了面与面的相切关系来表现曲面的连续性。恩里克·罗萨多对项目的数字化和材质属性都有深刻理解，从最开始，Rhino（译者注：一种基于nurbs曲线计算方式的计算机3D建模软件）建模便加入这个项目，但是因为缺少关联模型平台参数，并没有获得这些相切关系，由此盖里科技将几何引入数字项目。

工作流程4（右上） 为了实现预设的相切关系及对称线，盖里科技模拟了豪尔的手工作业技术来确定他想要呈现的模型曲面。黄色的边界曲面成了中心曲面的切点。

工作流程5（左中） 建立了一系列曲面多样性研究的规律。在该图中，紫色的曲面强制与黄色的曲面相切以满足需求的变化。这种操作办法成为交流和转化的方式，使豪尔与盖里科技的协调设计更为有效。

工作流程6（右中） 依据豪尔该项目的手工模型，盖里科技研发出了一套数字装配方案。这可以被用来制作曲面图案的数控机床模具。

工作流程7（下） 从左至右：恩里克·罗萨多、欧文·豪尔、詹姆斯·科特罗尼斯。虽然豪尔对于用数字化工具去创造性地工作尚存疑虑，然而，对于他，即使手工的想法已经更为根深蒂固，他仍充分参与了技术，以此来拓宽他的思路。通过回顾计算机上的设计，相比罗萨多和盖里科技的工程师，他更能在一些常规的层面做出敏锐观察，并公允地评断，而前面两人因为过于依赖计算机的设计方式，除非已经3D打印出了实体模型，否则他们很难注意到这些问题。

工作流程 8（左上） 5 轴数控机床金属切割机在豪尔位于纽黑文的工厂被使用，模具正面使用的是中密度板，还可以直接用于石材切割。

工作流程 9（右上） 设计被划分成一个个单元，并用玻璃纤维增强混凝土（GFRC）模具切割而成。

工作流程 10（左下） 设计单元被独立运输到场地，并实现了现场安装。

工作流程 11（右下） 安装完成的墙体。

SOM (Chi)
– design
Imperial Woodworking
– fabrication
Chicago
Gehry Technologies (NY)
– process + knowledge engineering
New York
Philadelphia
Icon Integrated Construction
– design + fabrication engineering
Los Angeles
Gehry Technologies (LA)
– automation support
Dubai
Project Site
Installation Team
Coordination

哈里法塔
办公室、大厅、天花
工作流程案例分析

盖里科技介入了位于迪拜的哈里法塔项目，负责辅助办公大厅的天花板建造。由业主提供的室内设计渲染图成了理解本次项目设计目标的主要着眼点。设计概念在从方案建筑师到项目建筑师再到建造师的传递的过程中丢失了，这是复杂几何形态的设计项目的共性。该项目合资企业与当地制造商合作失败，并决定组建一个新的团队，包括帝国木业公司（Imperial Woodworks）、ICON Global 的瑞克·赫斯科维茨（Rick Herskovitz）和纽约的盖里科技。该项目要求必须在 7 个月之内完工。

工作流程 1（左）　哈里法塔于 2009 年建成，是本文成稿时的世界最高塔。

工作流程 2（右上）　在设计效果图里，大厅的天花板被设想为一系列木质的曲面，在整栋建筑的结构表面起伏并容纳所有的建筑系统。

工作流程 3（右下）　全球化设计：合资企业在迪拜；建筑设计师——SOM 在芝加哥；机械建造师——帝国木业在芝加哥；ICON Global 的瑞克·赫斯科维茨在费城；盖里科技在纽约。同时，盖里科技的阿布扎比小组也会助力项目现场问题的解决。

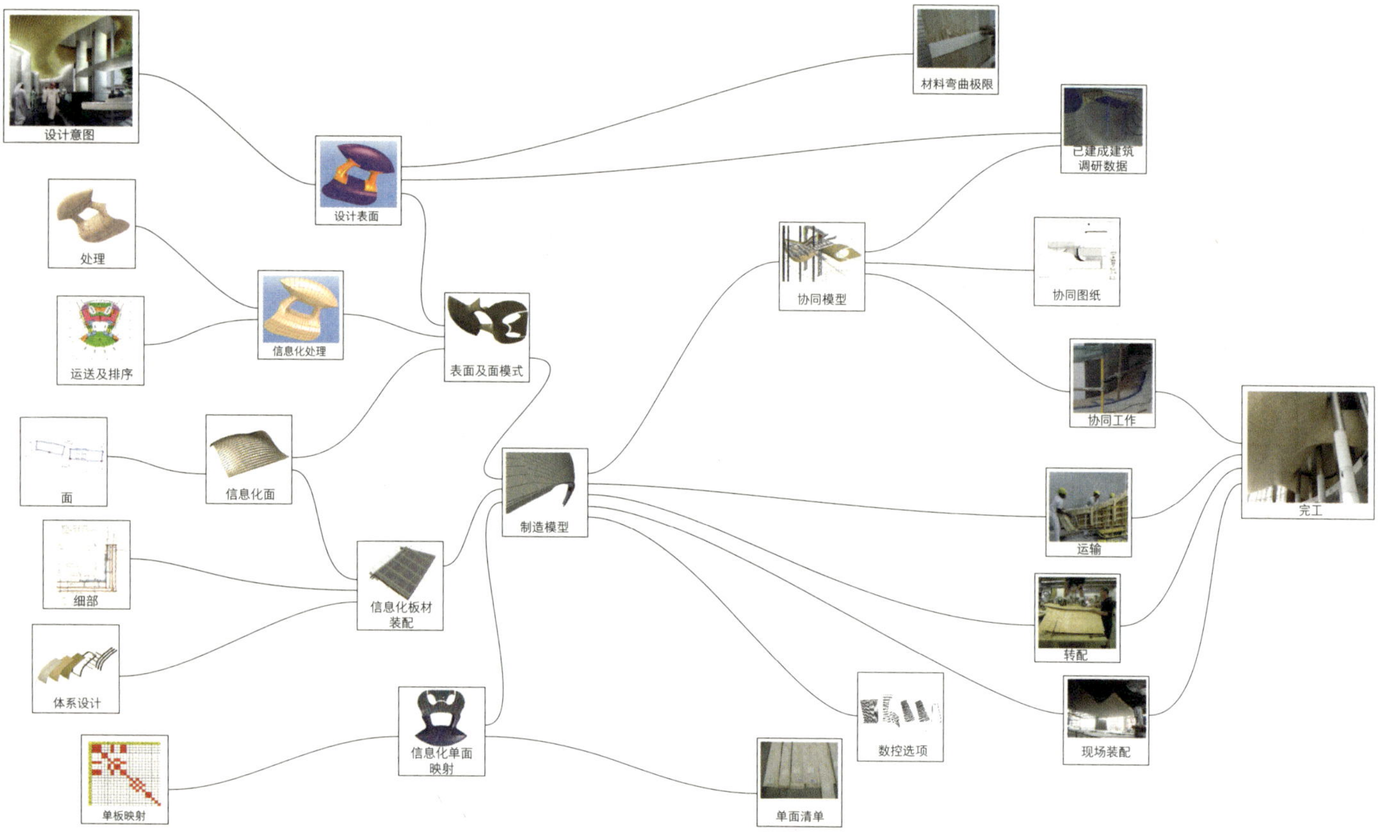
设计意图
设计表面
材料弯曲极限
已建成建筑
调研数据
处理
运送及排序
信息化处理
表面及面模式
协同模型
协同图纸
协同工作
完工
面
信息化面
制造模型
运输
细部
信息化板材
装配
转配
体系设计
数控选项
现场装配
信息化单面
映射
单板映射
单面清单

1/2 英寸厚，防火材料超过 30°
圆形模板
1/2 英寸厚，防火材料超过 24°
圆形模板失败
3/4 英寸厚，防火材料超过 48°
圆形模板
3/4 英寸厚，防火材料超过 36°
圆形模板
3/8 英寸厚，防火材料超过 24°
圆形模板
3/8 英寸厚，防火材料超过 18°
圆形模板
3/4 英寸厚，防火材料超过 30°
圆形模板失败

工作流程 4（上） 工作流程图：左侧是设计构想；右侧是项目的实际约束条件；中间部分是连接两端的数字化流程。通过使用动态参数化模型，捕捉曲面几何体形态的意图，并根据材料属性和建造过程的限制分层，包括木材的弯曲、表面切线、预制、拼接、运输以及现场装配。设计构想与实际操作约束通过一个综合模型实现了灵活的、可测试的且可以快速迭代的高效工作流程。

工作流程 5（下） 最初的步骤是确立天花板使用的木质材料属性对于弯曲半径的限制。根据经验，负责制造的工人尝试用何种厚度的材料实现预期的弯曲半径，然后试验测试材料的弯折破坏点。这些试验数据信息接下来将在数字模型中成为一个约束参数。

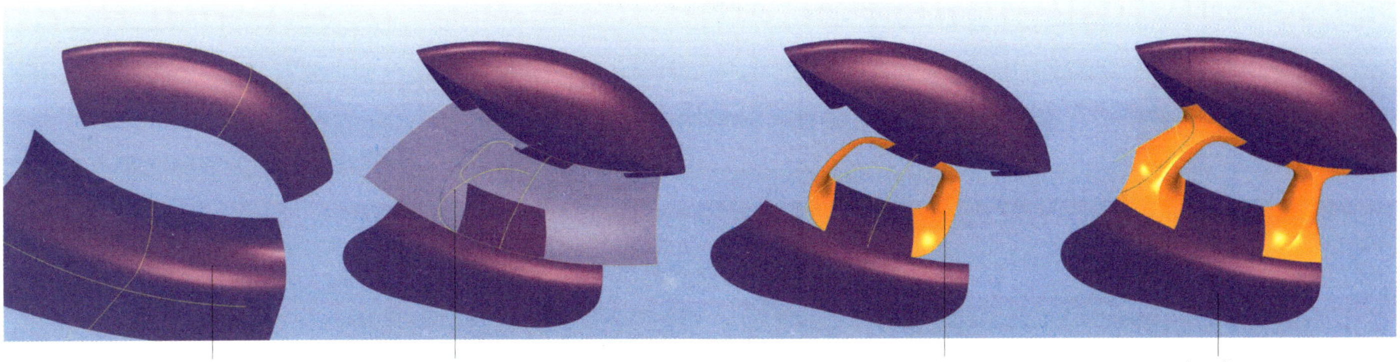
主要驱动因素
混合线框
混合曲面
加工曲面

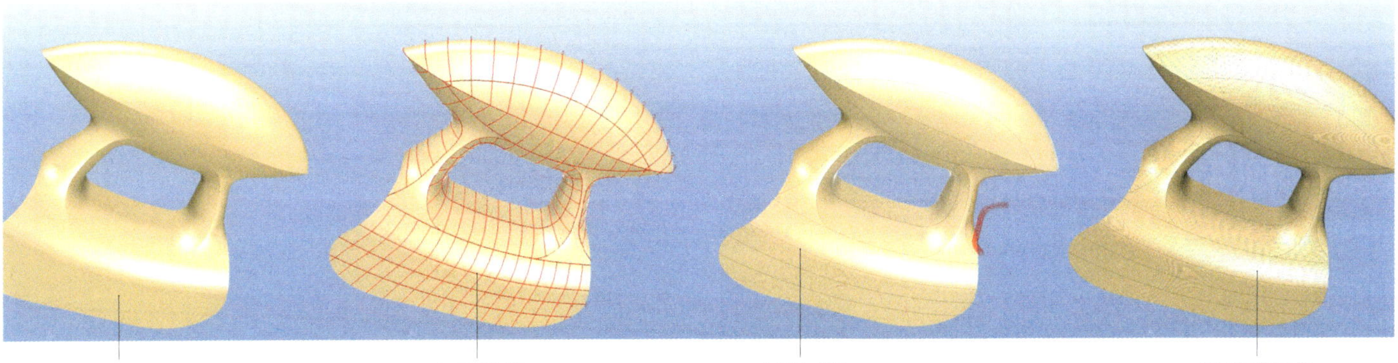
完成曲面加工
主要板分割
主要面分割
完成面/板计算

工作流程 6a（上） 设计驱动流程：即使项目已在建造过程中，盖里科技不得不退回到所有设计成员提供的原有设计理念，并重新解译几何形体。调整翘曲曲面，以匹配材质及建造中的约束限制，使连接片与片之间的建模方式为“扫掠”（译者注：rhino 里面的一种由曲面为约束条件的建立曲面的方式，命令英文名字为“sweep”），这种方式能够相当整齐规律地实现拼接（紫色的曲面）。唯一特殊的拼接处是像把手的部分（橘色）。

工作流程 6b（下） 系统驱动流程：一旦曲面被确立了，最大的基面板材尺寸也可基于材料使用开始进行优化设计。设计系统将与最大尺寸的基面板与最少数量的构建数相协调，以构成结构框架。每块构成最终曲面的木质板材都将铺设于基面板之上。在早期阶段，项目从一个单纯概念想法到高度真实的、高连贯性的表面需要考虑实际的接缝线和材料属性。

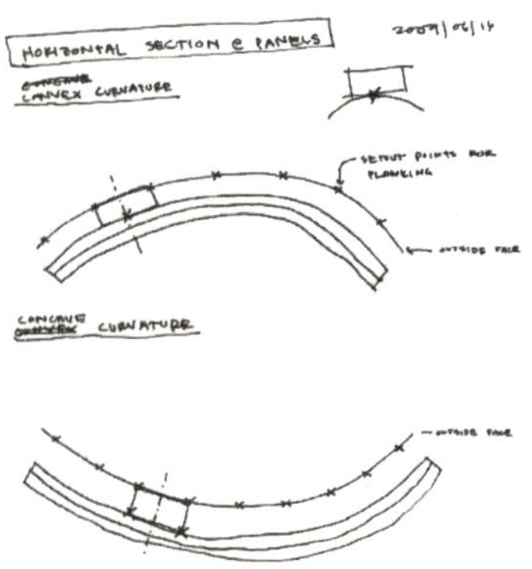

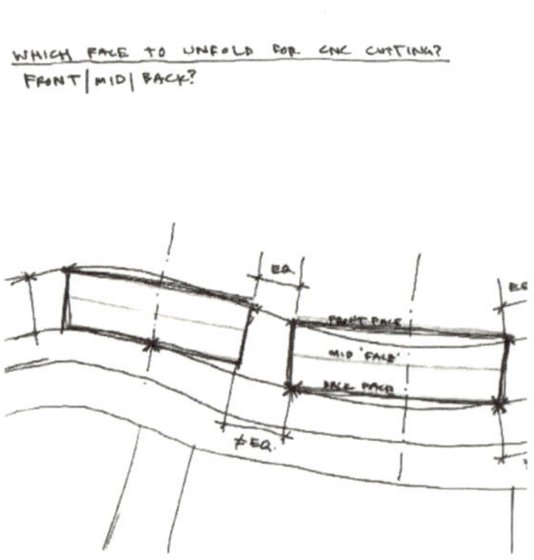

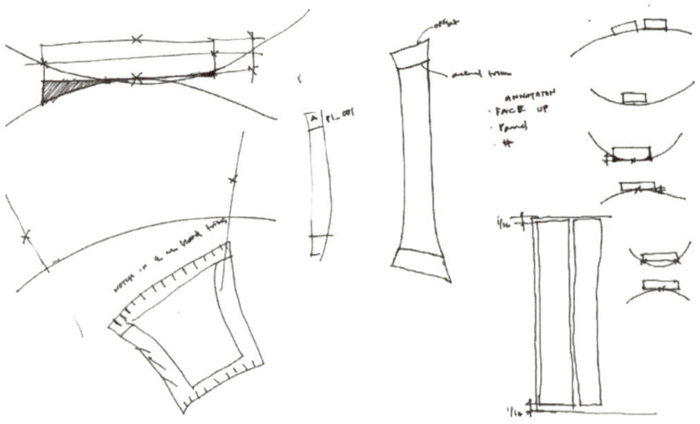

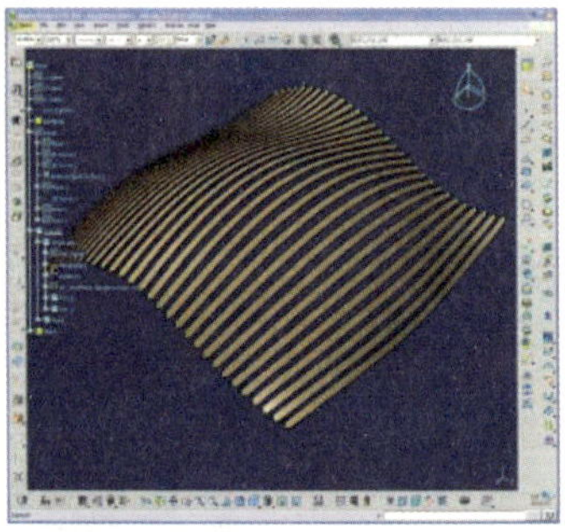

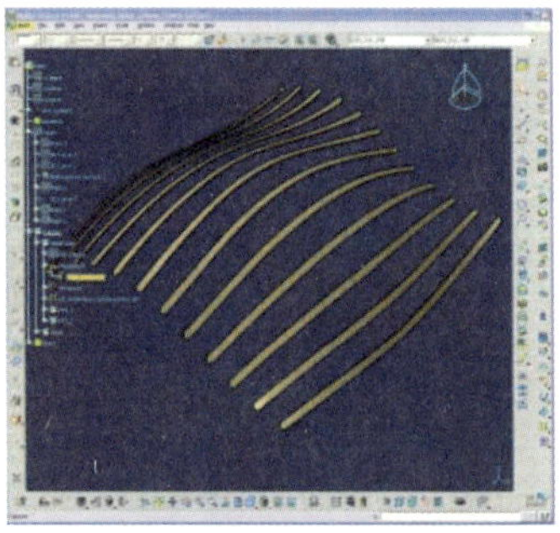

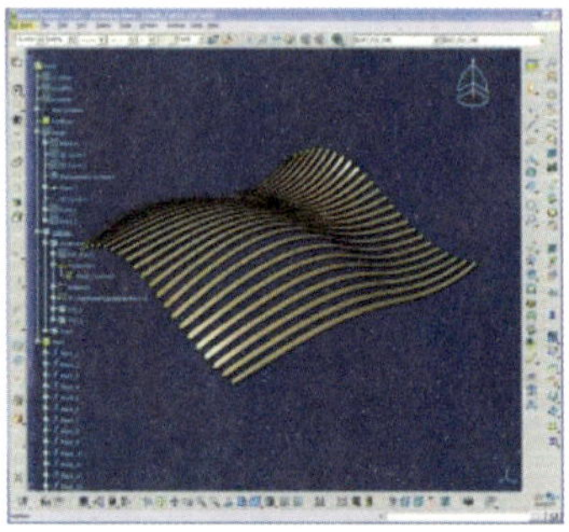

工作流程 7（上、中） 弯折和铺板算法的开发综合了尽可能多的独立条件。其中一条原则需要铺板用的木条板彼此平行，以保证每块板材的边缘能够形成一定的弧度。细节处理的细微差别通常在写进算法之前通过草图进行不断调整。

工作流程 8a（左下）、8b（右下） 一个全尺寸的实体模型是天花建造最难的部分，通过数字模型不仅测试材料和审美目标的实现，还测试数字化工作流程。所有通过物理实体模型确立和解决的问题都将被合并进数字模型，以改进现有的工作流程。这一步骤提供了决定性的成果回馈，以便准备具有必要建造信息的数字模型。

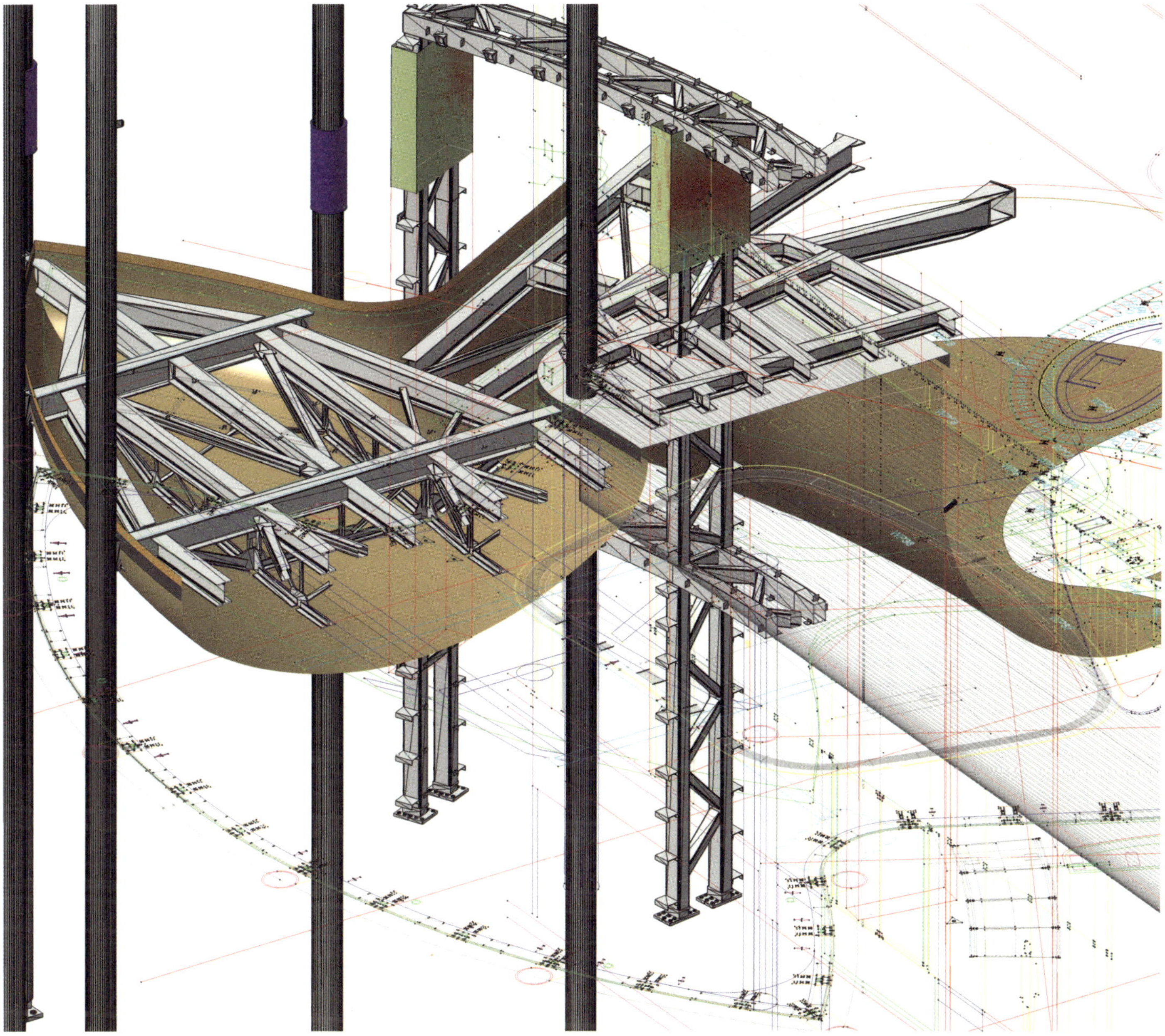

工作流程9 由于严苛的时间表及建筑系统、结构的柱子、楼板以及与天花同时建造的其他基础设施元素的复杂协调，对现有的空间实际情况进行实时调研以调整“预先设定”的模型，去符合这些“竣工”条件。这一过程在项目中经历了数次迭代，并且模型的信息不断更新，以避免现场安装时出现冲突。

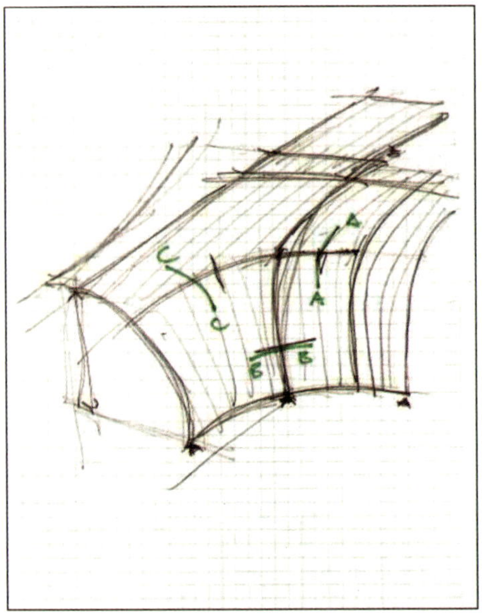

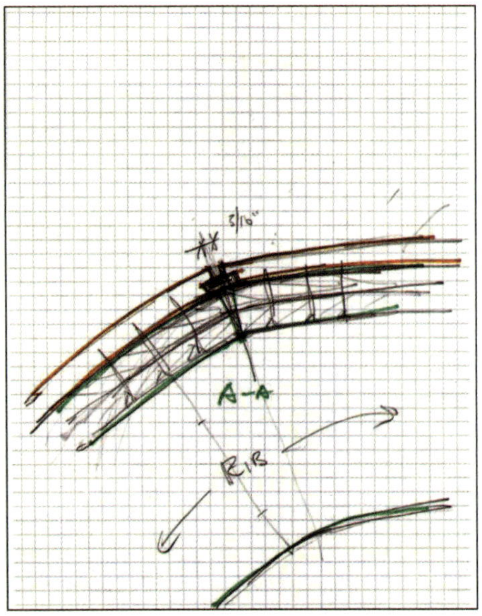
A-A

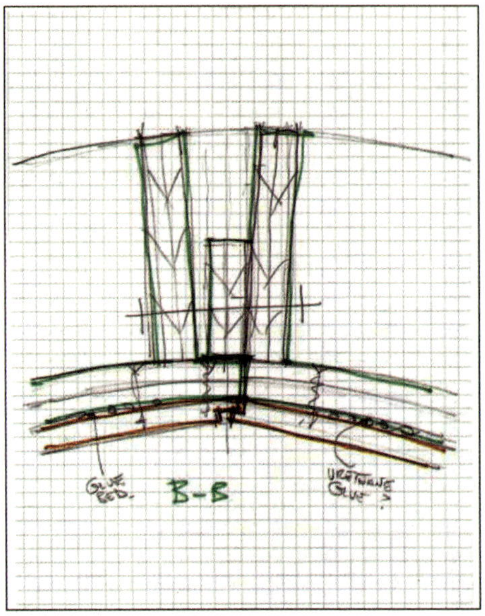
B-B

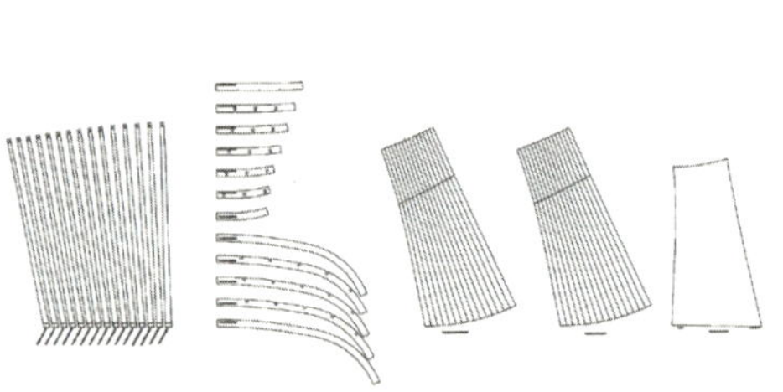

二维形状输出

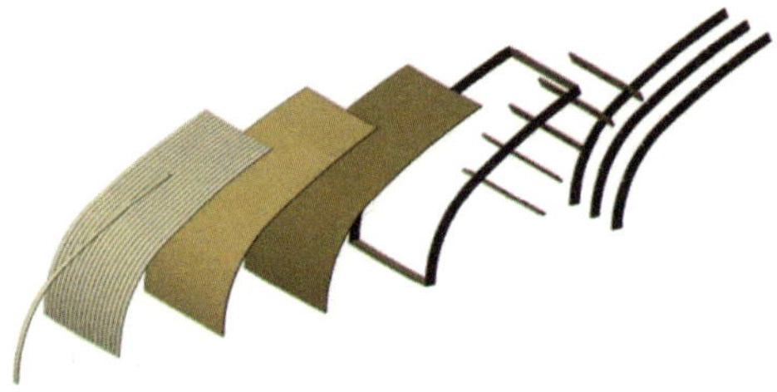

典型的板材安装

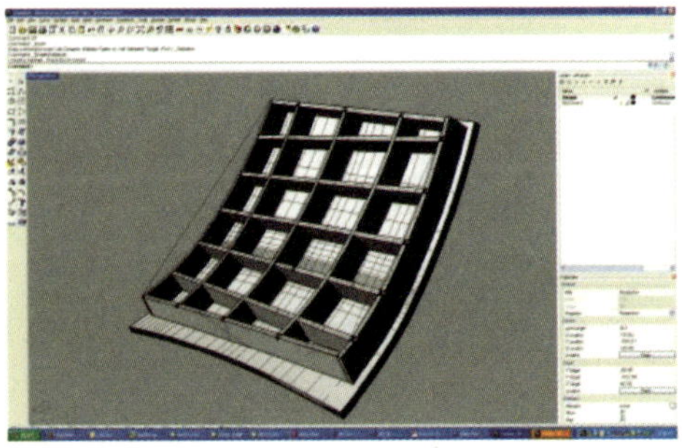

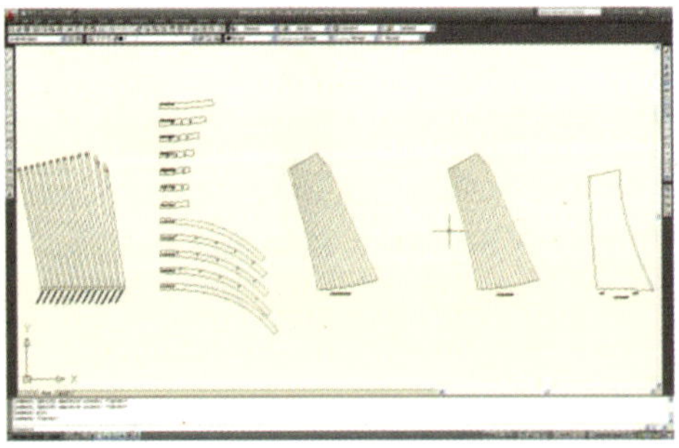

跨平台的通用操作性

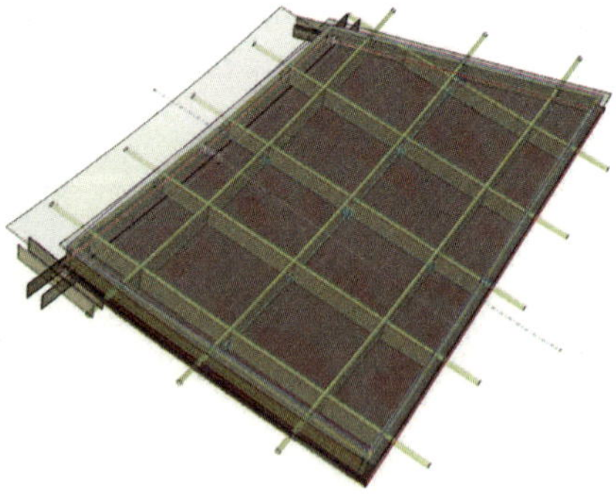

板材构建几何形体

工作流程 10a（上） 很多数字模型是从基础草图及由建造工人已经完成的结点中提取逻辑和演进规律。

工作流程 10b（中、下） 以草图形式推导出曲面板条箱结构和曲面基层之间的几何关系细节，并将其衍推到模型中。

工作流程11 天花由7000块长宽各异的特殊木板组成，设计的初衷是在所有表面上创建均匀分布的纹理。建造工人没有办法实现这一点，因此盖里科技研发了一个自定义脚本以控制这一过程。由建造工人制作包含每块板材的宽度、长度及其他可视化分类电子数据表格，同时标注了哪几块板材不彼此毗邻。来自盖里科技的自动化专家维克多·克托（Victor Keto）建立了一套权重随机选择算法，以实现将概率引入一个自动选择和输出的机制：如果木板的选择适配它的邻近板材，算法将选中它并移至下一块；反之如果没能适配，系统将寻找另一个选择。如上展示的是3个初步版本的木板布局及最终选定的布局。

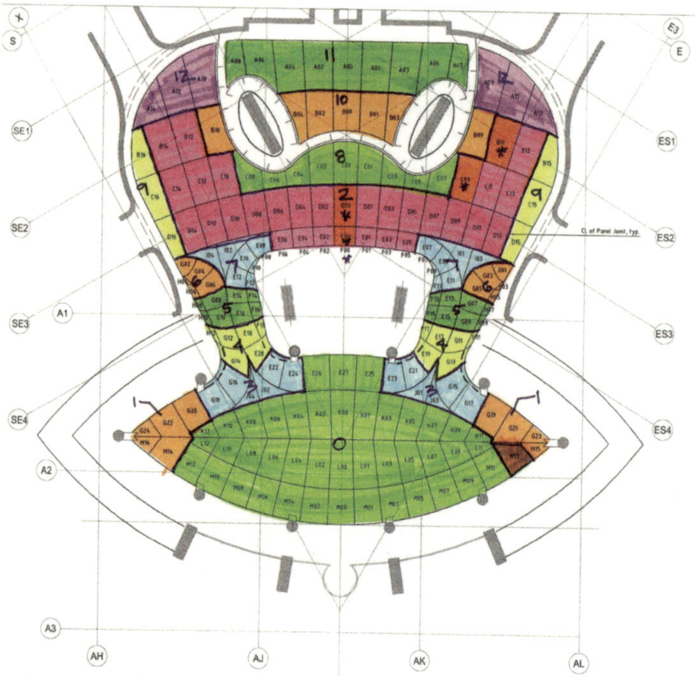

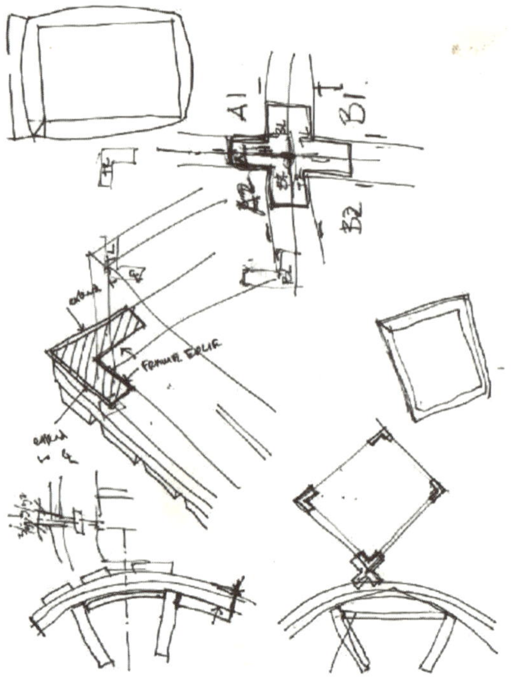

工作流程 12（左上）　标准件和特殊板材需要不同的建造工序及运输进度，图中模型用于监控和跟踪其拼接的流程，以便优化现场装配过程。在如此复杂的项目中，参数化模型不能高效、直接地解决所有出现的问题，适应所有的条件。所以应用了一个 8/2 开原则：设计意图的 80% 可以通过设计实现，余下的 20% 需要特殊处理。不同的颜色代表不同的板材类型。由于板材的独特属性，“把手型”和“船型”部分的连接处具有最高程度的区别。

工作流程 13a（右上）、13b（左下）　夹具设计通过控制整个装配体中所有间距变化，使四块板材之间的角对齐。

工作流程 14（右下）　夹具可以使安装人员在施工场地准确定位板材的位置。

工作流程 15　项目完成后图片。

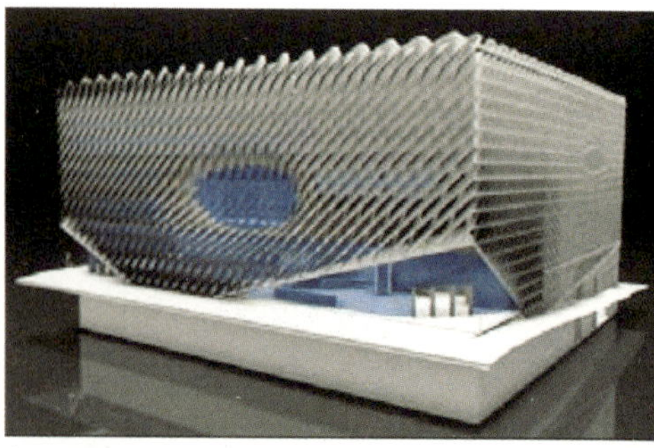
A

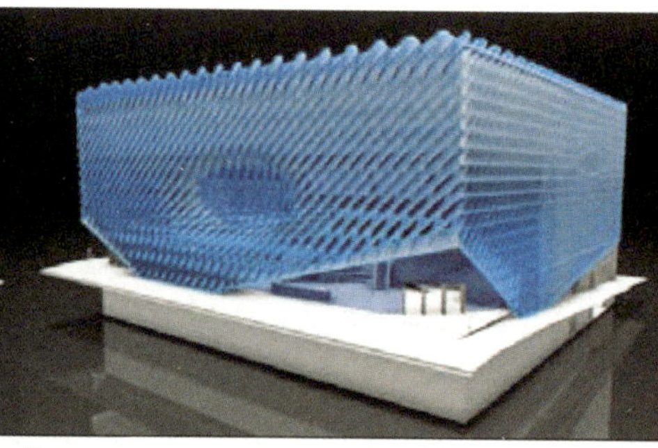
B

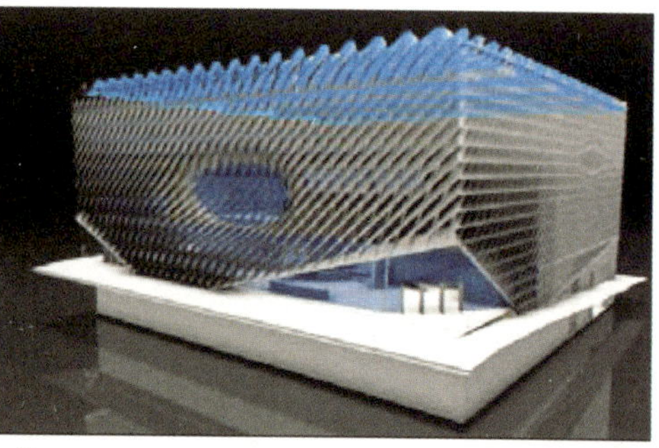
C

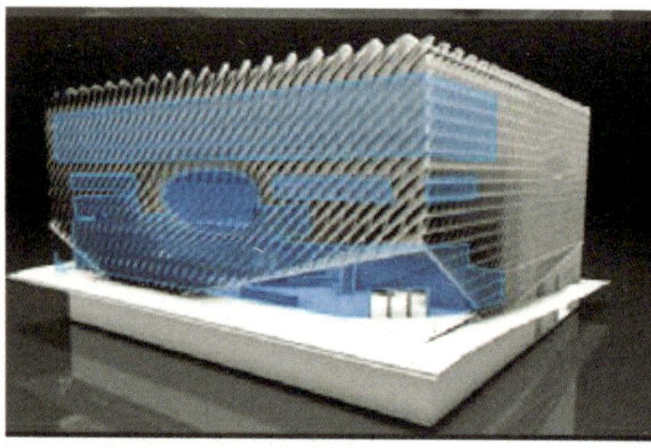
D

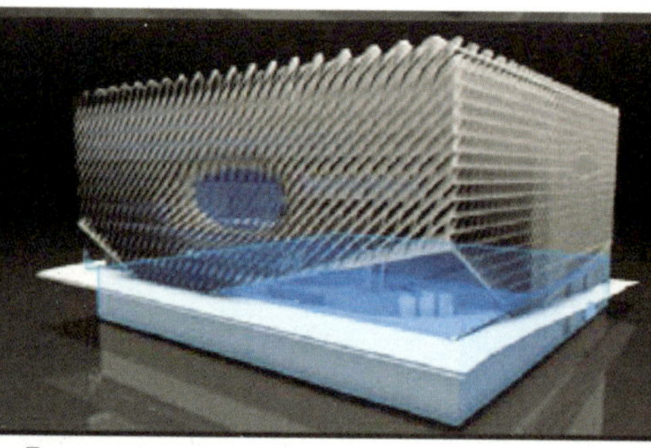
E

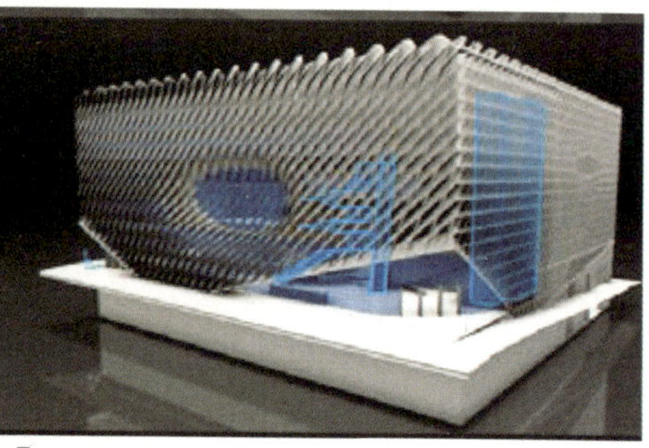
F

G

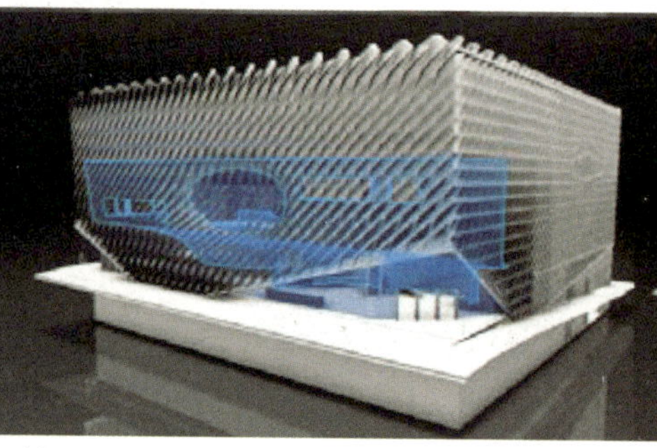
H

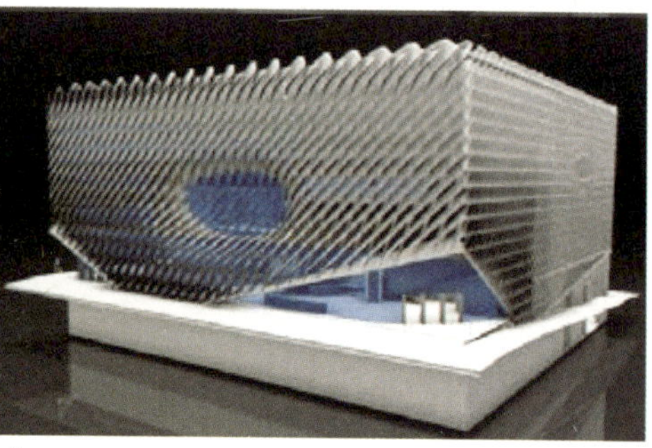
I

布罗德博物馆 数字化工作流程

工作流程案例分析

洛杉矶布罗德博物馆（Broad Museum）项目由Diller Scofidio +Renfro设计，其任务是将并行调度和预算要求结合以帮助综合数字化设计工作流程。盖里科技则是在方案设计末端承担了广义的合作角色，从构建核心小组成员间工作流程到用基础建筑元素辅助管理基础建筑系统。

软件的兼容性问题仍然是造成项目支离破碎、封闭的工作环境的主要原因之一，并且是综合合作的重要障碍。为了解决这一问题，盖里科技建立了一整套工作流程，使设计团队的成员在一个单一关系参数模型平台上工作，该平台可以接受多种类型数据的文件格式。这使得专业设计工作可以在熟悉的标准软件中完成，但随后能够将该工作链接到共享参数模型中。这要求基本建模平台有足够的灵活性，并且可以匹配所有专业平台的需求，同时不会丢失任何有价值的信息数据。盖里科技试图通过这种方式，不仅仅提供一种可以交换的通用文件格式，而是解决设计中的互通性问题。

工作流程1 布罗德博物馆主要的设计特点是一个由双穹现浇混凝土“拱顶”形成的预制混凝土结构罩面入口。盖里科技关注在基础建筑系统与“罩面”间的“对话性”。图表展示了蓝色标记的建筑元素：A：室内拱顶；B：外立面罩面；C：画廊空间室外屋面罩面；D：幕墙与罩面连接处；E：地下停车场；F：与剪力墙相连的垂直交通和拱顶的相互渗透关系；G：与罩面相接的上层结构。

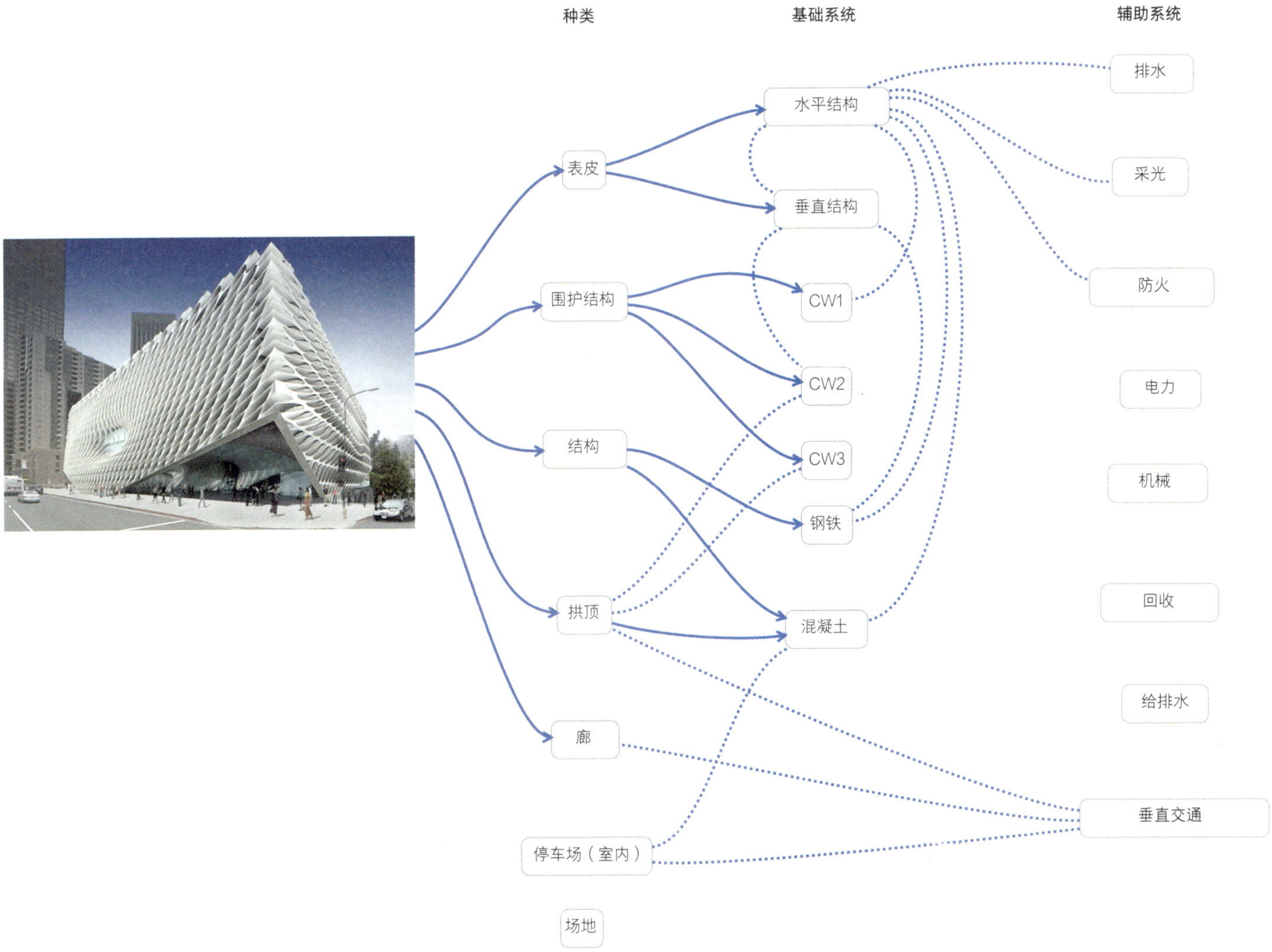
种类
基础系统
辅助系统
表皮
围护结构
结构
拱顶
廊
停车场（室内）
场地
水平结构
垂直结构
CW1
CW2
CW3
钢铁
混凝土
排水
采光
防火
电力
机械
回收
给排水
垂直交通

工作流程 2　与主要和次要系统相联系的建筑元素的示意图强调了将建筑和工程工作结合起来的重要性。集成参数模型通过充分理解每个参数模型对彼此的影响并编排其相互依赖的关系，去帮助协调并实现审美 / 定性目标和技术 / 定量目标。

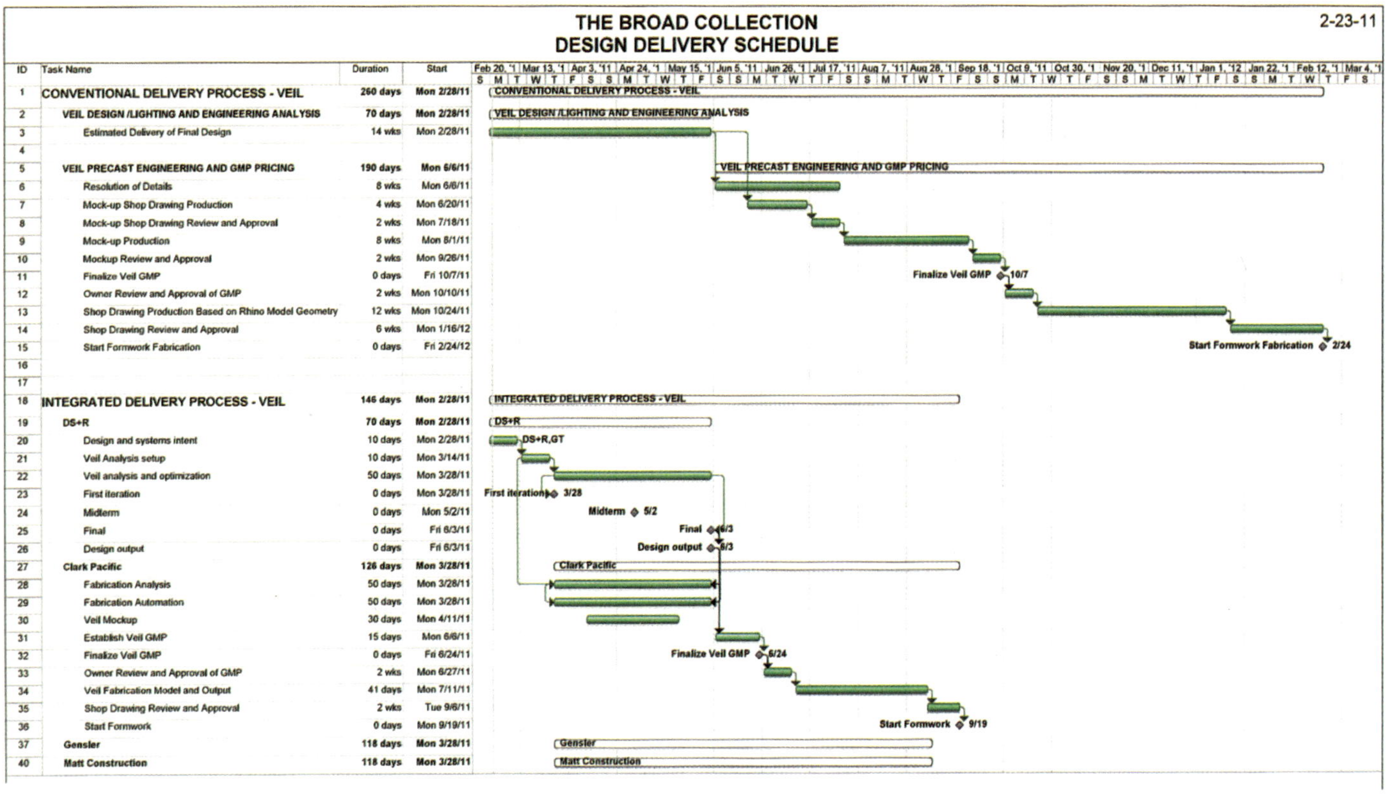
THE BROAD COLLECTION
DESIGN DELIVERY SCHEDULE
2-23-11
ID Task Name Duration Start
1 CONVENTIONAL DELIVERY PROCESS - VEIL 260 days Mon 2/28/11
2 VEIL DESIGN /LIGHTING AND ENGINEERING ANALYSIS 70 days Mon 2/28/11
3 Estimated Delivery of Final Design 14 wks Mon 2/28/11
5 VEIL PRECAST ENGINEERING AND GMP PRICING 190 days Mon 6/6/11
6 Resolution of Details 8 wks Mon 6/6/11
7 Mock-up Shop Drawing Production 4 wks Mon 6/20/11
8 Mock-up Shop Drawing Review and Approval 2 wks Mon 7/18/11
9 Mock-up Production 8 wks Mon 8/1/11
10 Mockup Review and Approval 2 wks Mon 9/26/11
11 Finalize Veil GMP 0 days Fri 10/7/11
12 Owner Review and Approval of GMP 2 wks Mon 10/10/11
13 Shop Drawing Production Based on Rhino Model Geometry 12 wks Mon 10/24/11
14 Shop Drawing Review and Approval 6 wks Mon 1/16/12
15 Start Formwork Fabrication 0 days Fri 2/24/12
18 INTEGRATED DELIVERY PROCESS - VEIL 146 days Mon 2/28/11
19 DS+R 70 days Mon 2/28/11
20 Design and systems intent 10 days Mon 2/28/11
21 Veil Analysis setup 10 days Mon 3/14/11
22 Veil analysis and optimization 50 days Mon 3/28/11
23 First iteration 0 days Mon 3/28/11
24 Midterm 0 days Mon 5/2/11
25 Final 0 days Fri 6/3/11
26 Design output 0 days Fri 6/3/11
27 Clark Pacific 126 days Mon 3/28/11
28 Fabrication Analysis 50 days Mon 3/28/11
29 Fabrication Automation 50 days Mon 3/28/11
30 Veil Mockup 30 days Mon 4/11/11
31 Establish Veil GMP 15 days Mon 6/6/11
32 Finalize Veil GMP 0 days Fri 6/24/11
33 Owner Review and Approval of GMP 2 wks Mon 6/27/11
34 Veil Fabrication Model and Output 41 days Mon 7/11/11
35 Shop Drawing Review and Approval 2 wks Tue 9/6/11
36 Start Formwork 0 days Mon 9/19/11
37 Gensler 118 days Mon 3/28/11
40 Matt Construction 118 days Mon 3/28/11
Finalize Veil GMP 10/7
Start Formwork Fabrication 2/24
DS+R,GT
First iteration 3/28
Midterm 5/2
Final 6/3
Design output 6/3
Finalize Veil GMP 6/24
Start Formwork 9/19

当前交付过程

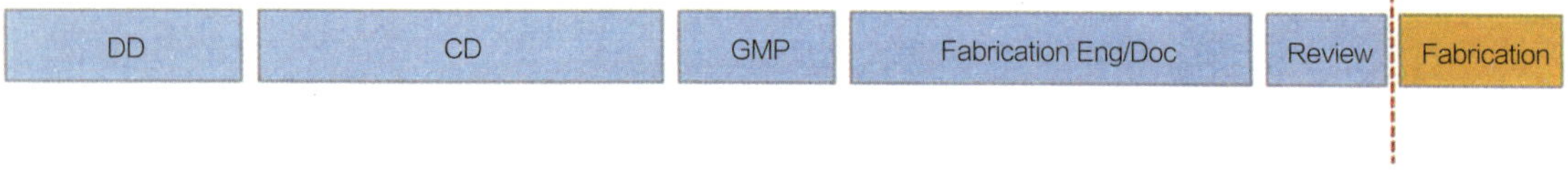
DD
CD
GMP
Fabrication Eng/Doc
Review
Fabrication

复合的/并行的交付过程

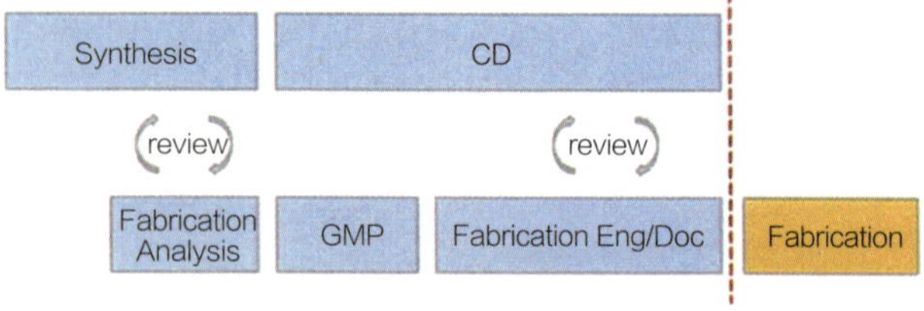
Synthesis
CD
review
review
Fabrication Analysis
GMP
Fabrication Eng/Doc
Fabrication

工作流程3（上） 源自传统交付流程的初始计划（上），暗含了严重的风险。因为很多高风险任务直到计划后期才会发生，此时任何更改都会引起重大的后果。

工作流程4（下） 长达一个月的说服期之后，所有的小组成员碰面并表达了他们的意见，一个集成交付程序（下）预先加载的关键制造及可构造性施工步骤，将输入设计信息以规避后续阶段的调整。这个加速进度表总结强调了不同小组成员的重叠部分。

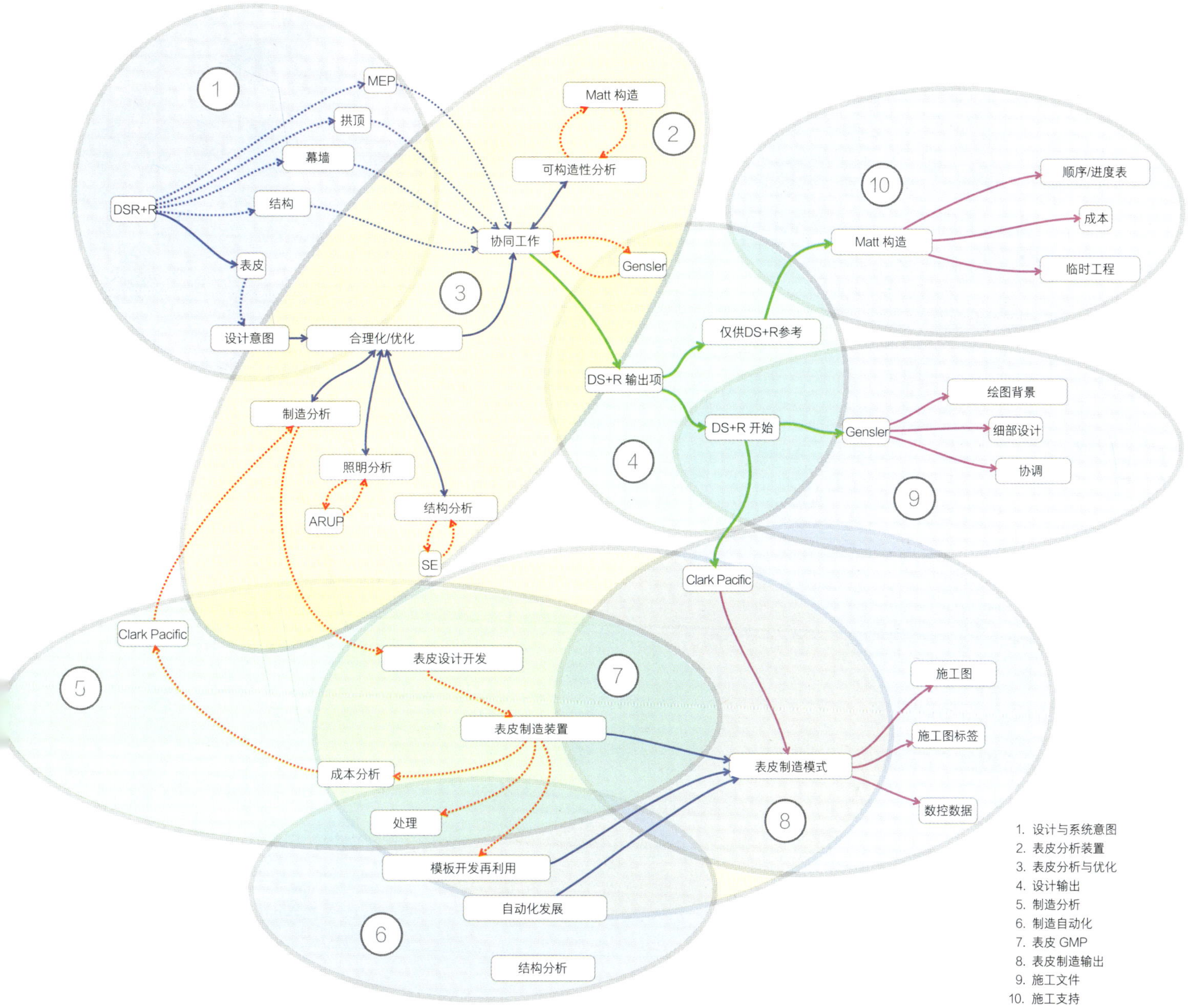
1
MEP
拱顶
幕墙
DSR+R
结构
表皮
设计意图
合理化/优化
Matt 构造
2
可构造性分析
协同工作
Gensler
3
制造分析
照明分析
ARUP
结构分析
SE
DS+R 输出项
仅供DS+R参考
DS+R 开始
4
10
Matt 构造
顺序/进度表
成本
临时工程
Gensler
绘图背景
细部设计
协调
9
Clark Pacific
Clark Pacific
5
表皮设计开发
7
表皮制造装置
成本分析
处理
表皮制造模式
施工图
施工图标签
数控数据
8
模板开发再利用
自动化发展
6
结构分析

1. 设计与系统意图
2. 表皮分析装置
3. 表皮分析与优化
4. 设计输出
5. 制造分析
6. 制造自动化
7. 表皮 GMP
8. 表皮制造输出
9. 施工文件
10. 施工支持

工作流程 5　在适应期里，设计、结构、建造并行的工作流程促进了小组成员之间的讨论。例如，在罩面照明及结构设计发展的问题上，信息被发送给预制分包商，以期其制定建造流程及完成即时的成本分析。工作流程被分解成为 10 个任务，在图中用 10 个带阴影的椭圆表示。蓝线代表设计信息；红线代表建造和施工前信息；绿线代表施工文件的交付。

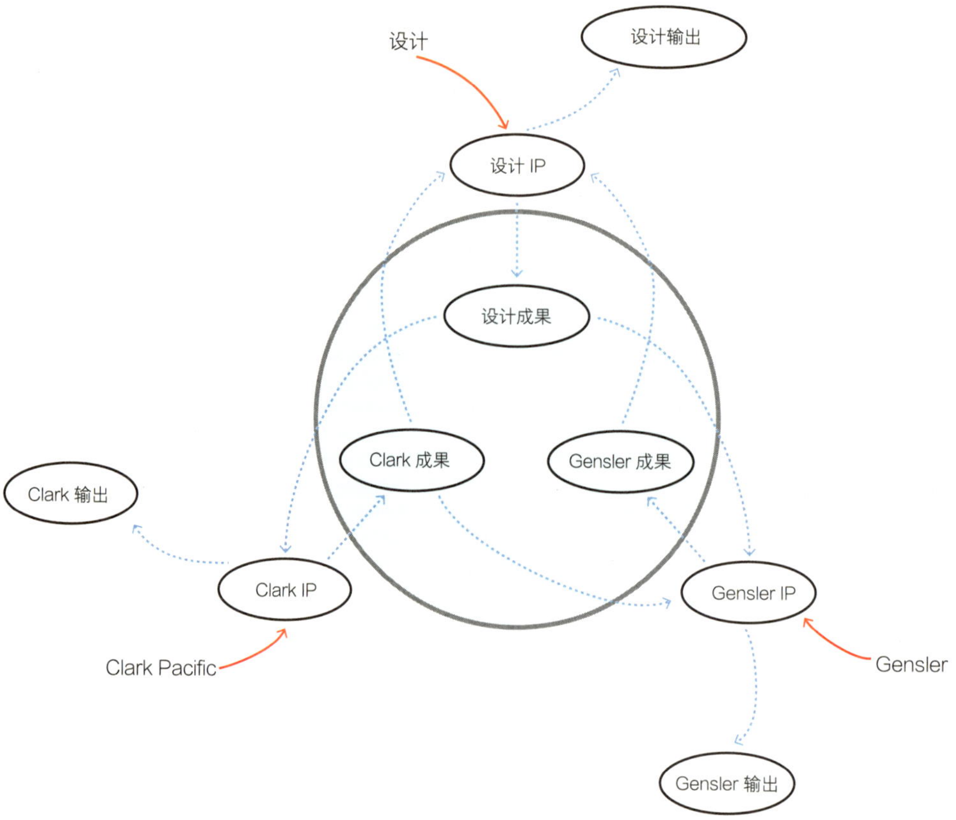
设计
设计输出
设计 IP
设计成果
Clark 成果
Gensler 成果
Clark 输出
Clark IP
Gensler IP
Clark Pacific
Gensler
Gensler 输出

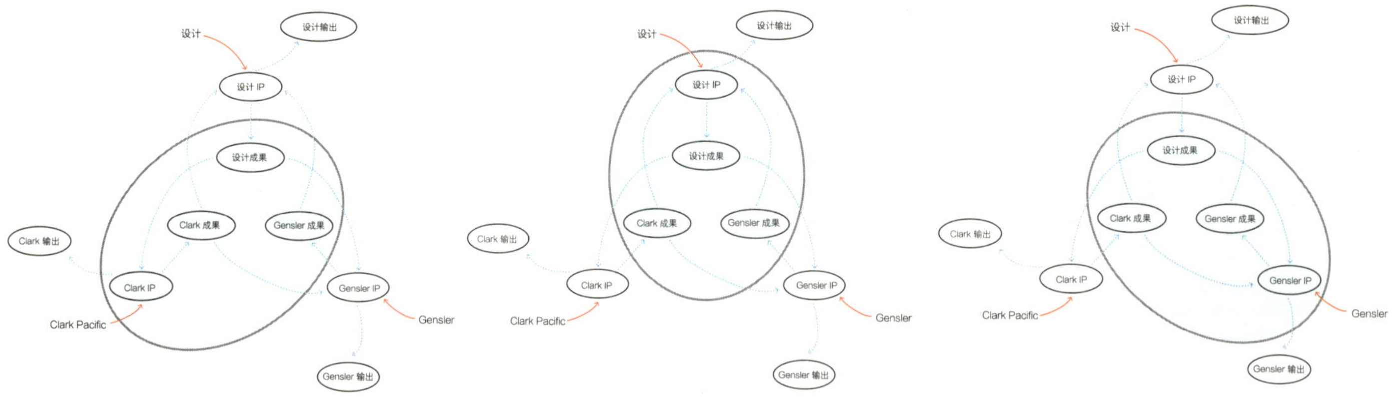
设计
设计输出
设计 IP
设计成果
Clark 成果
Gensler 成果
Clark 输出
Clark IP
Gensler IP
Clark Pacific
Gensler
Gensler 输出

工作流程 6（上）　三个关键的团队成员——建筑设计师（DS+R）、执行建筑师（Gensler）以及预制结构师（Clark Pacific）——通过其内部的合作继而定期发布信息模型以共享并且链接到集成参数化模型。这个工作框架允许每个成员维护自己的知识产权，同时又不牺牲高级合作关系。这扩展了传统的 BIM 结构，其中的相互作用是有限的，主要用于冲突检测。

工作流程 7（下）　此三张图片展示了每个小组成员以及他们之间内部的工作流程与协作集成工作流程之间的联系。

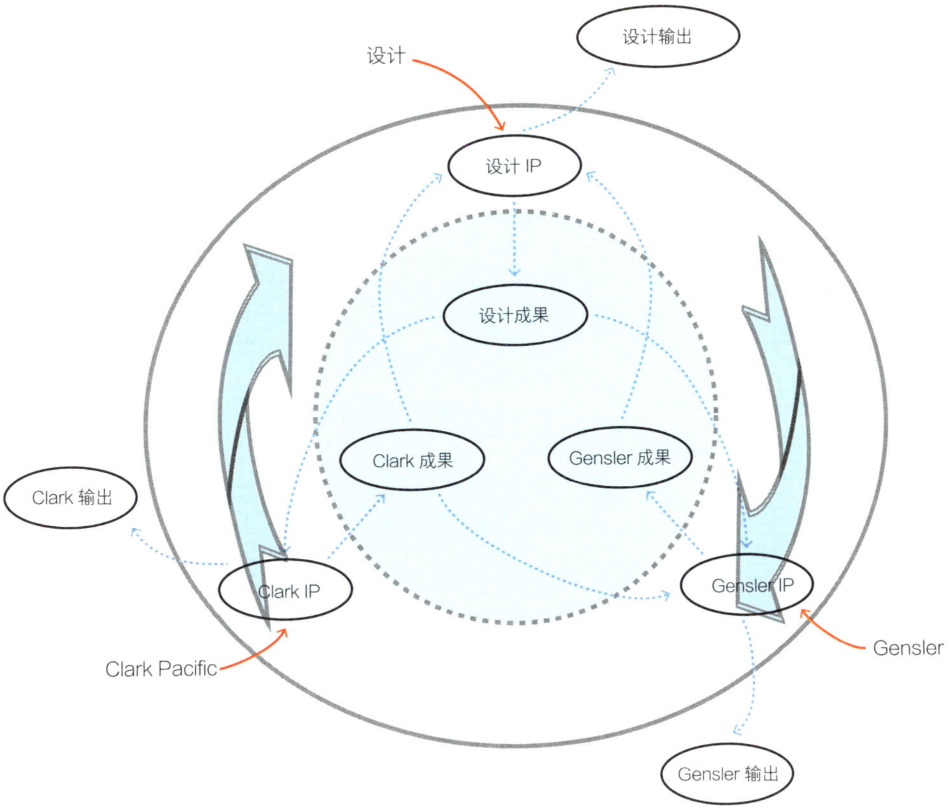
设计输出
设计
设计 IP
设计成果
Clark 成果
Gensler 成果
Clark 输出
Clark IP
Gensler IP
Clark Pacific
Gensler
Gensler 输出

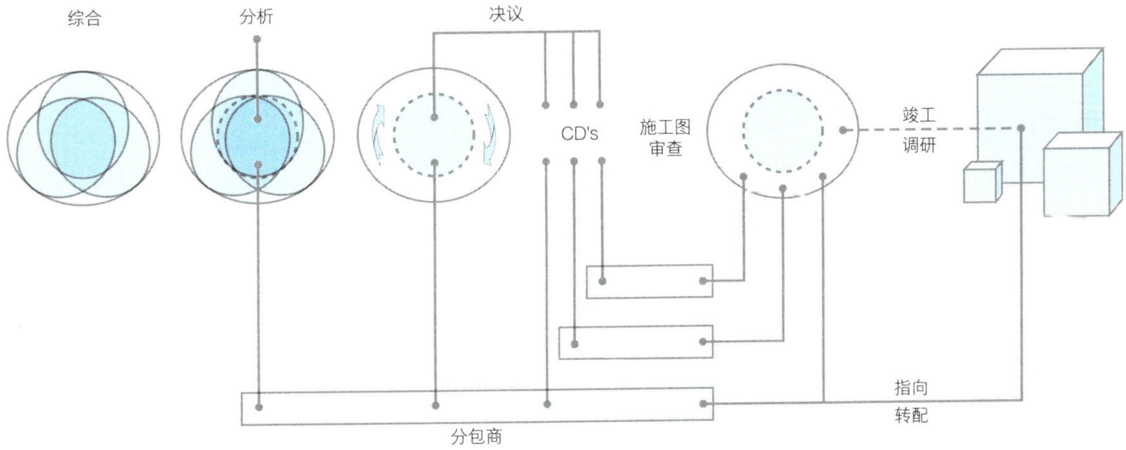
综合
分析
决议
CD's
施工图
审查
竣工
调研
指向
转配
分包商

工作流程 8（上） 盖里科技的角色是对全过程秉持整体化的、系统级别的视野，设定项目目标并优化设计流程以实现目标。例如，每个关键的设计决策都将有来自每个团队成员的输入，并针对一个或多个成员的目标进行加权，然后可以评估多个解决方案，并由整个团队做出决策。

工作流程 9（下） 在项目的全过程推演中所展示出的盖里科技系统层级试图，反映了传统工艺流程。第一步，综合：方案设计阶段，主要的系统相互依赖关系在一个关系参数建模器中被识别和捕获，该建模器足够灵活，可以执行快速的设计迭代。第二步，分析：多设计小组成员分别完成独立分析并且将反馈整合进结构综合参数化模型，继而确立核心参数。此时所有的系统都在这个模型中，这让所有的设计成员可以看到任何设计调整的全局影响。第三步，决议：所有的设计成员达成共识，与此同时允许每个人从模型中提取项目实现所必要的输出项。这就是合同生效的地方，设计及建造数据最终确定并发布（以蓝条表示）。根据分包商的不同，一些工作流程会更传统，需要施工图，而其他的，例如表皮的建造，需要利用数控车床加工流程文件。无论哪种情况下，工作流程都是数字化集成的，建造信息已经得到协调、测试和评估。

系统感知

杰西·雷泽，梅本奈奈子

杰西·雷泽（Jesse Reiser）和梅本奈奈子（Nanako Umemoto）为 Reiser + Umemoto RUR 建筑师事务所主任。杰西·雷泽为普林斯顿大学建筑学教授

人们普遍认为是计算机使 20 世纪 90 年代的建筑创新成为可能，但是这只是部分事实。诚然，新技术使设计与生产经济学间产生了前所未有的联系可能性，但是真正的突破来自理念和审美尚未被技术化之前。通过德勒兹式的连续变化概念和相应的建筑模型，如杰弗里·基普尼斯（Jeffrey Kipnis）的密集连贯理论，在对现代主义的同质性产生对立的建筑差异（解构主义和拼贴主义）之后，政治美学的基础被奠定。[1] 简而言之，通过相似产生差异的建筑欲望早在其技术应用之前就存在了。

当下沉迷于脚本语言的情况也不例外，在定制算法的名义下，从业者希望建筑最终能更有目的性，更易于操作，更严格。可以肯定的是，当脚本被用于探索定义良好的设计概念时，它是数字工具的一个有效补充，但在最坏的情况下，它成为人工判断的替代品。当惰性占据了主导地位，建筑师们自欺欺人地认为重复简单或复杂是一种理性思维的形式。在当下，多方面应用计算机设计与分析能力的情况已经变得十分普遍；但是其风险在于这些工具创建了一种严谨的假象，模糊了设计中积极的批判性评估的作用。在未来的发展中，计算机在建筑设计中所面临的挑战是明确如何运用判断力，以及何时以及如何将其应用于设计。

在我们的工作里，计算机被用作通往美学和建筑流程的工具。在设计过程中使用数字化工具最大的优点之一是反馈速度的提高，换而言之，能够快速实现可视化。使用脚本可以加快设计过程，简化机械制造的阶段，仅用小型设计团队便可以完成项目。然而，计算机作为设计工具也带来的局限——使设计成果变得机械化。

关于这一点，我们可以讨论一下我们最近在迪拜完成的办公楼项目 O-14，说说关于它的设计，及对设计、分析、建造的特殊考虑。这个设计源于审美上的愿望，想要看到沿着建筑向下流动的力的漂移——这些力本可以被描绘或描绘出来——但是当我们试图用脚本模拟选择调控时，想要的效果却丢失了。我们尝试了很多种立面渐变孔洞图案自动生成的方法，但是结果不尽如人意，生成结果看起来太机械了，你几乎可以从欠考虑的脚本惯性看到系统的痕迹。当这些设计思想被转化为规则时，产生局部条件所需的规则变得如此庞杂，以至于每次迭代生成所需的时间过长，因此这种方法被放弃。

我们对感知的变化及不断改变的梯度更为感兴趣，这样的变化可以在画家的水彩画或是素描中呈现。这些效果将变得更为地域化和精确。最后，外壳的几何形态通过结构分析和建筑改造的迭代过程中，确定使用 5 种尺寸的孔洞及模拟 Photoshop 中的滤镜效果。我们没有被特定的工具所束缚，实际上，更像艺术家必须在自己的媒介中挖掘灵感而非表达它们。O-14 中绘画效果需要被重新塑造为建筑（图 1a、1b），而非一幅画的再现。

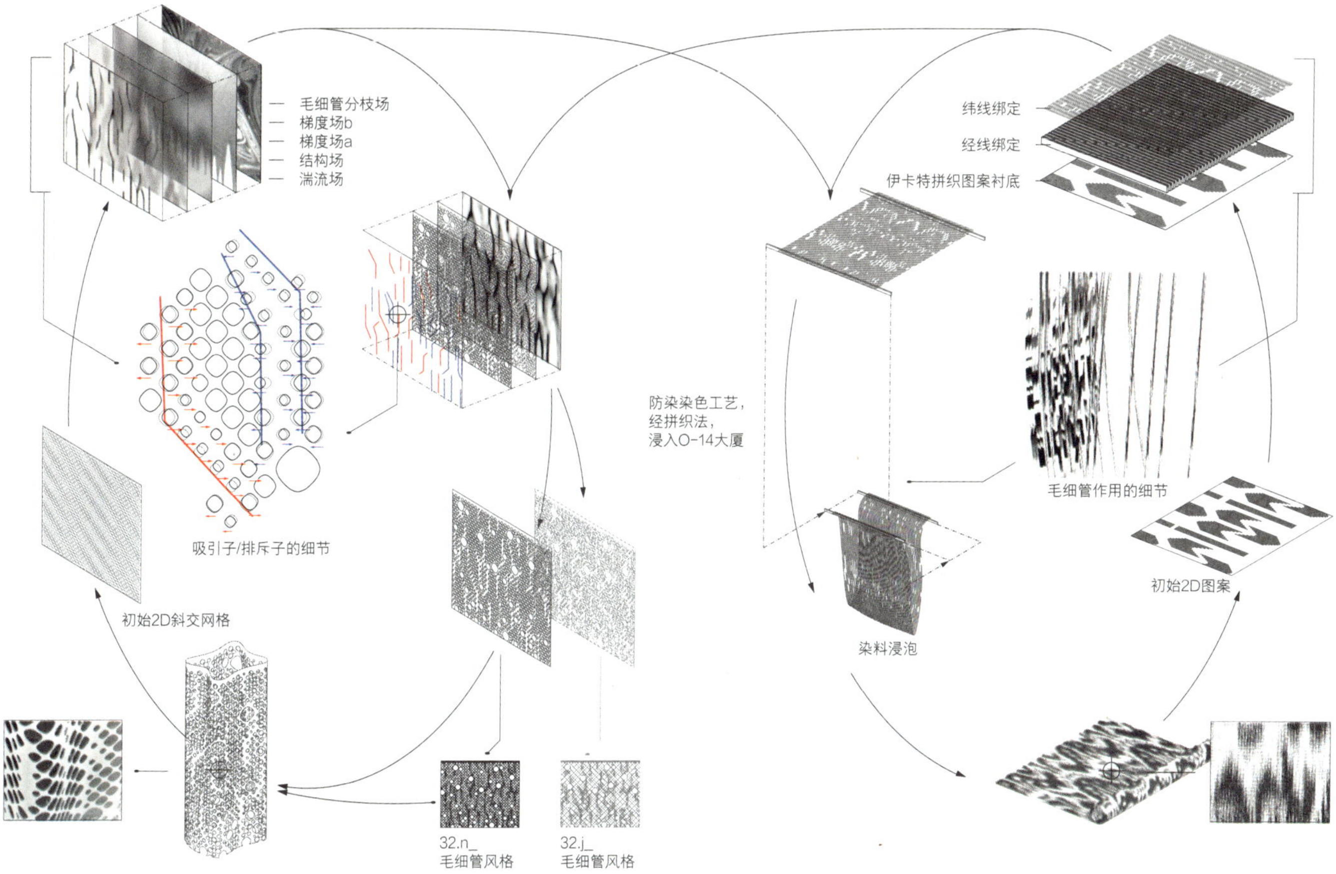

毛细管分枝场
梯度场b
梯度场a
结构场
湍流场
吸引子/排斥子的细节
初始2D斜交网格
32.n_
毛细管风格
32.j_
毛细管风格
防染染色工艺，
经拼织法，
浸入O-14大厦
纬线绑定
经线绑定
伊卡特拼织图案衬底
毛细管作用的细节
初始2D图案
染料浸泡

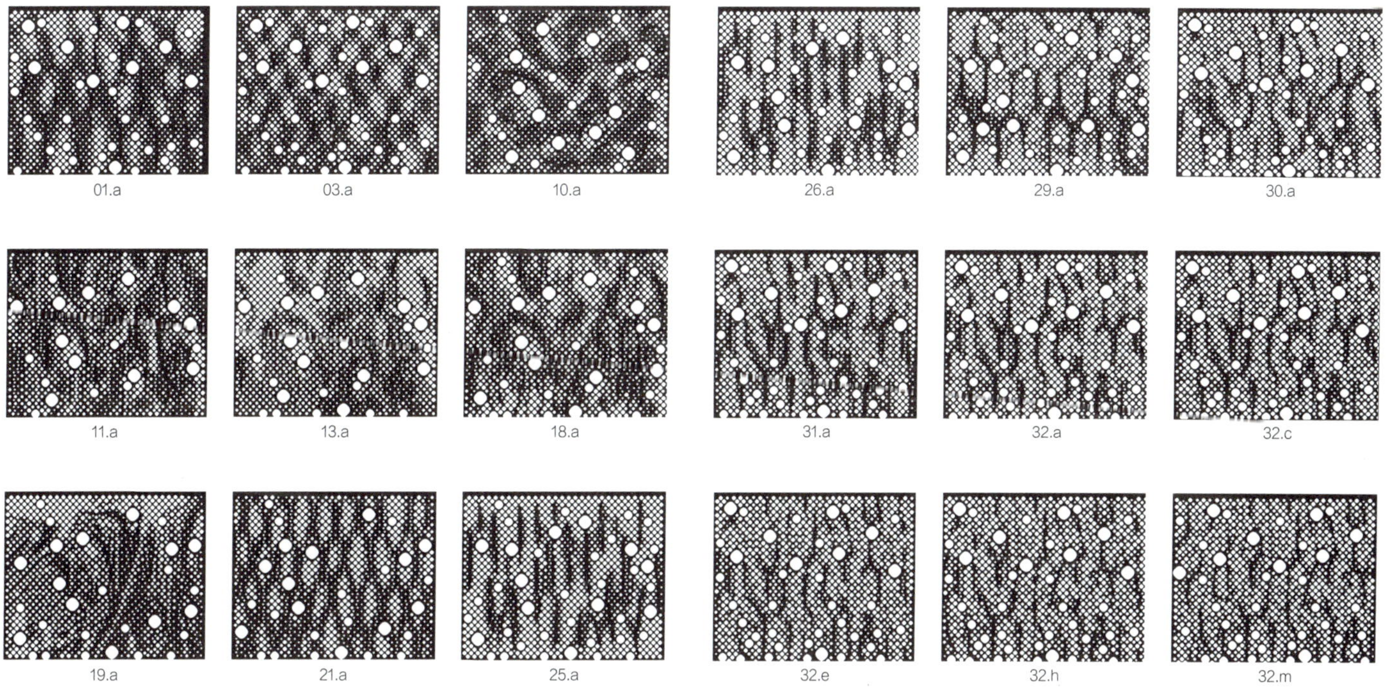

01.a
03.a
10.a
26.a
29.a
30.a
11.a
13.a
18.a
31.a
32.a
32.c
19.a
21.a
25.a
32.e
32.h
32.m

图 1a（上） O-14 的外壳发展和重构像极了日本伊卡特（Ikat）编织技术中的分层流程。

图 1b（下） O-14 的外壳设计中，着重 32 组空洞中主控逻辑的 14 个开洞，从而进一步强调 O-14 的外壳设计并非局限于调整整体的几何形态。其图案旨在削弱单调，同时仍然保留崇高和不朽的设计意向。

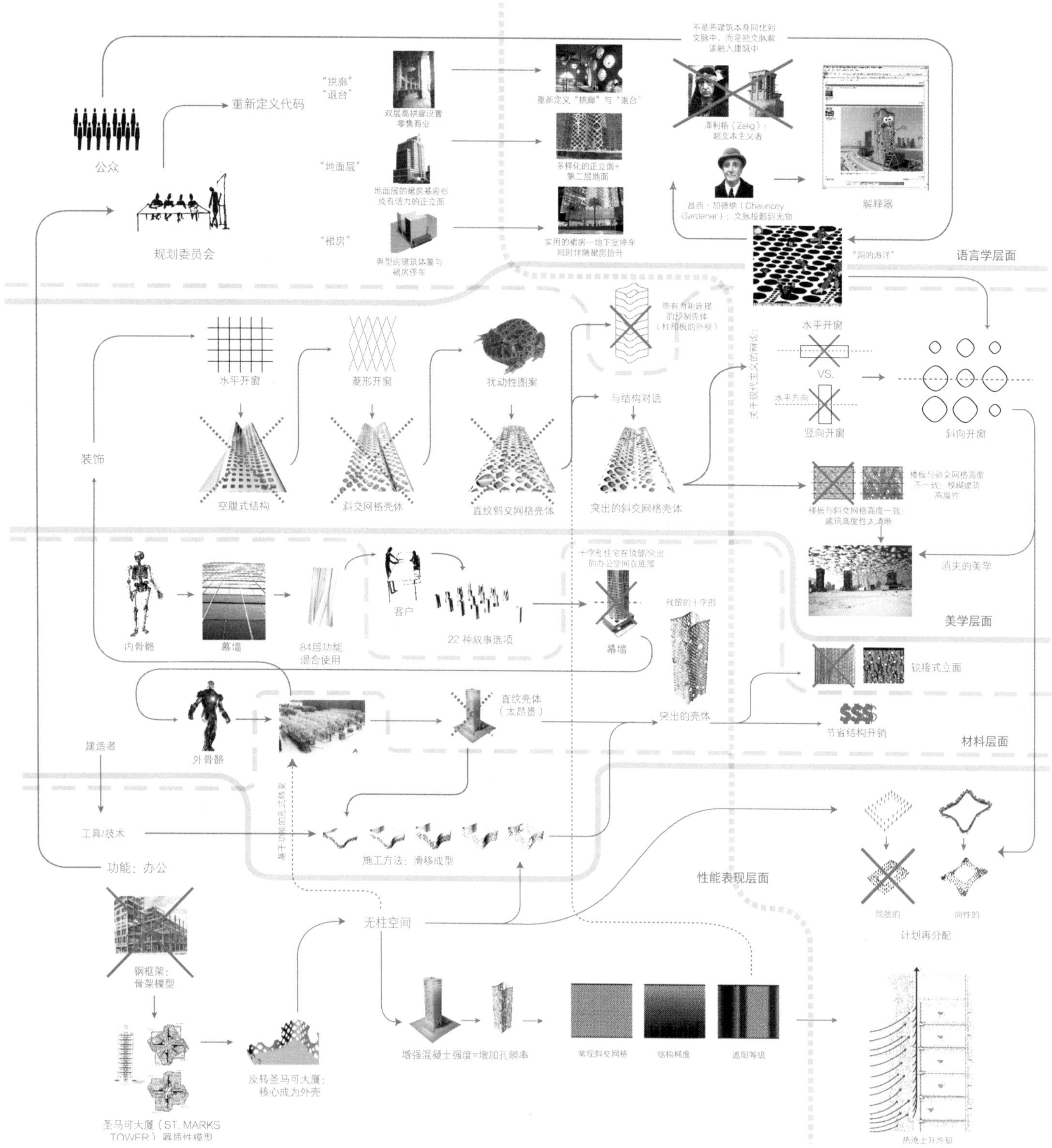

图 2　O-14 的设计结合了不同的影响因素：语言学、美学、材料和性能。通过这种方式，表皮外观既不是纯粹的理性结构表达又不是简单的美学追求下产物，也不是可持续的太阳能幕墙或热烟囱效应产物。

对“如何通过计算驱动设计”的思考是一个关于如何（以及是否）能够通过基于规则的系统引发新感知的问题。米开朗基罗对于纹样织布工的蔑视广为人知：他认为他们的作品是重复的、未经过思考的，所以他们处于艺术等级的最底层。客观表现的规则比直觉或严肃文化产品更有规律可循。从莫扎特的奏鸣曲中推导出数学公式是完全可能的，但是否可以反过来推导出莫扎特的奏鸣曲，这一点值得商榷（图 2）。

O-14

O-14 是一栋坐落于两层高的台基上的 22 层商业大厦，为迪拜商业港提供了 30 多万平方英尺（约合 28 万平方米）的办公空间。它位于迪拜湾延伸处，占据了滨海大道核心地段（图 3）。伴随 O-14 的设计过程，办公高层的类型从内而外的结构与表皮连接到了一起，提供了一种新的构造和空间经济。作为建筑的主要垂直和水平向结构，混凝土外壳提供了高强度的外支撑体系。这使建筑内核从侧向力的负担中解放出来，并创建了高效灵活的无柱开敞内部空间。

图 3 O-14 商业大厦的混凝土外壳提供了一个高强度外支撑体系，将建筑核心从侧向力中解放出来，创造了高效、无柱的室内空间。

外壳被设定为斜肋构架，其有效性依赖于多尺寸孔洞系统，须通过局部增加或减少材料来一直保持极限结构的要求。该系统的高效和灵活性使我们能够在不改变基本结构逻辑的前提下，创建一个大环境下的视觉效果，并且为系统分析和高效施工提供了前提条件。一个常见的对 O-14 的误读是斜肋构架形成的图案是表现作用在外壳上的结构力的实体化。如果是这样，定会产生一个更均匀的视觉效果。诚然，重力荷载作用下外支撑体系的结构逻辑理应被考虑进去，但是斜肋支撑本身的特性给予了我们巨大的表达自由（图 4）。

艺术的表达性 vs 结构的合理性

对 O-14 外壳的建模和分析是设计的关键部分。在与结构工程公司 Ysrael A. Seinuk 的初次会面里，我们展示了两个不同的开洞选择：正交和斜交（图 5a、5b）。他们的建议是避免正交，否则会导致其结构有许多小型空腹框架；而斜交将有利于建筑的重力和横向荷载向基础传力。这既符合我们的审美意趣，同时又提供给我们更多机会去追求设计的审美目标。合作过程始于 RUR 事务所生成的外壳 3D 模型，其中标出了最开始的开洞位置。建立结构分析程序是外壳几何形态的首轮设计目标，特殊测试“脆弱”情况，例如：测试低强度混凝土以生成放大的应力分布图，在下一轮几何形态的周期设计中，加强或削弱遴选出来的不可见的力的参数，以便得到理想的外壳实体与孔隙的密度。这些开孔的位置和大小相应调整，模型网格也随之调整。紧接着模型评价被反馈给建筑师，以用于决定这些改变所带来的建筑上的

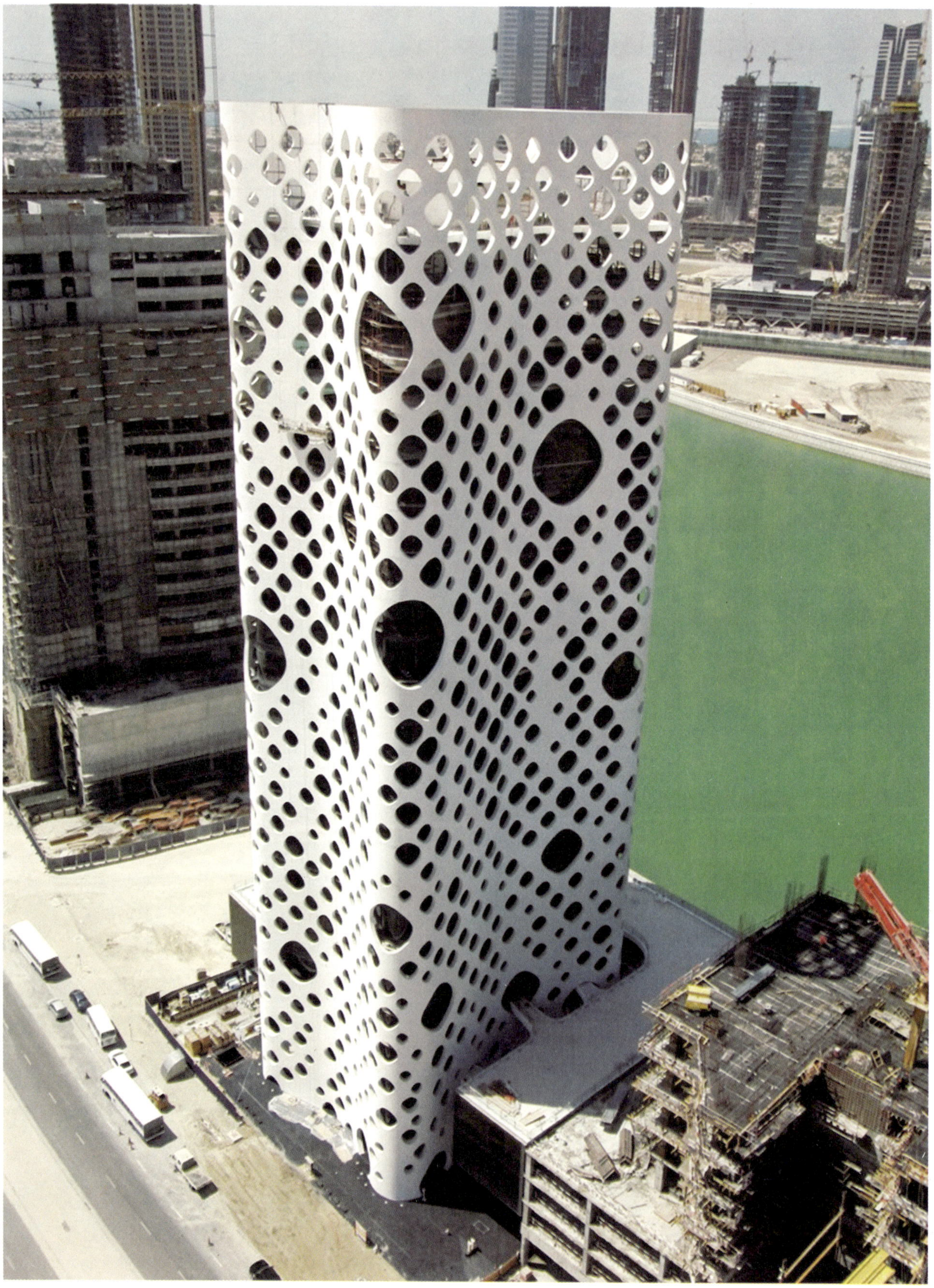

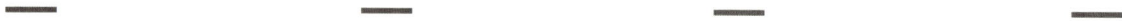

影响，之后建筑师修改后的模型再发回给工程师做下一步的分析。这个过程需要好几个设计周期，直到外壳的孔洞、元素以及网格同时满足建筑和结构专业的要求才达到设计的最后成果（图 6a、6b）。

在考虑 O-14 的表达时，我们必须注意结构技术的发展，从砌体结构的承重逻辑和钢结构的矢量逻辑，从拱墙到梁柱的技术转移标志这对事物的思考方式的转变。结构的逻辑伴随着建筑构建开始从过多的物质化包围中解脱出来——更为准确的结构力计算实现了用料的经济性。这种转变的逻辑拓展促进了理想构造形态的追求——工字梁、桁架、空间、框架、网络以及锚固系统等的发展——起初这些发展形成了机械美学一级现代功能主义的概念——包括其最终退化为邪恶的高技派及目前高度优化及建筑表象的文化还原。在这种精神下，极端现代主义已经被普适和偶发之间的辩证所塑形：普适是经典并客观的，偶发则是奇异而独特的。我们的设计方法试图绕过辩证，通过假定现代主义的斜肋构架能够重复，产生独立的建筑性，并且保持系统连贯性。

O-14 的外斜肋构架既不是随意的，也不是理想结构的呈现——每个孔洞独立存在并且构成整体图案的一部分。这种方法假定了建筑几何和材料之间的灵活调整关系；无论如何，它避免了结构理性主义的简单优化精神或过度膨胀的结构表现主义的双重陷阱。O-14 的设计融合了这些理念，超越了外观、孔隙度和立面产生的效果，延伸到内部办公空间的使用和功能。该项目旨在根据变化的斜度和孔洞关系不断局部自我重组。

与人们可能会考虑到的塔式拓扑的固有表现品质相反，O-14 的立面图案没有被绑定于一个整体调节的几何体，并试图挑战传统的力学表达。其图案旨在削弱一般办公高层的单调

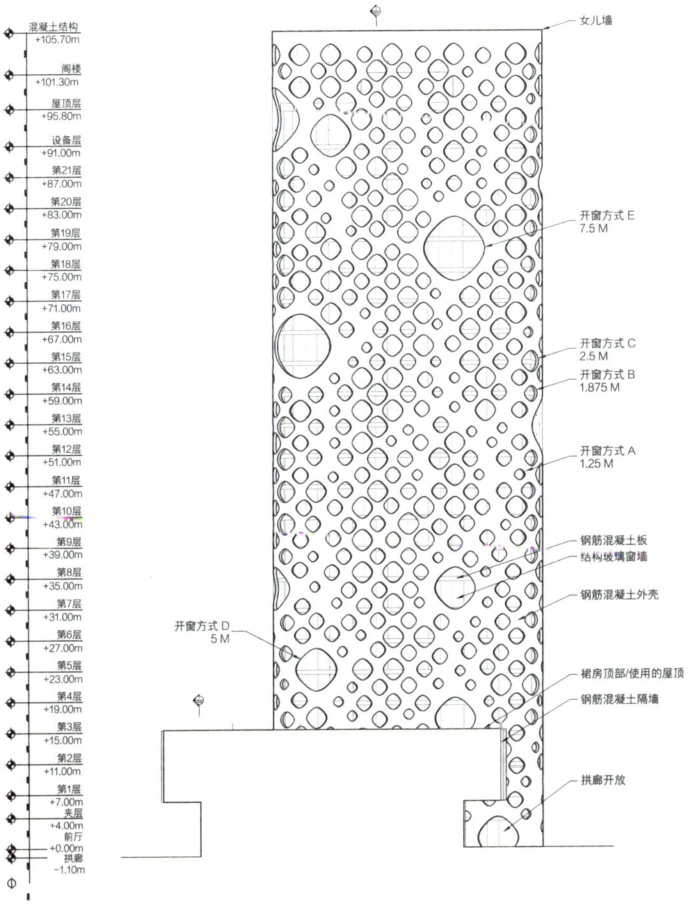

混凝土结构
+105.70m
阁楼
+101.30m
屋顶层
+95.80m
设备层
+91.00m
第21层
+87.00m
第20层
+83.00m
第19层
+79.00m
第18层
+75.00m
第17层
+71.00m
第16层
+67.00m
第15层
+63.00m
第14层
+59.00m
第13层
+55.00m
第12层
+51.00m
第11层
+47.00m
第10层
+43.00m
第9层
+39.00m
第8层
+35.00m
第7层
+31.00m
第6层
+27.00m
第5层
+23.00m
第4层
+19.00m
第3层
+15.00m
第2层
+11.00m
第1层
+7.00m
夹层
+4.00m
前厅
+0.00m
拱廊
-1.10m
女儿墙
开窗方式 E
7.5 M
开窗方式 C
2.5 M
开窗方式 B
1.875 M
开窗方式 A
1.25 M
钢筋混凝土板
结构玻璃窗墙
钢筋混凝土外壳
开窗方式 D
5 M
裙房顶部/使用的屋顶
钢筋混凝土隔墙
拱廊开放

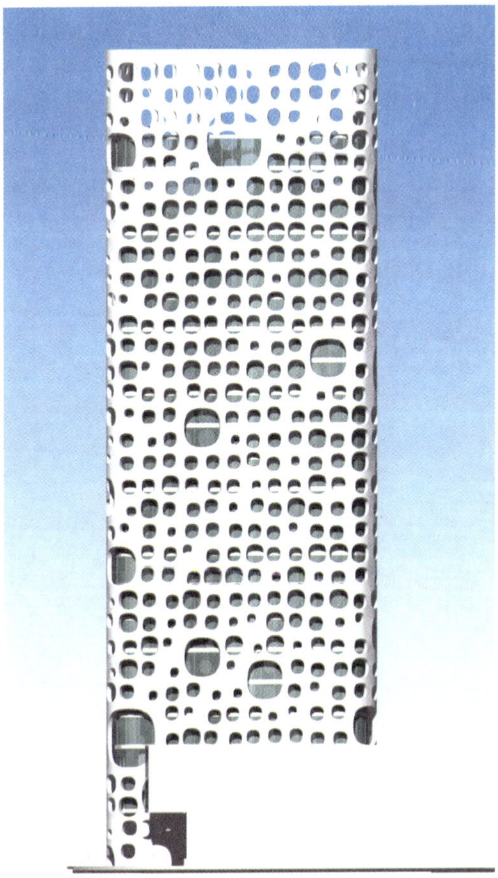

图 4（对面页） 外壳作为斜肋支撑，提供了一定的结构强度。虽然基于力的实际作用情况，改变了外壳的局部特性，但是图案的虚拟夸张被用于强调结构力的显现。

图 5a（左） 固有的冗余斜肋构架系统，探讨了在不改变整体基本结构逻辑下，提供一个在大氛围视觉效果中的高效、灵活的平台。

图 5b（右） 早期选择斜交模式而非正交，致使建筑的尺度比例感缺失，并且看起来更矮更敦实。

性，同时仍然保留崇高感和不朽精神。穿孔和地板之间故意不对齐，使得易读性变得模糊，建筑物的高度和尺度的读取变得困难（图 7）。在设计过程中，图形的形式美感通常会让建筑师产生某种倾向，这种对形式美的追求可能会与结构和环境逻辑产生矛盾。当逻辑和结构优化变成形式的伪装，会使参数的调试变得不那么客观，对结构的稳定产生破坏并使一些结构无法实现。表皮的图案随着它与观察者关系变化而变化，当与其他光影模式结合时，就会产生一种虚拟的形式。由于虚拟形式的影响，建筑物的实体形态可以相对简化，并响应生产方法、结构分析和经济性的逻辑。

设计过程中通常有四种不同的设计标准，分别是材料、审美、语汇和行为。它们需要相互协同对建筑形式产生影响，但这些影响并不存在等价比较。由于表皮图案的清晰度要优先于其他方面，因此导致外表皮形式的重要性高于结构优化。首先外表皮最终生成于虚构的参数——有些类似于 19 世纪新古典主义作品[2]中的解剖许可证——经过与结构相互协调，严密检查图案的逻辑性，对图案稍作修改，最终形成一个生动的、自洽的外壳形象。这是在多个方面作用下的深思熟虑的虚构。如果仅考虑结构方面的力学参数，很难生成一个让人们完全理解并感受到美感的图案。

可持续性与环境影响

建筑的可持续性设计同样也受到美学和性能的影响。在项目中，多孔混凝土桶状外表皮除了作为主要的建筑特征和结构体系外，在提升建筑内环境方面还是类似于一个智能的百叶窗，有采光、通风和观景的作用。我们在设计前期将楼板边缘与外壳直接相连，表皮上的孔洞形态偏向于强调水平方向的态势，导致一些楼板在立面上容易被看见。因此，我们为了加强美感，减少水平分隔，实现建筑模数的模糊感，将楼板和外壳分离，让部分楼板向内回缩，仅在特定的地方设置联结点。由此，我们创造了一个玻璃窗与外壳之间的空间。但随着设计的深入，我们考虑到清理玻璃幕墙的轨道的使用情况，将每层楼板边缘增厚到 1 米。同时也发现，建筑的外壳与实际的外墙主体之间

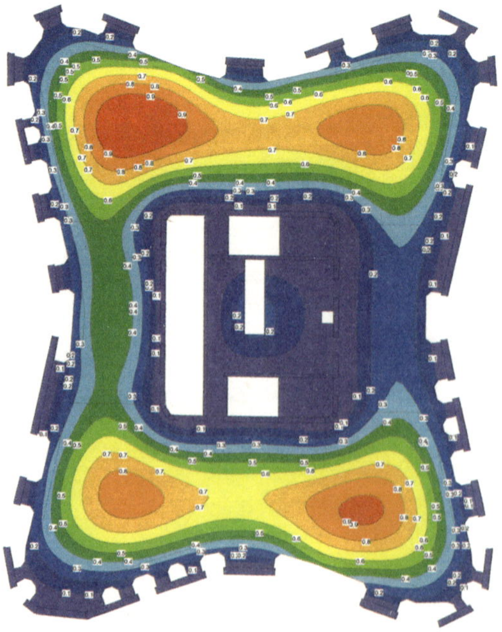
长期挠度LC： 挠度计划
比例尺 = 1 : 200
垂直偏转图
.1 .2 .3 .4 .5 .6 .7 .8 .9

图 6a（左） O-14 外壳的展开结构分析图。为使墙体有效引导重力和横向荷载至建筑基础，开洞的尺寸和位置经过细致调整。

图 6b（右） 典型楼板的结构分析图。

的缝隙产生了“烟囱效应”。这一做法有效地带走了多孔外壳后玻璃窗附近的热量（图 8）。这种被动式太阳能技术成了建筑制冷系统不可分割的一部分，它减少了能耗，并节约了 30% 以上的能源成本。当我们意识到间隙的动态时，我们通过改变外壳和楼板之间的结构连接（舌片）的宽度，使其达到最窄的状态来改进它。进化生物学家斯蒂芬·杰伊·古尔德（Stephen Jay Gould）称之为一个演化优化的过程，其中新的性能来自其他其主要作用的（几何）副产品。[3]

施工方法

为了构建多孔外表皮的支撑结构，使用了滑模施工技术——现浇混凝土模板沿着建筑轴线向上移动，削减了昂贵的模板拆除费用和使用复杂形体搭建模板框架的费用。我们使用自密实混凝土填充复杂的配筋，使用聚苯乙烯塑造洞口形态（图 9a、9b）。我们最初的想法是，通过将洞口控制在 5 种不同尺寸，我们可以使用由柔性材料制成的有限数量的可重复使用的洞口形式，例如橡胶，它能够反复弯曲以

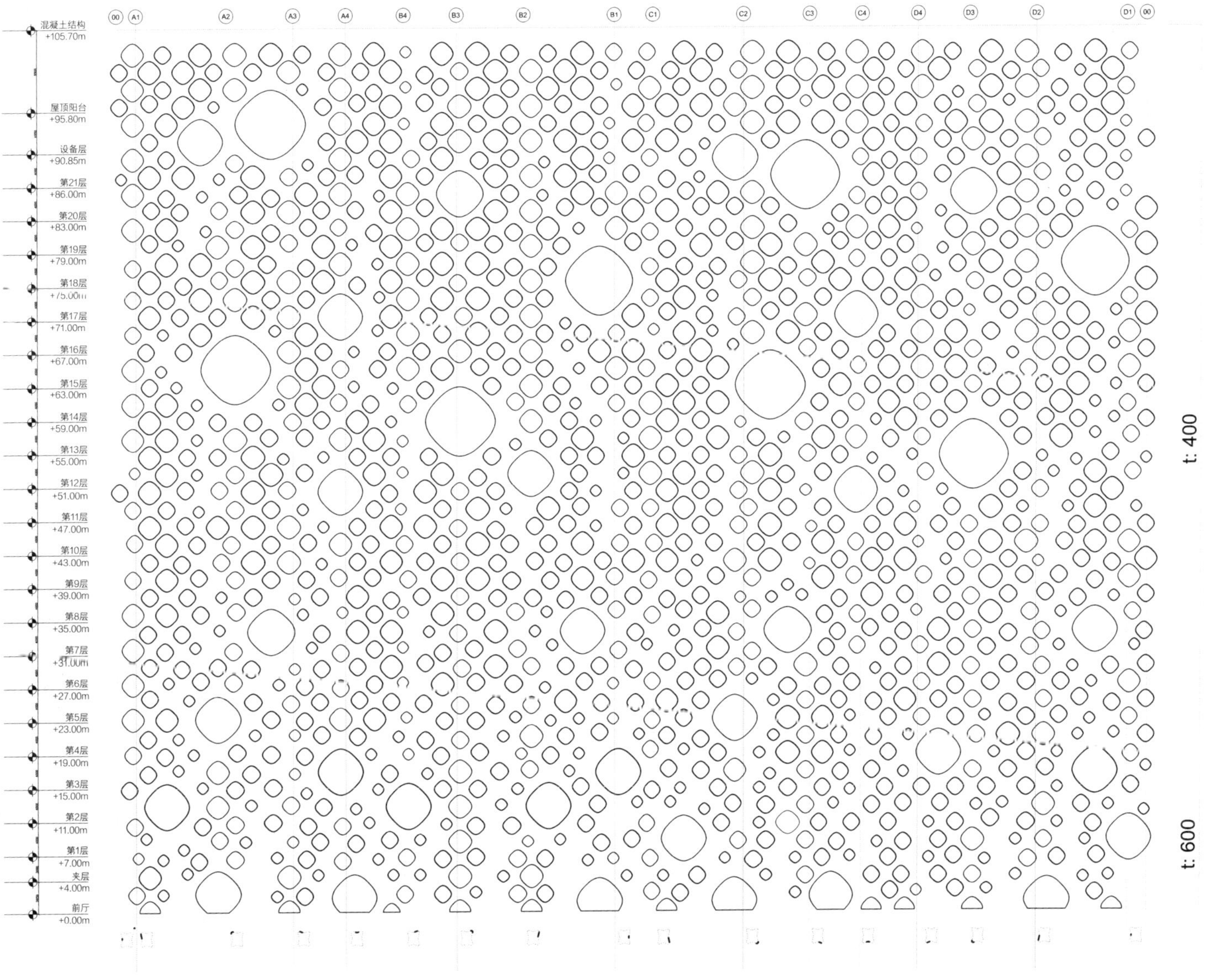

00
A1
A2
A3
A4
B4
B3
B2
B1
C1
C2
C3
C4
D4
D3
D2
D1
00
混凝土结构
+105.70m
屋顶阳台
+95.80m
设备层
+90.85m
第21层
+86.00m
第20层
+83.00m
第19层
+79.00m
第18层
+75.00m
第17层
+71.00m
第16层
+67.00m
第15层
+63.00m
第14层
+59.00m
第13层
+55.00m
第12层
+51.00m
第11层
+47.00m
第10层
+43.00m
第9层
+39.00m
第8层
+35.00m
第7层
+31.00m
第6层
+27.00m
第5层
+23.00m
第4层
+19.00m
第3层
+15.00m
第2层
+11.00m
第1层
+7.00m
夹层
+4.00m
前厅
+0.00m
t: 400
t: 600

图 7 O-14 最后的外壳展开线图。标明开洞、连接位置、柱网、标高。

符合建筑的平面几何形状。然而，这个想法被证明是不正确的，因为使用一次性的聚苯乙烯模具成本相对较低，而使用可重复利用的模具，它的实际成本加上回收它们所需的成本会高于前者。由于外壳的弯曲表面，模具的几何形状变得复杂，因此我们向模具制造商提供各个模具参数，以铣削每个模具（图 10）。然而，建造者选择用标准弧手工逐个绘制外壳的内外表面，继而投影生成厚度。因此，在完成所有规划和精确化之后，项目的成功更多地归功于承包商精湛的施工工艺，而不是从设计到施工过程中的数字化控制（图 11）。

注释

1. *Dubai Next: Face of 21st Century Culture*. Exhibition curated by Rem Koolhaas and Jack Persekian.

2. 例如，让 - 奥古斯特·多米尼克·安格尔（Jean-Auguste-Dominique Ingres）通过夸张的特征表达绘画中非同寻常的生物，粗略地检查后会呈现完整的自然。如果一个人要通过绘画重建身体，无论以何种方式，都会有额外的脊椎或巨大的四肢，怪物或是人，他们在绘画中被描绘得十分精确、现实以暗示他们真实存在。

3. Stephen Jay Gould, “The Pattern of Life’s History”, pp. 56-57, from *The Third Culture*, John Brockman, 1995.

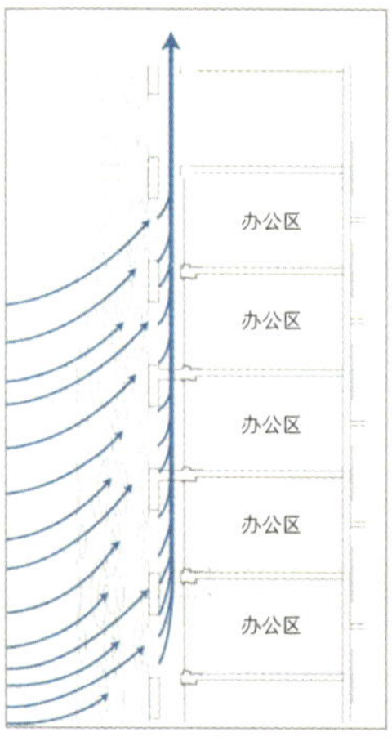
办公区
办公区
办公区
办公区
办公区

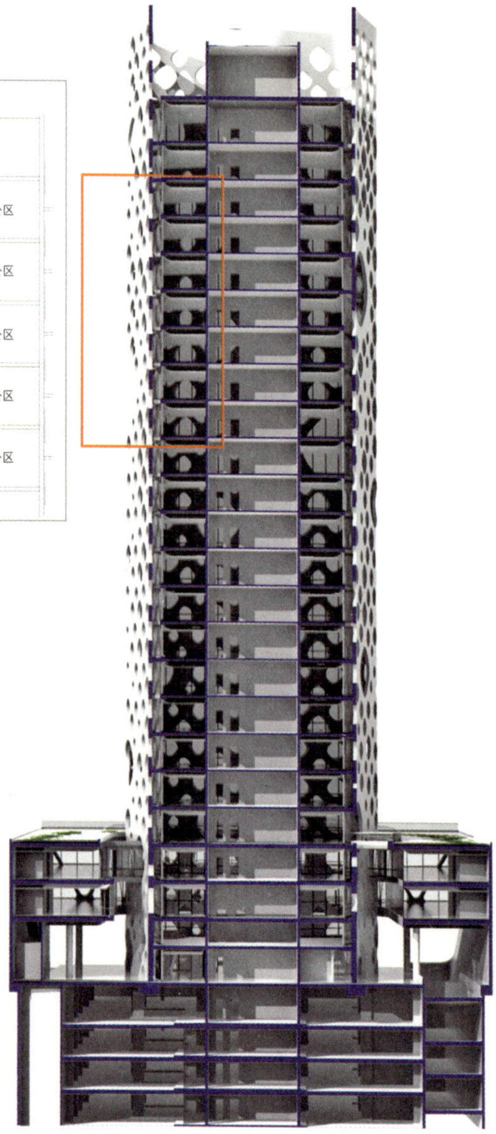

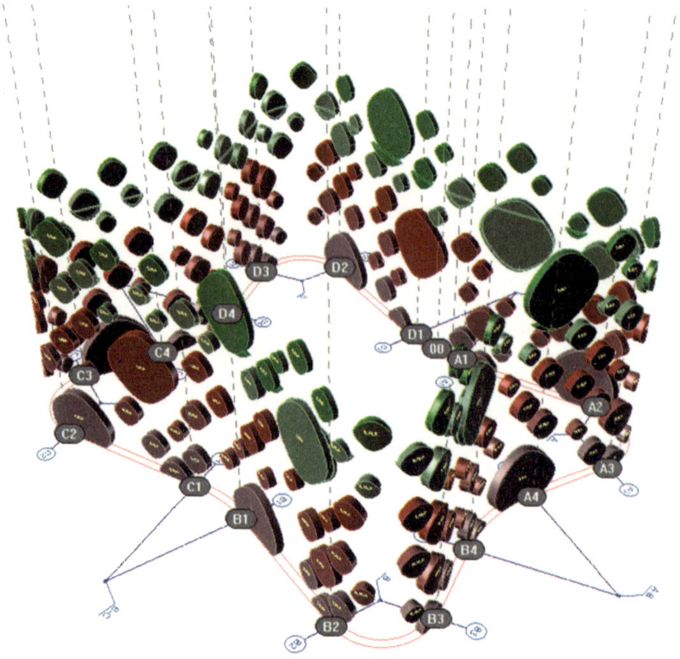
D3
D2
D4
D1
00
A1
A2
A3
A4
C4
C3
C2
C1
B1
B4
B2
B3

图 8（左） 外壳与窗墙面间的“缝隙”形成了“烟囱效应”，与传统的幕墙方案相比，减少了 30% 的能耗。

图 10（右） 每个聚苯乙烯空心模板的 3D 模型都被标记并且为数控加工做准备；与此同时，模型公司着手绘制施工图，计算几何信息。

图 9a（左上） 浇筑混凝土前将聚苯乙烯空心模板（丸剂）编织入钢筋网内。之后，丸剂和钢筋网固定后，将金属滑模板定位放置，外壳和楼板依次逐层浇筑。自凝混凝土用于确保钢筋网架全部的渗透。

图 9b（左下） 两套滑模串联使用。上面的下移，下面的上移；重新定位、准备为下一次浇筑。

图 11（右） 地面层餐厅与公共休息区毗邻的零售区——烟囱效应在迪拜严酷的热浪中创建了凉爽的荫蔽空间。

不确定性

编者按

“与20世纪表现主义相比，正式及情绪化的建筑特征像一种纯粹的个人情感产物，我们注重适当客观的表达质料系统，在其中，人类意志和意向性起了作用，但不是唯一的决定因素。实际上，建筑师，既不是确定系统的消极观察者，也不是被动决断质料的调制机器，而是演变过程的管理者。”[1]

在我们首次开会讨论这本书的主题时，Reiser+Umemoto事务所告诫我们说：他们可能是诸多供稿人中一个持怀疑态度的声音。但是当衡量与计算机相关的实际利益时，他们同样也怀疑降低建筑表达到一种因果作用审美的倾向。他们的担忧同样适用于最近从性能驱动设计到20世纪90年代早期的形式主义先锋派的倾向，只不过那些通常是“项目索引”的衍生逻辑。Reiser+Umemoto事务所的工作在数字设计研究从材料问题大规模转移这一阶段早期得到发展。虽然外界常常将他们的成果归功于这个时代，但是实际上他们的工作一直建立在其设计精巧感和对质料系统的深刻了解之间的平衡，这个活跃不停前进的过程存在于一种潜在的事实。他们面临的问题是如何实现通过对质料系统的更深入的理解，使数字工作流程对这种平衡产生进一步的推动。

虽然数字工作流程总是被视为用输入输出定义参数的单一离散操作，但是多个并行工作流程能够连接外物数据库，这可能将直接影响设计操作，甚至比一个简单输入值起到更为重要的影响。换句话说，数字工作流程能够扩容设计流程以建立已知项目的基础数据。Reiser+Umemoto事务所依赖于图解组织能力[2]——作为一种技术在先例类型学、社会评价以及其他条件中平衡，以建筑师批判性的角色评估所有条件并且探索发现新颖的设计解决方案。他们对O-14的图解（图2）解释了这一点。串联时间框架和在项目中参与角色，与这本书描述的很多用数字工具的工作流程操作不同，图解在非线性关系方式中结合了“语言、审美、材料及性能标准”。它否定了纯粹的数字工作流程的逻辑结构。将建筑拆解为场景形成、结构模型爆炸图、美学理论，同时材料建造技术是思维过程中的节点，没有明确的开始或结束。

在对Reiser+Umemoto事务所和大卫·本杰明（在设计中将计算机放在更为明确位置的年轻一代设计师中的一员）所做的工作[3]的比较中，提出了在本书反复突出的一个主题：数字工作流程的限制和潜能。在多目标的优化过程中的创作滥用里，他试图通过不同的输入因子、相异目标算法生成多阶建筑效果以寻求设计解决方案。优化不是用来找到一个单一局部极大值——常规应用程序——而是探索许多局部极大值，所有的这些满足了多设计目标，但同时具有可控制权衡性。Reiser+Umemoto事务所找到了一个在任何算法过程中可读的公开系统，以降低输出成果到输入的局限性。O-14有多个设计目标：营建大环境氛围及视觉效果；避免视觉同质性，同时保持系统连贯性；拒绝常规解读受力转换。实现这些的手段几乎都非常精确地基于原则的目标：独立于程序内部的结构；用大小可变的洞口创建结构斜肋构架；同时避免斜肋构架洞口与楼板对齐。然而，当综合考虑时，这些目标导致他们称为“精确的科幻”——“不能通过一个镜头被完整理解”。本杰明寻求类似的析取，他的过程完全依赖于算法——正是那个给 Reiser+Umemoto 事务所制造了问题的过程。他们仍不相信算法设计，并且关注于人们思想里独特的领域，而非轻易使用计算机。然而，共享是他们在新的数字工作流程中对建筑师的重新评估和定位。

Reiser+Umemoto 事务所对莫扎特奏鸣曲的创作思考最清晰地解释了他们的基本问题：计算机在建筑设计中的作用。作为一个分析工具，计算机能够为更好地理解一些已经存在的事情本质提供洞察力，但是作为一种创建或起源的工具，即使有令人生畏的组合处理能力，但它至多仅模仿了人类思维的敏锐性。

---

1. Reiser + Umemoto (2006) *Atlas of Novel Tectonics*, New York, Princeton Architectural Press, p. 104.

2. 建筑学中有很多种图解，定义这个术语是非常重要的。在 Reiser+Umemoto 事务所所著《新兴建构图解》（Atlas of Novel Tectonics）的介绍中，桑福德·克温特（Sanford Kwinter）描述图解像是“一个不可见的矩阵，一组指令——更为重要的是组织了——任何材料构成所表达的特性…它决定了哪些特征（或影响）被表达，哪些被保留”。

3. 见本书中《超越效率》一文，大卫·本杰明著。

设计工业化

DESIGNING

INDUSTRY

ASSEMBLY

建筑设计意味着什么?

保罗·陶伯西

保罗·陶伯西(Paolo Tombesi)为墨尔本大学建造学科主席。

你可以教一个人画一条直线……并让他快速准确地复制出任意数量的直线或其他图形……但如果你让他去思考这些图形……他却停了下来;他犹豫不决……像会思考的人一样,在画下的第一笔就犯了错。你所做的让他变回为人。以前的他只是个机器,是会动的工具……因而你发现,你必须严肃地选择,你只能选择让他成为工具或者成为一个人,而不能两者兼得。人不能像工具一样精确完美地完成各种动作。如果你想让人达到力不能及的精确性,使他们的手指像齿轮一般规律运动,使他们的手臂像圆规一样画出曲线,那么你必须泯灭他们人性的部分……

——约翰·拉斯金(John Ruskin)(1853年),《威尼斯的石头》(The Stone of Venice)[1]

……然而,机械的改良绝不是由使用机器的人创造的。许多机械的改良是由机械制造商完成的,这让他们垄断此类产品。还有些机械的改良来自那些被称为哲学家或思想者的人,他们并不从事贸易,但思考一切事务。另外的一些机械上的改良是靠那些有能力结合原本毫不相关器物的人。

——亚当·斯密(1776年),《国富论》[2]

建筑行业研究议程

1966年,罗伯特·文丘里(Robert Venturi)的《建筑的矛盾性与复杂性》(Complexity and Contradiction in Architecture)[3]出版,同年,意大利裔阿根廷建筑师杜乔·杜林(Duccio Turin)在其就职伦敦巴特莱特建筑学院(Bartelett School of Architecture)教授时发表了就职演说《建筑意味着什么》(What Do We Mean By Building?)[4]。演说中的几点对现代建造学科起了决定性的影响。在演说中,杜林为建筑的学术反思提供了一个思想框架,他指出"对于功能的冷静分析实际上由建设过程中的参与者执行,这完全独立于他们的职业、资质或者学历"。对杜林来说,"建筑行业构架不太可能在(当时的)近期发生根本性的改变",这也将导致"在接下来的几年里,我们还将不可避免地提到建筑师、工程师、测量师、承包商、分包商等等"。然而,他告诫道"这些名称对于评价建造过程参与者所做的真正贡献,将变得越来越无意义"。作为解决方式之一,他指出,在未来需要接受建筑行业的分化,确立他们存在的依据,在概念上达成一致,并在宏观上建立起与经济的联系。最后他指出,利用可用的数据以便对建筑业建立起严谨的描述是必要的。同时,选择生产过程所涵盖的几个方面进行深入调查,可以帮助预测多种因素的影响和变量,同时也能帮助预测未来在建筑产业中所发生的结构性转变。然而他也认识到,像这样的转变没有必要或者说没有机会立即发生;反过来说,建筑应当根据牛顿法则进行建造,通过定义一个"未来的知识能融入美和秩序的通用性的框架"。

25年后的另一位建筑师兰科·邦(Ranko Bon),《建设管理和经济学》(Construction Management and Economics)杂志的主

编，同时也是在英格兰雷丁大学（University of Reading）同一学科任职的教授，在杜林的演说的基础上发表了自己的就职演说《建筑技术意味着什么》(What Do We Mean By Building Technology？)[5]，在演说中，他进一步推进了发展多样的建造技术行业的想法。邦解释了经济框架中的“领域”如何通过多样的输入条件被解读，这些输入条件对于生产地域建筑这一成果是必要的，且有价值的。建筑，如他的描述，是“成捆的物料与服务”，超越地理限制把它们集合在一起成为一个个体，同时也因此反映了复杂的社会结构。基于这样的原因，原本“没有如钢铁这样的东西”，而是多种劳动力、资源与多样的机械设备使得钢铁被生产和建造。像杜林一样，邦赞扬了批判性想象在做技术线路与未来可能性的假设中的作用。这是因为“我们能理解的东西要比我们能够解释的东西更多”，所以建议和探索那些仍无法被解释的经济模型的模式变化是可行的。

如果思考杜林和邦所勾勒出的框架，将出现一个明确的方法论议程，一个在今天仍然如同在20世纪60年代和20世纪90年代一般充满活力的建筑业研究议程。尤其因为它不是基于一组平台，是试图对这个学科复杂的依赖关系进行更深入的理解，而不是验证任何一个先入为主的论题。正如杜林所解释的那样，只有在选择了参考的内容并勾勒出全景之后，才能判断出在这一议题上什么是重要的，并最终为进一步的分析和发展设定方向。邦通过关注信息如何整合来进一步强化这种尝试，抽丝剥茧而后理清脉络。杜林意图在概念上定义这个领域，邦则关注于梳理其实际组成部分。

定义职业责任

建筑场地与建筑构件（或者说文脉与技术），并未讨论建筑的构思过程和建筑的生产过程。这是因为施工是一个动态变化的行业，这也就决定了这项工作的成果不是简单地做出几个选择，而是不同的建筑构件间实在的联系的呈现，是这些联系的自然与秩序，是选择后的再选择和促使做出决定的因素力量的集合。

事实上，无论是杜林还是邦，都觉得需要通过建筑采购的程序及其制定决策的环境来评价他们的分析。尤其是杜林，曾发表一篇极有影响力的论文《建筑设计过程》(Building as a Process)，在论文中他解释说，建筑能够通过几种尝试被发展起来，这不同于另一项的设计行业所强调（或革新）的关于房屋构件、整体结构或工作模式等产品的标准化的想法。[6]这个索引的价值超越了那4个目录，而且也建议对于过程的分析不能仅停留在工程发展的抽象阶段和理论上分配的职能角色，而是必须始终考虑建造因素的不断变化或者取决于在整个项目配置中的作用位置，和对整个过程不断的知识贡献。决策的压力的确在一些过程的特殊方面有所显露，这取决于建造者的工业出身与概况。但是他们可调整的空间同时也受到他人可调整空间的制约，这取决于特定工程的项目配置和嵌入在这些配置中的目标（或者说设计意图）。

通过突出项目结合体丰富的社会技术特性和参与决定的方式，这样的方式被转移并在项目上有进一步发展，杜林本质上分离了简单的、曾是描述建筑与建筑学的传统专业方式的设计/施工二分法，并用工业网络通过角色与实践的联系取而代之，这种角色是有文化性的议程的。事实上，这篇文章中所包含的工作流程模板并没有根据设计和施工之间的阶段划分被标签化，而是依照每个工作阶段所期望使用的成果：用户需求、综述、产品设计、建筑设计、产品信息、生产、装配、消费（图1)。在每个纵列中，黑点表示了控制任务框架的各方面定义的代理（比如用户、客户、专业人员、承包商或者制造商），因此负责解释和翻译他们自己以及其他各方的贡献。反过来，这些也被那些指向和指出图表中功能方框的箭头所强化。下面相应的分析图并不是完全的线性，包含了随着范围和（或）参与者变化的信息循环，以及隐含的平行的设计轨道（例如在图1中“产品设计”/“产品信息”的栏目，在“专业人士”和“制造商”所做的工作不同）与项目相关的技术动态和交易模式，从另一个方面来说，被认为是基于网络的并且被社会的分化（诸如知识、社会起源和社会权利分配等）所决定的。

自从这篇论文发表后，杜林关于建筑进程的社会技术解读被支持并最终被吸收成为建设学科的一个特定领域，该领域大体上来说是关注工业组织化研究和技术革新。但相对的，更重要的是，他关于多样性和因素间的相互作用以及设计相关活动等的建议，并没有被传统的实践框架所采用，就像我在之前的论坛所论述的那样，[7] 现在仍然保持着线性的工作组，依照任务分工，依照基本的功能组织结构进行功能化的分工。在某种程度上，这必然和在工程导向的工作中建立起来的可管理的简化（或者束缚）社会的水平和信息的复杂程度的需要相关，尤其是在那些缺少能帮助培养的技术框架中，协调并正确地使用信息。

今天，技术与推拉事件或许已经为重新思考杜林的论断创造了合适的环境，并向建筑师提出了挑战。正如科林·盖里（Colin Gray）和威尔·辛吉斯（Will Hughes）在《建筑设计管理》（Building Design Management）[8] 中表述的那样，“拉”有可能在建设中需要极速增加的专业知识中被发现，决定了——同时也来源于——更多的关于建筑，无论是个体还是群体，应当如何呈现清晰的视角。随之而来的多种起作用的组织已经提升了设计过程，这些组织在大量的视角下进行仔细审查，需要持续地对假设进行交换和细化，需要决策与知识，并使信息供应从逻辑性上很繁琐。另一方面，由于在建筑、工程、建造、自动化(AECO)学科中，引入数字技术与信息化所产生的联系与分析的力量，似乎引起（或者推进）了一种反思，即重新思考单一的因素是如何与项目团队和工业结构相结合的，工作流程、制度以及技术的衍生领域是如何关联的，以及信息制品（例如图示、模型、原型、日程表、图表、清单等）是如何满足元设计的需要的。[9]

然而，从建筑学角度来看，对于使用数字化在建设过程和周期的其他方面的兴趣似乎是可选择的，而且几乎都关注那些有助于简化设计采购的方面，而不是扩大建设过程的范畴或者追问它的前提。几乎没有明显的例外情况，大部分学术界和工业导向的讨论都认为计算机辅助设计和可视化帮助更新了传统的专业职责——建设前期的整合、对产品状况的模拟——和一部分过程管理。构件的制作和组装使用起来的舒适度（有可能是便捷性），就如同基于对象建模的自然工艺的延伸，然而到目前为止很少的精力被投入开发一种允许在离散系统和行业之外进行连续和扩展的生产/产品规划。这并不寻常，例

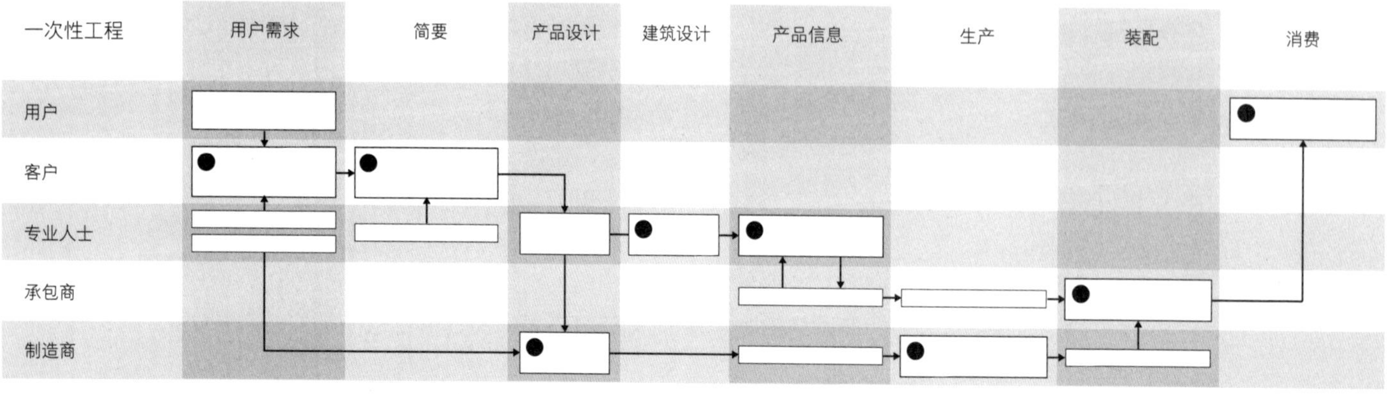
一次性工程
用户需求
简要
产品设计
建筑设计
产品信息
生产
装配
消费
用户
客户
专业人士
承包商
制造商

图1 建造过程的四个分析图之一，由杜林发表于论文《建筑设计过程》中。该图显示了决策者、信息提供者和信息在一次性工程项目中如何运作。

如，使建筑的形式与建筑易维护性、技术革新和建造的安全性、材料采购以及环境表现、场地的组织和建造质量、建造系统的选择和劳动力资源、详细方案和手头交易的技巧产生参数化的关联。建筑信息模型（BIM）和CAD-CAM 协同效应被期望于通过探测物理碰撞的可能性以及精简制造，来降低企业文化脱节或劳工培训不足所产生的风险。然而，无论是哪项策略在此时似乎都不具备验证设计决策所需的内容，因为它们与场地活动、本地化工艺和隐性知识（或缺乏知识）有关：大部分 BIM 可视化为建筑的各部分物体提供了三维化的体验，但是从某种意义上说，只能在人的介入后才能被建立。CAD-CAM 系统优化出一个先于建设基地的生产世界，充其量表明了所供应的构件和材料的现场处理模式。[10]

大量的问题随之而来，有理论方面的也有实践方面的：数字化流程和实际建设之间的联系是否通过轻视建筑工作的非虚拟方面而得到最大化？或者说，是否是建筑工人的技艺建造了被想象出来的建筑，物质化的工序是否必须就此展开，建筑材料是否需要被供应，过程中是否会产生错误等等。数字工具中模拟和互动的潜力对于社会范围的建设活动的影响是否是有价值的，反之亦然。如果是的话，我们如何定义这样一个设计环境：它延伸到或者说参与到整体之中。

设计设计过程

一种回答刚才问题的可行性方式是搁置（暂时性的）被普遍接受的设计在建筑中的意义，通过基本的对于条件和规则的理解（有可能需要局部或者理性地梳理这些条件和规则），回归到最基本的定义即关联设计，而不是回归到被一系列专业科目所表现出的任务上。[11] 有必要认识到这样一个事实：设计在这种状况下经常被理解为是“前期工作”，即设计先于生产过程并且决定了生产过程的执行。换句话说，设计指明了目标的方向，提出了实现的策略，并组织起相关的机构部门。在这种状况下，设计满足了两种功能：1）提出解决问题的构想（通过制定实施的策略、生产的物件以及生产的条件）。2）提出组织必要方式的手段。当然通过不同的劳动内容进行分工，设计有了更深远的内涵，这是因为这种分工需要各过程的参与者通过沟通来制定确实的解决方案和确定的施行方式，这样便于在不同的设计活动中保持一致性。最后，设计需要包含一个具体范围，这个范围应当确定设计的内容和产品的特性，以及实施的步骤。设计必须要对信息进行整理。

粗略查看上述信息，有可能会说设计的想法作为产品的经过深思熟虑的、工具性的服务，存在于任意一项能够被描述为提出问题、解决问题、信息整理这样的过程活动中。如果我们寻找这样的例子，其中进程与设计概念一致并反映了建筑工程和进程，我们认识到，即使是单凭直觉，设计也必须扩大并超越现在所局限的内容，定义和参与进至少以下六个维度中：

——建造机会的产生，或者说需要什么来确定建造所需要的资源、利益相关者、制定目标；

——建造范围的制定，或者说需要什么来描述、发展和控制建筑的规模与明确的目标相应；

——建筑的建造，或者说需要什么来确定和规划所有与该建筑的生产有关的材料、部件、组件等等；

——建筑的组装，或者说需要什么来确定和规划在选定场地所组装的建筑（或该建筑的某些部分）的手段和方法；

——工程的确定与控制，或者说需要什么来确定生产结构或与选择工程队伍相关的一系列决策、确定工程的进度表和事实策略以便于控制合适的工程进度；

——建筑的使用和维护，或者说需要什么来确定该建筑的使用模式、其各个部分在机械方面和环境方面的表现以及它全过程的耐久性。

在图 2 中可以看到，这六项中的每一个都提到了前文中所讲的并可以被看作是各个需要具体的操作办法子任务的集合，每个子任务有其具体的目标并产生了具体的信息。对这些任务指令的执行都需要保持怀疑态度。当然这些任务的名称必须再经过推敲，这些标签本身就是暂时性的，分析的深度也不是固定的，可以在未来扩充，定义也可以更明确。然而，图 2 的目的是揭示并提供了在建筑设计中多面性、社会异质性本质的分析框架，并根据时代和现有技术，为其开发出一种复杂的培养和管理方式奠定基础。

自制、相互依赖以及不确定

如果依照前文提供的假说，那么建筑设计就可以被认为是许多不同工作的集合，分布于项目的开端、管理、专业设计、建造以及建筑产品的运作等方面。这包含各个阶段的参与者，不仅包括专业人员还包括建造工人、产品供应商、零售商等等。同“本没有钢铁这件东西”这个说法一样，本没有“建筑设计”这件事，而是设计意图 / 设计要点的集合，在社会的动态框架中活动并相互影响。与前文讨论的在设计过程中可控的形态学相一致[12]，自制性和相互依赖性定义了这个框架，这是因为每项工作在其自身的功能逻辑之下必须保持连贯性，同时也与其他工作相互协调，实现在特定时间和地点使用确定的技术和材料完成具有特定计划和预算的建筑物的共同目标。

关于对设计传统专业化的描述方面，这

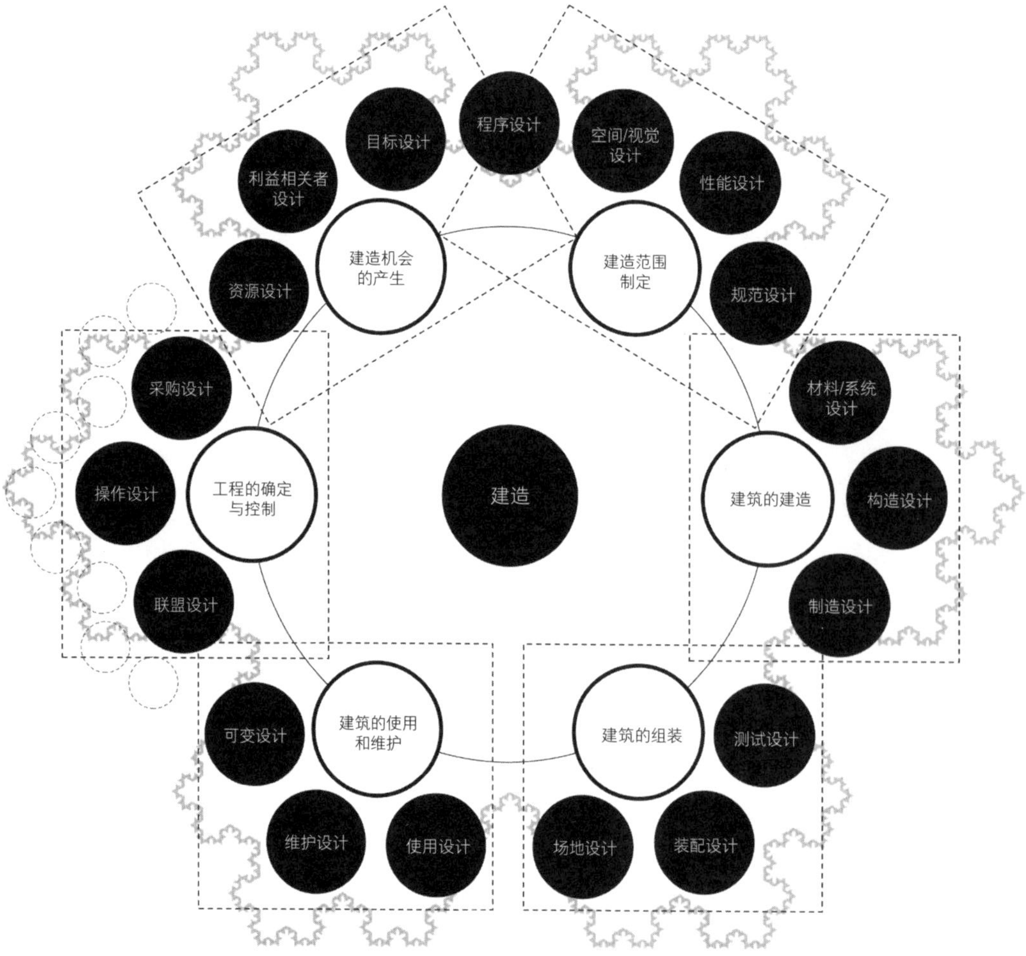
程序设计
目标设计
空间/视觉设计
利益相关者设计
性能设计
建造机会的产生
建造范围制定
资源设计
规范设计
采购设计
材料/系统设计
操作设计
工程的确定与控制
建造
建筑的建造
构造设计
联盟设计
制造设计
可变设计
建筑的使用和维护
建筑的组装
测试设计
维护设计
使用设计
场地设计
装配设计

图 2　建设周期的不同维度。其中，具体的设计必须服务于目标的设置、策略的制定以及信息的组织。这个系统有分形的特性，便于进一步细分为更小的工作内容。

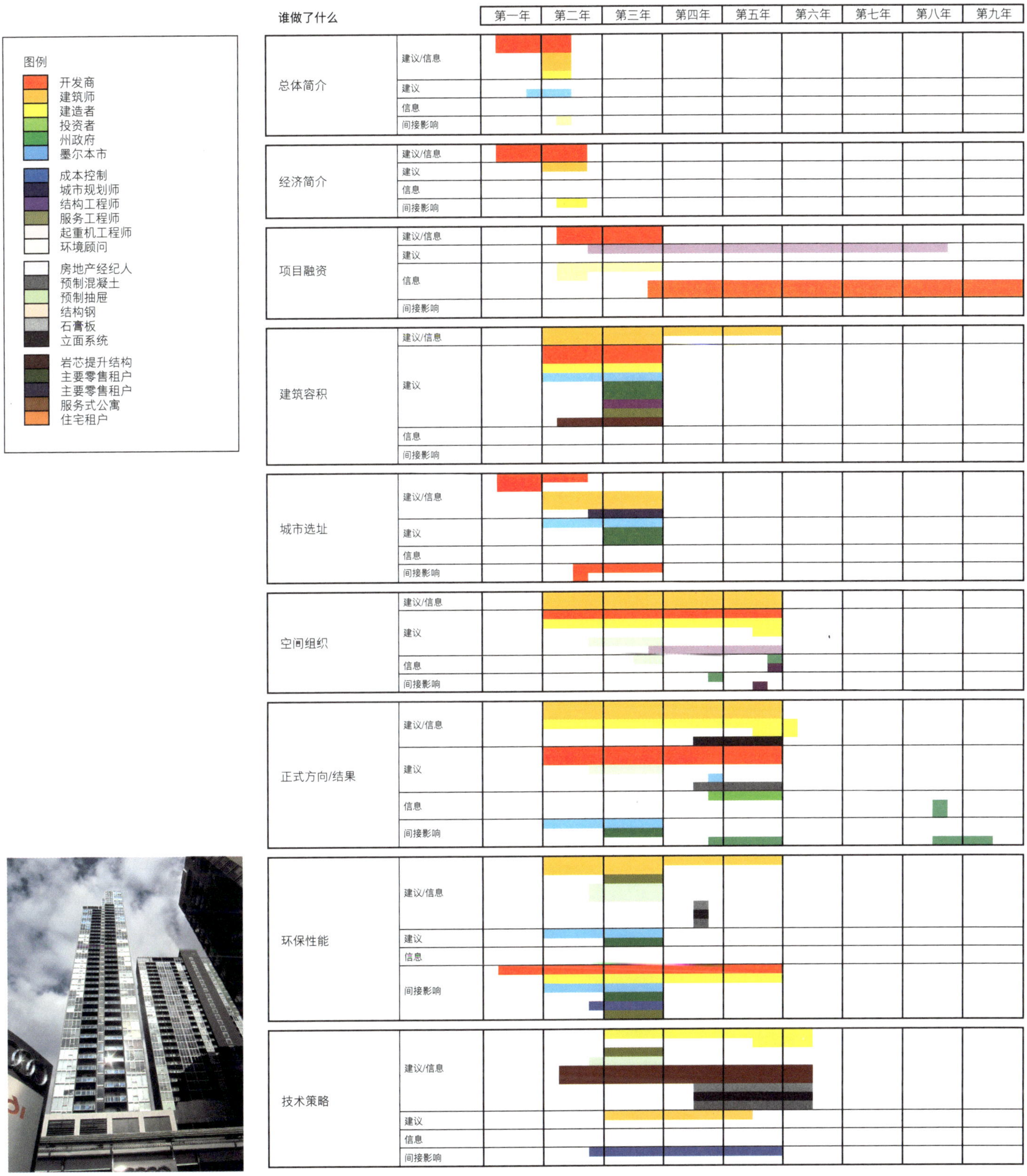
图例
开发商
建筑师
建造者
投资者
州政府
墨尔本市
成本控制
城市规划师
结构工程师
服务工程师
起重机工程师
环境顾问
房地产经纪人
预制混凝土
预制抽屉
结构钢
石膏板
立面系统
岩芯提升结构
主要零售租户
主要零售租户
服务式公寓
住宅租户
谁做了什么
第一年
第二年
第三年
第四年
第五年
第六年
第七年
第八年
第九年
总体简介
经济简介
项目融资
建筑容积
城市选址
空间组织
正式方向/结果
环保性能
技术策略
建议/信息
建议
信息
间接影响

图 3　墨尔本一处商业高层建筑开发中的设计工作分工（2008 年），与各方的不同作用（以不同的色块表示），通过功能化的设计分工对项目的全周期进行组织。完整的厚色块表示项目团队在该项上必须有进一步的工作。薄一些的色块表示说明项目范围但是并未设置设计的操作顺序。

个结构在此为设计发展和设计生产过程补充了一个重要的横向维度。事实上，设计活动作为一个整体变成了偏离中心的，不仅是竖向的（即沿着继承自规范化建设过程的项目相关的线性操作序列），而且是社会的，在任意给定的情况下，根据工作内容（有时是分级的）的网络，这些工作内容反映了不同的设计范围和所需要的知识。在这个扩大了的方案中，设计被“组”和“节点”所决定，随着时间的推移发展，并且相互平行（图3）。

这个方案定义了有关建筑和工程的想法。建筑是多个不同范围设计的组合；工程是这些设计的逐渐整合，遵循不断解决实际问题的过程，这些问题存在于设计的内部而且与它们的整合相关。在这种情况下，转变传统的施工情景并考虑建造过程似乎是合理的。它所有的结果，例如“设计生产的系统”——一个循环，就是在这个循环中，与建造过程的合理实施相关的所有信息产生出来，并进行整合、转化和沟通。辩证地来看，这种情况下的牛顿式的分类设计系统是有益处的，这体现在以下两点：首先，它恰当地揭示了设计的挑战存在于建造的过程中，同时也揭示了设计任务必须达到的客观范围；其次，它帮助确立建造工程的视角，即不局限于某项因素，而是延伸至与设计直接或间接相关的因素中，这些因素能够被它们所影响的领域所评价。通过为分化创造条件，然后集合不同设计领域的工作者，这样一个设计的多维化视角能够被当成一种工具来审视项目的结果并反作用于那些影响因素。

项目经验的评估

在意大利政府和澳大利亚研究理事会（Australian Research Institute）的赞助下，我同意大利都灵理工大学和墨尔本大学进行了多年的合作，旨在阐明和评估许多备受关注的建筑项目的结构设计。[13] 这一计划的一个目标，是定义和描述如何在各个领域里结合特定的功能得出设计的相关策略，以及这种策略对其余的设计以及工作的成果产生了怎样的影响。分析根据一个与本文中建议的相似的设计视角组织而成，由几个子系统构成，每个子系统都可以通过技术特征、决策中选择的逻辑、相关创新水平、细节发展、对外协调需要和决策制定来定义。

对于每个案例研究来说，一个技术性的描述是为了通过启发式分类及价值来实现可视化，从而使量化整个开发企业经济的各组决策的相对权重成为可能。通过这个过程产生的项目陈述，表明不同性质的设计决策与获得不同水平的技术表现、风险管理、成本控制或遵守时间表之间的联系。

正如之前网状图中表达的那样，关于葡萄牙波多黎各的波多音乐厅（Casa da Música in Porto，OMA/Arup London，1999-2005 年）以及英国盖茨黑德市的 Sage 音乐中心（Sage Music Centre in Gateshead, Foster + Partners，1997-2002 年）这两个项目（图 4、图 5），具体的设计尺度使这两个项目的命运产生了很大差别。在波多音乐厅项目中，设计者在建筑的构造和系统构建的复杂性方面付出了巨大努力，部分是因为以新的方式运用传统装配工艺带来的挑战，同时也因为定义建筑使用的诸多细节，它们对设计进程产生了巨大影响。与之形成鲜明对比的是，建筑材料的选用、商业行为和专业雇主的介入大大影响了建筑的技术表现和使用便捷度。风险在于各方面工作的协调和认可（包括运营设计、与利益相关者协商和目标设定），然而施工质量和建筑维护上的投入却与有效的资金保证息息相关。在 Sage 音乐中心（英国彩票公司赞助项目）的设计过程中，由于资金决定了特定的设计条款和项目要求，建筑实现的可能性和建筑场地的构想得以紧密结合。在这个案例中，建筑的使用功能和使用灵活度与建筑形式同等重要，甚至可以指导后者的产生。花销上的制约也极大影响了建筑类型和建造逻辑，而建造逻辑又在很大程度上影响了整个项目的发展进程。最后，建筑的技术表现根据客户的喜好来选择，而建筑形式则是综合了各种制约因素，并与技术设计团队协商统筹后自然形成的结果。同时，因团队间的相互认同以及事先制定的设计协议（如运营设计和采购设计等），项目风险被大大降低。

通过使用以上方法来分析多个项目案例，可以得出关于建筑设计的以下结论。第一，仅仅通过传统的建筑设计方法并不能确保最终的设计品质，因为设计师需要统筹规划建筑设计过程中的各种影响因素和相关人员：通过不同的角度来进行同一个方案的设计，可以使它的决策更加复杂且完备。因此，为了保证完整的设计品质，设计师必须愿意投入复杂的设计关系网中（包括各方面的子设计任务），并考虑各方面资源的有效性。第二，对于工作量的客观评估不仅可用于正在设计阶段的项目，也可用于对使用中或测试中的项目进行调整或改良。事实上，在每个项目中简单符号的识别有助于突出许多具体的设计信息，比如说，指出设计精华和设计存在缺陷的区域、已出现的技术或概念性质以及需要特别关注或与其他方面联系的区域。在此基础上，设计师可以创造一些方法来调整设计框架和思路（可以通过自己设计或借鉴前人经验），从而完成既定的设计目标，例如，将一些区域的设计压力转移到另一些区域内，或是将几组设计热点或内容相互关联。

然而，对于这个设计体系的构建方式来说，将设计内容相互关联意味着以一种能够允许参与、相互监督和信息交互的方式联系有所贡献的全体参与者（图6）。换句话说，如果能够形成有效的设计反馈循环，适当的技术性设计集群就可以形成。但是就像前文所说，由于建筑设计支配着从初期规划到后期实施的所有内容，即设计目标和任务都有可能因为偶发事件和不可预知的情形而改变，设计数据必须是动态的，且不可避免地成为一种暂时存在的状态。为了确保设计合理，设计师必须同时具备两种同等重要的能力，一种是通过更改现有建筑信息，从而能够对

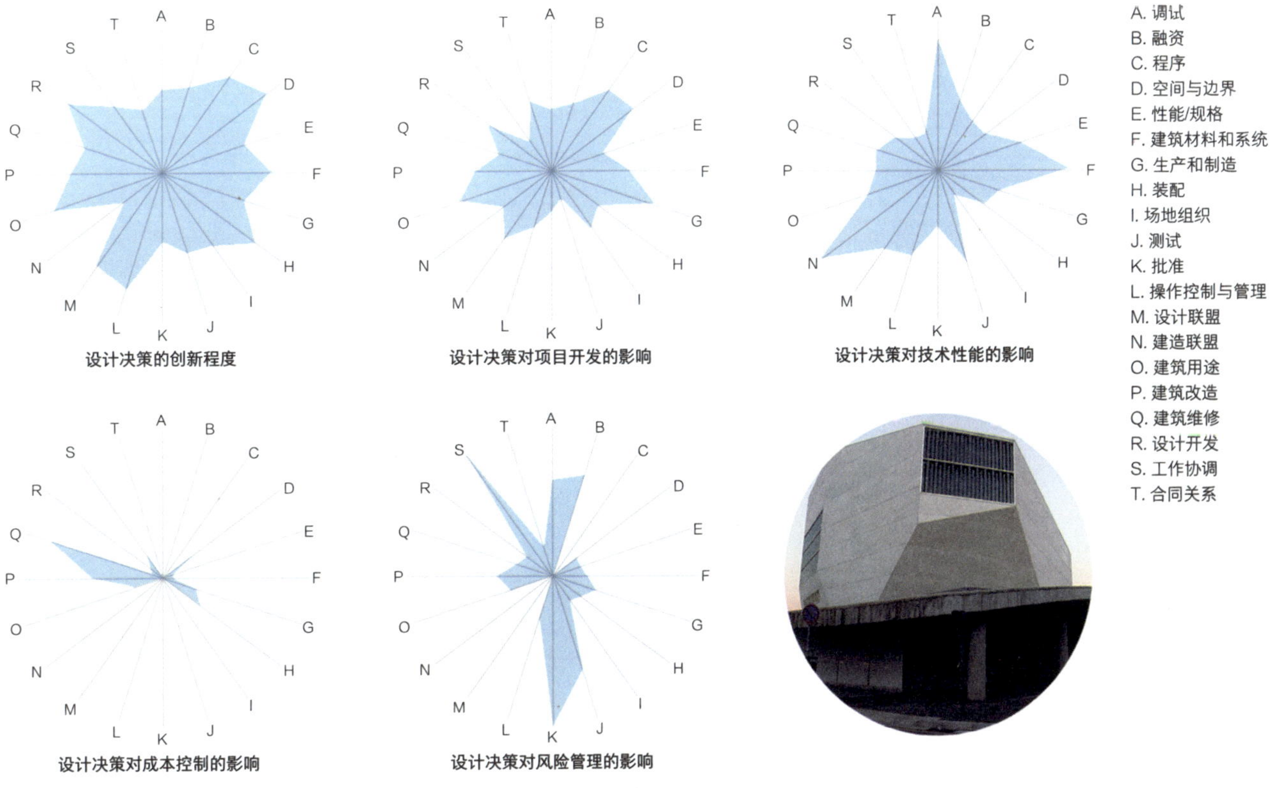
设计决策的创新程度
设计决策对项目开发的影响
设计决策对技术性能的影响
设计决策对成本控制的影响
设计决策对风险管理的影响
A. 调试
B. 融资
C. 程序
D. 空间与边界
E. 性能/规格
F. 建筑材料和系统
G. 生产和制造
H. 装配
I. 场地组织
J. 测试
K. 批准
L. 操作控制与管理
M. 设计联盟
N. 建造联盟
O. 建筑用途
P. 建筑改造
Q. 建筑维修
R. 设计开发
S. 工作协调
T. 合同关系

图4　放射状分析图表示在波多音乐厅项目中不同类型设计活动的本质和影响。每个放射的线都由一个特定值展开，该项数值越大，距离中心点越远。主要设计顾问：雷姆·库哈斯（Rem Koolhaas），OMA/ Arup London；主要承包商：J. V. Somague/Mesquita。

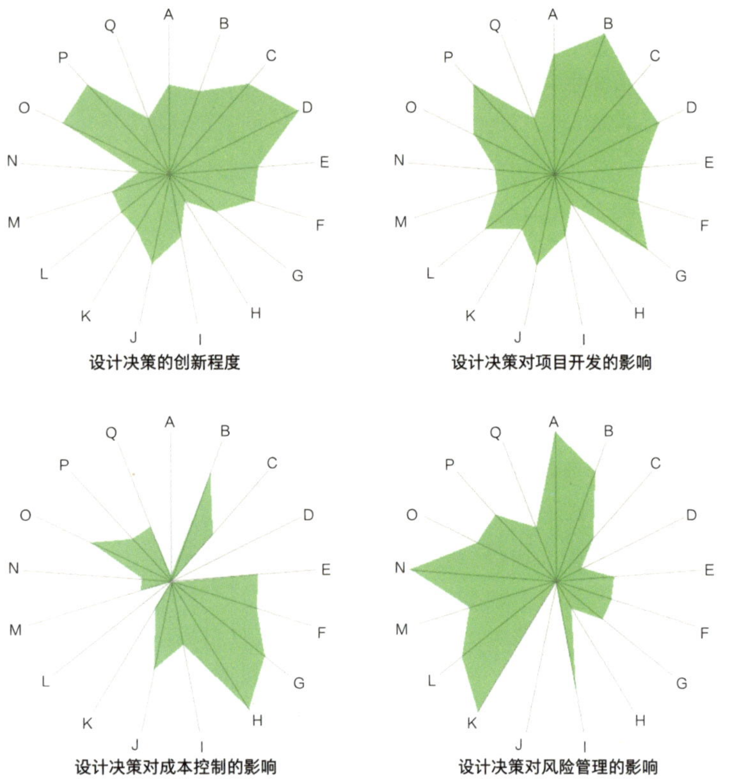
设计决策的创新程度
设计决策对项目开发的影响
设计决策对技术性能的影响
设计决策对成本控制的影响
设计决策对风险管理的影响

A. 调试
B. 融资
C. 程序
D. 空间与边界
E. 性能/规格
F. 建筑材料和系统
G. 生产和制造
H. 装配
I. 场地组织
J. 测试
K. 批准
L. 操作控制与管理
M. 设计联盟
N. 建造联盟
O. 建筑用途
P. 建筑改造
Q. 建筑维护
R. 设计开发
S. 工作协调
T. 合同关系

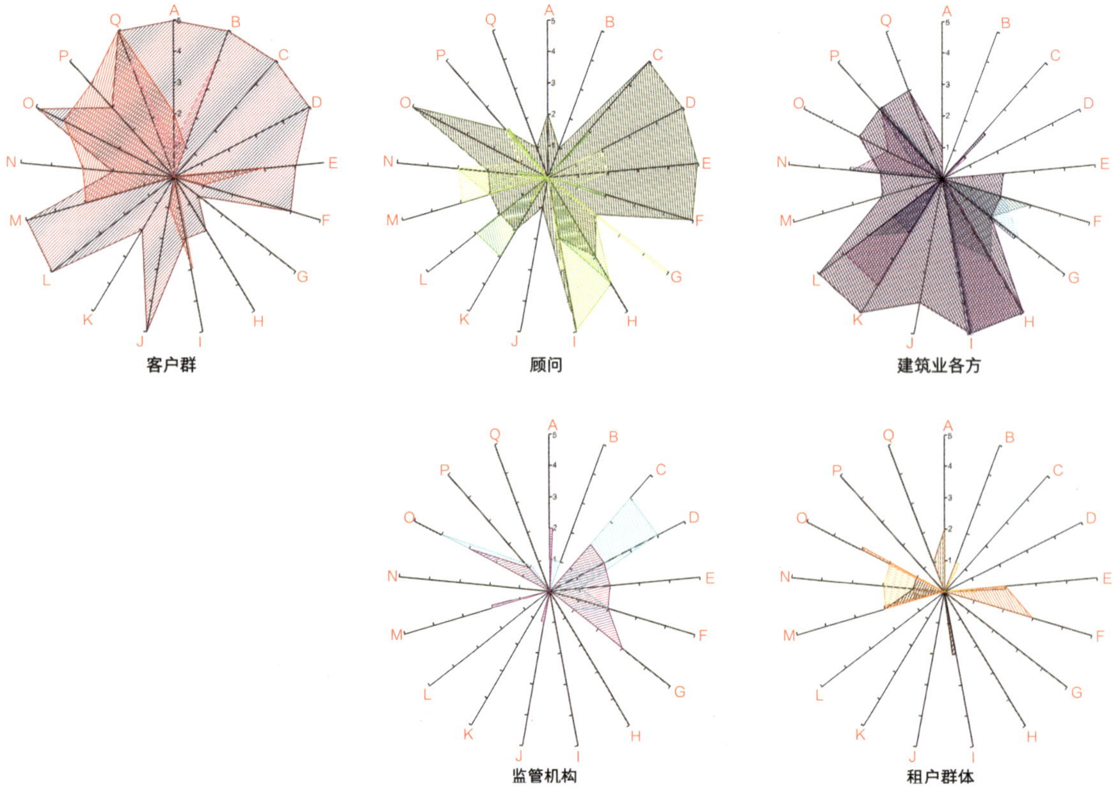
客户群
顾问
建筑业各方
监管机构
租户群体

涉及领域
A. 总体简介
B. 经济简介
C. 项目融资
D. 建筑容积
E. 城市选址
F. 空间组织
G. 正式方向/结果
H. 环保性能
I. 技术策略

J. 使用特定建筑系统和材料
K. 设计过程
L. 施工方法
M. 采购方法
N. 建筑用途
O. 易于维护
P. 产品验收
Q. 产品寿命

涉及程度
0. 没有参与
1. 被动参与
2. 积极参与
3. 积极支持
4. 坚定的支持
5. 构想和提升

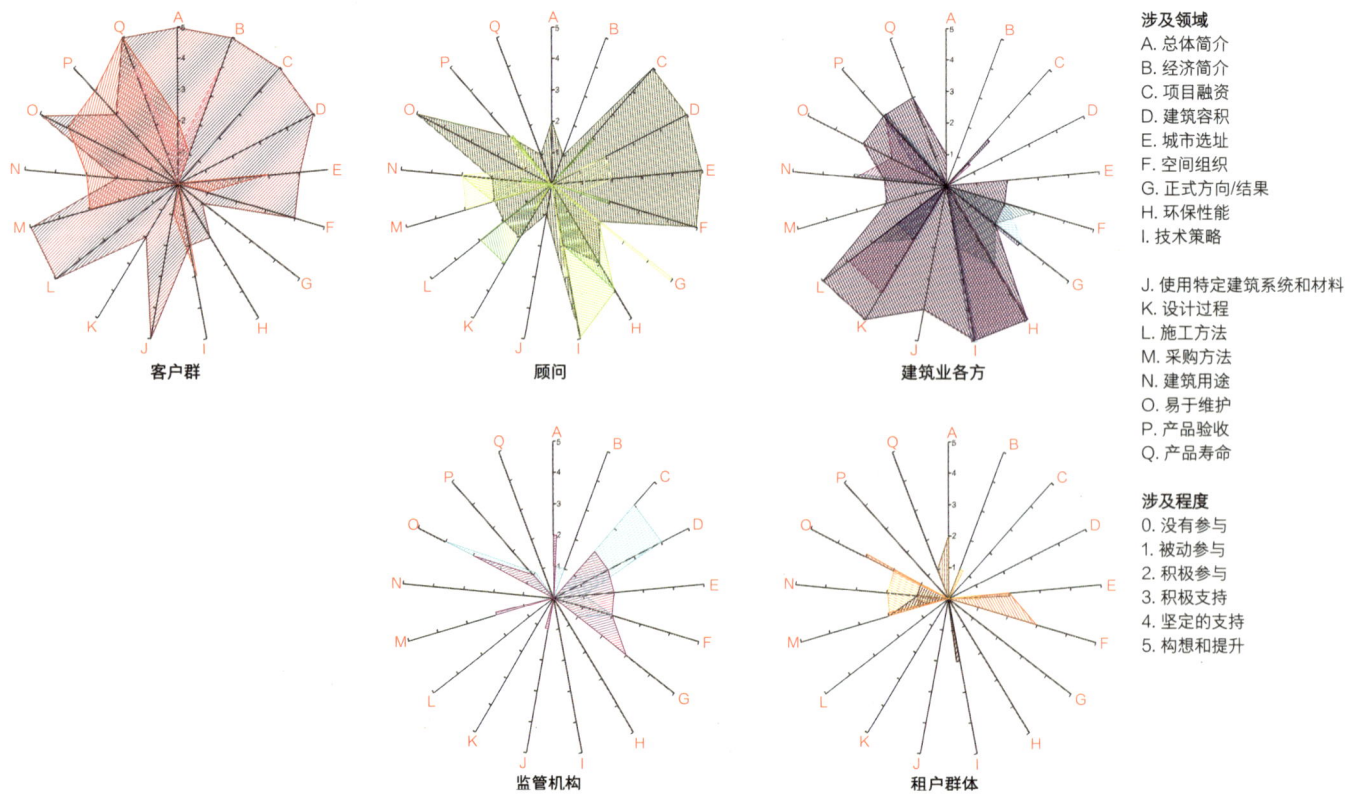

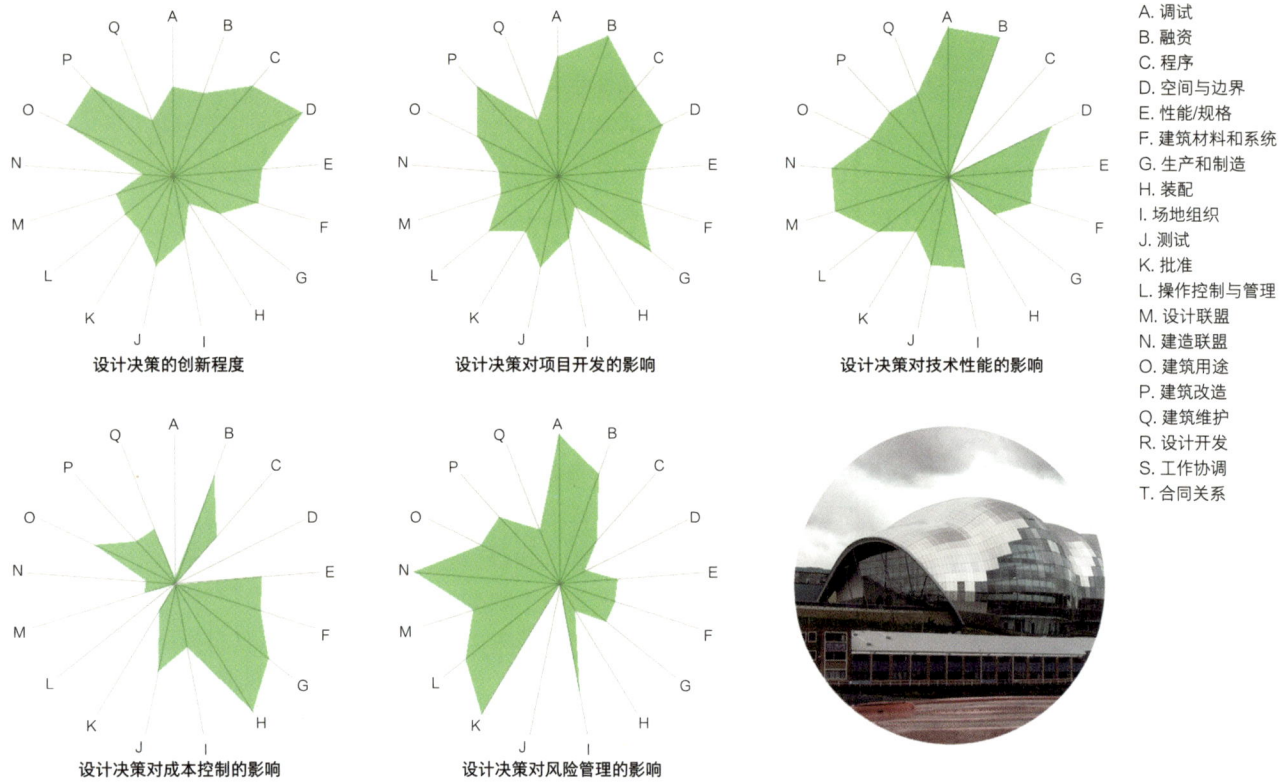

图5（上）放射状分析图表示在Sage音乐中心项目中不同类型设计活动的本质和影响。主要设计顾问：Foster + Partners；主要承包商：Laing O’ Rourke。

图6（下）放射状分析图表示在Sage音乐中心项目中不同类型设计活动的本质和影响。主要设计顾问：Foster + Partners；主要承包商：Laing O’ Rourke。

变化的目标做出回应和调整的能力；另一种是模拟它的完成状态，以旁观者的角度预测建筑使用性能，并以不同视角定义该建筑。

这些评论暗示了不同程度的实施灵活性，进而决定了一种重要的差异，这种差异存在于将概念性逻辑框架作为一种评估项目经验的决定性的且简便的分析手段时的使用方式，以及逻辑框架用于专业性很强的建设实践上时的使用方式。前文曾经提到，邦在他的就职演说中指出，即使没有建筑实践，我们也可以在理论上理解几种特定工作方式的重要意义。相似的，我们也可以认识到，将建筑设计想象成一个包含次分支、专业化的设计考量、实际协商等等的复杂网络，是具有重要意义的，并且可以用这种手段来推进模型的文化认同感。然而，对于到目前为止提出的所有观点，如果没有逻辑框架的支撑，将正在进行的编辑、经营、开拓、分配、监督和数据可视化限定在一个尽可能短的时间范围内，是很难将整个体系投入实际应用中的。我认为，数字化系统可以在一个需要将复杂的建筑信息统筹规划成经过设计的逻辑化进程的庞大工程中发挥作用。就像迈克尔・本尼迪克特（Michael Benedikt）所阐明的[14]，数字化工作手段并不是简化设计过程，也不是将制造变成一种流水线生产，而是通过在问题区域建立更强大、更精确、更流畅的联系，达到运用计算的力量来扩展设计的界限，创造并管理更大的生产复杂度的目的。

设计的建构

尽管数字化设备是必要的，它们在产品复杂度的构建上却不够充分。建筑设计项目并非一成不变，也无法通过复杂的类型学理论加以预测。甚至于，不考虑它们的外观，每一部分建筑内容（如前文所提到的）所分得的空间和比重都会根据许多影响因素而产生变化，包括场所、功能、概况和使用者。尽管每一个建筑的产生都伴随许多决策，这些决策会对各方面造成影响，每一个建筑也同时暗示着这些决策的不同组合，这些组合是基于既有的优先顺序、分析性的评判和带有倾向性的策略而产生的。

在最近由珍妮弗・怀特（Jennifer Whyte）写的一本关于建筑设计管理方面的出版物中[15]，我建议根据那些建筑案例反映的设计维度的特定顺序的能力来阅读和讨论它们。例如，2006 年建成的由 Richard Meier & Partners 设计的罗马阿拉帕西斯博物馆（Ara Pacis Museum），这座建筑的设计把更多的精力花在了建筑形象和部分建筑材料上，以及所选择的系统没有顾及的诸如普通的装修元素、各个系统间的界面设计、构件的持久性维修、现场施工装配的工艺要求，或者是功能空间的使用等方面的问题（图 7）。包括视觉设计、复杂的专业设计、结构设计和程序设计的一个类似的层级顺序可以从联邦广场（Federation Square）中看出来。联邦广场是一个由 LAB/Bates Smart 在 2002 年于墨尔本开设的机构综合体，它的主体建筑错综复杂的三角形外立面的注目程度要远高于其背后的办公空间的环境和功能设计。在这个案例中，这种不对称性更反映了在其他空间维度上也存在的城市设计的流行、建筑使用设计的缺乏，以及经常存在提前计划好并被相关利益者指定好了之后进行的这一套采办流程（图 8）。由 Steven Holl Architects 于 1999 到 2002 年设计的麻省理工学院西蒙斯学生大厅（Simmons Students' Hall），其围护结构体的建设告诉我们其在建筑设计、系统组织设计、施工设计以及验收之间存在偏差的关系，这种结构性的立面说明，由于其他复杂的概念化解决办法带来的具有挑战性的施工条件，造成了施工组装的困难（图 9）。在南十字车站（Southern Cross Station，墨尔本的主要火车中转站，由格雷姆肖建筑师事务所设计），由于场地、装配和采购设计的不完善，破坏了设计师在设计之初预想的建筑环境解决方项目经济中特定设计尺寸的指示性等级（默认 - 考虑的 - 调节的 - 局部的，从较小直径到较大直径）。红色圆圈通过重要的相互关系来表示项目采购和结果的设计维度。

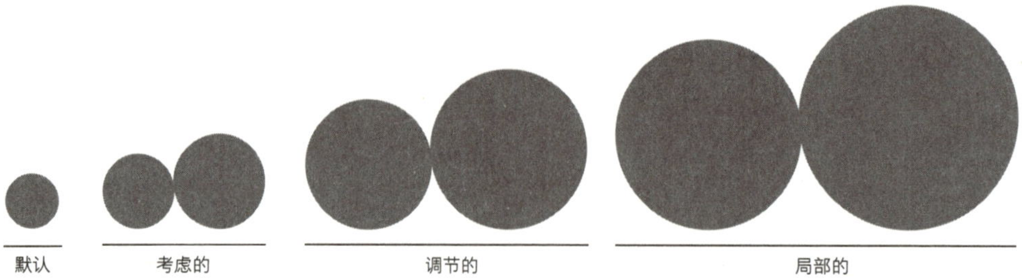
默认
考虑的
调节的
局部的

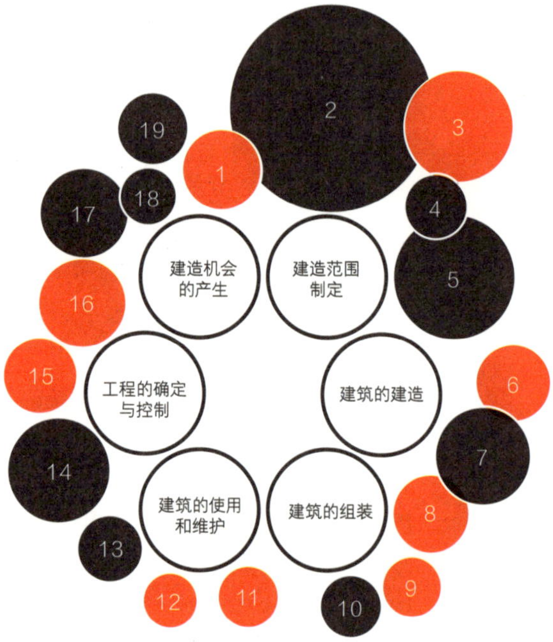
建造机会的产生
建造范围制定
工程的确定与控制
建筑的建造
建筑的使用和维护
建筑的组装
1
2
3
4
5
6
7
8
9
10
11
12
13
14
15
16
17
18
19

1. 计划
2. 空间/视觉
3. 性能
4. 规格
5. 材料/系统
6. 构造
7. 制造
8. 测试
9. 装配
10. 场地
11. 使用
12. 维护
13. 变更
14. 联盟
15. 运营
16. 采购
17. 资源
18. 利益相关方
19. 目标

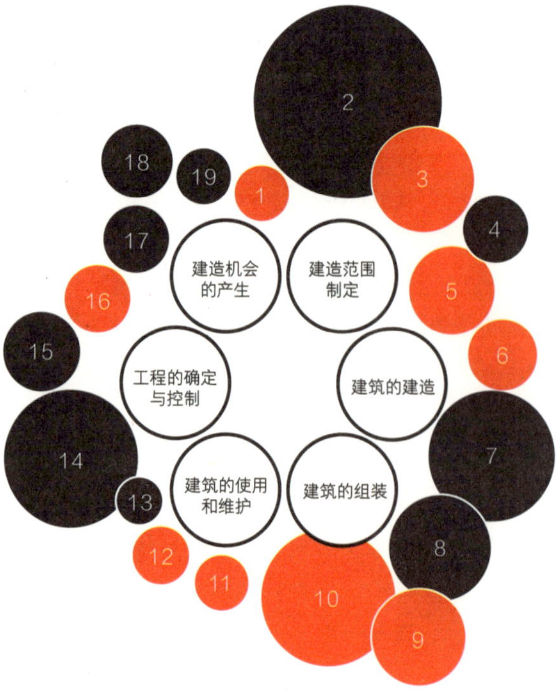
建造机会的产生
建造范围制定
工程的确定与控制
建筑的建造
建筑的使用和维护
建筑的组装
1
2
3
4
5
6
7
8
9
10
11
12
13
14
15
16
17
18
19

1. 计划
2. 空间/视觉
3. 性能
4. 规格
5. 材料/系统
6. 构造
7. 制造
8. 测试
9. 装配
10. 场地
11. 使用
12. 维护
13. 变更
14. 联盟
15. 运营
16. 采购
17. 资源
18. 利益相关方
19. 目标

图 7（上）罗马阿拉帕西斯博物馆，建成于 2006 年。主要设计顾问：Richard Meier & Associates；主要承包商：Maire Engineering。

图 8（下）墨尔本联邦广场，建成于 2002 年。主要设计顾问：Lab/Bates Smart；主要承包商：Multiplex Construction。

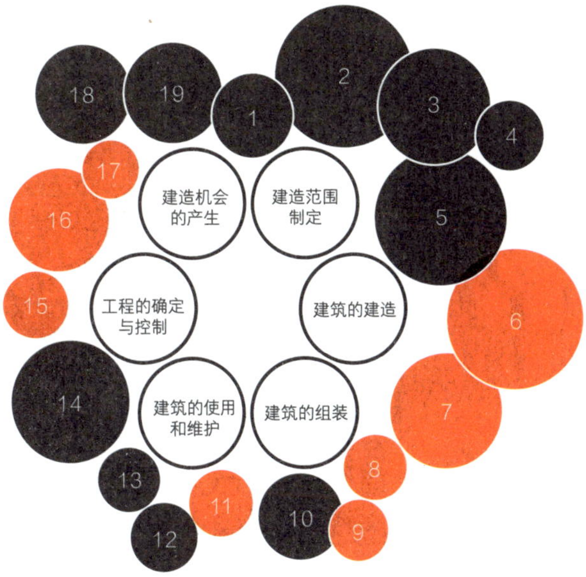
建造机会
的产生
建造范围
制定
工程的确定
与控制
建筑的建造
建筑的使用
和维护
建筑的组装
1
2
3
4
5
6
7
8
9
10
11
12
13
14
15
16
17
18
19

1. 计划
2. 空间/视觉
3. 性能
4. 规格
5. 材料/系统
6. 构造
7. 制造
8. 测试
9. 装配
10. 场地
11. 使用
12. 维护
13. 变更
14. 联盟
15. 运营
16. 采购
17. 资源
18. 利益相关方
19. 目标

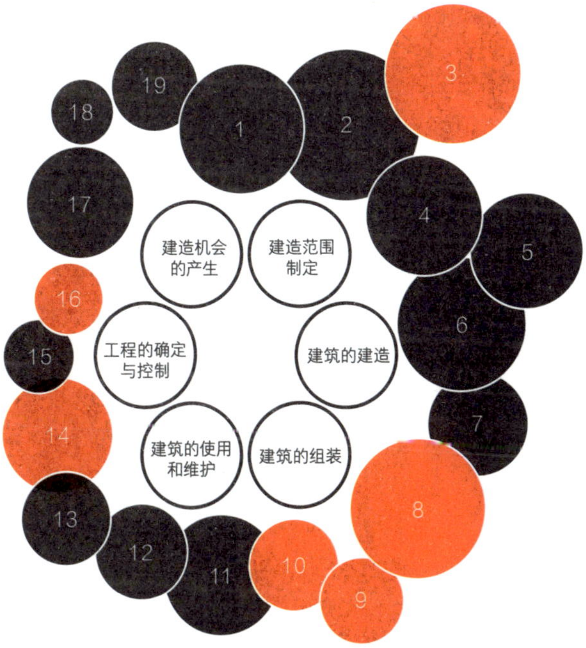
建造机会
的产生
建造范围
制定
工程的确定
与控制
建筑的建造
建筑的使用
和维护
建筑的组装
1
2
3
4
5
6
7
8
9
10
11
12
13
14
15
16
17
18
19

1. 计划
2. 空间/视觉
3. 性能
4. 规格
5. 材料/系统
6. 构造
7. 制造
8. 测试
9. 装配
10. 场地
11. 使用
12. 维护
13. 变更
14. 联盟
15. 运营
16. 采购
17. 资源
18. 利益相关方
19. 目标

图 9（上） 西蒙斯学生大厅，建成于 2002 年。主要设计顾问：Steven Holl Architects, Arup, Nordenson & Associates；主要承包商：Daniel O’ Connell & Sons。

图 10（下） 墨尔本南十字车站，建成于 2006 年。主要设计顾问：Grimshaw Jackson JV；主要承包商：Leighton Contractors。

案，导致在2005年，该建筑刚刚投入使用后不久，便产生了严重的室内空气污染问题。最终调查后发现，问题并不在于排烟口系统的模拟和设计，而在于由于项目施工的延迟，一处直接关系到建筑环境性能系统终端工作的墙体被推迟建造（图10）。

功能性设计的真相是必须进入一种相互关系当中，即必须进入一种把我们带回到建筑及其与设计的关联性的设计流程当中，并尊重和服从这样的流程所产生的意义和价值。在一个由数字技术力量增强的工作环境中，我们发现不能简单为了提供合适可用的平面而产生建筑空间以及建筑形态等等这类东西，而认为建筑学是一种文化意义上妥协、歪曲的成果。正相反，建筑学应该被理解为一种成系统的设计——或者可以说，是将下列方面有条不紊地结合起来：各部分的战略部署，建立通过相关联系来完成设计的意识，构建合适的沟通界面，确保精选的有智慧的数据流保持和谐一致的交流，排列得当的各步骤设计决策流程，并能够协调应对既有的标准法则。建筑学的这种观点和应用信息技术的系统性建筑学之间，这种显而易见的相似性是很容易令人误解的，因为系统性设计的这种建筑机制不是简单地内部操作目的和逻辑而得到结果，而是最终反映整个外部系统，是非技术性的价值。从某种意义上说，建筑设计很可能以一种无法体现价值的程序化工作日程的形式表现出来，但是在这表象之下，却总是暗含着一个概念化的或者说广义的叙事结构。

尽管如此，这个命题的采纳模糊了设计

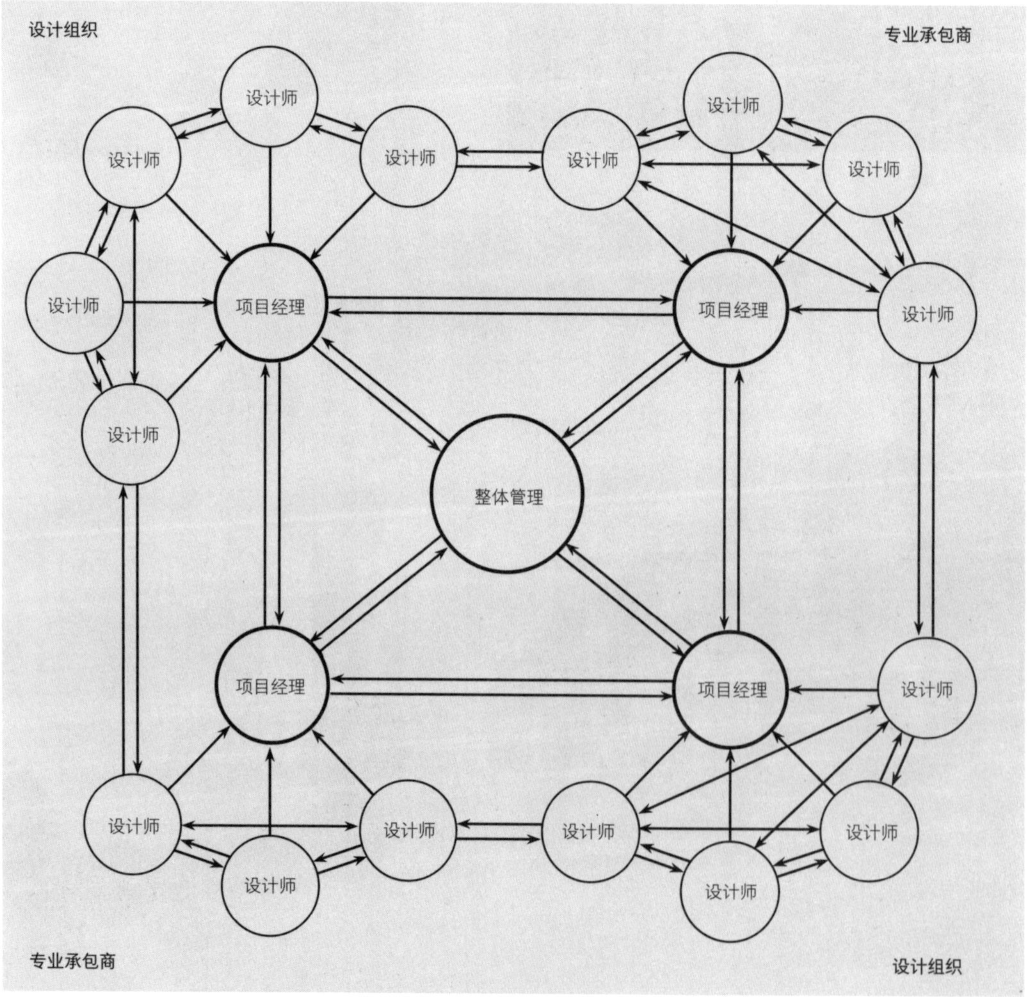
设计组织
专业承包商
设计师
项目经理
整体管理
专业承包商
设计组织

图11a 该分析图表示，设计作为一种信息遵从于管理的问题，在这里项目管理促进了设计流，但是并未在不同的设计部门间建立策略性的联系。分析图摘自Gray, C.; Hughes, W.; Bennett, J. (1994) *The Successful Management of Design*. CSSC, University of Reading.

管理和项目设计的界限。由于任何建筑项目的采购需要许多自主设计尺寸，这些尺寸要在工程建设领域内经常使用。建筑之间相对于显性价值设计流程范围的有序关系架构、理解和判断项目的目标、可用资源、一定的社会技术背景和发展时间是建立在此基础上，并且持续监控以上方面的信息流。然而，在这一点上，一个专业的问题出现了：如果当代设计过程的定义和管理更倾向于分散的环节的策略性重组，什么样的机构拥有文化概况、技术能力和社会监督，以便在一个真正的、包罗万象的关键和管理容量中发挥作用？换句话说，谁应该设计项目（而不是建筑）？谁应该管理各种设计的发展（而不是工程采购），并且这些是否区别于信息管理？

建筑技术

在当代实践框架内回答这些问题和在本书中概述的图片提出了双重挑战，一方面，毫无疑问，文中概述的功能性授权、隐含的大量专业知识以及作为设计项目建筑师所需的文化倾向，使得通过现有的概况很难填补这一角色（除非这些简介是通过扩展的多学科融合来定义的）。传统的建筑师——一个魔鬼的拥护者会说，今天几乎没有能力专业地涵盖在这个框架中描述的所有问题，特别是考虑到他们在正常过程中的代理职能已经被其他专业层面的兴起所削减或挑战。此外，越来越多的技术可用于贡献制度管理和评估项目绩效，这可以减少像建筑行业等传统上对基于经验的专业判断（被认为是受信的）的需求，即基于根据公共价值体系对客户期望的翻译，而不是基于依赖定量指标的正式（和中性）知识的应用——专家专业化的领域。[16] 如果像斯科特·马布尔在前言中所述，数字基础设施和随之而来的过程连接类型使项目运营商能够立即获得大量描述性和分析性信息；如果这些信息可以帮助定义、模拟和评估设计选项，将设计指示扩展到表达之外，包

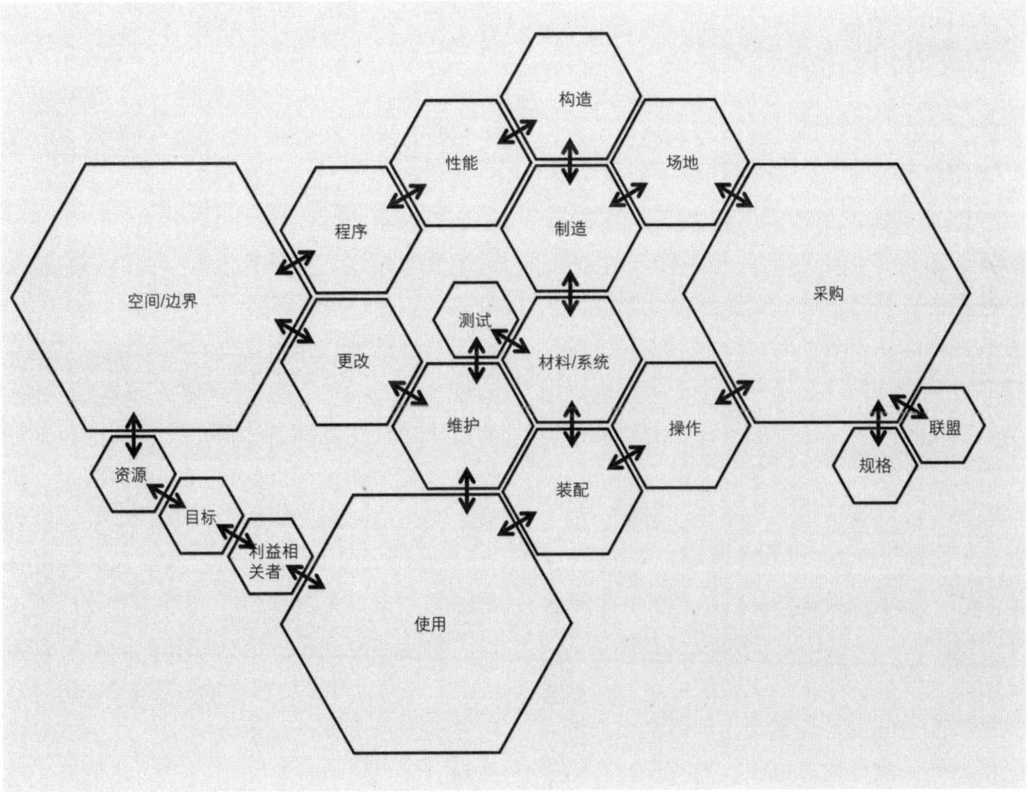
构造
性能
场地
程序
制造
空间/边界
采购
测试
更改
材料/系统
维护
操作
联盟
规格
资源
装配
目标
利益相关者
使用

图 11b 该分析图表示，设计作为一种系统的工作结构，需要被负责设计如何设计的部门建立起来，并进行有效管理。这里的关键点不是简单地跟随信息，而是定义并简化各个设计之间的联系。分析图摘自 Nicolini, D.; Holti, R.; Smalley, M. (2001) “Integrating project activities: the theory and practice of managing the supply chain through clusters”, *Building Research & Information*, 19, pp. 37–47.

括制造说明、监控所选例程的实施，并且自动化和采用动态反馈，那么相互依赖性可以令人欢喜，同时不确定性可以一笔勾销，这不是因为不确定性已经成为建筑过程的外部因素，而是因为它可以被识别和响应。在某种意义上说，具有高度整合建筑对象概念和建筑过程管理能力的技术的可用性，在专业设计职责和项目管理职能（或建设与设计目标）之间创造了机会和紧张关系。当数字设备能够极大地帮助模拟和协调能力时（这不是社会上预先分配给建筑师的东西），用技术管理者和可重复使用的数据库取代专业判断（即传统建筑师）的想法可能会变得合情合理，可能会朝着人工智能之父几十年前指出的方向发展。当然，这取决于设计功能集群是如何概念化的，以及作为设计工作核心的综合行为是仅在每个子集内还是跨子集执行的。在第一种情况下，总体项目协调可以分配给信息管理者；在第二种情况下，它必须被一个需要作者身份（而不是管理权）的真正设计命题所取代（图 11a、11b）。

设计建筑和建筑设计师

这实际上就是设计建筑和建筑设计人员之间的联系又回到了设计专业人员的角度，而不是基于技术的观点。其原因是简单的，不管建筑相关数字工具的知识整合性如何，最终重要的不是生成和保留复杂信息的能力，而是其具体生产底层的选择。对于一个有可能将建筑设计细化与任何一个内容领域联系起来的技术框架，必须选择一个包含和控制设计变量（或设计问题权重）的议程，这项议程可以很宽泛，但不能是无止境的。由于建筑不能通过无限的中性变量列表来开发（因为地点、程序、用途和其他偶然的约束条件毕竟很重要），所以必须对项目或数字信息网络的每一次具体开发中包含的内容以及哪些优先事项占据中心位置做出价值判断。管理信息不同于赋予信息意义。当一个有意义的议程被定义，不可避免地对某些问题有利，对其他问题不利，该架构的系统会产生意图，从而采取明确的文化或基于价值的方向。该系统的设计者成为政治参与者（当不是活动家）时，因为他们必须对秩序的必要性做出反应，或者从设计维度的多样性中进行选择，并承担在真实的工业世界中存在的负担。因此，这些篇幅中建议的建筑行为不仅仅是关于不同学科和数据集在程序上的有效整合，而是关于定义一个持续可重构学科的有效术语。为了解释什么是“我们所谓的设计”，我们还必须确定什么是“我们所谓的建筑”。这是有因果关系的，因此是有责任关系的。

在这一点上，设计建筑师 / 建筑设计师的任务和角色变得对社会很重要，但思维过程却很繁琐，因为在数字化先验的世界中，设计过程不能简单地规范，必须是有选择性的：可以并且因此应该对越来越多的相关设计问题 / 平台做出决定，除了少数例外，这些问题 / 平台很少是传统建筑规范或文化的一部分。事实上，到目前为止，许多可以为上述建筑提供信息的领域在建筑正式讨论或学术界中没有引起广泛的关注，也没有收到大量采购，即使源自这些领域内部的决策有可能带来远远超出建筑形式、建筑系统冲突、关键路径检测或能耗评估的重大影响。如果我们回到前面的设计尺寸图介绍（见图 2），建筑的决策问题，关于连接哪些领域的建筑决策可以在整个生命周期中产生彻底的适用性，确定与建筑或建筑未来使用相关的职业健康和安全，与生态足迹政策建立明确的联系，支持供应链规划和废物最小化目标，并处理劳动力能力建设问题。目前不可能的是，这些方面明确是大多数当前从业者所采用的设计理念的一部分，无论是否数字化，这意味着这本书主旨背后的三个问题——设计的设计、装配的设计和产业的设计——一个方面至少应该有一个其他方面结合在一起：设计一个专业的教育体系，承认数字化过程的包容性潜力，也承认现有课程的文化局限性，并在此基础上，寻求培养和促进建筑项目主持下的反思性辩论和交流。

注释

1. Ruskin, J. (1853) *The Stones of Venice*, Book 2, Chapter 6, New York & London, Garland Publishing Inc., 1979, p. 161.
2. Smith, A. (1776) *An Inquiry into the Nature and Causes of the Wealth of Nations*, Book 1, Chapter 1, London, Penguin, 1986, p. 115.
3. Venturi, R. (1966) *Complexity and contradiction in architecture,* New York, The Museum of Modern Art Press.
4. Turin, D. A. (1980) What do we mean by building? *Habitat International*, 5 (3/4), pp. 271-288.
5. Bon, R. (1991) What do we mean by building technology? *Habitat International*, 15(1/2), pp. 3-26.
6. Turin' s article was first published in the *Proceedings of the Bartlett Society* in 1967, and then republished in *Building Research and Information* 31(2), pp. 180-187, 2003.
7. Tombesi, P. (2010) On the cultural separation of design labor, in Bernstein, P.G.; Deamer, P. (eds), *Building (In) The Future: Recasting Labor in Architecture*, New Haven, Yale School of Architecture and New York, Princeton Architectural Press, pp. 117-136; Tombesi, P. (1999) *The Carriage in the Needle: Building Design and Flexible Specialization Systems*, *Journal of Architectural Education*, 52(3), pp. 134-142.
8. Gray, C.; Hughes, W. (2001) *Building Design Management*, Oxford, Butterworth-Heinemann.
9. See, for example: Coates, P.; Arayici, Y.; Koskela, L.; Usher, C. (2010) The changing perception in the artifacts used in the design practice through BIM adoption, *Proceedings of the 18th CIB World Building Congress, W078—Information Technology in Construction*, CIB Publication 361, pp. 212-223; Gu, N.; London, K. (2010) Understanding and facilitating BIM adoption in the AEC industry, *Automation in Construction*, 19(8), pp. 988 - 999; Linderoth, H. (2010) Understanding adoption and use of BIM as the creation of actor networks, *Automation in Construction*, 19(1), pp. 66 - 72; Succar, B. (2010) Building information modelling framework: A research and delivery foundation for industry stakeholders, *Automation in Construction*, 18(3), pp. 357 - 375.
10. Pietroforte, R.; Tombesi, P. (2010) Physical mockups as interface between design and construction: A North-American example, *Proceedings of the 18th CIB World Building Congress*, W096—Architectural Management, CIB Publication 348, pp. 95-107.
11. 从最广泛和最字面的意义上来说，"设计"来自拉丁语的"designare"（设计），例如用符号来表示，投射，设计，标出。
12. Tavistock Institute (1966) *Interdependence and Uncertainty*, London, Tavistock; Winch, G. (1989) The construction firm and the construction project: a transaction cost approach, *Construction Management and Economics*, 7, pp. 331-345.
13. Paolo Tombesi, In the shadow of the Sydney Opera House: An analysis of the innovation role of public buildings in different socio-technical environments, *MIUR Brain Return Programme*, Polytechnic of Turin, 2005-2009.
14. Benedikt, M. (2007) Eighteen proposals for revaluing architecture, in Tombesi, P.; Gardiner, B.; Mussen, T. (eds) *Looking Ahead: Defining the Terms of a Sustainable Architectural Profession*, Manuka, ACT, The Royal Australian Institute of Architects, pp. 301-308.
15. Tombesi, P.; Whyte, J. (2011) Challenges of design management in construction, in Cooper, R.; Junginger, S.; Lockwood, T. (eds) *Handbook of Design Management*, Oxford, Berg Publishers.
16. 作为正式知识代理人的专业人员和作为社会重要知识受托人的专业人员之间的讨论条款可以从以下内容中找到:Boggs, C. (1993) *Intellectuals and the crisis of modernity*, Albany, State University of New York Press; Brint, S. (1994) *In an age of experts: the changing role of professionals in politics and public life*, Princeton University Press; and the various contributions to Ray, N. (ed) (2005) *Architecture and its ethical dilemmas*, Milton Park, Routledge, particularly O' Neill, O. (2005) Accountability, trust and professional practice—The end of professionalism? pp. 77-88.

社会信息模型（SIM）

编者按

本书中大多数作者都是从某种独特的建筑或工程实践出发来探讨本书的主题，但保罗·陶伯西（Paolo Tombesi）却将出发点立足于整个建筑行业。他并不十分痴迷通过数字技术来设计、建造复杂的建筑工程，而是更关注数字技术对于社会及整个建筑行业大趋势所产生的影响。更具体一点来说，他在这里及在其他地方所进行的工作，就是为了建立定义、理解及评估设计建造业底层结构的理论基础。这一独特领域的研究让我们能够更好地洞悉如何设计建筑行业的未来。但是，除少数一些工程学院及商学院外，这一领域的研究在美国基本上并不为大多数人所知；建筑学教育中也完全没有提到这一块。受 BIM 及 IPD 的影响，建筑业开始不断产生新的组织结构。表现这些结构的通用图与陶伯西提出的分析及框架相比，在洞察力、想象力及深度上都要逊色得多。陶伯西提出这样的想法是为了帮助我们想象信息技术将如何拓展项目形成阶段需要进行的决策的标准。

对建筑师来说，数字技术就是一种靠数据及信息推动的设计、分析工具。陶伯西所质疑的是这一信息的本质。对完成一栋建筑所必需的资源范围、依赖性和后果的思考使他发现，设计及建造显然是某种社会生态的一部分，这一社会生态的范围远远超过了当前建筑业对它的定义。尽管我们在用于整合设计信息的数字工具及工作流程方面已经取得了一些进展，但这些信息也仅限于对建筑的物理描述。然而，建筑师不仅要负责设计建筑的物理形态，同时也要负责认真思考这些设计的社会及文化影响。可以说，数字沟通工具使建筑师得以获得新类别下的信息，但这些数字沟通工具却并没有很快地进入建筑师的设计工作流程。

随着数字工作流程的不断发展，建筑师对于其所使用的工具的要求也应该越来越高。整合及分析新类别下设计信息的需求应当能够推动新型数字工具的发展。现在想来，对于 CAD 的批评主要集中于这一工具仅仅能够简化已被使用多年的绘图流程，却没有从根本上改变建筑师及工程师的知识库及设计能力。BIM 也存在同样的风险，除非对它提出更高的要求。比如说，陶伯西简要概述了一个用于分析和理解建筑、技术及设计的框架，这一框架详尽地描述了建筑业的组成部分、参与者及运行流程，如果这一框架发展成一个设计工具，那么它就可能成为对建筑信息模型（BIM）起补充作用的“社会信息模型”（SIM）。信息模型将成为一种开放式技术，这种技术能够拓展建筑业的边界，使建筑业能够承担起更大的责任，并提供全新类别下的设计输入。

陶伯西的包含丰富信息的工作环境版本为数字模型的输出指示面板提出了新的类别，该数字模型目前主要着眼于建筑物的最直接属性，如成本、环境绩效和物料使用。这些新类别可能包含与生产某一建筑组件的劳动力相关的信息，比如制造这一建筑组件的地理位置及其最终的安装地点。尽管建筑地点不太可能发生变化，但是组件的生产地点却可能发生变化。如果信息模型能够从世界各地的工厂获得工作条件、生产进度及成本等数据，那么以上这些因素就可以被看作可变投入，设计团队可以以其价值标准为参照对这些因素进行加权衡量，并获得相应的产出。迄今为止，设计提案在形式上的复杂性是推动我们利用高级参数模型背后的主要力量。实际建造设计提案的社会复杂性及社会影响能够补充及衡量设计提案在形式上的复杂性。在当前的实践中，这些微妙的社会信息类别被过度简化，并被抽象为项目建设的一次性经济成本这一单一的度量标准。

目前，建筑业利用数字技术主要是为了简化工作流程，增加施工程序的效率。除此之外，陶伯西还对数字工作流程提出了更为广泛的挑战，他想使数字技术不仅仅是作为一个设计程序上的工具而存在，而是使其更具社会性，使其能够获取并利用定义建筑社会影响的信息，以拓展建筑设计的目标。

从 2D 到 3D

托姆·梅恩

托姆·梅恩（Thom Mayne），Morphosis 建筑师事务所创始人及设计总监，加利福尼亚大学洛杉矶分校教授。

我们可以很清楚地发现，数字技术正在使建筑及其实现方式发生改变。3D 数字设计工具使我们能够同时设计建筑的形式并组织其逻辑。设计流程自身具有可塑性和持久性，包含了通过形式、组织及技术上的变化实现的迭代。同时，现在的技术已经非常强大，它能让我们在进行实际建造之前快速地虚拟构建并测试我们的设计。建筑材料上的发展及施工流程上的创新让我们得以追求更高水平的表现。反馈不仅被纳入了设计模型的形式，同时也被纳入了它的组织逻辑。参数建模让表现及形式几乎融为一个统一的有机体。总而言之，结果就是始于抽象、终于具体的知识进阶，从概念到现实的无缝对接。

设计

Morphosis 的设计过程第一次实现从 2D 到 3D 的转变是在 1990-1991 年，这一转变发生得非常突然。那时，我认识到建筑业的未来在于数字化。我们的第二次转变是在十年之后，当时我们开始使用日后将彻底改变建筑业工作环境的 BIM。我们当时认识到这一转向的必然性，没有其他选择；它将至关重要地为我们提供前所未有的可能性。要是我们没有听从这一直觉，我们就永远不可能设计出我们之后的作品。

自钻石牧场高中（Diamond Ranch School）设计工程起，我们开始从小项目逐渐转为接手大项目，这一情况要求我们能够更好地应对组织上的复杂性，因此，我们设计中对计算的关注开始转移至 3D 领域，并同时推进了方案理念的参数化转变。旧有标准做法是：先画出建筑的平面图及剖面图，然后再进入技术上的细节设计。在我们开始利用 3D 数字模型设计工程项目之后，这种线性设计方法就被逐渐弃用。3D 设计方法在不断发生演进，现在，利用 3D 技术，我们可以对一个部分及区域以不同的具体程度存在的工程模型进行操作。对模型不断进行重复能让我们探索某些设计区域是否还存在其他的可能性，同时也能让我们确定某些区域就是应该采用某种解决方案。在之后的重复中，我们的想法会发生变化，我们会认识到模型的某些部分需要变得更加具体，而另一些部分则需要我们探索更多的可能性。这种非线性的工作流程增加了工作的灵活性。

参数建模能够加快设计流程。我们发现，当我们想出新的概念时，我们可以在规模和细节度上进行灵活转换，而不是线性地从设计图到设计发展再到最后的建筑施工。一般来说，维持一项工程的技术细节的工作量意味着细节增加得越多，产生的修改被传递的速度就会越慢。现在我们可以在做出一个设计后，仍可根据任何数量的生成影响来不断对其做出调整。例如，与制造经济相关的参数及规则也能够被编码进设计模型。在设计改变的同时，也可以同时考虑到建筑的可施工性。

参数建模也使我们可选择的数量呈指数级上升，并让我们拓展了一直以来都在使用的组合语言。由于更多的迭代和更多的选择，建筑师与设计中介及设计工具的关系发生了改变。从这些单一的系统中可以出现类似的产出及质量。因此，这些系统的操作者，即建筑师，就必须要强有力地确立自己的原创身份。速度缓慢的、精雕细琢的绘图过程被艺术性的选择及编辑过程取代。这些生成过程能够处理复杂得多的变量，并产生它们自己的产出，这些产出远远超出了我们之前想到的可能的出发点的范畴。若有意操控这些程序的行为，我们可能会得到意想不到的产出。重要的是，设计也会决定我们对工具的选择。关键在于控制，根据你的设计目标及设计过程中任一阶段的需求选择正确的软件。如果这一软件没有给出合适的选择方案，那么就必须要换一个软件了。

新型计算进程极大地拓展了这一设计方法的能力。设计师将扮演两种角色：开发输入逻辑及生成过程的行为，同时还要对生成的选项进行筛分。这些生成过程能够处理一组更为复杂的变量，从而产生超出我们预先设定的可能的出发点范围的输出。刻意控制这些程序的行为会生成偶然的输出。生成过程及从中选出的产出并不是最终的结果，而是建筑师更广泛的设计过程中的一部分。随着时间的推移，动态的高性能创意生成器与设计者在更广泛的设计过程中协作。正是这种在偶然与任性、确定性与可能性之间的范围使得数字技术能让我们进一步去探索，反过来又让我们重新对建筑、对组织结构及对一致性进行思考。

设计思路的表现方式

建筑作品完全取决于设计思路的表现方式及在建筑上的投资是否具有可靠性。很显然，设计思路的表现方式，如平面图、剖面图、3D 绘图、模型、效果图等，都是同一事物的不同“输出”，在 3D 打印技术出现之后更是如此。在构建起数字模型后，我们的 MEP 及结构团队就会利用这一模型在几天内提出一个可行设备或结构方案。比如施乐公司（译者注：美国施乐公司是全球最大数字与信息技术产品生产商）打印出实体模型，继而可以分配给不同的像结构师一样的设计合作人员。在上海巨人集团总部项目中，我们在 3D 软件中模拟了建筑的表皮、玻璃纤维增强水泥（GFRC）、建筑结构及其他大型组件，而非图纸，图纸是完全没有任何作用的。

计算机及数字生产技术的发展拓展了建筑这一学科。科技让我们能够控制自己的创作过程的本质，同时也让我们能够控制设计的实现过程。建筑师的责任已经从单纯的设计扩展到建筑的性能、施工、建造及安装等整个过程。同时，技术也正在改变承建商的施工过程，改变了他们的计划及建造方法。

有些人担心，建筑师担任的角色的扩大化会让他们面临更多的风险。在此前实践中，设计的风险和执行这些设计的风险中间有一道防火墙，因此，现在才有人会有这样的担忧。事实上，对建筑设计这一职业来说，更大的风险在于建筑师所扮演的角色将会越来越小。Morphosis 从来都没有面临过这样的风险，因为我们的工作是一种能够实现产出的复杂交互，而不仅仅是产出某样东西本身。我们开始时就是接手一些小型项目，对其进行设计及建造。我们一直都是建造者。三十年前，我们在手工层面上进行工作，与承建商在设计的初步阶段开始进行合作。有了 BIM 之后，我们就可以回到最初的参与水平，与制造商合作，在第一阶段的图纸中制定制造策略。

建筑设计是一项综合性行为。来自许多专家的信息及来自许多方向的力量都将经建筑师之手合为一项单一的作品。建筑师、工程师、制造商及承建商之间的信息共享将消除设计与施工建造之间的分歧。3D 技术能够促进这一整合，协调某一具体领域各人所需负起的责任。3D 能够增强合作精神，增进双向沟通。设计师能够更好地将承建商的投入纳入他们的作品中，承建商也能够对设计过程做出贡献，更好地理解设计意图，并在进行建造工作时保持设计的整体性。

我们从旧金山联邦大厦项目开始，在设计发展之始就采取这种方法，并贯穿整个前期建造阶段及实际建造阶段。在施工图设计阶段，我们引进了次级承建商来帮助我们评估最为重要的建筑组件的成本模型及风险管理。我们完全运用 3D 技术开发出了一个复杂的、动态的模型，来展现双层表皮，给这一模型设定的容差值也是非常之小。我把我们的 3D 模型给了次级承建商，他们对这一模型进行了发展和简化，使其能为他们的建造过程服务。

用非常清晰明了的语言建立建筑模型，确保这一模型中不包含任何假设和歧义，可以增大清晰度、降低风险、减少对于风险储备金的依赖度，以及节约成本。省下来的这些开支可以用来支付运行 3D 模型的额外费用，如果合作成功的话，甚至建筑师的工资都可以由这一部分资金来支付。

对先进概念的探索

同时，数字化集成的建造方法、新型装配模式，以及新型建造计划模式也让建筑过程更具整体性。这些新的高效的、可快速配置的生产方法可生成定制化的建筑元素，取代从产品目录中选择的标准产品。工具的快速更新增强了建筑生产者在项目设计阶段的合作能力。

没有数字集成方法，我们就不可能探索更为高端的概念，产出复杂的建筑式样。在 41 号库伯广场（41 Cooper Square）、加利福尼亚理工学院卡希尔（Cahill）天文及天体物理学中心和上海巨人集团总部项目中，我们都通过数字技术与建造者进行了合作。在库伯中庭网架建设上，我们尽可能地运用数字技术来与承建商及次级承建商协助，解决细节问题，以求简化这一基本靠人力完成的工程的工作流程。我们对加利福尼亚理工学院工程中复杂的几何图形几乎实现了无缝整合：Morphosis 的控制几何学被嵌入次级承建商的细节模型中，他们利用数字技术，通过模型切割出需要的部件，提前在工厂中制造出了大体的框架，然后在施工地点完成组装。在上海巨人集团项目中，我们也利用了相似的数字整合制造过程实现了与建造者的合作，建造出了这一建筑的抛物线锥形体等复杂的形态。

现在，我们正在进行一些实验性项目，与制造商一起研发新型技术。在达拉斯佩罗自然科学博物馆项目（见本书中该项目工作流程案例分析）中，我们正在研发以复杂的随机图案组织起来的大型预制混凝土板。数字工具让我们得以制造出这一面板不规则的图案安排，设计出其三维、非正交直线的形态，还有能够反映出与太阳关系的光影图案。一开始，预制混凝土制造商完全不清楚应当如何制造这些复杂的面板，我们和他们一起合作，设计出了面板的雏形，使这种面板的生产适应他们的标准化生产流程，然后创造出了更具创新性的产品。我们现在与制造商的合作非常紧密，他们几乎都可以算是我们设计工作室的延伸了。他们在不断地给我们进行反馈。建筑的这一个方面本身就成了一个完整的工程项目，并且合作创新的过程也让我们得到了新型的产品、生产过程及工程项目。

我们现在正在进行巴黎拉德芳斯大厦的建筑工程，这是我们迄今为止接手的最复杂的项目，该大厦（见本书中该项目工作流程案例分析）建成后将会成为巴黎最高的建筑物。我们现在早已摒弃了老式的想法，转而决定设计出一座高效能、极度复杂、规模宏大的大厦，没有先进的数字技术的帮助，这一工程是绝无可能实现的。在整合了斜纹框架、玻璃幕墙和第二层表皮后，我们已经进入了数字工作流程的新阶段。

数字技术极大地增大了工程的信息量。建筑师负责设计整个工程团队的整体工作流程，各个工程团队也都能够自己产生一些想法。在早期设计概念创始阶段就将承建商纳入设计过程中来，能使设计师在设计过程中考虑到现实的、物质性的因素。建筑师并不是在进行设计，我们是在为建造建筑物的合作过程提供信息。

图 1 位于达拉斯的佩罗自然科学博物馆的 3D 打印模型。

图 2 建设中的库伯联盟学院（Cooper Union）学术大楼中庭。

一次性编码，持续性设计

马蒂·达索

马蒂·达索（Marty Doscher），洛杉矶SYNTHESIS技术集成公司创始人及总监，曾在Morphosis建筑师事务所担任8年技术总监。

Morphosis的设计哲学实现了从模拟到数字流程的平滑转变。新型工具及技术的发展促进了设计想法及工作流程的进步。在发展我们现在最为复杂的项目中使用到的高级计算设计系统时，我们一直注重强调设计师在引导设计流程中所发挥的中心作用。这些技术演进的潜在基础就在于，要在系统性工作流程的优势和必要的设计灵活性上实现平衡。这些工具和技术的发展是在日常操作中实现的，在日常操作中，我们积极地在某一给定项目的需求中寻找机遇，以实现设计及建筑的更大整合。我们一直在研发项目实现模式，并开始基于过往经验开发出更具普遍性的工作流程，这样的工作流程可以被运用于更多不同的工程项目。

设计团队

一种新型的协同设计团队已开始在建筑设计工作室中产生，这一团队融合了建筑设计师和计算设计师的技能。这种合作设计团队演进的第一阶段就在于将能够自由探索设计想法及灵活绘图的传统设计师与计算设计师相配，后者会将设计过程的一些部分自动化，以加快设计反馈的速度。在这种情况下，计算设计师会运用他的设计敏感性来解读另一设计师的草图，并将其转化为可用于计算的语言，然后再将结果反馈给团队，以供一步修改。下一步就是要鼓励设计团队中更多的成员参与到编码中来，鼓励他们学会基本的脚本语言，更重要的是，对于基于规则的设计系统要有一个概念性的了解，这样，一个设计团队才能增进沟通，变得更加统一。发展到了这一阶段，设计师识别及利用其设计中“可被计算”的方面的能力开始有了改变，他们常常开始自己设计数字工具。在当前的发展阶段，建筑设计师与“黑箱”进行心照不宣的互动这种普遍的看法消失了，设计师不仅更多地参与到其设计中明确的、抽象的部分，同时也更多地参与到代码编写中去（图1）。

计算设计以前被认为是一种特殊技术，只有具备数学天分的人才能掌握，但是现在大多数设计师都已掌握这种技术。对于数字化在改变设计进程方面的潜能有独特理解的设计师能够写出定制软件，以支持团队的某一设计方法，拉德芳斯大厦项目就是如此。在写入输入之后，计算设计能够快速生成复杂的几何输出，拓展了传统设计的能力及优势。在某一项目的后期阶段，这一快速的工作流程能够被扩展，以纳入更多的技术信息，如结构性能和能源分析等，并得出一个经过压缩的反馈环路，这一反馈接近真实情况，并能反映设计标准。分析与建筑实际性能的模拟融为一体，使设计和建筑概念能够同时发展。

设计系统

建筑设计由一群具有创造性的人员合作推动，其过程具有高度的特殊性，随着项目的开展，设计工作也会受到许多外来因素的影响。建筑设计的高度创造性及其受外部条件的约束性要求设计工作流程具有高度的灵活性。在 Morphosis 正式采用计算设计系统之后，这一点就成了一个很重要的考量。我们将其看作一个将技术松散连接起来的不同步网络，这一网络能够在一项工程的技术标准和设计的创造性方面实现动态的、具有高度可塑性和结构性的关系。有了这种方法，创造力既可以作用于设计系统的内部工作方式，也可以作为一种随机的影响力，起着平衡这些系统中理性逻辑的作用。设计系统是为了设计目标服务的。

一次性编码

Morphosis 采用的设计系统的特色就在于,这种系统有选择地利用了定制软件编码(定制编码)，这些编码一般寿命都很短，甚至可以说是一次性的。定制编码是有意地根据手头任务所要实现的目标而编写的，是为了要在项目设计中的某一时刻产生某一具体结果。它并不怎么强调编码是否完美，而是更强调目标，这有利于鼓励更加自发的、富有创造性的思考。定制编码通常都会包含一些涉及某些方面输入的编码惯例，它能够预估设计师会希望得到怎样的理想结果。

建筑设计师一般都有很强的直觉能力，知道怎样的组织逻辑能够帮助他们发展其设计想法。建筑师常在建筑立面的图案这一元素上探索这些逻辑。各种各样的图案技术都被应用于某一给定表面，用以探索一系列得到的设计及理想效果。设计师能够凭直觉知道需要对图形逻辑做出改变的时机，并且能够在设计过程一开始就预料到这一点。比如说，适用于锥形表面的图案技术可能并不适用于立方体的表面。这样的话，设计者将可能放弃这种技术，寻找

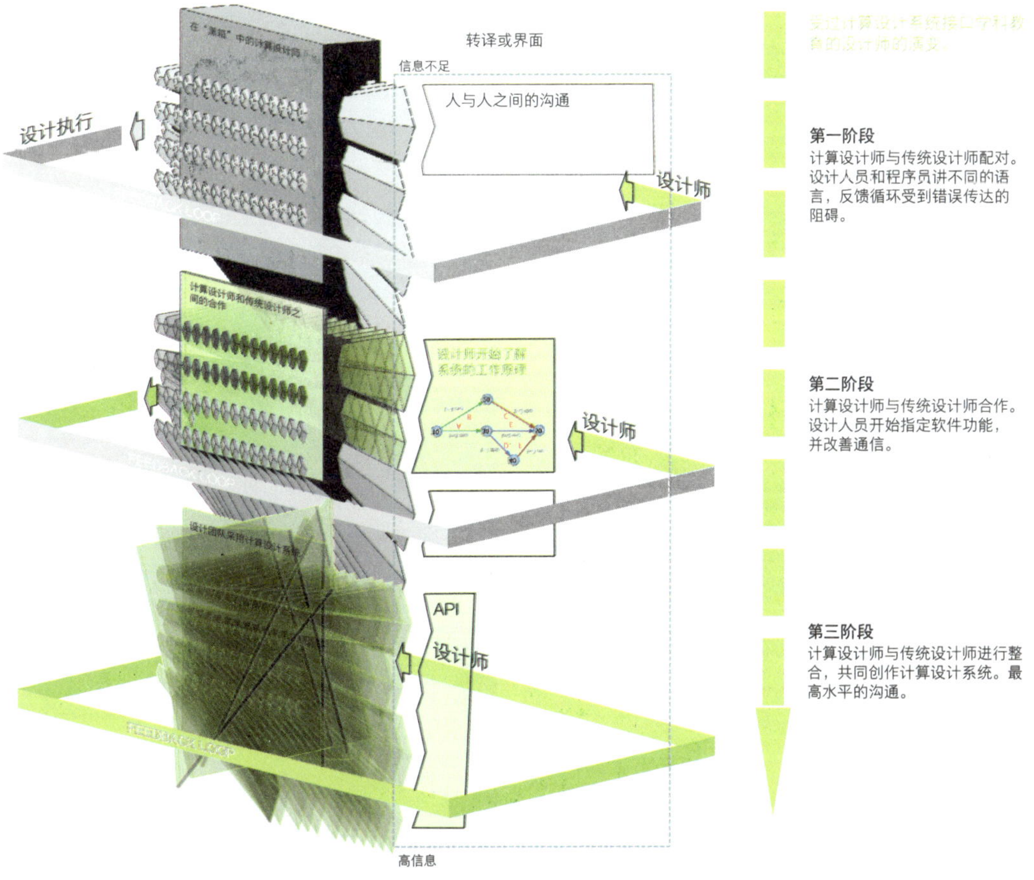
在“黑箱”中的计算设计师
转译或界面
信息不足
人与人之间的沟通
设计执行
设计师
计算设计师和传统设计师之间的合作
设计师
设计团队采用计算设计系统
API
设计师
高信息
第一阶段
计算设计师与传统设计师配对。设计人员和程序员讲不同的语言，反馈循环受到错误传达的阻碍。
第二阶段
计算设计师与传统设计师合作。设计人员开始指定软件功能，并改善通信。
第三阶段
计算设计师与传统设计师进行整合，共同创作计算设计系统。最高水平的沟通。

图 1　计算设计方法的演变：在以上三个阶段中，设计意图沟通整合进数字设计系统的程度在逐级增强。

另外一种可能更为适合的技术，而不是试图改进这一技术，以使其适应新的表面。这说明了运用传统设计技术时直觉性思考的灵活性。然而，计算设计师在应用编码设计技术时常常不愿意完全替代已经完成编码的逻辑，即使重新进行新的编码显然效率更高。投入的时间使设计师难以以一种类似直觉思考的、更加灵活的方式进行工作。

为应对这一趋势，Morphosis 开始构建新的项目工作流程，这些流程将设计系统中各个部分的编码看作是一次性的，在其完成预定目标之后就失去了作用。相反，含有累积起来的设计决策及一项工程的参数关系的计算机模型这一设计中介将持续存在，并推动工作流程的发展。这一中介往往就是一个简单的 3D 几何结构，它既包含了前一技术的输出，又包含了后一技术的输入。这一中介的寿命比有条件的定制设计要长。这一方法增加了新产生的设计冲动的灵活性，使其在工作流程的任一阶段都能够实现进入，为意想不到的惊人设计产出提供了可能性，这一产出代表了将创造性想象和计算技术整合起来的独特优势。同时，它还为替代更为常见的计算设计模式提供了新的选择。在常规计算设计模式中，在设定设计模式逻辑过程的早期就需要确定设计意图，设计意图确定之后，对变动设计的探索就只能在有限的范围内进行。更为先进的编程技术增加了数字工作流程中的设计灵活性，这在未来可能成为建筑师及建筑学教育的主要挑战之一。

设计界面

随着定制编码技术在设计媒介发展过程中的不断积累，出现了某一设计媒介的输出不能作为另一媒介的输入这样的局面。输出是设计流程中不可分割的一部分，在其作为有用输入，服务于接下来的定制编码技术之前，设计师需要不断对其进行评估。因此，将输入合理化，并构建一个能将输入引入有序流程中的界面，以实现理想结果，就成了这一过程中的关键一步。程序员并不能够预先假定设计会一直保持不变，因此，以上操作并不是仅仅进行一次就可以的，而是应当在中介状态每一次发生改变之时都要进行。我们不能假定对设计师迭代操纵媒介的隐性本性的理解是始终不变的。尽管设计师原来的表面、图案，及被合理化为输入的东西将会变得不可区分，但是这一逻辑上的重新排序却是设计工作流程中必不可少的一部分。

工作流程就是设计的媒介。它并不是单一的，它可以包含虚拟建筑模型、实体 3D 模型、工程分析模型、建筑信息模型，或任何其他能够影响设计的数字信息形式。这通常要求我们设计出这些不同系统中不同软件平台间的互联方式，并考虑到它们各自的编程接口。之前，连接多重专业设计及工程分析平台的能力仅限于文件格式转换，常常削减了模型的几何智能和组织逻辑性。计算设计师现在能够编写出不仅可以产出形式结果的代码，还能够产出其他系统能够解读的代码。这一“元代码”能够传达在每一个平台上都具有连贯性和关联性的组织逻辑。项目越是进入后期设计建造阶段，对这一逻辑的维持及传达就越是重要，这时被加入设计模型的信息是为了完成某些具体任务。事实上，对模型逻辑的交流常常与对设计本身的交流一样重要，尤其在涉及项目执行任务之时。

图 2 3D 打印模型与实际 3D 建模的同时使用能使设计团队将注意力集中在某些具体的设计问题上。

3D 打印

3D 打印也属于能够缩短设计意图（输入）及设计结果（输出）之间反馈回路的数字集成设计系统。3D 打印能将虚拟模型变为有着低分辨率立体像素的实体。2001 年时，Morphosis 第一次引入 3D 打印技术，之后，它就成了我们新工作流程中不可或缺的一部分，它使设计师得以将他们的意图变为虚拟模型，然后像拍快照一样产出实体缩尺模型，用以评估设计进展。实物能让人对三维形态有一个更为全面的了解，因此 3D 模型的作用就在于它能帮助设计团队将其着眼点集中于根据设计意图来评估这些模型（图 2）。3D 模型的手感十分粗糙，颜色也完全一样，可以把这些模型看成 3D 草稿纸。事实上，开会时，设计师常常拿铅笔在 3D 打印模型上描画，以使讨论能跟得上设计团队的创造过程。随着项目的发展，3D 打印模型还可被用在其他方面。草图建模技术是将整个建筑以小比例尺打印出来，以研究建筑整体的几何结构及其与环境的关系，与此同时，对项目研究的规模可以进一步扩大，细节程度也可以进一步上升。拥有复杂空间关系形态的区域通常会被 3D 打印出来，作为扩大化的截面模型（图 3）。墙体组件、建筑表皮及结构系统的多种可选方案都被以大比例尺打印出来，用以研究建筑的构造，并促进与工程师、制造商及建造商的沟通（图 4）。设计过程中电脑模型里积累起来的虚拟的、分析性的、抽象的信息的数量虽然在不断拓展，但是不断更新的 3D 实体模型却能够反映及整合设计团队全体成员的努力，增加工作环境的凝聚力及效率。

适于建造的设计模型

数字设计建模的一个重大进展就在于，在项目的制造及建造阶段，这些模型得到了持续使用。数字生产技术让我们能够在“实现什么”（设计意图）及“怎样实现”（建造方式方法）之间建立直接的联系。数字信息虽然并不是直接以计算机数控制造文件的形式存在，但设计师提供的这一信息通常会有助于传递承建商的工作。

当承建商能够通过 3D 模型直观地看到设计结果，而不是通过 2D 图纸来解读设计意图时，承建商自身也能获得更大的生产效率。除此之外，3D 模型更为重要的优势在于，结构良好的数字设计模型不仅能够传递设计信息，还能够说明执行框架。执行框架是说明建造顺序的组织逻辑，也是直接进入制造和建设的基元。出于技术和法律因素的考虑，目前的工作流程一般都要求制造商和承建商重新构建建筑师提供的设计模型，但是，Morphosis 现在正致力于构建适于建造的设计模型，因为我们相信这会成为未来的行业新标准。

图 3　纽约库伯联盟学院学术大楼的 3D 打印建筑截面图模型。

图 4　巴黎拉德芳斯大厦外观组件模型。从设计发展模型中直接获取的 3D 打印模型能让我们快速地产出各种各样的模型，这就意味着，我们可以同时研究许多不同的设计方案，并且每一种方案都具有很高的技术细节度。

发展项目设计及生产工作流程时，纯粹的计算机数控进程不一定是必然的方法。通过我们最近在一些复杂的建筑上获得的经验，Morphosis 进一步发展了使技术适应具体情况的想法，这通常涉及将人力与计算机辅助技术结合起来。库伯联盟学院新学术大楼的设计就是如此，在这一项目的外观建设上，我们运用了先进的数字制造及协作建造系统（图 5），在组装天花板的时候，我们开发了一个系统，用以协调各部门的工作（图 6）；此外，在中庭网格建设上，我们既运用了数字技术，也运用了手工操作（图 7、图 8）。

工业组织

随着信息技术的应用提升，伴随着相应的业务压力，要求我们用更少的时间、更少的资源，以及更低的费用生产出更多的设计方案。在设计新兴市场中的工程项目时，这一状况更是夸张。事实上，受全球化的影响，建筑师的薪资越来越低，这是当今设计行业所面临的主要挑战之一。高价值的建筑要素通常在形式和性能上都非常复杂，这些要素现在一般都在劳动力和成本相对较低的经济体及地区生产，这就扭曲了建筑成本和建筑师薪资之间的传统关系。设计和工程公司迫于压力，不得不将一些工作外包出去，如 BIM 编程，这样才能够降低劳动成本，同时维持高质量的服务。要使一

图 5　库伯联盟学院学术大楼的外表皮使用了设计及建造流程中的自动化技术，实现了设计师和制造商之间直接的数字交换，建筑业主、承建商、次级承建商和设计团队间意见统一，协同作战。

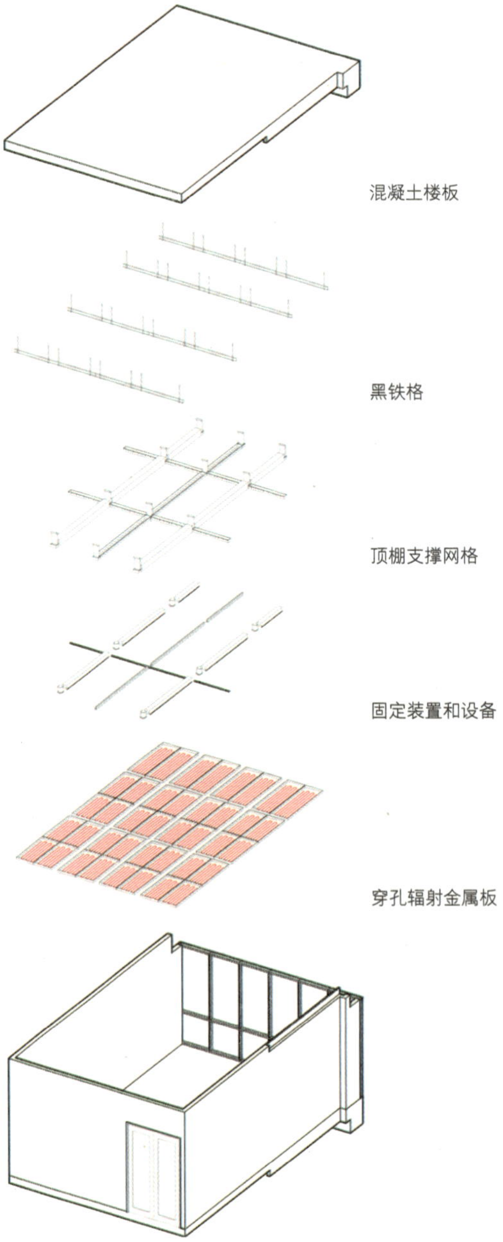
混凝土楼板
黑铁格
顶棚支撑网格
固定装置和设备
穿孔辐射金属板

图 6　库伯联盟学院学术大楼顶棚上的辐射制冷 / 制热系统都是通过模型来虚拟协调而成的。这一模型对设计师和制造商都十分重要。

个设计工作室熟练掌握BIM的成本是很高的，而这些服务的价值与设计的价值相比却是很低的。[1]一些公司在当地政府允许的地方建立了分公司。如果当地政府不允许，那么与当地公司进行合伙就是一个合理的选择。但是尽管数字化合作降低了这种合伙的难度，如何高效整合相隔距离较远的团队成员依然是一个挑战。在建造过程中，沟通和团队协作面临着更大的挑战。Morphosis的每一个项目中，设计团队成员几乎都要一直待在建筑场地进行实地指导。

设计是一个涉及不同团队互动行为的复杂网络。设计团队正变得越来越大且多样化，他们产出的设计信息也越来越复杂，于是，建筑师也就越来越像是一个整合这些信息的整合者。建筑师的这一角色似乎并不是建筑师自己的选择，而是其对执行建造工作的复杂性正在不断上升这一现实所做出的务实回应。建筑师希望在建造过程中，其设计能够尽可能地保持原样。根据过去的标准做法，建筑工程的发展是遵循一个线性轨迹的，而如今，工程项目的时间表可以被任意重排，以更高效地连接起团队成员、各种因素和所做决策之间的关系网。不断循环的设计回路进入了三维领域，就像一个交织在一起的双螺旋一样，与制造、组装及建造信息等循环的回路连接在了一起。这些回路既对建筑师提出要求，又为其提供机遇，使其能够定义新角色、精心设计影响设计价值的工作流程。

受以消费者为导向的、既有面向社会的也有面向商务人群的虚拟社区的影响，数字沟通技术在整个社会的发展速度比其在建筑业内的发展速度要快得多。然而，由于建筑业中的项目团队通常都是由临时组织起来的人员构成的，在进行某一项目时需要把他们快速地组织起来，项目完成之后又需要快速地解散这些人员，因此，快速将来自不同地区的人群连接起来的沟通技术，可能会给设计建造业带来独特的益处。作为建筑师，我们要运用自己编写的、能使设计流程自动化的软件，我们要和靠数字化推动的制造系统相连，甚至现在还开始生成能够驱动机械臂系统的信息。软件现在不仅仅是一个工具，而是一个合作者。信息，甚至是知识产权，在此前受到严格限制的边界上自由流动。文化和技术上的改变正在不断加速，这将继续向建筑师施压，使其做出相应的、恰当的回应。因此，从CAD到BIM再到VDC等内部发展，从数字化到虚拟现实再到合成生物学等外部发展，都将推动设计实践和建筑行业的继续发展演进。

图7、图8 库伯联盟学院学术大楼中庭内部由纤维玻璃加固的石膏网格的安装协调过程体现了先进的数字建模技术的运用，但是实地操作并不取决于计算机数控，而是取决于石膏艺术的运用。石膏网格板形状的旋转和切割都非常独特，因此设计师和工程师要先一起编写出程序，确定好几何图案，然后再画出易于理解的旋转模板图，供现场的石膏匠人参阅。在这个案例中，工作流程从数字转到了手工。

注释

1. 为维护其在工具更新方面的投资，美国钢铁工业阻挠了新兴经济体国家获得先进技术的努力，如小型钢厂中的应用技术。此举是为了防止不公平竞争（摘自路透社，07/06/2010,http://www.reuters.com/article/idAFn0651479520100706）。

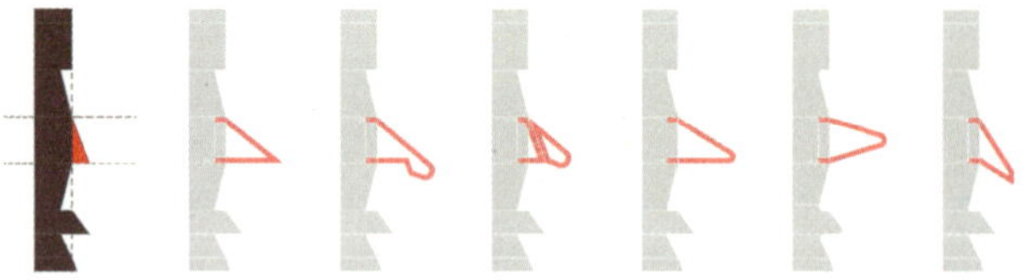

佩罗自然科学博物馆

工作流程案例分析

达拉斯佩罗自然科学博物馆（Perot Museum of Nature and Science）既运用了数字技术，又展现了匠人的技艺，发展出了一种支撑设计的创新性工作流程。在建筑物外壳建设方面，起初，设计师需要与预制件制造商紧密合作，后来，开发出了一些新的建造技术，这种技术在确保生产方法在经济上可行的前提下，能允许最大限度的设计灵活性。建筑的外墙挂板包括3D预制混凝土板，表面有平面，也有曲面。面板表面的3D特征模式各不相同，可实现梯度分类，也使整个表面看起来更加平滑。特征数组设计用于优化以节省开支和增加变化。每个面板都被分为有着相同尺寸模块的矩形网格。这一设计模型体现出了一种经济的制造系统，这种系统会直接转变为预制件制造商的生产及制造方法。

工作流程1（上）佩罗自然科学博物馆3D预制板的设计研究。

工作流程2（下）板面外部含有各种3D效果。设计师利用参数工具来研究每一个图案的变化，用红线表示。

COORDINATE EDGE DETAIL
ESCALATOR

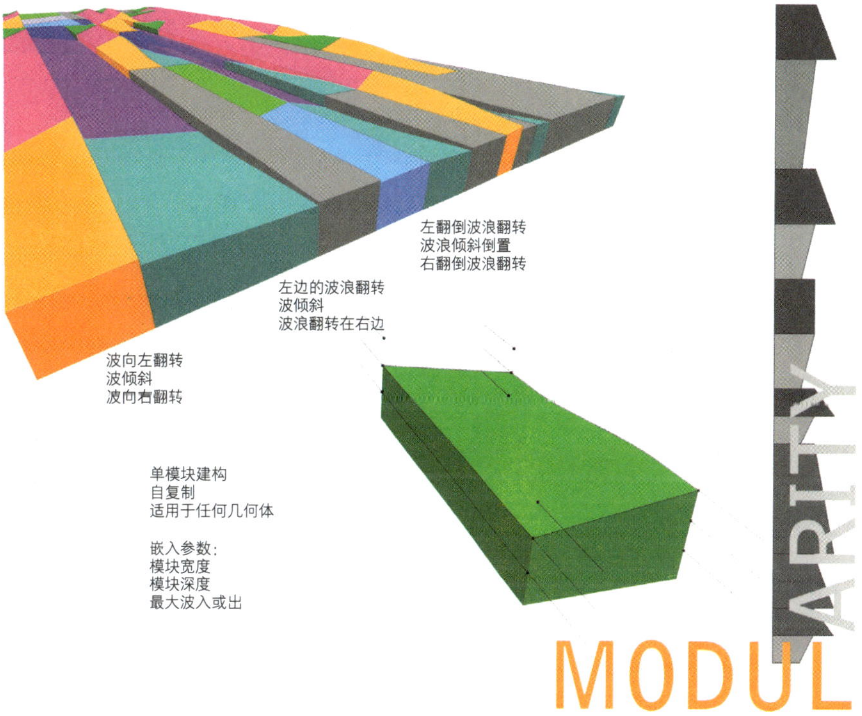
左翻倒波浪翻转
波浪倾斜倒置
右翻倒波浪翻转
左边的波浪翻转
波倾斜
波浪翻转在右边
波向左翻转
波倾斜
波向右翻转
单模块建构
自复制
适用于任何几何体
嵌入参数：
模块宽度
模块深度
最大波入或出
ARITY
MODUL

工作流程 3（左） 将每一个面板分为大小相同模块的长方形网格。白色区域为没有 3D 效果的平面面板，而彩色区域代表放有模板衬垫的网格模块，该模板衬垫用以产生 3D 效果。每种颜色代表不同的模板衬垫。

工作流程 4（右上） 设计模型表明了预制板和建筑的其他要素互相协调的点上的具体的、特殊的状况。模型上高度的技术细节使设计团队能够在设计过程中解决与可施工性相关的问题。

工作流程 5（右下） 该设计研究表明了实现预制混凝土板模块化的方法。彩色方块代表了预制板模块的立体几何。这些模板是根据混凝土板的镜像形状铸造成 3D 形状衬垫。

工作流程 6a（左上）　预制板的生产方法。预制板制造商将设计表面反转，制造出一个样板，之后再根据这个样板浇铸每一个独特的模块。

工作流程 6b（左下）　浇铸时，要根据设计师的布局图将模板衬垫摆成预制形式。用这一个模具就可以铸造出许多不同的模板衬垫。这一模具还可以被再利用，用以制造其他独特的面板结构。

工作流程 6c（右上）　本来考虑使用泡沫来做 3D 模板衬垫雏形，但因成本太高也被放弃。预制物制造商转而选择让他们公司内部的技艺高超的木工来制造 3D 模板衬垫。

工作流程 6d（右下）　一个面板的实体模型。

工作流程7 将混凝土预制板安装在钢结构上。

AREVA

巴黎拉德芳斯大厦

工作流程案例分析

巴黎拉德芳斯大厦（La Défense Phare Tower）的设计借助了参数化脚本的力量，根据大厦及其周边环境的要求，将不同的程序性、物理性、基础性的元素聚合到一起，并将这些因素整合为一种可与建筑场地的特质合而为一的形式，同时还表现出了多重的运动流。本着巴黎世博会竞赛提案的精神，这座大厦象征着最新的技术进步，现已成为一座文化地标。

拉德芳斯大厦的结构和表皮采用非标准形式，同时对一系列复杂的、经常相互冲突的材料和环境因素做出回应。该工程设计时既采用了定制脚本，又采用了一些标准化软件，这样，工程的开展就可以沿着概念设计、结构分析、环境分析、材料及制造优选分析等轨道同时进行。建筑的形式和朝向都考虑了太阳的轨迹：建筑南立面的曲面双层表皮能将热量的吸收和眩光降至最小，由透明平板玻璃组成的北立面能将照进办公室内部的自然光最大化。一种外遮阳板包裹住塔楼连续的南、东和西面玻璃立面。随着阳光的变化，大厦高性能的表皮给人的视觉感受也会发生变化，从不同的角度和地点看它都不一样，可能是透明的、半透明的，或是不透明的。

工作流程1 拉德芳斯大厦透视图。该建筑的建筑地点及外形都构成了独特的技术挑战，需要先进的计算技术才能够解决。建筑施工场地周围有一条铁路线、一条高速公路及其他地下基础设施，这些都会对建筑的整体几何结构造成影响，同时也要求建筑底部要伸展开，以避免冲突。

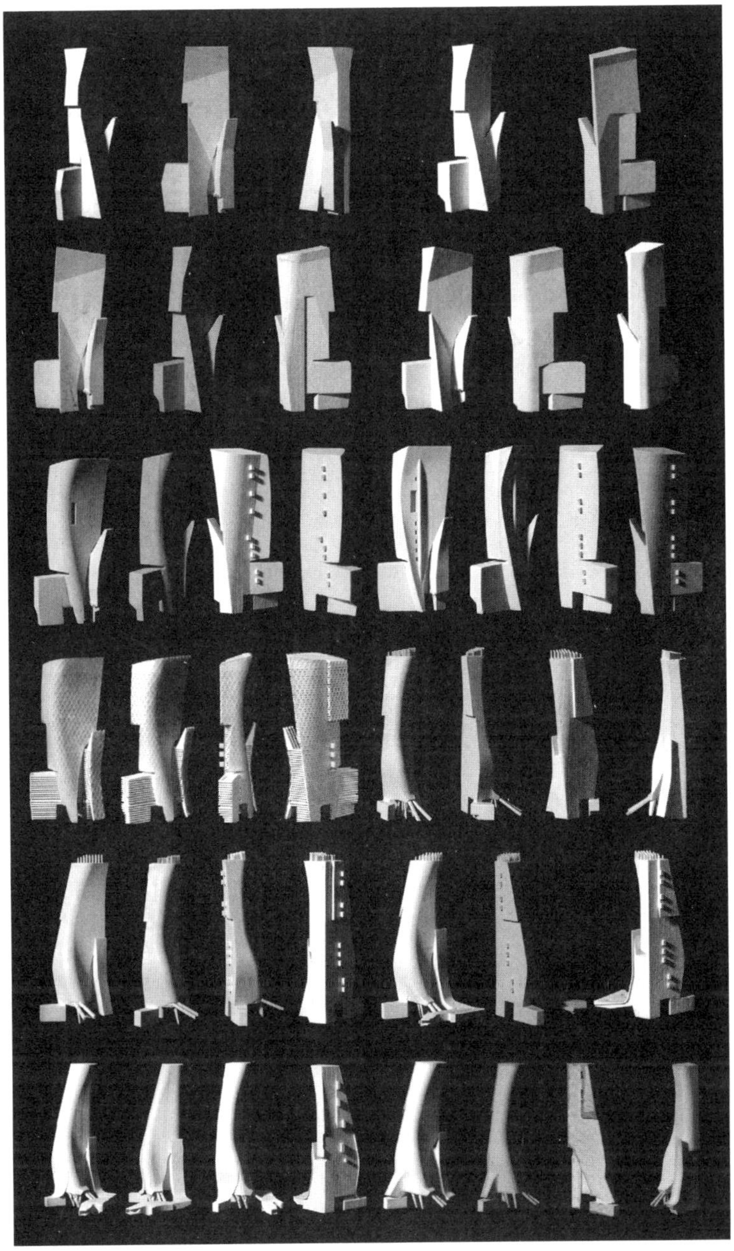

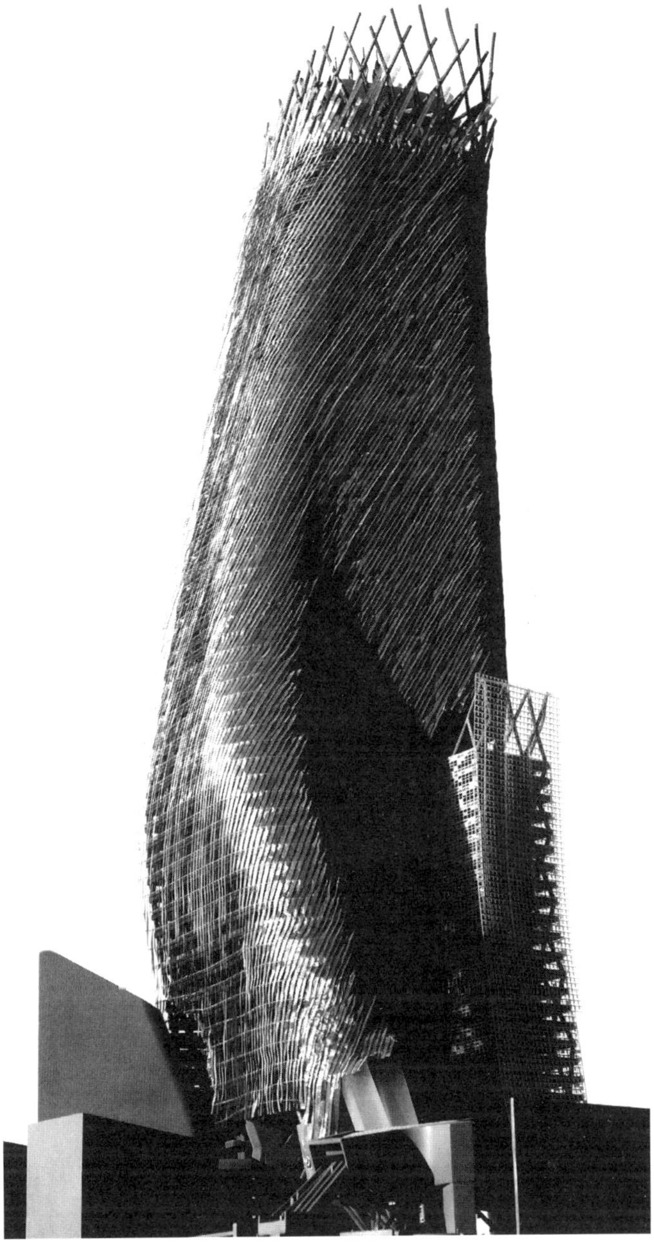

工作流程 2（左）　项目设计竞赛阶段，用 3D 打印技术制作出来的早期概念体量研究模型。

工作流程 3（右）　比例尺为 1:300 的 3D 打印模型，展现了建筑外遮阳板最初的形状及图案。

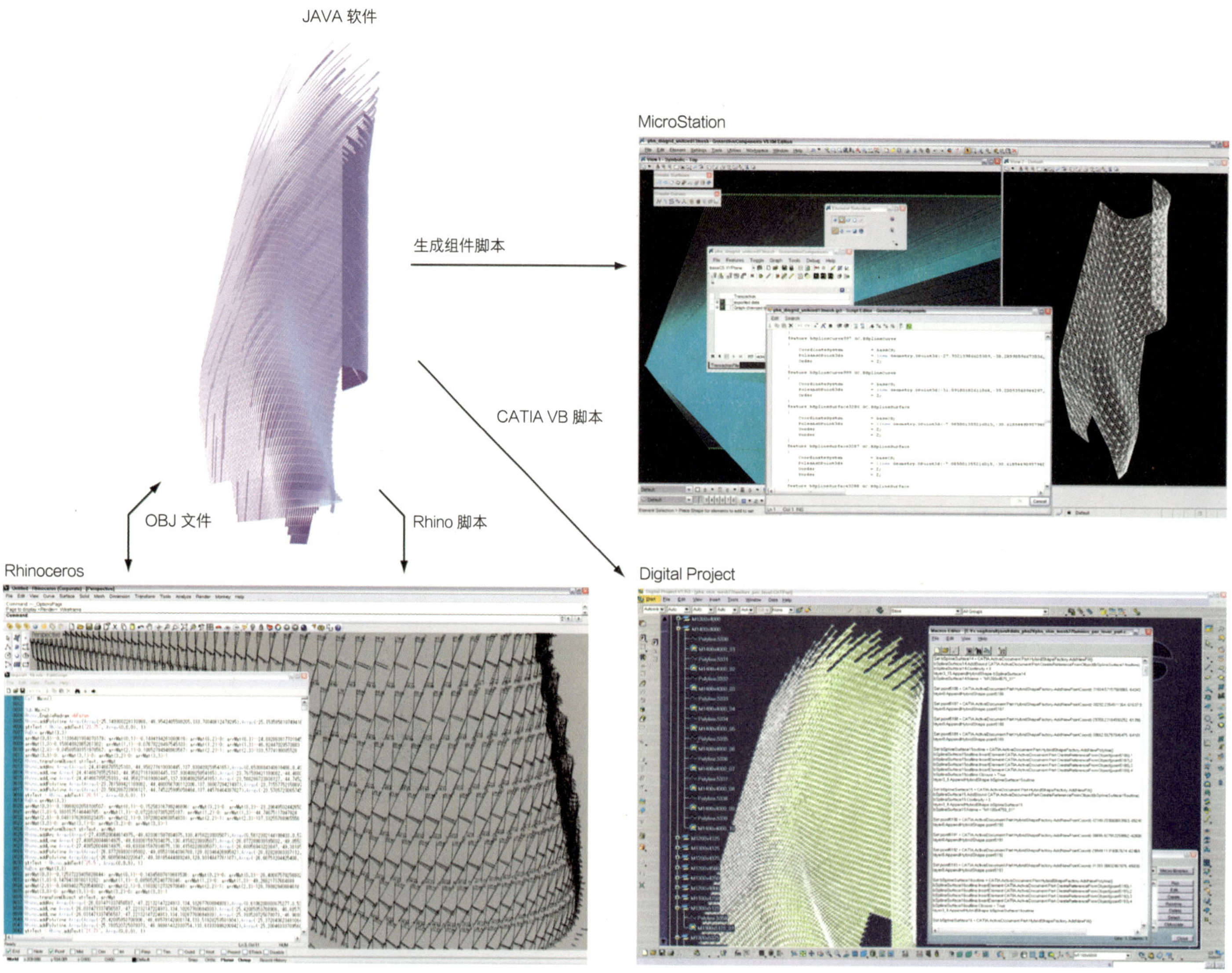
JAVA 软件
MicroStation
生成组件脚本
CATIA VB 脚本
OBJ 文件
Rhino 脚本
Rhinoceros
Digital Project

工作流程 4　3D 坐标数据。设计师用 JAVA 语言编写专利软件的目的并不仅是为了输出几何形式，还为了将设计控制几何结构的组织逻辑变为技术细节模型。这些模型能够产出在其他成品建模软件上也能运行的脚本，这样一来，咨询顾问就可以将项目的技术发展继续进行下去，同时，设计也能继续进展。这一过程是可重复的，即使在下游模型中加入更多的技术细节，设计控制几何结构也还是可以被改变的。

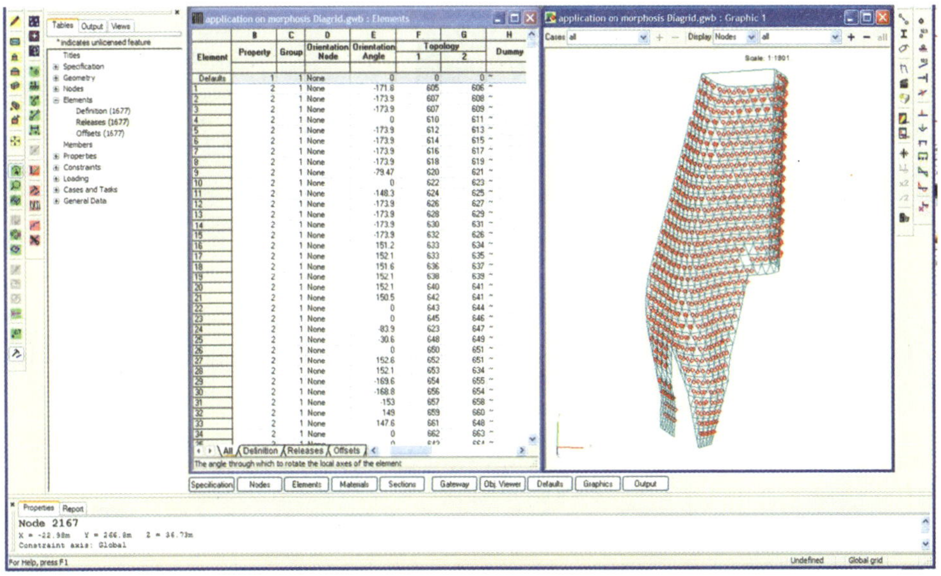
application on morphosis Diagrid.gwb : Elements
application on morphosis Diagrid.gwb : Graphic 1
Tables
Output
Views
Titles
Specification
Geometry
Nodes
Elements
Members
Properties
Constraints
Loading
Cases and Tasks
General Data
Element
Property
Group
Orientation Node
Orientation Angle
Topology
Dummy
The angle through which to rotate the local axes of the element
Specification
Nodes
Elements
Materials
Sections
Gateway
Obj. Viewer
Defaults
Graphics
Output
Properties
Report
Node 2167
For Help, press F1
Undefined
Global grid

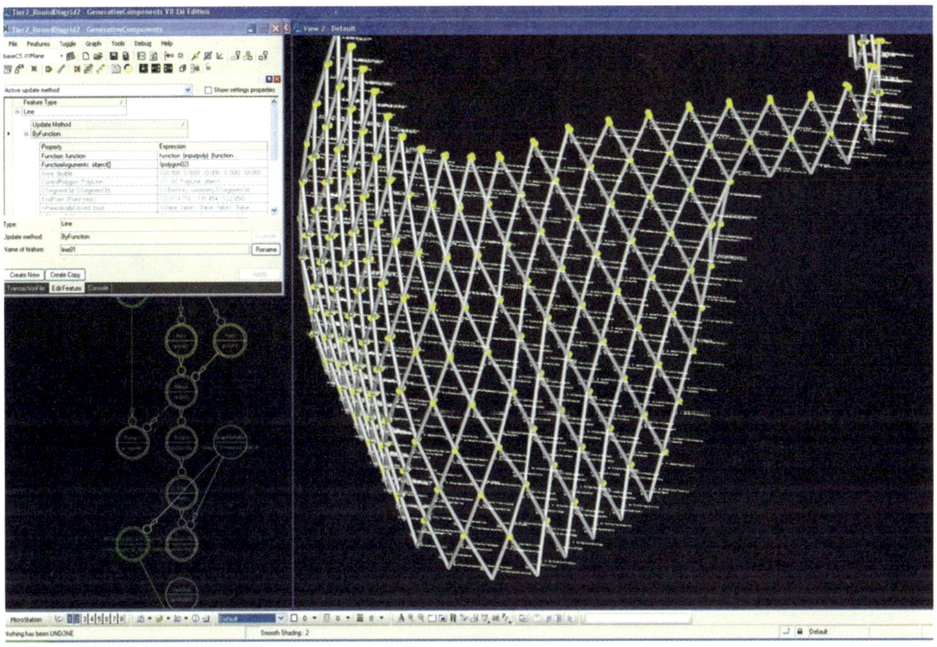
View 2 - Default

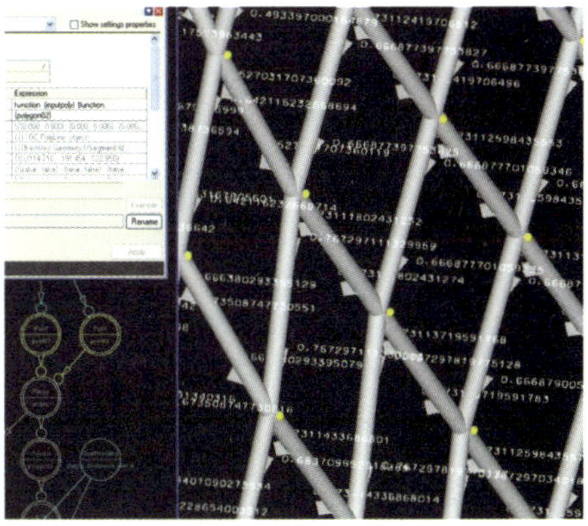

工作流程 5　在整个设计发展阶段，设计模型和结构分析模型都是合而为一的。结构模型可以产出个体节点和结构成员的属性。在循环反馈过程中，基于这一分析的空间维度调整可以被整合进设计模型中。

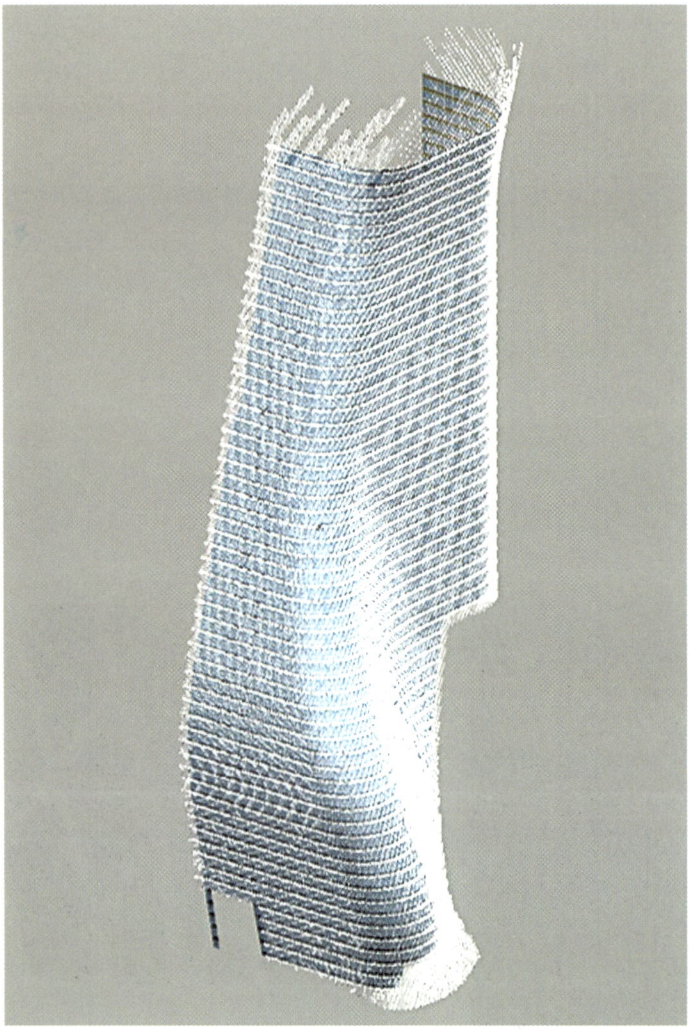

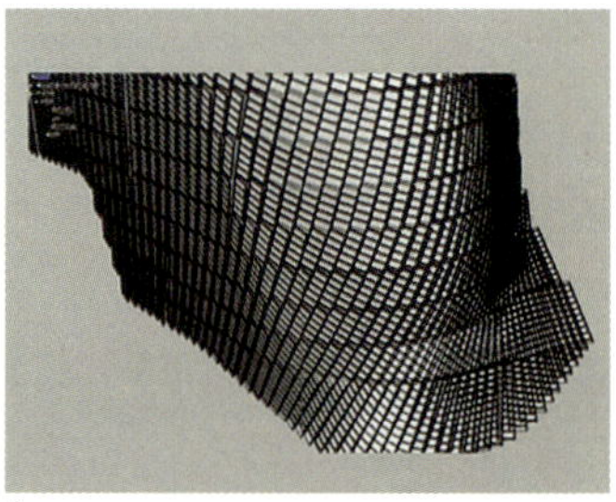

A

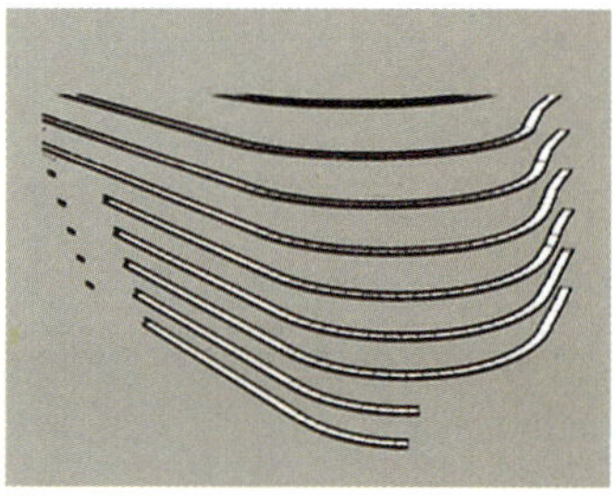

B

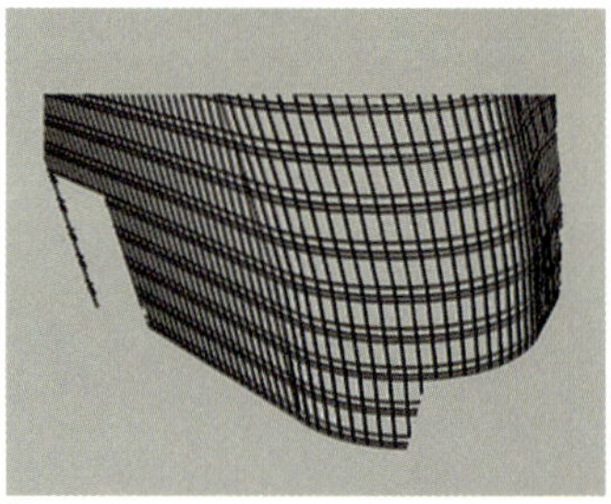

C

D

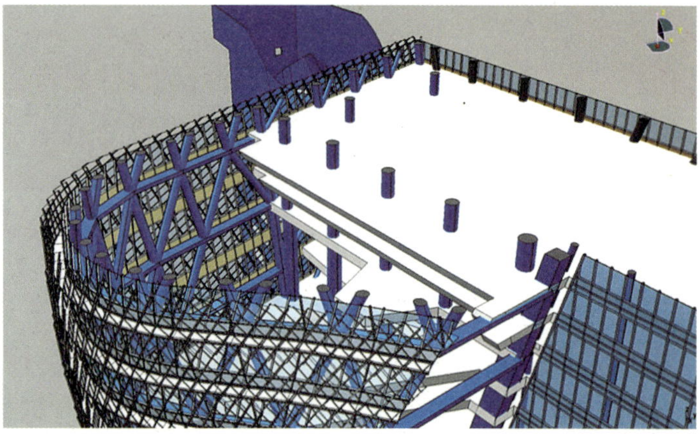

工作流程6（上） 拉德芳斯大厦的整体参数模型图。以下为分层图：

A）遮阳网及面板框架；

B）高空走道；

C）幕墙框；

D）有高空走道的幕墙。

工作流程7（右下） 拉德芳斯大厦的数字建筑模型。拥有高技术含量的参数模型使设计工作室得以对工程的所有具体细节进行充分研究，并更好地协调内部装修、结构及外墙系统。

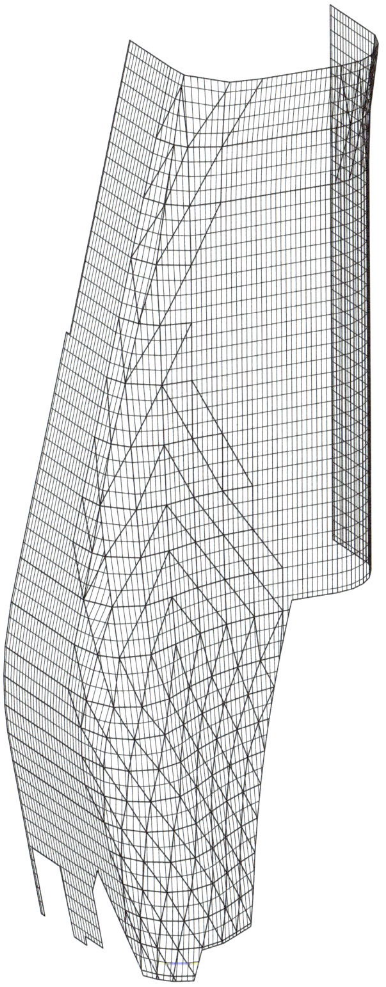

三角刻面

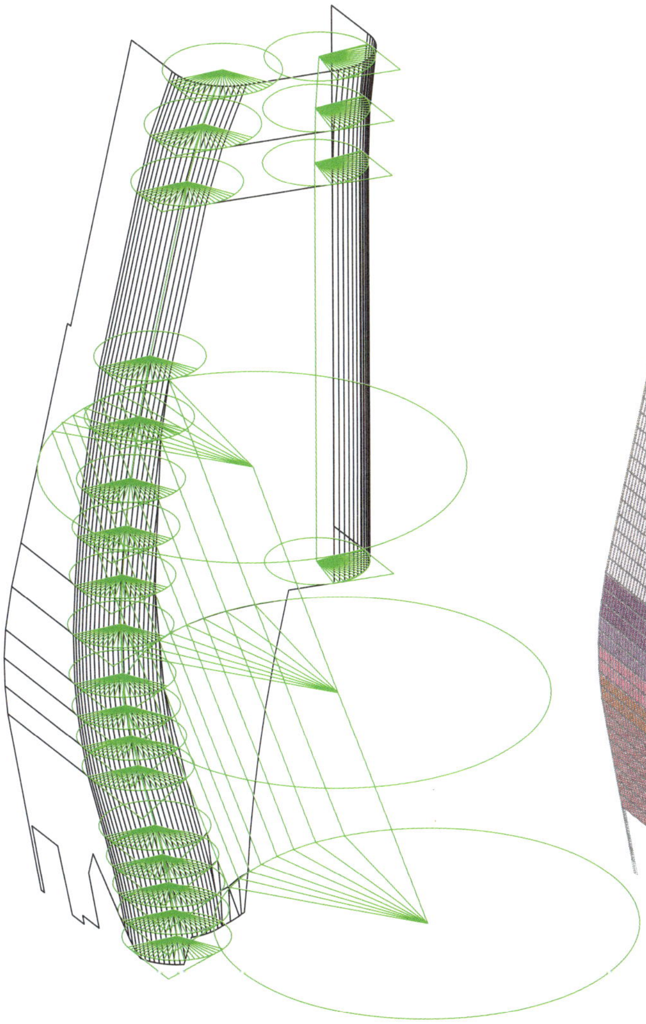

径向刻面

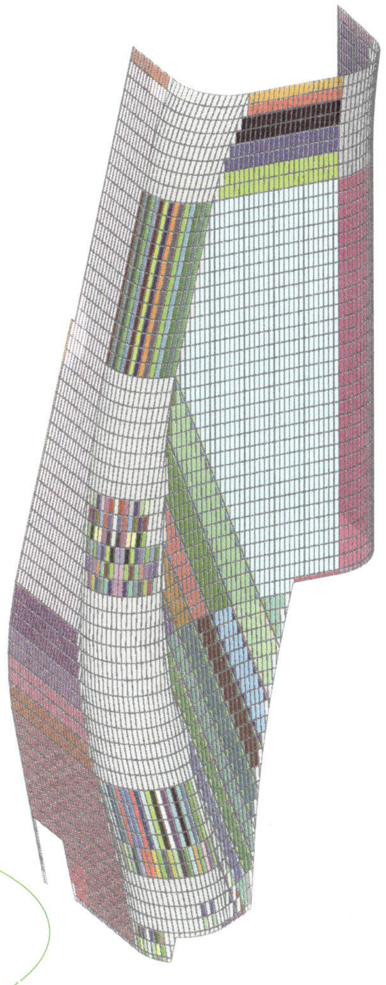

组合式玻璃面板

工作流程 8a（上）、8b（下一页）
玻璃面板的设计运用了定制的优化脚本。原始设计曲面的曲率被微调，从而使用极少数的特殊类型玻璃面板来构建原始曲面。

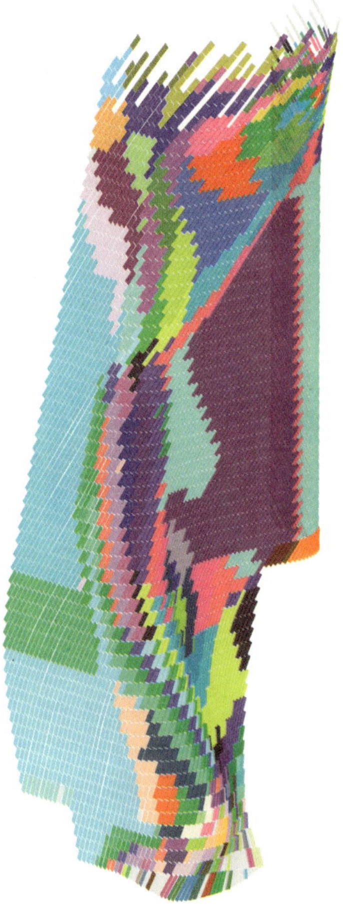

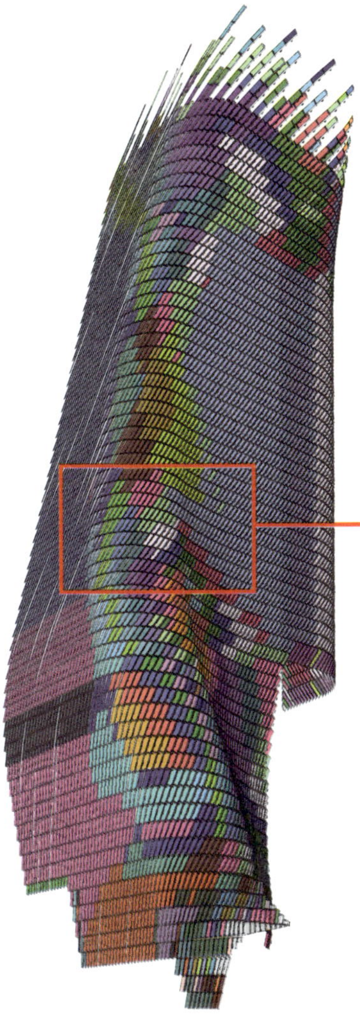

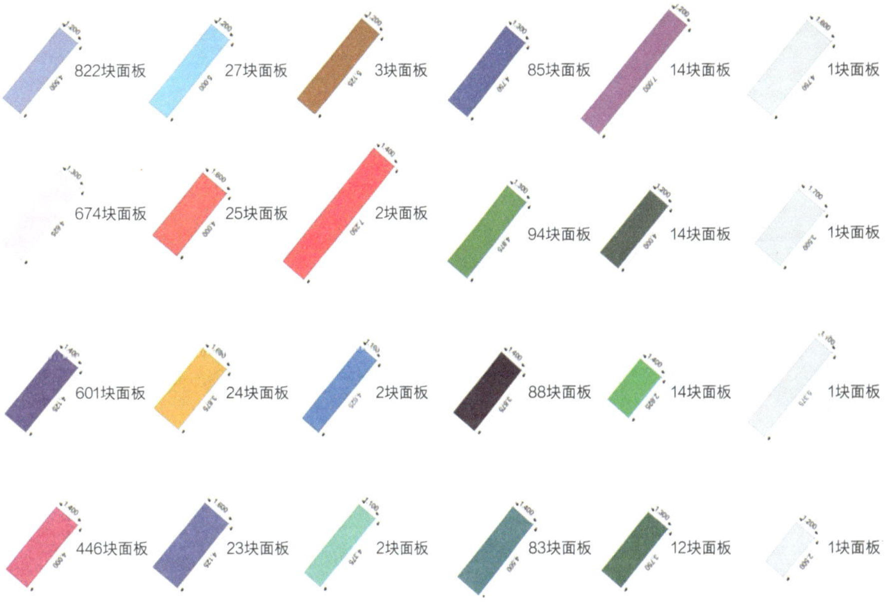
822块面板
27块面板
3块面板
85块面板
14块面板
1块面板
674块面板
25块面板
2块面板
94块面板
14块面板
1块面板
601块面板
24块面板
2块面板
88块面板
14块面板
1块面板
446块面板
23块面板
2块面板
83块面板
12块面板
1块面板

工作流程 9a（左）、9b（右上）、9c（右下）外部遮阳板的计算优化。运用了定制的优化脚本来调整布局，限制有特殊尺寸的遮阳板数量，这样既可以保持图案的视觉感，又能极大地降低成本。插图显示出设计模型的精度已达到毫米级。

工作流程 10（上） 全部建筑外部组件的集成数字模型。

工作流程 11（下） 3D 打印出来的金属网遮阳板细节及数字模型中的结构框架。

工作流程 12（右） 全尺寸金属网遮阳板及面板框架。

工作流程的灵活性

编者按

盖里科技公司（Gehry Technologies）首席技术官（CTO）丹尼斯·谢尔顿（Dennis Shelden）在谈到数字工具拥有捕获各种不同建筑设计意图的能力时说道：“计算方法的能效力与其灵活性成反比。”[1]这一简单却又深入的看法说明了计算系统基于规则的逻辑所面临的根本性挑战之一，且设计活动具有临时性，计算机的逻辑很难适应这一点。这说明，在计算生态系统中，灵活性是一种有限资源：扭曲了某一设计目标的决定将有可能影响其他的设计目标。创意的发展是非线性的，因此设计活动需要具有灵活性，随着建筑师对计算系统的依赖程度越来越大，如何配置灵活性这一资源就成了一大挑战。

在Morphosis已经发展了20年的数字设计工作流程中，任何一个设计系统里对灵活性的强调都显然高于对效率的强调。梅恩（Mayne）和达索（Doscher）在这一时期进行了紧密合作，力图开发出一种与设计工作室设计理念相适应的设计方法。对梅恩来说，这需要他们做出一些概念上的调整，因为一直以来，他们工作的重点都在于各部分之间的互动，而不是最终的结果；结果就是由互动产生的。他们的设计思维和参数设计系统的关系逻辑是相一致的。Morphosis的工作流程利用了一些独特的技术来促使设计意图交换和发展的流畅度达到最大化，这些技术既包括3D打印，也包括可视建模、定制软件编码及手工绘图。他们将定制编码看作是一次性编码，只为当前手头的任务服务，这一独特做法凸显了他们对过程灵活性的强调。他们开发出来的数字技术并不矫揉造作，他们会根据这些技术是否能作为达成某一设计意图的有效方法来选择性地对其进行应用。为某一特定项目编写的、用以研究设计解决方案的定制编码不太可能适用于另一个工程项目，除非对其进行重大改进或将编码过度泛泛化。一次性的、针对某一具体任务的编码将强调重点放在了发展设计上，而不是放在编码上。

Morphosis在将计算运用到建造上时，也采用了类似的定制方法，常常是既运用数字方法，又运用传统方法。他们将项目突发事件纳入数字工作流程中的做法体现了他们“技术适应具体情况”的理念。库伯联盟学院学术大楼中庭网格的设计建造方法显然体现了这一理念，在该项目中，设计师在运用数字技术辅助安装工作的过程中考虑到了现场工人的技能水平。合作设计者结构工程师英国标赫（Buro Happold）工程顾问公司建议，要编写定制软件来确定网格结构的节点坐标，这样现场的工人就能够运用切割机和铅垂线来进行安装。

梅恩坚称，他们制作的不是设计图，而是建筑。他认为设计想法仅是一个传递系统，达索所说的“适于建造的数字模型”反映出他们的侧重点是在设计中开发出有助于指导制造和建造，并体现出制造和建造的工作流程。建筑中多元组部件的生产者各不相同，要将它们组装起来是很复杂的，因此，建造过程中可能永远都会需要一定量的人力劳动，Morphosis 将这种人力与计算技术混合的做法看成是只有建筑业才享有的优势。

Morphosis 一直以来都与制造商及承建商保持了紧密的合作关系，数字制造工作流程进一步巩固了这种合作关系。Morphosis 使其客户认识到利用数字工作流程将设计和制造连通的可行性和价值，由此，即使其接手的项目越来越大，越来越受限于建筑师和承建商之间有行业标准的责任划分，他们依然能够与承建商维持紧密的合作关系。旧金山联邦大厦、洛杉矶加利福尼亚州交通总部大楼（Caltrans Headquarters）等项目都曾受制于繁琐的公共工程采购管理规范，但由于与制造商的通力合作，这些项目也取得了成功，并为未来的行业整合模式提供了范例。在设计佩罗自然科学博物馆项目中的预制混凝土板时，设计团队先是对预制板的制造过程进行了了解，然后再与生产商合作开发出了高效率的样板和铸造方法。这样一来，制造商学到了创新的生产方法，建筑师也得到了独特的设计。建筑业未来的发展就取决于这一努力，取决于建筑师是否设计出将设计创新与工业创新统一起来的数字工作流程。

在早期的访谈中，梅恩提到了经常被忽视的一点，即对数字工作流程的创造性使用将会取决于新形式的合作，这种合作的推动力将会是对于高性能设计的追求和对美学的追求。没有这种追求，数字技术将可能仅仅被用于得出一般性的设计解决方案。

——

1. Shelden, D. (2009) Information Modelling as a Paradigm Shift, in Garber, R. (2009) *Closing the Gap; Information Models in Contemporary Design Practice, Architectural Design* magazine.

持续集成

克雷格·斯威特，伊安·基奥

克雷格·斯威特（Craig Schwitter）为英国标赫工程顾问公司（Buro Happold Consulting Engineers）北美分部行政总监，伊安·基奥（Ian Keough）为技术副总监。

为了实现包括BIM在内的集成流程的潜力、完全发挥复杂工程所需的多种类型的软件的能力，我们就必须确保信息能够无缝且高效地在利用多重平台工作的团队成员间进行传递。要实现这一点，就必须拥有创造工具的技能，新一代建筑师和工程师将会拥有这样的技能，这样的人才已经在受过建筑学教育的Processing和Grasshopper编程人员中出现。尽管这种技能现在还主要被用于建立形式，但也可以将其用于集成设计工具，以解决设计操作中的工作流程问题。

我们需要将工作流程建立在三维模型的基础上，这些模型包含了建筑师的设计意图、工程师的结构和设备要求以及承包商和专业制造商的制造专业知识。为了实现集成工作流程带来的高生产力和协作效益，我们就必须要破除阻碍信息共享的障碍，并从根本上改变设计团队合作的方式，设计团队间的合作应当是一个活跃的、持续的过程。

通过共享的“开源”文档格式实现软件互操作性的努力在建筑业中的进展十分缓慢。因此，将数据在不同的设计应用间传递被视为是应当避免的。设计师认为，他们应该尽可能地只用一个软件来进行设计，即使其他应用程序能够提供更为适宜的工具，帮助他们更高效地完成任务。设计师不应该等着软件供应商来创造这种互操作性，供应商可能实现其自己公司旗下软件间的互操作性，但不太可能实现与竞争公司旗下应用软件的互操作性。另一个更灵活的解决方案就是，设计师应该自己创造可以传递数据的工具。英国标赫公司正越来越多地运用这一方法。

对于几何结构高度复杂的工程而言，设计师一般会使用好几个应用程序来设计、分析及记录最终成果。难点就在于要在这些步骤中保存数据，并给每一个应用只提供其需要的数据，同时确保整个过程中数据的精确度。当前建筑项目的规模和复杂性都在逐渐升高，所给的时间和经费却在不断地被压缩，要应对这些问题，就必须实现应用程序间的高度一体化。大型工程的建设不仅要求我们拥有之前提到的那些技能，同时也要求我们根本性地转变我们的工作流程，这种流程影响我们地区性办公室的组织结构及其与世界其他地区办公室的合作方式。

英国标赫公司对接手的每一个项目都进行了建模工作，不论项目的规模大小。我们可以直接从模型中得到文档，因此不再用传统方法制图了，任何2D图都是3D模型的产物。我们把这一模型作为中央资源库，利用它来不断整合来自多个办公室的设计信息，这是我们工作的一大根本性转变。要满足大型工程紧迫的时间表，就必须采用这种分散式的工作流程，这种工作流程还能让任一办公室中的某种专门技术在当地的项目上得到应用。要支撑这种工作流程，就需要仔细定义设计区域，小心管理模型，以便在标赫公司和更大型的项目团队之间提供紧密协调的设计。

这些挑战使标赫公司更加热衷于探索基于持续集成概念的新工作流程。持续集成（CI）

是 Agile 软件公司开发活动中最核心的概念之一。对于大型软件开发团队来说，处理这些复杂的应用程序意味着要不断整合代码的小变化，以查清楚哪些部分不能很好地协同工作。极端一点来说，这也意味着要没日没夜地建立和整合代码库。建筑业对共享 3D 模型的使用正在开始让我们朝着同一个方向前进。我们同软件设计师一样，认识到在施工文件和设计方案发布之后再对设计进行分析的做法是效率低下的。但是直到最近，我们的工具和工作流程才开始支持持续集成模型。随着建筑信息模型（BIM）的广泛应用，设计过程实现了根本上的重组，其循环过程更加迅速，拥有更新的设计资源，设计过程也更加透明。

大型软件设计工程中的各方基本都是用同样的技术手段在工作，与之不同的是，建筑行业中的设计资源一般来自许多不同的、互不沟通的来源。为实现持续集成的优势，我们需要将数据在各种不同的应用间无缝传递。对英国标赫公司而言，这就意味着我们需要解读建筑师的曲线、曲面设计模型，然后开发出我们自己的分析模型，并最终将数据用于可视化及文件编制。这一工作流程既要求我们制定一套严格的规章制度，又要求我们有一定的灵活性，这样才能快速地解决问题，因为这一过程中任何细小的偏差都会延缓设计循环，放慢生产进度，并可能使我们失信于客户。出于这一考虑，我们在每一项工程中都会编写新的代码或扩展已有代码，以确保设计工作流程中的应用程序之间可以互相沟通。持续集成过程同样也涉及整合定制工具，将制造商的专门技术整合进设计中去，同时还要实现公司内部各部门的整合。下面我们将详细介绍 TwoFour54、水晶桥美国艺术博物馆和珍妮特·艾克曼网形雕塑这三个作品，它们都是在不同规模和复杂性的项目中运用持续集成这一新模式的典范。

工作流程 1（上）twofour54，外观渲染图。

团队一体化：TWOFOUR54
工作流程案例分析

以下是一个大型复杂工程工作流程的案例说明，该项目的设计及工程团队分散在世界各地。位于阿布扎比的 twofour54 大约有 700 万平方英尺（译者注：约 65 万平方米）的办公、住宅、文化和零售空间，占地跨 4 个街区。该工程的设计信息由 4 名不同的建筑师提供，这些信息需要被整合进 BIM 模型。对模型的互联和数据的共享使设计团队能够确保层级、网格和基本元件处于协调状态。然后，我们将元素的所有权应用于模型，以划分每一个参与到模型中的工作人员的工作范围和责任。比如说，工程师负责柱的安放，而建筑师则负责板边缘的定位。就结构柱而言，它们的位置对于结构设计来说是至关重要的，因此，对结构柱的任何移动都应放到结构模型中考量，然后再和其他工作进行协调。

twofour54 项目规模巨大，复杂程度高，在把它链入建筑师的修造模型后，几乎不可能知道哪些地方发生了改变。BIM 可以自动帮助我们追踪到可能影响结构设计的建筑模型的任何改变，并自动形成报告，这一报告可以作为协调过程的概略图。纽约、阿姆斯特丹、多伦多、迪拜和伦敦的设计师之间不

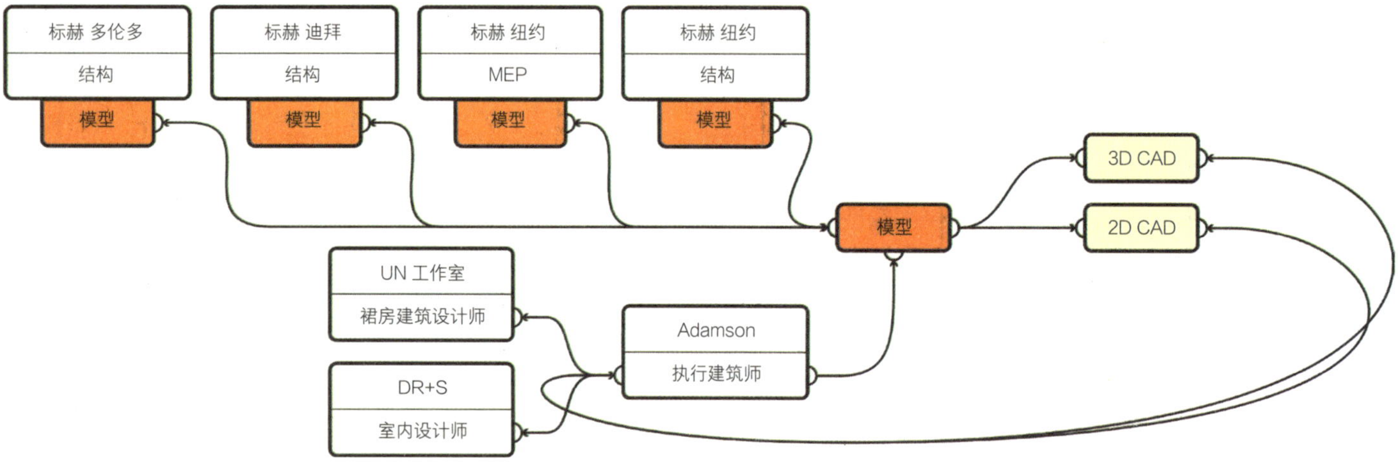
标赫 多伦多
结构
模型
标赫 迪拜
结构
模型
标赫 纽约
MEP
模型
标赫 纽约
结构
模型
模型
3D CAD
2D CAD
UN 工作室
裙房建筑设计师
Adamson
执行建筑师
DR+S
室内设计师

断交换着设计数据，数据的交换跨越了 11 个时区。比如，地基是迪拜设计师设计的，而建筑结构和机械系统又是纽约设计师设计的。一天结束时，汇总到纽约工作室的模型必须要处在一个能被迪拜工作团队用以协调工作的状态。这种活跃的建模方式使设计有了更高的标准，所有的团队成员都能够实时了解、回应设计上的变动。

工作流程 2（上） 展现柱和板的结构模型。模型中的元素由不同的团队成员负责。

工作流程 3（下） 该图表现了建筑师和工程师之间的工作流程。

行业整合：水晶桥美国艺术博物馆

工作流程案例分析

工作流程 1　博物馆建筑模型。

这一中型规模项目的重点就在于要将设计、结构信息和制造要求整合起来。由萨夫迪建筑师事务所（Safdie Architects）设计、位于本顿维尔（Bentonville）的水晶桥美国艺术博物馆（Crystal Bridges Museum of American Art），要求信息模型具有十分严格的公差。

博物馆由数栋有双曲“桥”屋顶的建筑组成。这些屋顶配有木质拱形梁，由 4 英寸镀锌钢桥梁支撑，跨越大型混凝土基座。建造文件已经完成，但对很多连接点来说，2D 资料并不能完全说明它们的复杂性。因此，该建筑设计中很多关键方面都未被记录，致使制造商获得的信息较为欠缺。

通过将建筑师的几何形状定义为设计参数并将制造商的公差定义为约束条件，从模型中提取出来的数据都将既能满足建筑意图，又符合制造商对可建造性的预期。这样的模型构建方式能让我们适应不同制造商的不同技术能力水平。比如说，拱形梁制造商 Unit Structures 在日常实践中并没有使用 3D 模型，但却能够通过对模型的数据提取，获得他们工作所需的数据点的具体数值和位置。对于大多数制造商来说，有用的数据仅仅是每一个零件少量的尺寸而已。与制造商进行的每一次沟通都有助于在模型中构建起更为全面的信息体，这种信息体在 2D 信息中只能作为假设存在。

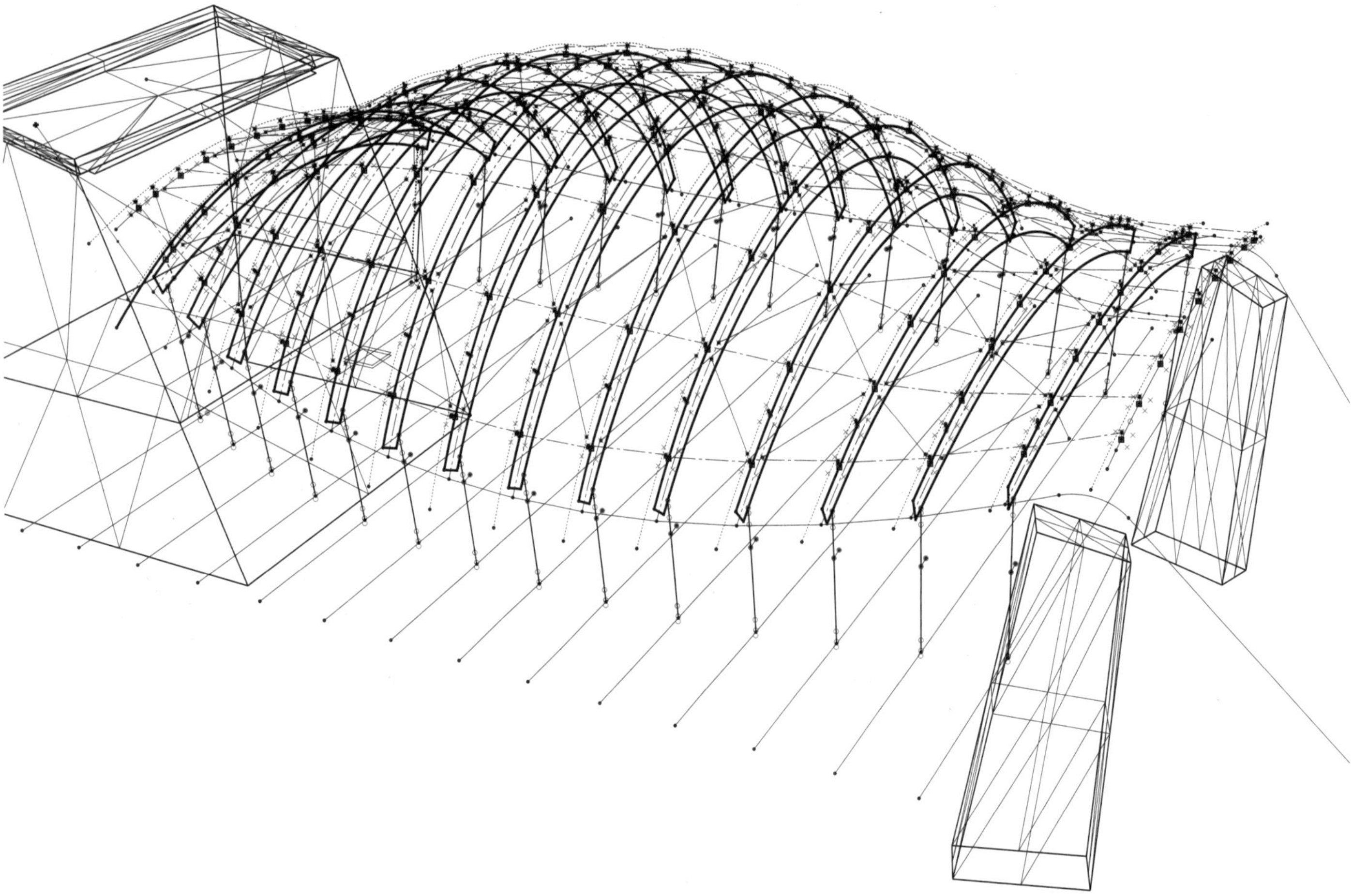

工作流程2　建筑师开发出来的设计几何结构被用来确定建筑线框骨架的建模规则。然后，制造商生产的组件被“悬挂”在骨架上，骨架几何结构的任何变化都会改变其上附着组件的外形。

工作流程 3（上）　屋顶的几何结构体量十分巨大，促使我们开发出了一个名为“建造大师”（Master Builder）的软件，这一软件可以自动创造底层骨架上的组件。由此，屋顶几何结构可以被很容易地再创造出来，这就降低了设计团队对于修改设计的抵触情绪。这一新的工作流程凸显出了传统设计过程不能预测的问题，并能使制造商了解其工作的复杂性。它能帮助建筑师实现建筑意图，并使客户相信整个设计团队是完全清楚问题的复杂程度的。

工作流程 4（下）　例如，连接拱形梁之间的连接支撑杆采用了一种双铰链 U 形夹构件，以适应屋顶的形状。组件内部的产出参数会识别出组件的长度及附件的角度。屋顶形状如有任何改变，用于定义连接杆的终点位置和曲面法线都会做出相应的调整，组件几何结构也会做出相应的更新。基于此，各种金属的制造商就能够准确地找出问题，更改其公差数值。

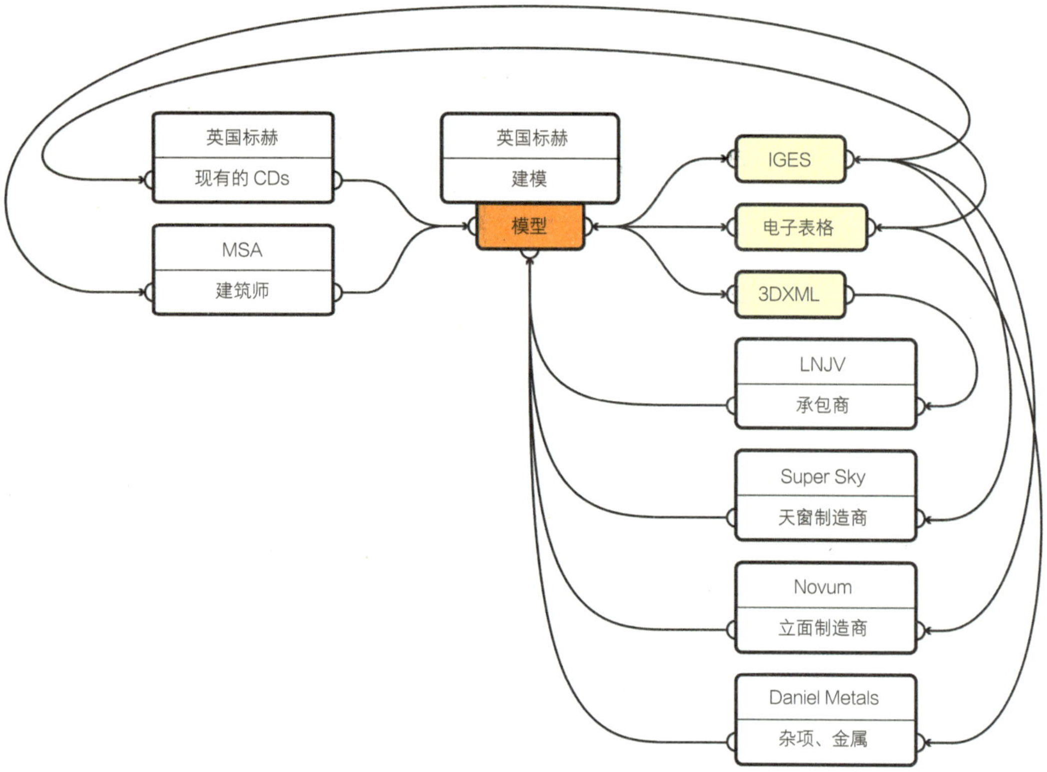
英国标赫
现有的 CDs
MSA
建筑师
英国标赫
建模
模型
IGES
电子表格
3DXML
LNJV
承包商
Super Sky
天窗制造商
Novum
立面制造商
Daniel Metals
杂项、金属

工作流程 5（左上）　一种能对骨架内所有元素及实体化后的所有组件进行编号的独特的编号系统对于让制造商了解建筑的组装是十分重要的。该模型通过一系列 3DXml 文件、轻量 3D 模型格式及电子表格的形式表现。电子表格中包含所有制造商需要的具体信息。设计师没有再制作额外的图纸，只是对原建筑图进行修正，使其与从模型中提取的数值相匹配。

工作流程 6（左下）　在建的屋顶。

工作流程 7（右）　建成后的项目。

集成软件：
珍妮特·艾克曼网形雕塑
工作流程案例分析

在一个更小型的项目中，英国标赫和雕塑家珍妮特·艾克曼（Janet Schelman）合作建造了一个位于凤凰城的名为“她的诀窍就是耐心”（Her Secret is Patience）的城市雕塑，该雕塑由工业渔网制作。这些图形都极度不对称，所以挑战在于创造一种图案化的构成网的方法，使得它们可以在特定的织布机上制造，但是，通过它们的网眼大小的区别，可以悬挂成曲率变化的造型。另外，雕塑需要尽量减少下垂使其尽可能贴近艺术家的视角。

工作流程 1 艾克曼在建筑师菲利普·斯佩兰扎（Philip Speranza）配合下，开发了所需形状的 Rhino 曲面模型。很明显需要定制软件以建造方式将网络分布到输入表面中，均匀悬挂，足够透明以承受风力，同时又不透明，足以在日光中被看到。

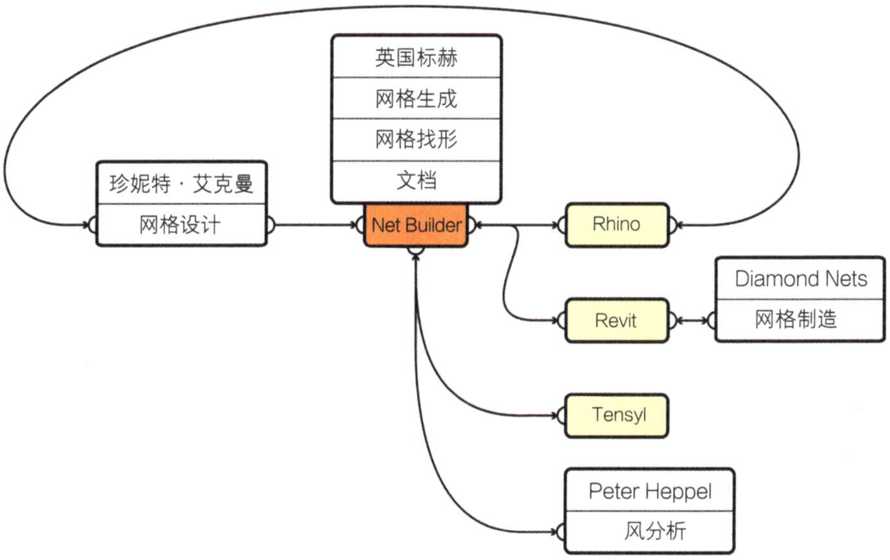
英国标赫
网格生成
网格找形
文档
珍妮特 · 艾克曼
网格设计
Net Builder
Rhino
Diamond Nets
网格制造
Revit
Tensyl
Peter Heppel
风分析

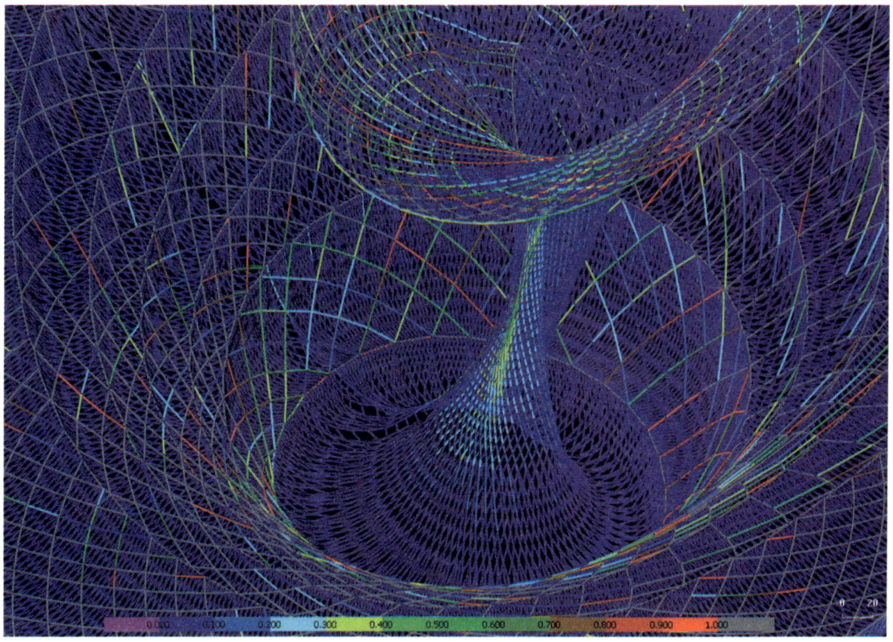

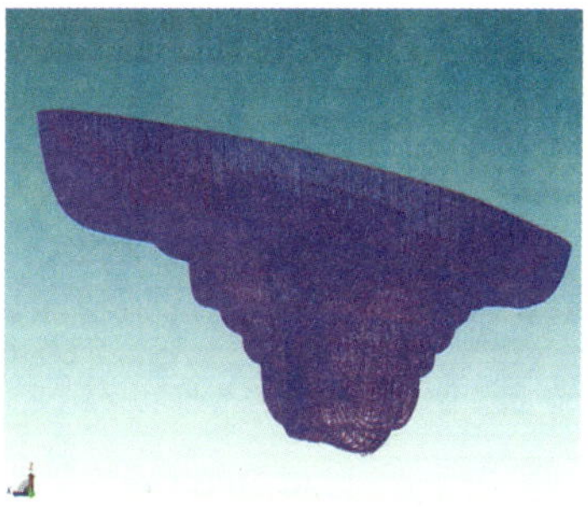
自重

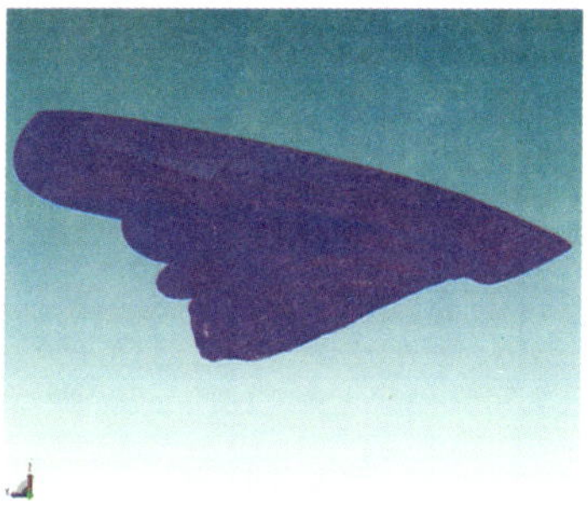
30 英里/小时

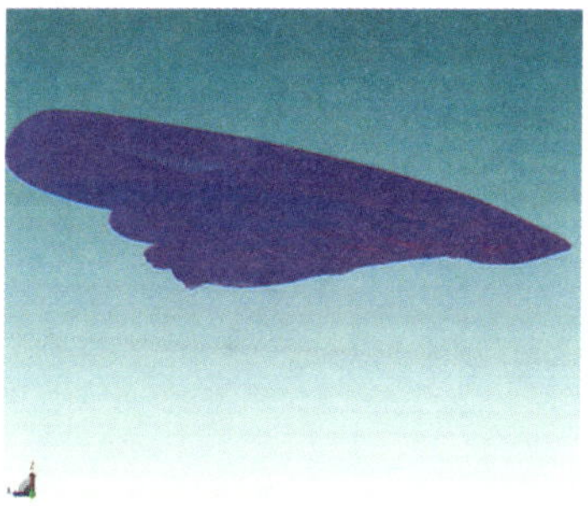
60 英里/小时

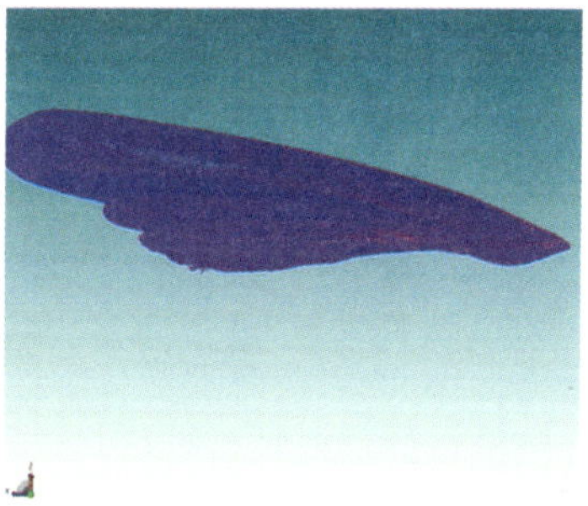
90 英里/小时

工作流程 2（左上） 有三个软件应用进行整合：Rhino 用于输入曲面的网格化，英国标赫的内部动力松弛软件 Tensyl 进行找形和分析，Revit 用于记录最后的图案以及帮助制造者进行网络的手工组装。同本案例以及许多其他项目一样，应用程序之间没有共通点，所以我们开发了定制软件 Net Builder，用以将三个软件集成为一个工作流程。

工作流程 3（左下） Tensyl 分析模型显示出结构网应力。

工作流程 4（右） 风能研究显示不同的风荷载作用下网面的偏移。

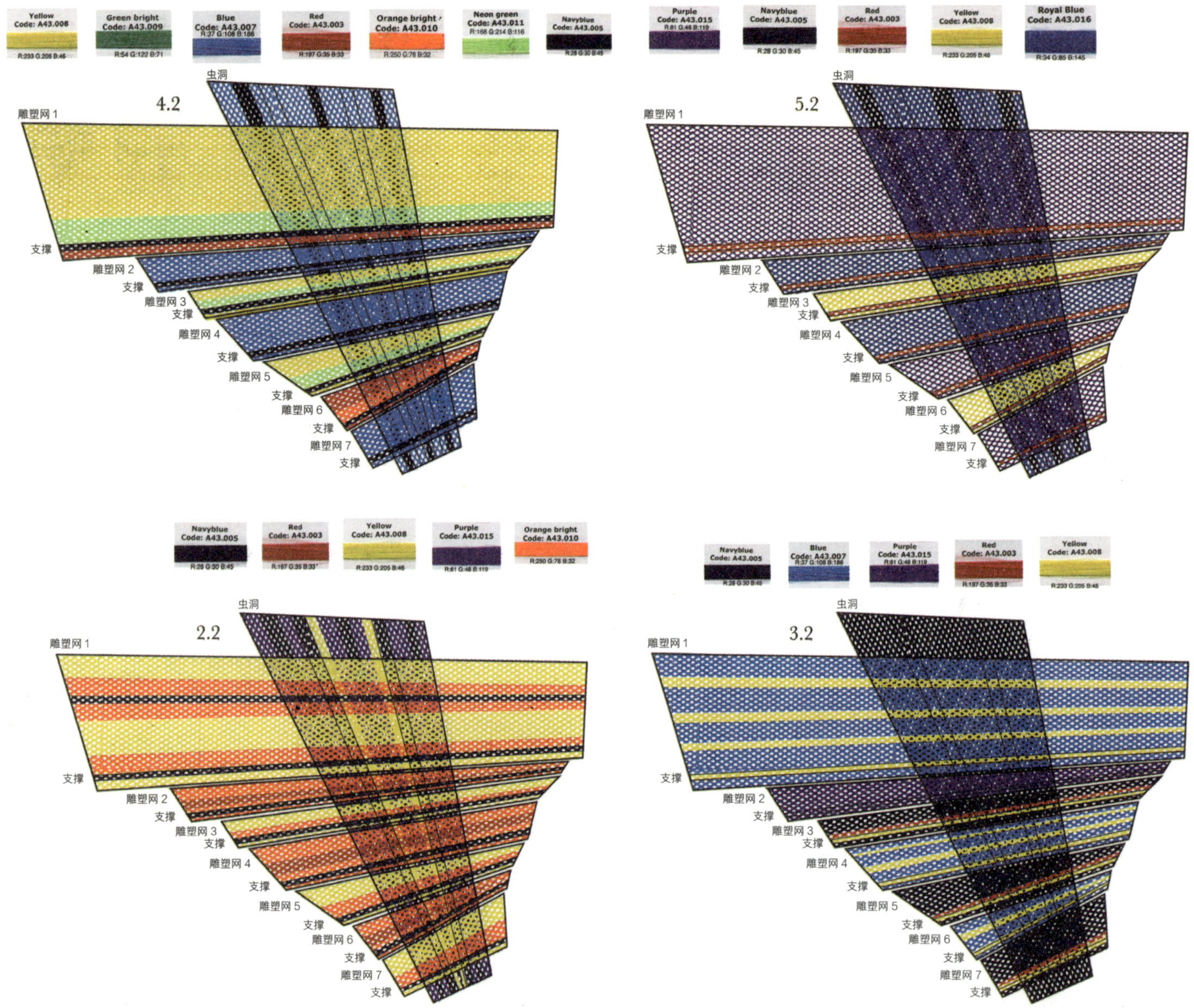
Yellow Code: A43.008 R:233 G:205 B:46
Green bright Code: A43.009 R:54 G:122 B:71
Blue Code: A43.007 R:37 G:108 B:186
Red Code: A43.003 R:197 G:35 B:33
Orange bright Code: A43.010 R:250 G:78 B:32
Neon green Code: A43.011 R:168 G:214 B:116
Navyblue Code: A43.005 R:28 G:30 B:45
4.2
虫洞
雕塑网 1
支撑
雕塑网 2
支撑
雕塑网 3
支撑
雕塑网 4
支撑
雕塑网 5
支撑
雕塑网 6
支撑
雕塑网 7
支撑
Purple Code: A43.015 R:81 G:48 B:119
Navyblue Code: A43.005 R:28 G:30 B:45
Red Code: A43.003 R:197 G:35 B:33
Yellow Code: A43.008 R:233 G:205 B:46
Royal Blue Code: A43.016 R:34 G:85 B:145
5.2
虫洞
雕塑网 1
支撑
雕塑网 2
支撑
雕塑网 3
支撑
雕塑网 4
支撑
雕塑网 5
支撑
雕塑网 6
支撑
雕塑网 7
支撑
Navyblue Code: A43.005 R:28 G:30 B:45
Red Code: A43.003 R:197 G:35 B:33
Yellow Code: A43.008 R:233 G:205 B:46
Purple Code: A43.015 R:81 G:48 B:119
Orange bright Code: A43.010 R:250 G:78 B:32
2.2
虫洞
雕塑网 1
支撑
雕塑网 2
支撑
雕塑网 3
支撑
雕塑网 4
支撑
雕塑网 5
支撑
雕塑网 6
支撑
雕塑网 7
支撑
Navyblue Code: A43.005 R:28 G:30 B:45
Blue Code: A43.007 R:37 G:108 B:186
Purple Code: A43.015 R:81 G:48 B:119
Red Code: A43.003 R:197 G:35 B:33
Yellow Code: A43.008 R:233 G:205 B:46
3.2
虫洞
雕塑网 1
支撑
雕塑网 2
支撑
雕塑网 3
支撑
雕塑网 4
支撑
雕塑网 5
支撑
雕塑网 6
支撑
雕塑网 7
支撑

工作流程 5　各个线轴的颜色被映射到设计的几何图形中，使该软件可以快速实现包括形状和颜色的设计选项的迭代，以供艺术家进行评估。

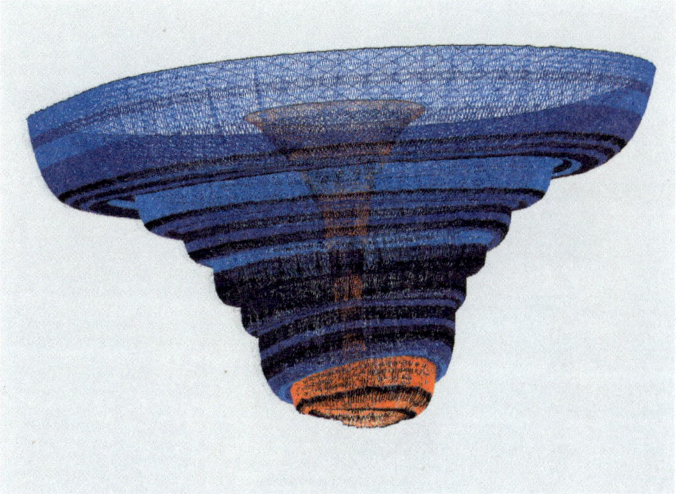

工作流程 6　完成后，该工具可能会产生新的雕塑几何形状，在大约 4 个小时内运行分析和输出制造图纸。在每次连续迭代期间，标赫将完善软件，同时艺术家来细化设计。这成为一个类似于重构软件工程概念或可维护性代码重组的过程，也使我们在未来的项目中能够再次利用该软件。

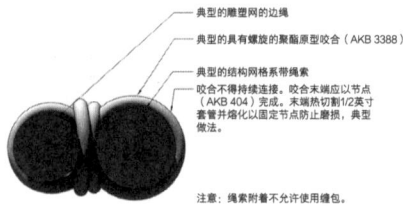

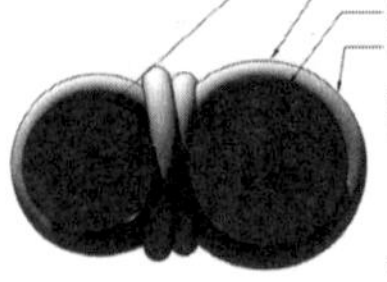
典型的雕塑网的边绳
典型的具有螺旋的聚酯原型咬合（AKB 3388）
典型的结构网格系带绳索
咬合不得持续连接。咬合末端应以节点（AKB 404）完成。末端热切割1/2英寸套管并熔化以固定节点防止磨损，典型做法。
注意：绳索附着不允许使用缠包。

雕塑到结构绳索附件细部

纺织绳。参见一般说明，典型做法。
交叉咬合（ABK 369）
挂绳结（ABK 582）
双股合股绳
双股纽结
典型的网格面板布边

纺织绳网连接细部

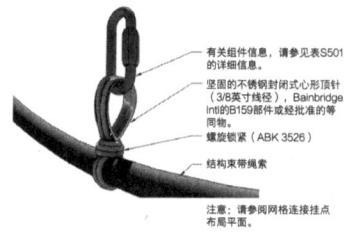

有关组件信息，请参见表S501的详细信息。
坚固的不锈钢封闭式心形顶针（3/8英寸线径），Bainbridge Intl的B159部件或经批准的等同物。
螺旋锁紧（ABK 3526）
结构束带绳索
注意：请参阅网格连接挂点布局平面。

结构系带绳索挂钩细部

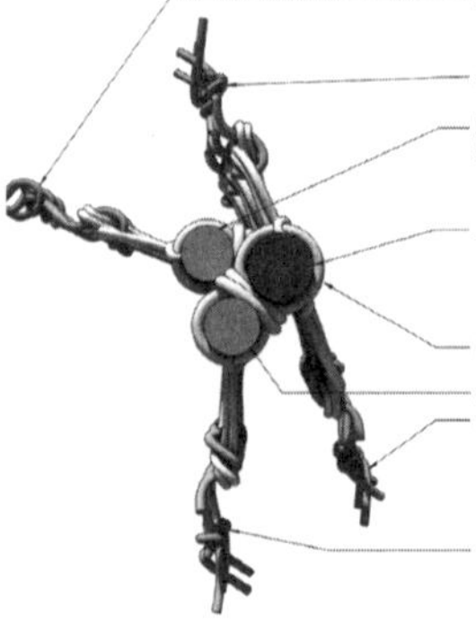
典型的雕塑网格面板
典型的雕塑网格面板
雕塑网格边缘绳索锁紧结构性绳索@ 12" O.C.。详见7 / S601。面板下方的交错咬合位置，典型做法。
典型的结构网格系带绳索
圆形咬合@ 12" O.C.
典型的雕塑网格边缘绳索
典型的雕塑网格面板
典型的雕塑网格面板

系带绳索连接细部

纺织绳
双股合股绳
收缩结
双股纽结
网格面板布边

纺织绳网连接替代细部

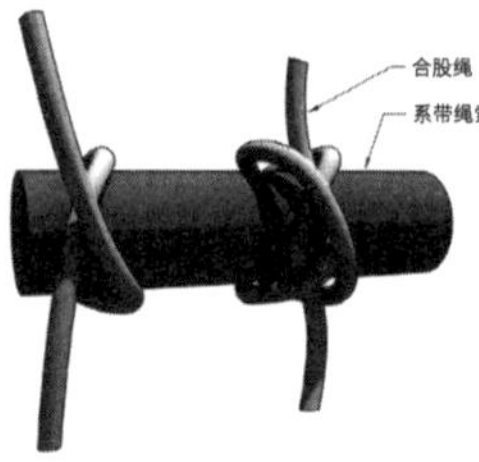
合股绳
系带绳索

蟒蛇结细部（ABK 1249）

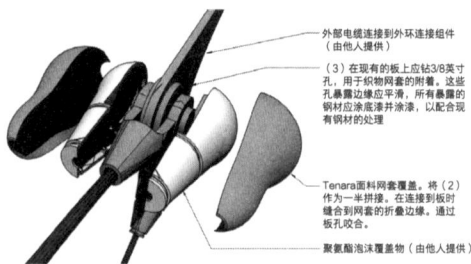

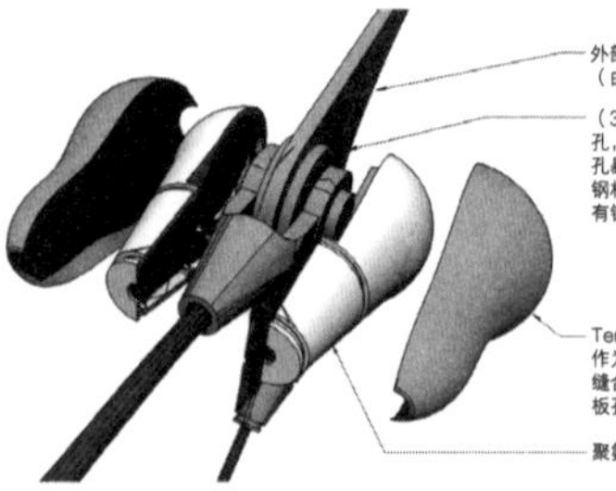
外部电缆连接到外环连接组件（由他人提供）
（3）在现有的板上应钻3/8英寸孔，用于织物网套的附着。这些孔暴露边缘应平滑，所有暴露的钢材应涂底漆并涂漆，以配合现有钢材的处理
Tenara面料网套覆盖。将（2）作为一半拼接。在连接到板时缝合到网套的折叠边缘。通过板孔咬合。
聚氨酯泡沫覆盖物（由他人提供）

突出物保护细部

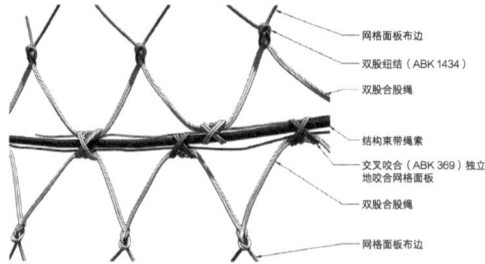

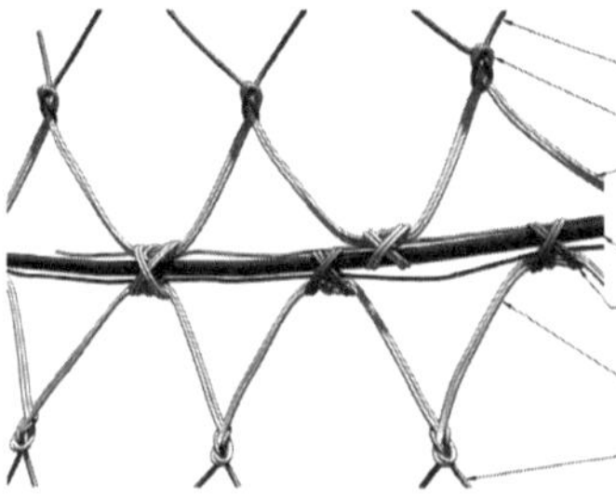
网格面板布边
双股纽结（ABK 1434）
双股合股绳
结构束带绳索
交叉咬合（ABK 369）独立地咬合网格面板
双股合股绳
网格面板布边

结构网系带绳索连接细部

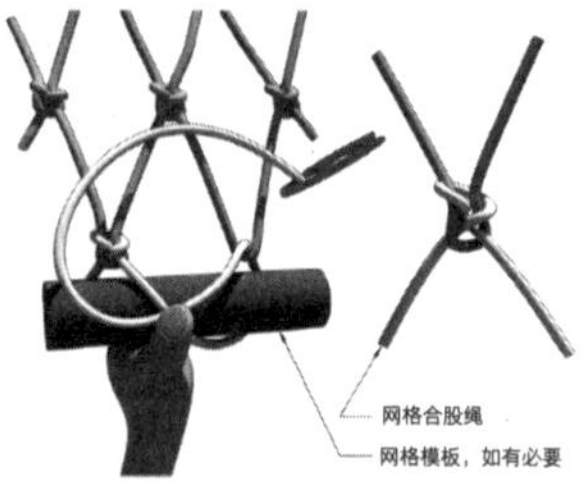
网格合股绳
网格模板，如有必要

网眼结点细部（ABK 402）

工作流程7 NetBuilder规范了语言标准，使用“网眼”、“网杆”、“节点”等词语。NetBuilder被用来命名软件，也成为设计团队及后来的施工文件中常用的语言。

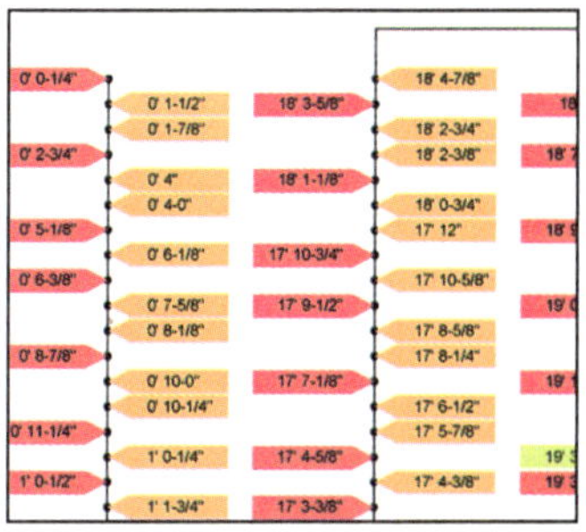
0' 0-1/4"
0' 1-1/2"
0' 1-7/8"
0' 2-3/4"
0' 4"
0' 4-0"
0' 5-1/8"
0' 6-1/8"
0' 6-3/8"
0' 7-5/8"
0' 8-1/8"
0' 8-7/8"
0' 10-0"
0' 10-1/4"
0' 11-1/4"
1' 0-1/4"
1' 0-1/2"
1' 1-3/4"
18' 3-5/8"
18' 1-1/8"
17' 10-3/4"
17' 9-1/2"
17' 7-1/8"
17' 4-5/8"
17' 3-3/8"
18' 4-7/8"
18' 2-3/4"
18' 2-3/8"
18' 0-3/4"
17' 12"
17' 10-5/8"
17' 8-5/8"
17' 8-1/4"
17' 6-1/2"
17' 5-7/8"
17' 4-3/8"

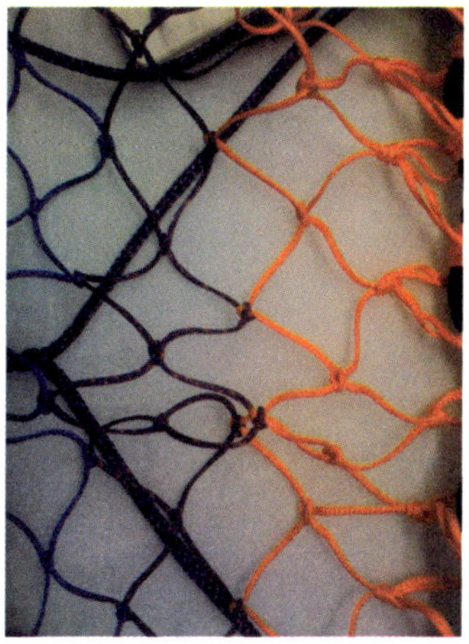

工作流程 8　该项目所使用的软件没有任何一个单独持有所有的最终设计信息；而是每一个流程都由 NetBuilder 从数据库中读取和写入信息。这些数据允许访问该雕塑的每一次迭代，并且可以读出，以重建 3D 几何形状、所述分析模型或图案图形；也可以产生许多其他输出，包括制造信息。

工作流程 9（左）　最终安装。

工作流程 10（右）　在夜间完成雕塑。只用一个软件创建这个项目的话，可能带来一些更为理性的作品。这里所开发的软件可以进一步抽象，来解决其他项目上的挑战，扩充我们的工具箱，并最终在其他项目中得到回报。此外，开发定制工具及设计软件的能力使我们对未来项目的多种可能性产生了信心。

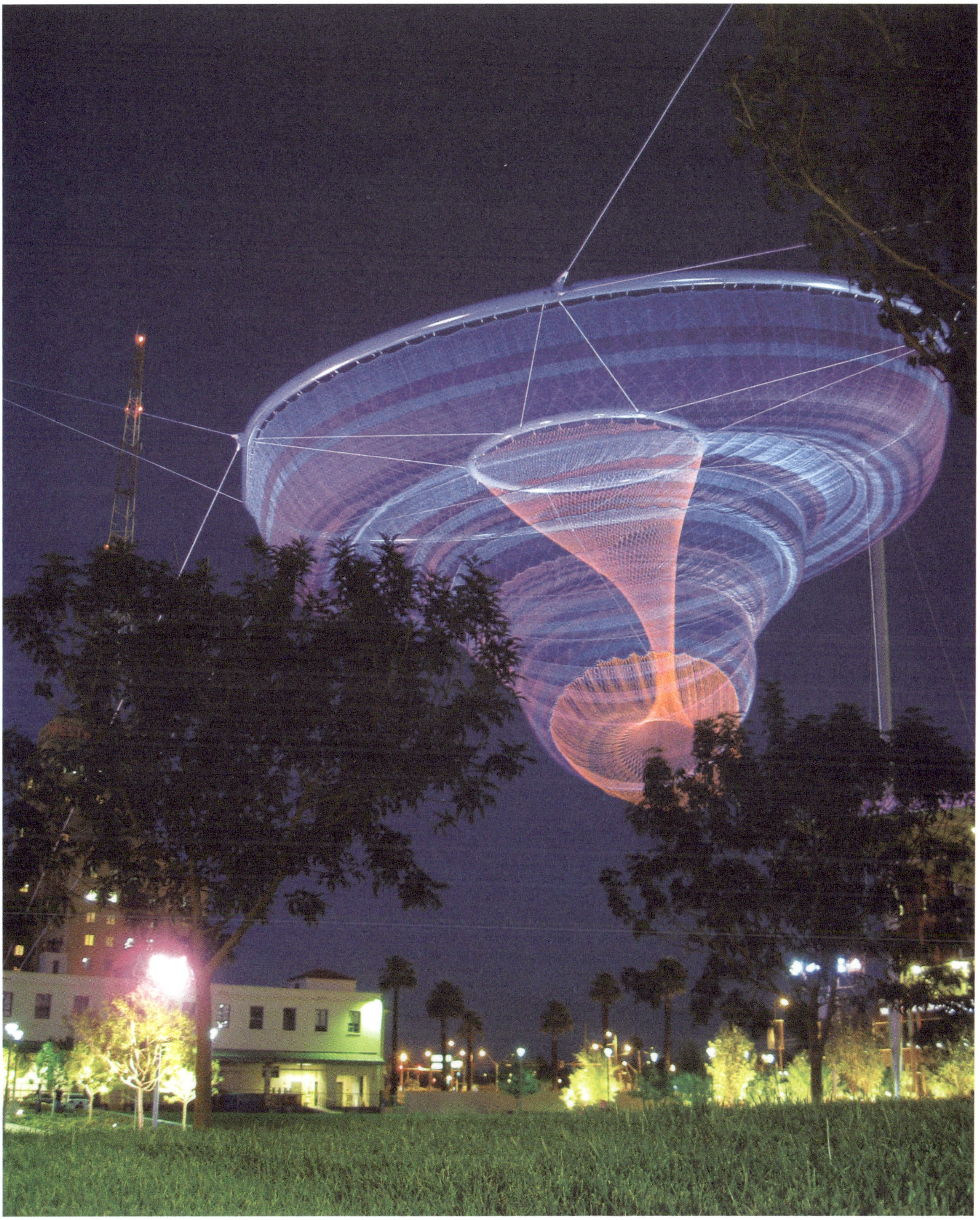

超越协同性

编者按

多个软件平台进行通信的能力是新型数字工作流程的核心。能够跨多个学科可靠地共享数字化产生的工作也是项目团队高集成度的基础。行业已经为称之为“协同性”，它目前被视为一体化设计和项目交付最大的挑战之一。尽管总体上行业已走向数字化标准，特别是软件制造商寻求文件的统一格式以提高其工作流程的效率，技术先进的事务所都在设计自定义流程，以支持特定的任务目标。标赫的自定义流程是持续集成。它与协同性的区别在于强调解决独特的文件交换问题的灵活性，以及为完成目标任务而按要求将尽可能多的数据应用于解决方案的可扩展性。案例分析的多样性可以展现这一特点。

在处理独特问题或非标准设计时，本书中的几位作者讨论了这种灵活性的价值。费边·朔伊雷尔（Fabian Scheurer）提出了最小模型以消除工作流程中不必要的代码；[1] 马蒂·达索（Marty Doscher）指出由数字化设计师制造“元代码”，用以在不同平台上保存和传输所有属性和几何设计图形。标准文件格式可以解决应用软件之间文件交换的技术问题，但就像朔伊雷尔指出的，标准格式将导致标准建筑，并且无法利用电脑的通用性来支持设计师需要的灵活的工作流程。

当加入的外部数字信息并非由设计团队创造时，持续集成的应用程序往往更加有效。伊安·基奥（Ian Keough）列举了激光扫描现有建筑的例子。生成一个巨大的点云，其中具有要被编辑的点，之后转换为一个表面模型。然后它可以用来作为现有条件的模型。他将此比作搜索引擎从海量信息中仅提取相关信息的功能。目前这种流程只能通过自定义实现。[2] 标准软件可能是为有足够市场需求的某些任务而开发，然而总是存在有特殊需求的个别任务是标准软件无法完成的。此外，由于访问外部数据集而满足了建筑设计不断增长的需求，项目团队也变得更加雄心勃勃，使用定制的软件将这些数据整合进设计工作流程将变得更加重要。

自定义工具创造的信息不一定总是数据化的。在一些案例中，标赫开发的软件通过从数字工作流程中提取模拟输出以供机械工具使用，或协助人工操作。在前面提到的网形雕塑项目中，数字模型信息被处理成编织图，对机械织机发出指令来进行网的制造。为了安装库伯广场 41 号中庭笼项目，标赫与 Morphosis 合作创建流程，通过数字模型筛选和确定关键节点坐标，从而使工作人员能够用铅垂线正确定位笼子。以上案例表明，数字和模拟之间工作流程的发展更加能够适应建筑、工程和施工行业（AEC）的独特情况。同时，更具有挑战性的问题是纯粹的数字流程贯穿一个项目的始终。

作为一个国际性的跨专业工程公司，英国标赫在制定全球政策和实施标准以期提高当今行业内生产力方面是极具影响力的参与者。他们乐于接受挑战这些标准的研究和实验，努力探索新一代的技术和工艺，承认这种与数字工作流程相关的进展正在飞速成长。本文列举的案例表明，行业的标准工作流程在必要时将与自定义工作流程的灵活性相辅相成，以支持未来的创新。

---

1. 朔伊雷尔在他的论文中还给出了工业基础类（IFC）开放标准的综述，该标准旨在推动全行业协同性的提高。

2. 本例由伊安·基奥在 2009 年于纽约举行的哥伦比亚建筑智能化项目智库（Columbia Building Intelligence Project Think Tank）中陈述。

设计教育

约翰·纳斯塔西

约翰·纳斯塔西（John Nastasi）是斯蒂文斯理工学院（Stevens Institute of Technology）产品架构实验室（Product-Architecture Lab，PAL）创始人、理事。

“当建筑师、工程师、科学家和制造商加入高强度、灵活的合作中，设计和建造的方法以及材料将会在21世纪发生巨大的改变。”

——萨拉·阿特（Sara Hart），《建筑评论》（Architectural Record）[1]编辑

《建筑评论》2003开始的创新刊的最初假定显示了建筑师和工程师之间关系的重新定义，长期以来被认为是合作（cooperative）的关系将在这个新的千年真正成为协作（genuinely collaborative）。但是在设计和土木工程教育中，几乎没有现有的任何模型帮助下一代设计专业人士做好协作性实践和思考这些新模式做出探索和准备。实际上，现有模型更多地加强了专业的单一性，并且已经形成了明显的专业分界，导致阻碍了工作的有效交流和协同创作。虽然可能有存在于主要部门之外的交叉定位的课程的机会，但这对构建上述提到的协作关系没有帮助，也不能发挥潜能去转换建筑和工程之间的关系，更远地来说，整个设计和建造业之间的关系。

在建筑教育中，建筑的物理和材料逻辑重要性的日益消失已经导致实用学科相关课程的边缘化。无论是在课时安排还是重视程度上，结构学、机械系统和材料研究已经被排挤到建筑课程的边缘地带。带来的结果是，在设计工作室的思考文化和理论课堂上的实用解决方法之间，分歧越来越大。[2]此外，在建筑师事务所中，设计概念背后的动力几乎总是源于规则之外。自20世纪70年代早期“纸上建筑”这个专业名词产生以来，相当一部分建筑学教学一直专注于其他学科。认识到漫无目的的调查研究会为工作带来更广泛的灵感和更深的理解，表达的东西通常是通过物理形式之外的部分以及通过外部的叙事来理解的。在学院设计课程的大部分中，寻找外部参考远远重要于用材料去解决。除了物理形态本身之外，还存在着感性的意义。我们行业和学科的内部是否有这样的核心价值？作为建筑师，我们的身份认知又是什么？

正是通过这一系列的经验、观察和问题，斯蒂文斯理工学院的产品架构实验室（PAL）由此成立。产品架构实验室的创立使命是解决长时间存在于设计和工程教育之间以及学术和职业之间的壁垒。这对于课程开发来说是关键的起步点，并且会成为今后的主导思想。为了给设计和建造行业带来一场真正激动人心的变革，未来的建筑师和工程师应当脱离条件规范的学院派教育，鼓励他们经过思考后做出自己的决定和选择。这个项目需要颠覆性地在知识层面上质疑长期以来传统的设计程序和教育方法，这在传统建筑设计学院的有形和无形的限制下是不可能实现的。从这个小型私立理工学院[3]的历史背景，及其专注于融合建筑和工程的课程目标中，并且考虑到其长久以来对科技创新的欣赏，其想要引入一种新的设计教育模式是比较合理的，相反这种做法并不适用于一个具有传统设计教育传承的学院。

建筑师与工程师之间

产品架构实验室于 2004 年建立，其目标是在理工学院的设置内追求建筑、工程、产品设计和计算化的整合统一。实现这一目标有三个重要的前提条件：在斯蒂文斯理工学院的其他部门能够立即且直接地获得工程的核心原理；能够对环境做出回应的建筑物的需求越来越迫切，这些建筑物结合性能标准来设计和构造有表现力的环境和形式；此外，需要把设计计算置于找形分析和可视化之上，并且向形式的解决方法和制造发展。设计内容、几何、分析、计算化、材料和制造将会作为一系列相关联的条件进行理解研究，不再有这些部门之间传统的分割界限。

大家还应共同努力，弱化传统设计工作室在课程中的地位，并考虑开发一个透明的、覆盖所有课程的设计，该设计不仅没有与可实施性分离，而且深入各个课程且直接应用到以下主题的课程当中：基于规则的找形分析（创立几何参数）、工程分析（结构及环境）、计算（脚本及面向对象编程）、材料研究（复合材料分析与设计）和直接制造（数字几何模型）（图 1）。每门课程中的设计研究课题也将超过一个学期，从而通过使用每学期新引进的越来越复杂的数字化工具进行思路设计、分析和输出，使其规模扩展和组织成熟。也可以选择针对该课题需求的新课程进行更深入的研究。在某些情况下，一个复杂的设计问题的存在引导了协同性及设计科学等先进课题通过计算机科学得以发展。

在相对较短的时间内，该计划吸引了各样极具设计经验的跨学科人才。团队的核心一直由建筑师、机械工程师、土木工程师、海军工程师、工业设计师、数学家和计算机科学家等组成。来自多个学科的处于职业生涯中期的专家重返校园，强势加入，增强了计划与业内的联系，以及对于该紧迫问题的认识。

学术与职业之间

产品架构实验室与纽约都会区的设计工程实践部建立了研究伙伴关系，旨在将其作为课

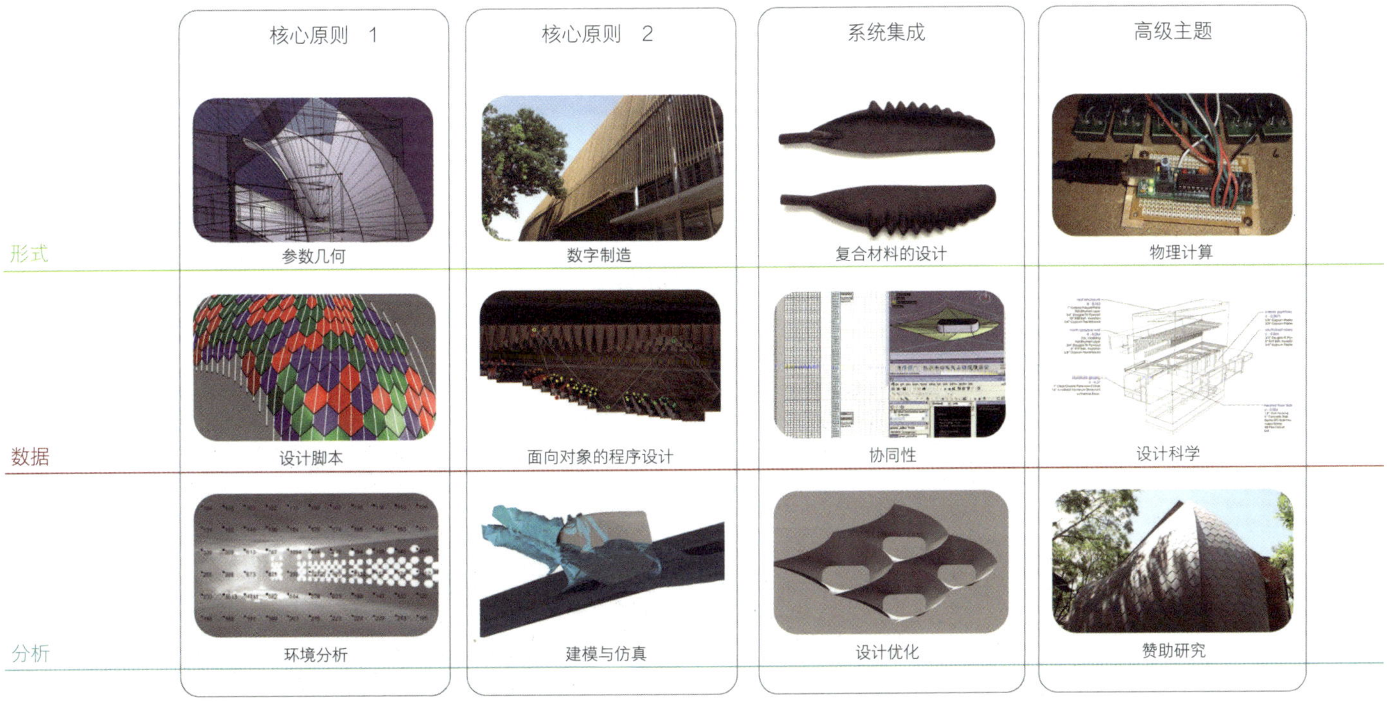
核心原则　1
核心原则　2
系统集成
高级主题
形式
数据
分析
参数几何
数字制造
复合材料的设计
物理计算
设计脚本
面向对象的程序设计
协同性
设计科学
环境分析
建模与仿真
设计优化
赞助研究

图 1　斯蒂文斯理工学院产品架构实验室（PAL）课程图。

程的一个重要组成部分。在这一模型中，一项复杂的设计难题与合作研究办公室的进展计划共同构成了学生研究和双向信息交流的基础，由此形成了该设计及其过程中的一项协同课程。这一课程不应与典型的实习生项目中的单向信息交流相混淆。实习生项目中，学生在事务所中参与设计中的非明确流程。学生不断将定制的数字研究工具和创新思维付诸实践，推动了设计能力与生产能力的扩展，完成了办公室之前无法完成的任务。学生和专业人员之间的共生动态往往会对主持实践者的结构和设计理念产生持久的影响，同时使研究情景化，精确定位，推动研究向产品架构实验室中更高级的阶段发展。

高级课程的发展包含大量优化设计、面向对象的程序设计、计算机协同性以及从机械工程领域和计算机科学借鉴的过程，为学生提供了设计全套定制数字工具以及工作程序方面的知识，在建筑、工程和施工行业史无前例。其中很多先进的方法为在这一课程开始时就已完成的实现项目奠定了基础（图 2、图 3）。

以关联为中心的设计流程

“如果未来是数字化的，那么内容必须是数据。简单地说，任何学科的知识都与获取信息和知识有关。”

——彼得·波尔（Peter Bol），哈佛大学教授，哈佛大学地理分析中心主任

根据萨拉·阿特（Sara Hart）十年前的预测，设计行业在 21 世纪会发生的元转型可以追溯到计算机科学领域以及 20 世纪 60 年代面向对象的程序设计的起源。利用数字化文件储存和检索数据的基本能力形成了数字模拟的开端。随着大约 30 年之后个人计算技术的提高，数字模拟工具被应用于设计行业和机械工业。在建筑设计中利用、存储以及操作数字数据，同时摒弃传统具象的工作方法的能力已成为基于产品架构实验室的设计研究的催化剂。

在设计模型的数字内核中植入几何关系以及物质的物理性质使得分层的、因地制宜的设计程序得到发展，把关注重心由预先决

图 2（左）　产品架构实验室与 Marble Fairbanks 事务所合作的哥伦比亚大学托尼斯塔比尔学生中心（Toni Stabile Student Center）的遮阳天花板。

图 3（右）　产品架构实验室与 SHoP 建筑师事务所合作的 HangiL 图书大厦（Hangil Book House）——首尔海伊利（Heyri）艺术综合楼。

定的设计解决方案转向对问题的复杂理解和构建。使用面向对象的建模工具使得静态的、已解决的几何问题转变为一个动态的、适应性强的（参数）几何条件。模型中的关键条件对设计意图起着重要性和决定性作用，也被用来驱动或影响其他次要几何条件。进行中和应推动的几何条件之间的相互影响为设计程序构建了策略部分，同时也培养了对这一模型中几何关系的深入理解和鉴别。通过规定几何模型中适应性的允许界限，开始对设计搜索空间进行定义。在模型中将工程分析和材料属性进行了有机结合，并对有意制造程序进行了限制，为设计搜索空间的界定提供了临界集。通常，为了确定表现形式，模型在研究一开始的约束并不多，因此有望转化为一个完全限制的，有明确定义的形式决议。

以关联为中心的设计程序的研究表明了其重心已不再是预期设计解决方案的兴趣。作为设计的先导，现在这一程序可以克服一系列不可预知的结果和挑战，帮助建筑师建立信息等级层，通过复杂的模型来构造设计问题。因此设计解决方案成了设计问题的直接执行方法，允许建筑师在众多不可预知的可接受解决方案中进行挑选。该研究早期的结果为设计师定义了以下几种拓展角色：

1. 设计规则的制定者：这一角色的逻辑思维、指导思想和推理思辨在确立设计问题时起着重要作用。从这些规则中可以看出设计师的设计意图，而设计意图则成了连接开放式思维和逻辑推理的桥梁。同时，这些规则使得设计理念由人类直觉转向数字处理，不是作为还原程序步骤，而是对设计过程中理念扩展的进一步发展，并将直觉与逻辑进行了有机结合。严格包含定性条件（如美学偏见）以及定量条件（如几何规则、分析原则和材料限制），这些都为形成设计问题提供了不同程度的平衡和等级（图4）。

2. 设计数据的管理者：这一角色包含在参数化建模环境下设定精心设计的组织策略，也就是模型的制作。这一角色可能同时包括基础设计模型和其他外部数据集合，连接模型的输入或输出。建立局部几何关系（在模型的单一部件中）和全局几何关系（与任何独立部分无关，但与所有随后的部件有关），是一个完善的设计程序的基础。特定逻辑序列对几何输出结果的影响使得由这些序列的模式识别显示的后续迭代变为可能。因此，改进逻辑序列的同时也能改善设计问题。相反，混淆的逻辑序列通常会阻碍序列的改进，弱化设计程序（图5）。

3. 设计输出中有价值集合的监管者：管理输出作为该程序的最后一步，表明了最终的设计解决方案来源于在更大的、可接受的、受到高度重视的解决方案集合中对几何条件的最后选择。在这个新型设计程序中，最终目标并不是对规则制定者而言的单一解决方案，而是一个可以产生多重解决方案的设计系统，从而符合设计意图的要求。在此，建筑师的推理或偏见，抑或后续对分析问题的改善，都可以成为选择的依据，从而成为优化设计的程序步骤之一（图6）。

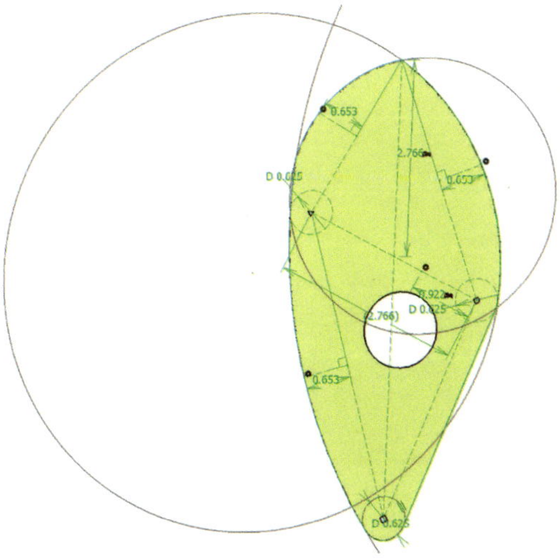
0.653
2.766
0.653
0.922
(2.766)
0.653

图4　建筑师，设计规则的制定者。最初的花瓣设计参数概念草图——液态天空（Liquid Sky），由 MoMA/P.S.1 Young Architects Installation 与洛杉矶 Ball Nogues 工作室合作设计（学生团队：Erik Verboon、Cory Brugger、Mark Pollock）。

“灵活桌面”：工程分析下的耦合参数化建模

建筑师的角色正在随着这些当代工作方法的进步而不断扩展，由此，建筑师的设计界面

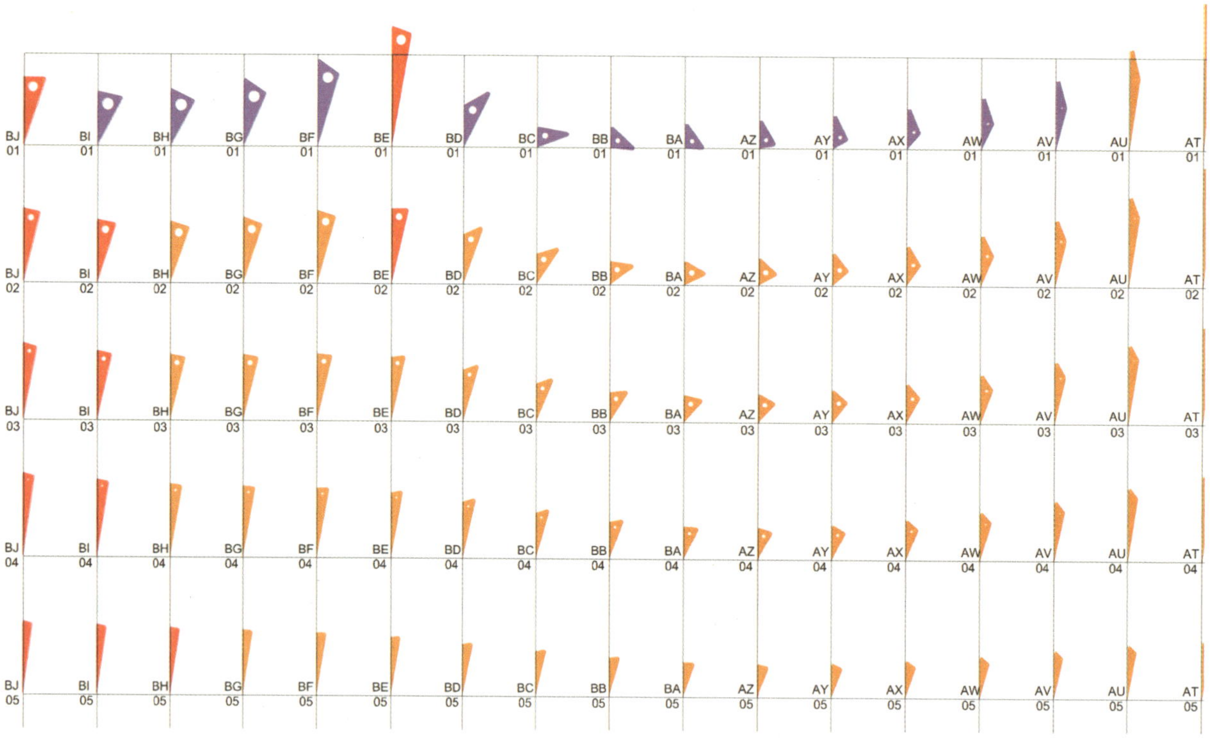
BJ 01 BI 01 BH 01 BG 01 BF 01 BE 01 BD 01 BC 01 BB 01 BA 01 AZ 01 AY 01 AX 01 AW 01 AV 01 AU 01 AT 01
BJ 02 BI 02 BH 02 BG 02 BF 02 BE 02 BD 02 BC 02 BB 02 BA 02 AZ 02 AY 02 AX 02 AW 02 AV 02 AU 02 AT 02
BJ 03 BI 03 BH 03 BG 03 BF 03 BE 03 BD 03 BC 03 BB 03 BA 03 AZ 03 AY 03 AX 03 AW 03 AV 03 AU 03 AT 03
BJ 04 BI 04 BH 04 BG 04 BF 04 BE 04 BD 04 BC 04 BB 04 BA 04 AZ 04 AY 04 AX 04 AW 04 AV 04 AU 04 AT 04
BJ 05 BI 05 BH 05 BG 05 BF 05 BE 05 BD 05 BC 05 BB 05 BA 05 AZ 05 AY 05 AX 05 AW 05 AV 05 AU 05 AT 05

图 5（上） 建筑师，设计数据的管理者。用于激光切割工艺的整体花瓣样本的二维数组示例。液态天空，由 MoMA/P.S.1 Young Architects Installation 与洛杉矶 Ball Nogues 工作室合作设计。

图 6（下） 建筑师，设计集成的监管者。最后的物理装配超过 300 个单独的花瓣，每一个都进行单独的标记和排序。液态天空，由 MoMA/P.S.1 Young Architects Installation 与洛杉矶 Ball Nogues 工作室合作设计。

也有着更多义的基础转变，“数字桌面”由此产生。在这样的数字工作环境中，建筑师可通过一系列反馈信息来定位设计的创造过程。“数字桌面”远非一个固定的表格，而是本质上的系列交互信息，从本质上更为灵活。作为交互信息集合的“灵活桌面”可以反映任何一个单一判断对整体的影响效果（图7）。

对于面向对象（参数）的几何创建工具和数字输出工程分析工具这两者同时的研究，为建筑师提供了重新思考典型线性设计序列的机会。当用工程分析软件直接连接参数建模时，任何几何情况都可以解读直接数字反馈。向一个模型里嵌入多个几何参数，使单一模型中重复分析的测试案例的运转成为可能。对于几何形状和基于性能的数字输出这两者直接关系的了解和认知变得显而易见。模式表明逻辑性和随后的测试战略通常达到证明效果（即“认知模式”）。基于前一个迭代的预测结果，引发了关于数字几何和材料性能两者关系更深层的认知。先前理解的所谓“方向性和层级性设计过程”现在被理解为“双向性和平衡性设计过程”。设计和分析正在变成一种相关力量。

然而，这项调查也暴露出每个独立工具展现出的缺陷。为了提高原始的生产力水平，两种工作模式（几何和分析）需要直观地整合。无缝和流畅的直接交流很可能可以减少每个个人软件平台的缺陷。作为几何创作和工程分析的中介物，遗传算法的整合以一种中立的第三方环境的方式实现了迭代的连接。第三方环境是连接建筑和工程这两个领域的数字桥梁。然而，这种第三方行为纯属于计算机科学。软件平台 Excel 表格是用来存储一系列遗传算法和产生的计算机输出。通过模仿自然进化的过程，遗传算法基于设计性能或适应标准来定义启发式搜索，设计输入（参数几何）在可能的范围内（即设计空间）的自动迭代实现了以计算机速度评估的潜在方法。这项产品架构实验室的研究的影响被拓展开来。同时，设计过程的边界在深度（有效性及数据丰富度）和广度（数据多样程度）上也因此被扩大。可参考的重新

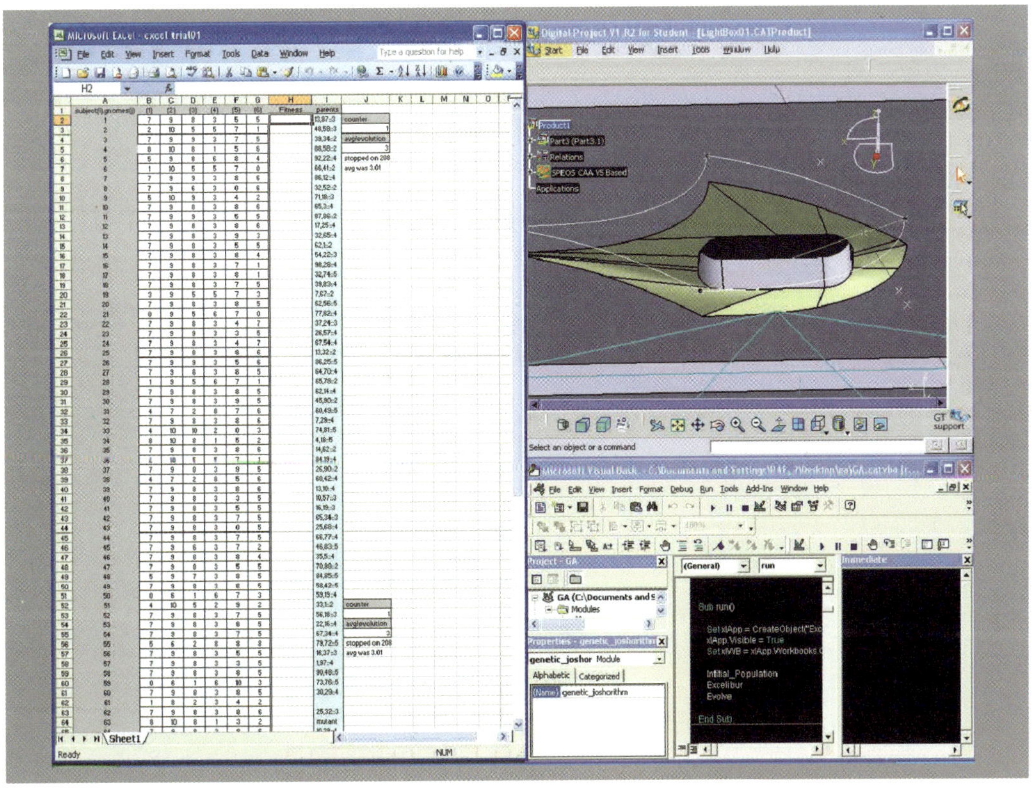
Microsoft Excel - excel trial01
Digital Project V1 R2 for Student - [LightBox01.CATProduct]
Microsoft Visual Basic
Sheet1
Ready
NUM

图7 科威特陆军军官学校与SOM合作的“灵活桌面”样本，显示出包括（从左到右）环境分析、协同性脚本逻辑、基因组逻辑和序列、参数化装配建模在内的不同的输出组件。

定位对于建筑师就如同创作对于设计逻辑。它是形式确定（设计）及实现形式（工程）两者间的中介物。2006 年，在耶鲁大学的名为“建造未来：重铸建筑工作”的会议上，此集合设计方案的策划者提出这一说法。被命名为“灵活桌面”后，工作再次变得纯计算机化，即数字的和算法的研究。 如今远离了手工迭代的劳动力挑战，建筑师可以专注于创作和管理一些设计规则。这些规则既可以产出设计输出，又可以重新引入设计输出策划中的偏见和直觉。

注释

1. Hart, S. (ed) (2003) *Architectural Record*.
2. 对这一课程断裂的一个有趣的反应是 1994 年全国建筑注册委员会（NAAB）的政策变化，其中建立了一个独特的综合设计工作室，作为满足认证基准的要求。 随着项目管理员试图确定将独特的综合设计课程放在设计工作室日程中的哪个位置，这一政策变化在整个建筑学校中引起了反响。 很明显，建筑教育管理委员会将设计的深入解决视为全国课程规则的关键例外。
3. 起源于工业革命时期，史蒂文斯理工学院作为工业革命的创新孵化器而享有盛誉，学院在蒸汽船，蒸汽机车的开发方面具有影响力，并在些许年后开创了 1844 年纽约游艇俱乐部和 1859 年的美洲杯比赛。See Clark, Geoffrey W. (2000), *History of Stevens Institute of Technology, A Record of Broad-Based Curricula and Technogenesis*, Jersey City, New Jersey, Jensen/Daniels Publishers.

高层视野计算 (vCALC) 及高层找形

工作流程案例分析

该项目是由 3 个产品架构实验室（PAL）学生（Will Corcoran、Erik Verboon 和 Ron Rosenman）和 SOM 事务所的一个设计团队通力合作，在曼哈顿打造了一栋高层居民楼。开发商希望通过最大化“壮观的视野”来提高高层的价值，因此期望学生团队设计出一个可以优化高层外观、最大化所需要的视野的软件。

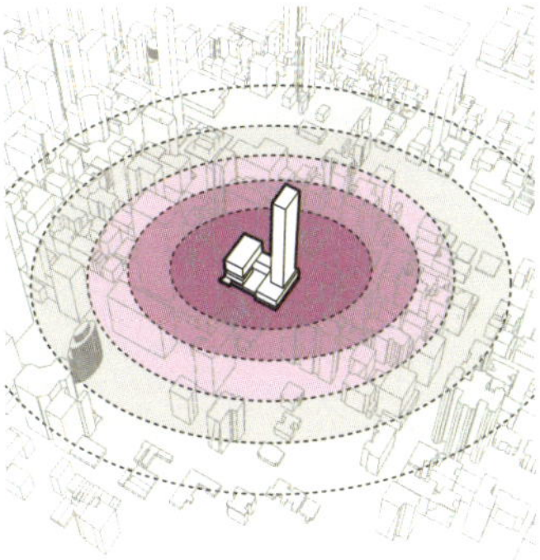

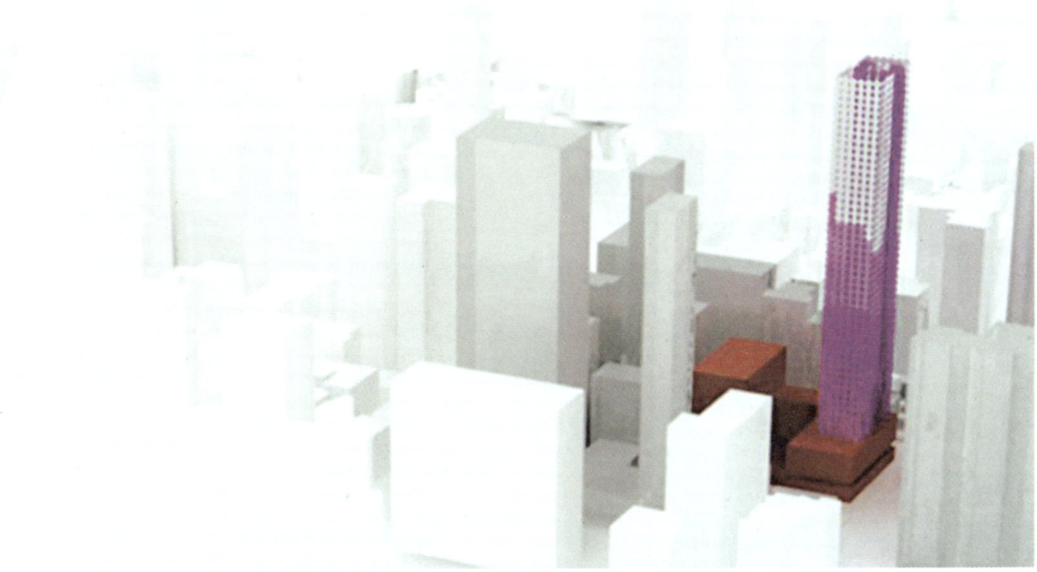

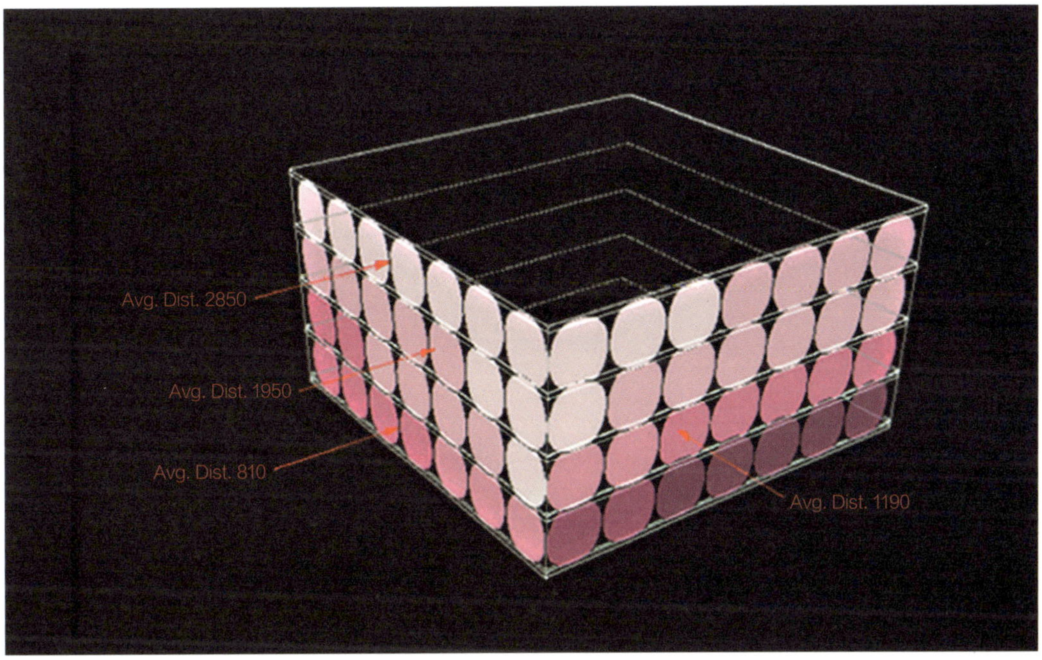
Avg. Dist. 2850
Avg. Dist. 1950
Avg. Dist. 810
Avg. Dist. 1190

工作流程 1（左上）视野计算（vCALC）：可视区域分析。定制软件能够根据周围环境描绘出预览的视觉图像，为设计师就如何安置走廊最好看、在哪一层视野最开阔等问题提供可视提示。

工作流程 2（右上）视野计算（vCALC）：立面映射。视野被投影到建筑立面，可根据距离以及质量进行评价。

工作流程 3（下）视野计算（vCALC）：视线算法。设计算法测量出在指定建筑正面等距间隔点的视野。可以对点进行加权计算，以考虑能增强某一特定视角的地标性建筑。

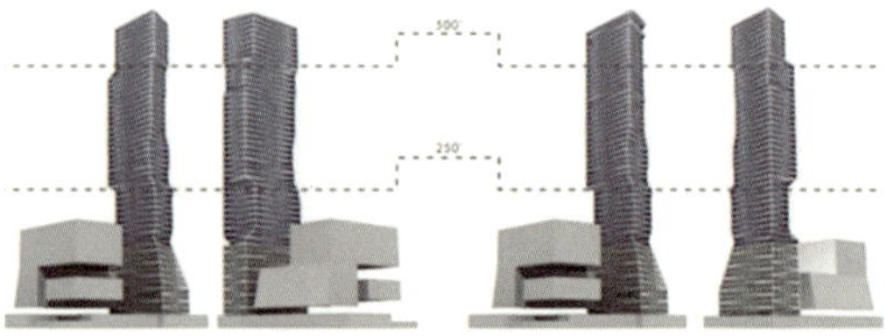

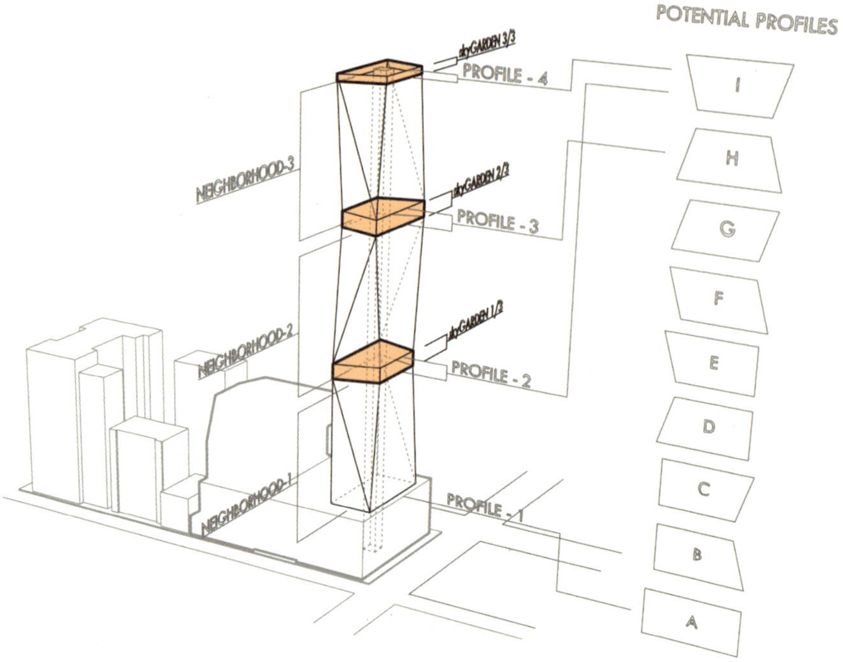
POTENTIAL PROFILES
skyGARDEN 3/3
PROFILE - 4
NEIGHBORHOOD-3
skyGARDEN 2/3
PROFILE - 3
skyGARDEN 1/3
NEIGHBORHOOD-2
PROFILE - 2
NEIGHBORHOOD-1
PROFILE - 1
I
H
G
F
E
D
C
B
A

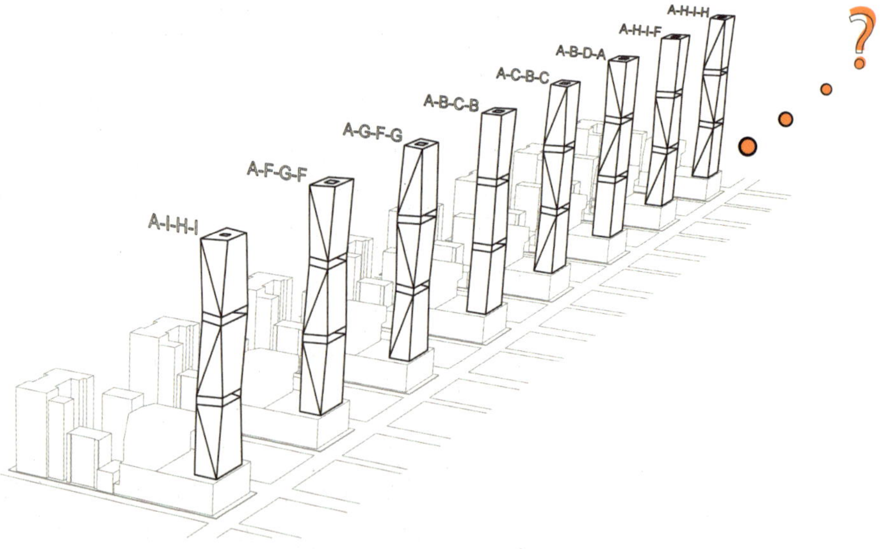
A-I-H-I
A-F-G-F
A-G-F-G
A-B-C-B
A-C-B-C
A-B-D-A
A-H-I-F
A-H-I-H
?

工作流程 4（左上） 视野计算（vCALC）：应用。该团队设计了两个视野计算（vCALC）应用工具：更实用的应用使设计人员能够分析一个特定的高层设计，进而了解视野如何表现。第二个方法是在多个方向生成楼板和周边墙体，以使视野质量最大化。这些生成的墙体比典型的垂直墙体更优质，并有效地定义了一个显示出建筑外形的优化“视角范围”，设计团队也许并没有自己考虑建筑形式。

工作流程 5（左下） 塔楼找形工具：持续研究。随着研究进入第二阶段，作为上一阶段工作所开发的计算工具的延展，设计了塔楼找形工具。学生团队以此分析建筑方向的变化对楼内公寓的视觉影响。已知点的结果证实了设计团队的直觉，在楼的南北两面设立非垂直墙面将改善视野，在关键楼层的视野尤其开阔。

工作流程 6（右上） 塔楼找形工具：逻辑设计。基于这些发现，学生设计团队开发了可以自行分析建筑外表广泛变化的工作流程。设计师需要在 4 个关键层中的每一个中选取 9 个楼板的子集来确定，然后在这些楼板之间插值以达到生成由 3 个“垂直社区”组成的多面体塔楼。

工作流程 7（右下） 塔楼找形工具：陈列设计。该软件使用了面向对象的框架，使设计师能够键入任意数量的楼板和垂直社区单元以及其他各种全局参数。此外，该软件也顾及了空中花园和每个社区内的设备楼层，给予设计团队最大的灵活性。鉴于这些数据，软件集成了所有可能的建筑排列。

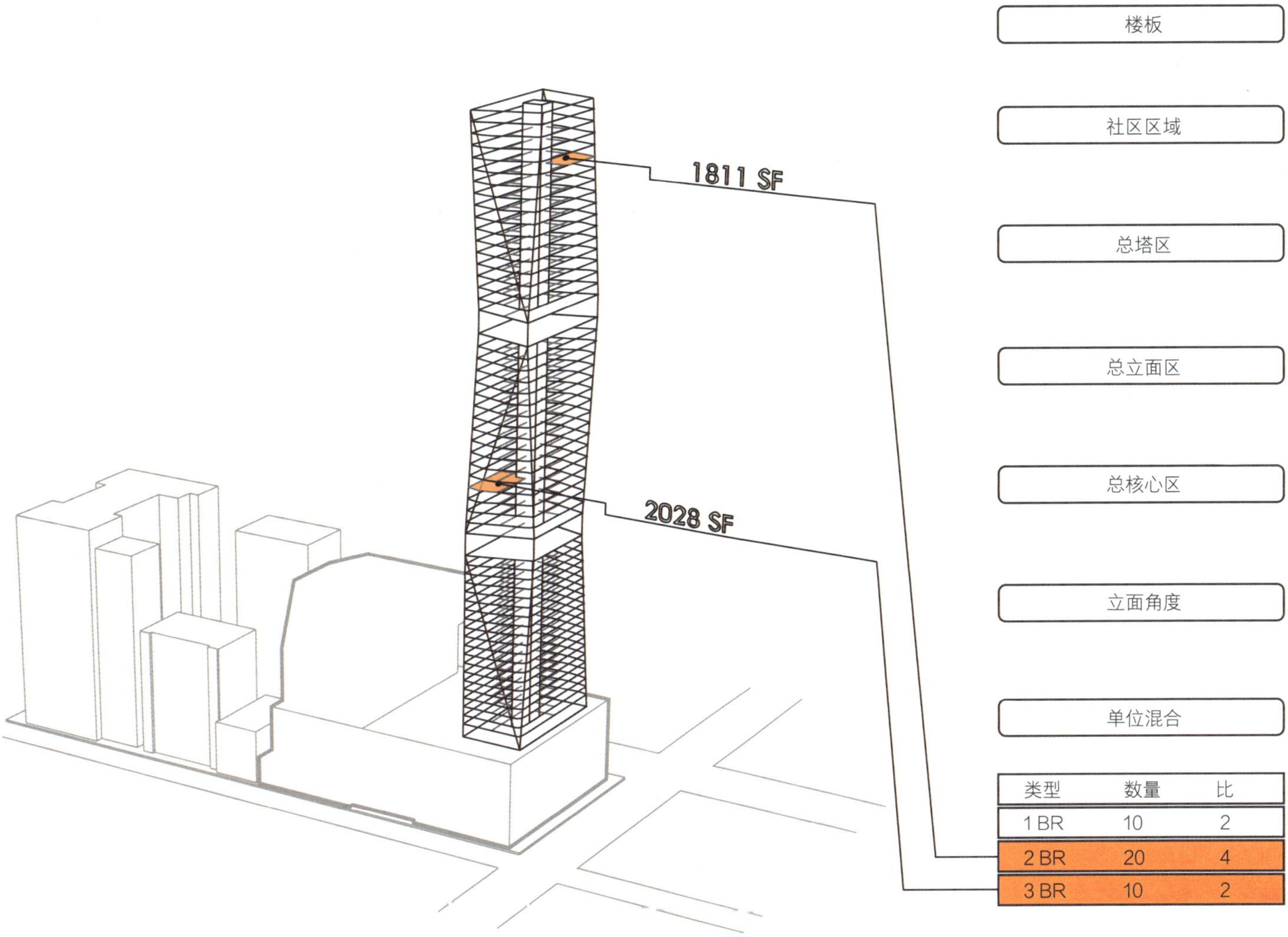
楼板
社区区域
总塔区
总立面区
总核心区
立面角度
单位混合
1811 SF
2028 SF
类型 数量 比
1 BR 10 2
2 BR 20 4
3 BR 10 2

工作流程8（上）　塔楼找形工具：输出设计。软件对关键指标的排列设计进行分析，例如楼板效能、外观和容积率，以确定最佳高层。最后设计师从中选择最佳大楼，并继续对其进行优化，以使建筑面积最大化，从而达到ZFA的目标。

© SOM

科威特阿里阿尔萨巴赫军校

工作流程案例分析

这个项目是由3个产品架构实验室学生（Joshua Cotton、Keith Besserud和Charlie Portelli）和SOM建筑师事务所纽约工作室合作，为科威特设计的位于科威特城的阿里阿尔萨巴赫军校（Ali Al-Sabah Military Academy）。该项目的具体任务是开发一个外观穿孔系统，创造间接采光的高品质教室，同时最大限度地减少热量的吸收。

工作流程1（左上）庭院的概念设计渲染图

工作流程2（右上）最初立面设计。对之前完成的设计的阴影和眩光水平的分析使我们有机会对几何输入和数字输出之间的线性关系产生了质疑。

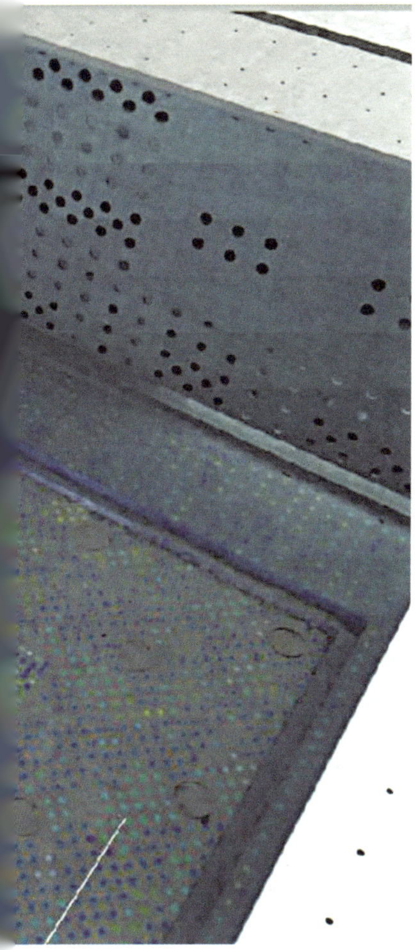

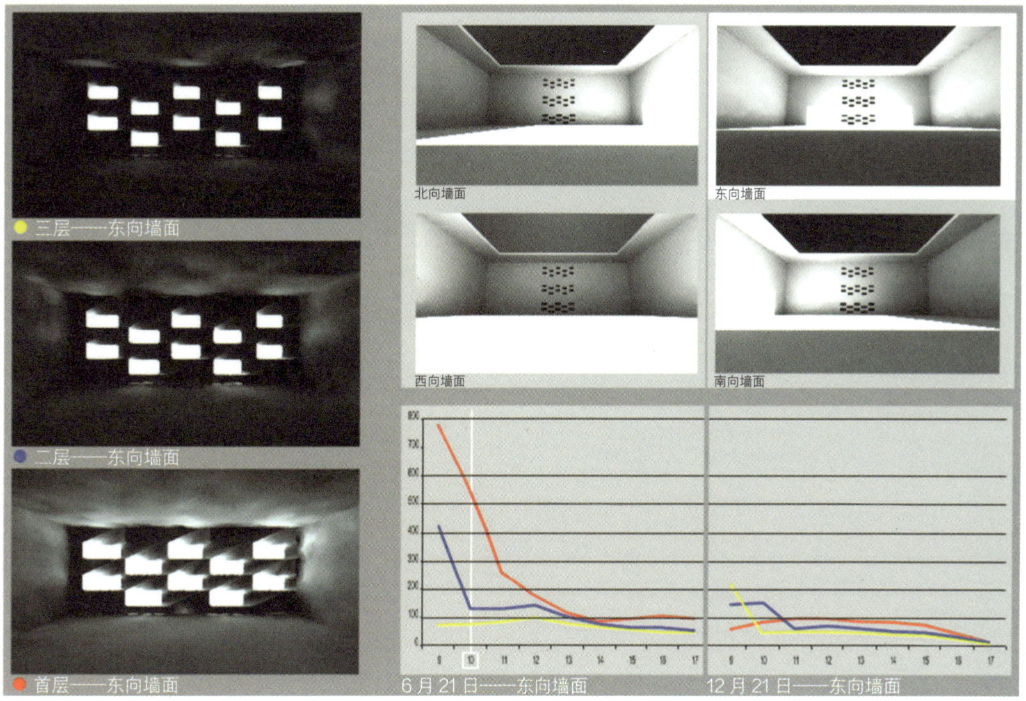
三层——东向墙面
二层——东向墙面
首层——东向墙面
北向墙面
东向墙面
西向墙面
南向墙面
6 月 21 日——东向墙面
12 月 21 日——东向墙面

工作流程 3（下） 早期立面版本。学生团队被要求重新设计由一系列阵列窗口形成的雕刻墙面的形体，这些窗口的几何形状是所有校园建筑立面的基本元素。对于 4 种太阳朝向（东、南、西、北），该设计的目的是尽量减少太阳直射辐射穿过窗口以及进入内部空间。

工作流程 4（上） 采光数据及可视化。利用设计的几何形状以及采光分析软件，该团队制作了一套全面的数据，用以测量每个太阳方位和季节室内教室的光线和眩光水平。

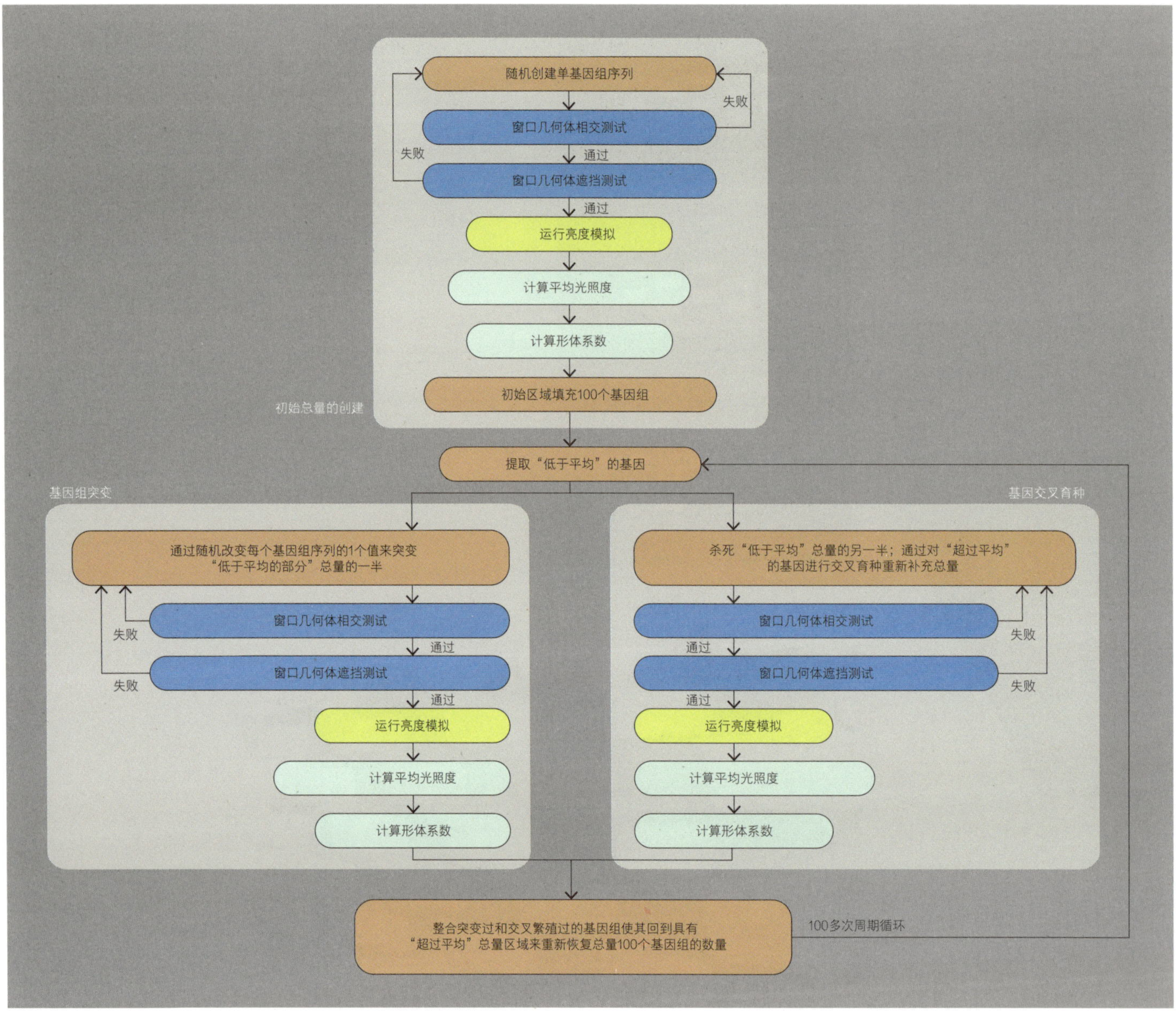
随机创建单基因组序列
失败
窗口几何体相交测试
失败
通过
窗口几何体遮挡测试
通过
运行亮度模拟
计算平均光照度
计算形体系数
初始区域填充100个基因组
初始总量的创建
提取“低于平均”的基因
基因组突变
基因交叉育种
通过随机改变每个基因组序列的1个值来突变“低于平均的部分”总量的一半
窗口几何体相交测试
失败
通过
窗口几何体遮挡测试
失败
通过
运行亮度模拟
计算平均光照度
计算形体系数
杀死“低于平均”总量的另一半；通过对“超过平均”的基因进行交叉育种和重新补充总量
窗口几何体相交测试
失败
通过
窗口几何体遮挡测试
失败
通过
运行亮度模拟
计算平均光照度
计算形体系数
整合突变过和交叉繁殖过的基因组使其回到具有“超过平均”总量区域来重新恢复总量100个基因组的数量
100多次周期循环

工作流程 5　软件工作流程。学生团队开发使用了遗传算法，将多个软件程序连接到一起，包括 Digital Project、Speos 和 Excel，将最佳设计集合的产生过程自动化。

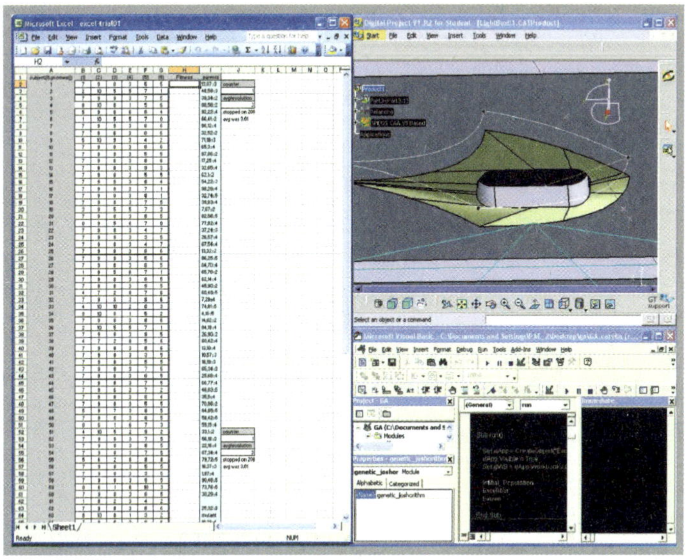

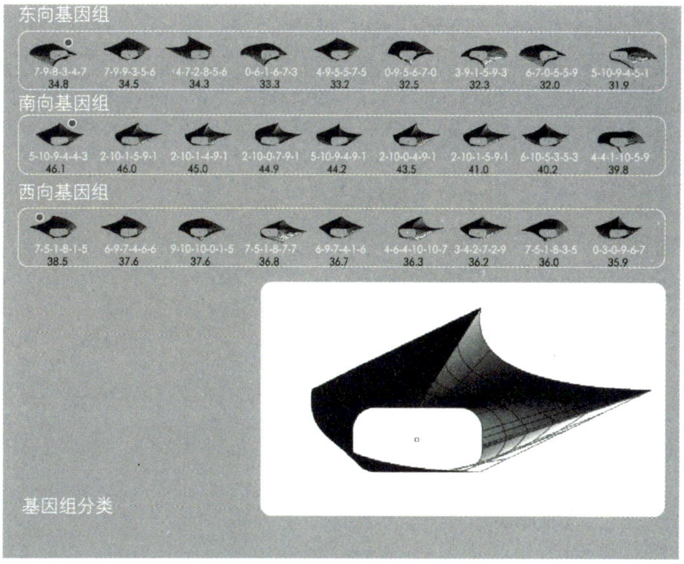
东向基因组
34.8 34.5 34.3 33.3 33.2 32.5 32.3 32.0 31.9
南向基因组
46.1 46.0 45.0 44.9 44.2 43.5 41.0 40.2 39.8
西向基因组
38.5 37.6 37.6 36.8 36.7 36.3 36.2 36.0 35.9
基因组分类

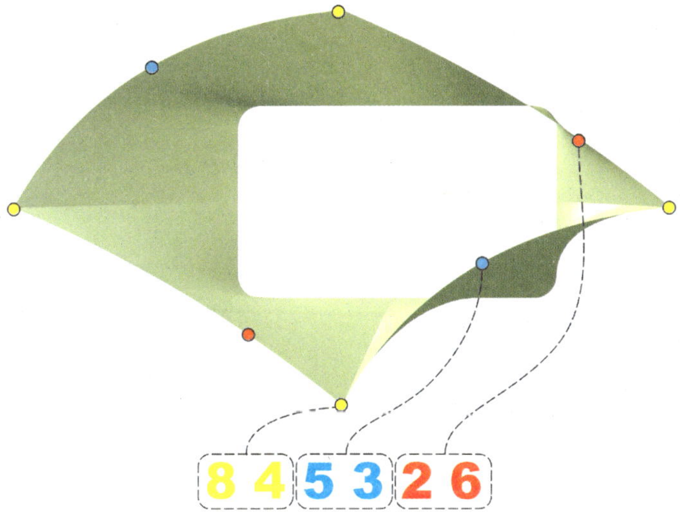
8 4 5 3 2 6

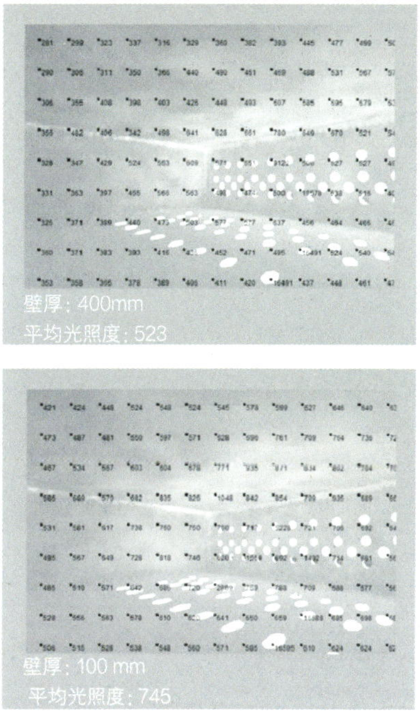
壁厚：400mm
平均光照度：523
壁厚：100 mm
平均光照度：745

工作流程 6（左上）“灵活桌面”界面使团队可以快速发现，并且同时评估不同的数据集合。

工作流程 7（左下） 开口逻辑。Catia 模型展示了一种含有开口的动态参数形体。这些参数成为由遗传算法产生的变量的输入端。第一对号码相连的黄色顶点与开口的中心的位置相关。蓝色和红色数字所连的控制点是由三点控制的贝兹曲线的中心控制点：第一对数字的变量控制沿着开口两个角之间的假想直线的点的运动；第二对的变量控制假想直线的垂直方向偏差的大小和方向。

工作流程 8（右上） 设计陈列。对于每个太阳方向，设计团队都展示了一系列可能的几何形状，这些几何形状在最小化热量接收方面都表现良好。

工作流程 9（右下） 数据可视化。内部空间的数字演示和数值数据的覆盖提供了衡量设计质量的经验和目标模式。

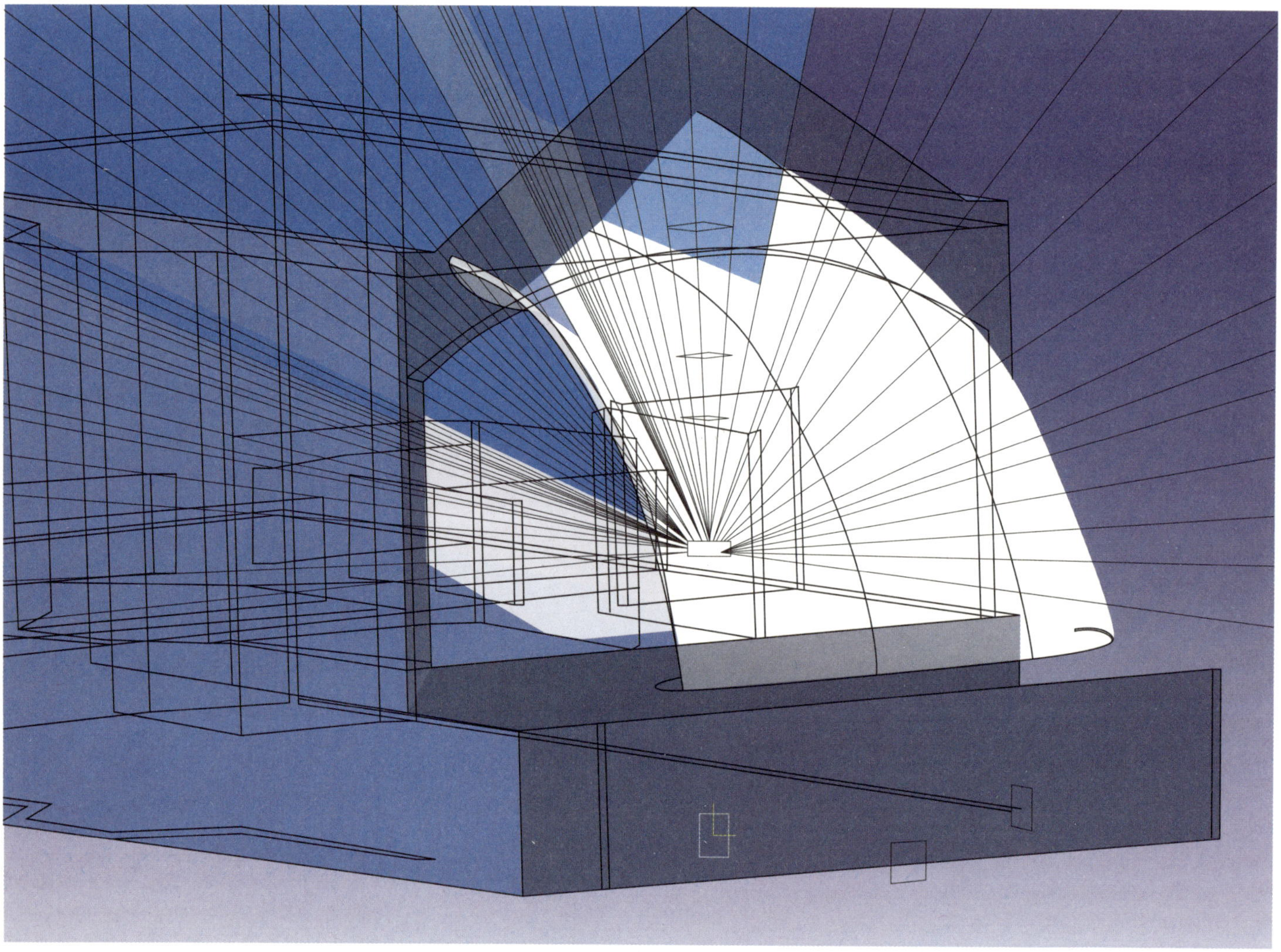

半圆形教堂后殿增补

工作流程案例分析

这个项目是由两个产品架构实验室学生（Leanne Muscarella 和 Justin Nardone）和建筑师事务所 Marchetto Architects 共同合作完成的，他们设计建造了新泽西霍博肯（Hoboken）的一座半圆形教堂。工作内容从概念设计直到项目完成，涉及几何参数、数字化制造、环境分析、优化设计和互操作性等课程内容。

工作流程 1　曲面模型。在方案设计过程中，由 Catia 生成教堂的曲面模型，夏天和冬天的太阳角度直接集成到几何参数驱动的模型中。

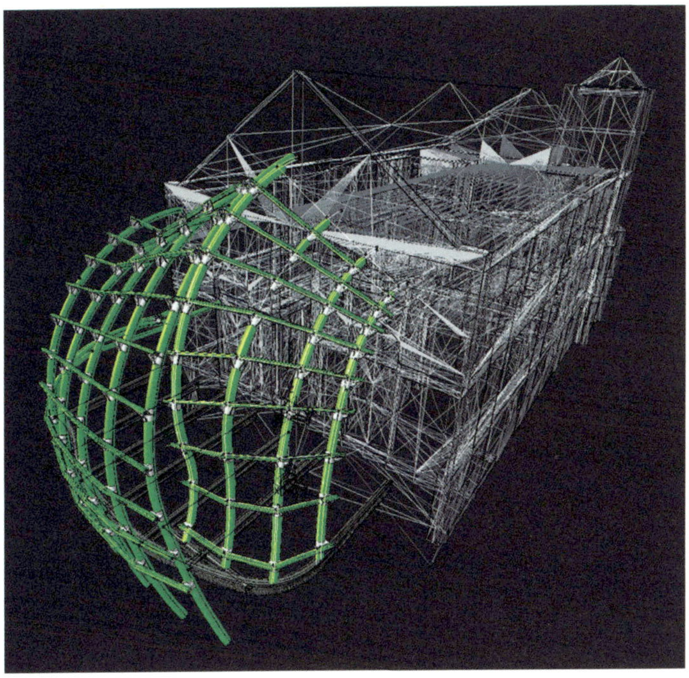

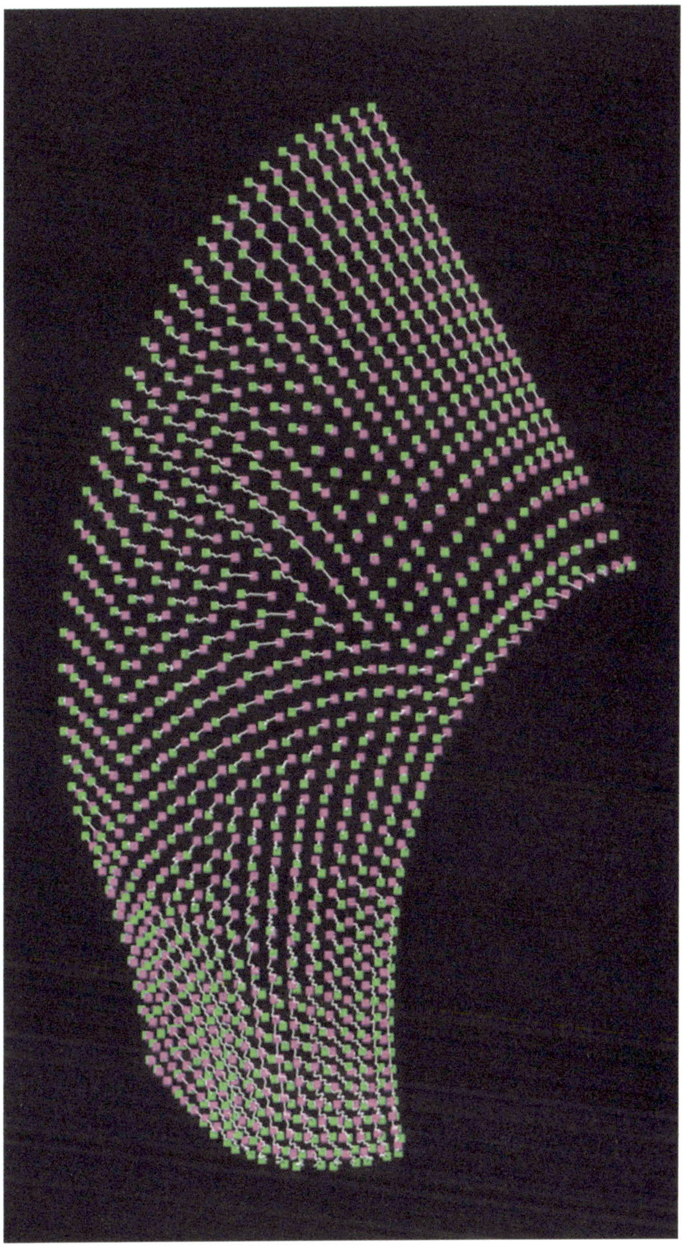

工作流程 2（左） 结构模型。另外，该模型包含结构钢元件的全部细节和装配序列，其中包括每个弯曲的管状柱和扁钢肋板的所有半径信息。

工作流程 3（右） 曲率迁移算法。这种曲面模型包含了由曲率偏移算法脚本修改优化过的统一点阵。该脚本使每个点定位于 12 英寸见方、基于表面曲率分析的最小曲率区域。这使该几何形状能够容纳 1100 多个镀锌瓦片贴合在双曲几何表面。

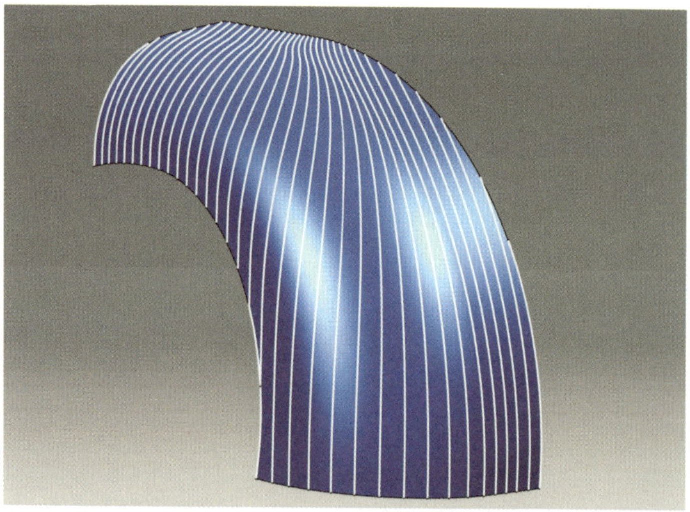

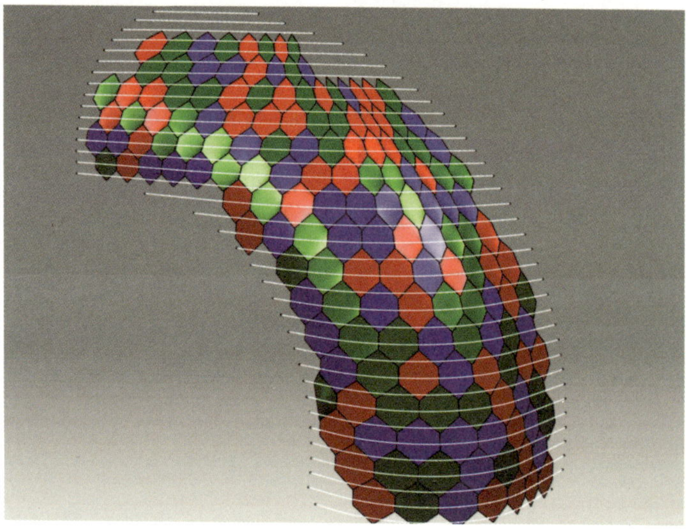

工作流程 4a（左上）　最初镀锌瓦片布局。基于点的位置，生成填充带状镀锌瓦片的初始版本。

工作流程 4b（右上）　竖向排水几何叠加。根据金属承包商的建议，引入了第二个脚本，在 4 度的垂直内组织每一个柱状点阵，用以控制雨水径流。

工作流程 4c（左下）　调整镀锌瓦片布局。然后基于对最小的垂直偏差的重叠限制，进行布局的调整。

工作流程 4d（右下）　布局方案。在对参数化的不断探索中，学生贾斯汀·那多恩（Justin Nardone）提供了一个用横向偏差覆盖来优化瓦片的方法，尽管这个提议难以实现，但它的确显示了利用面向对象脚本探索设计方案的力量。

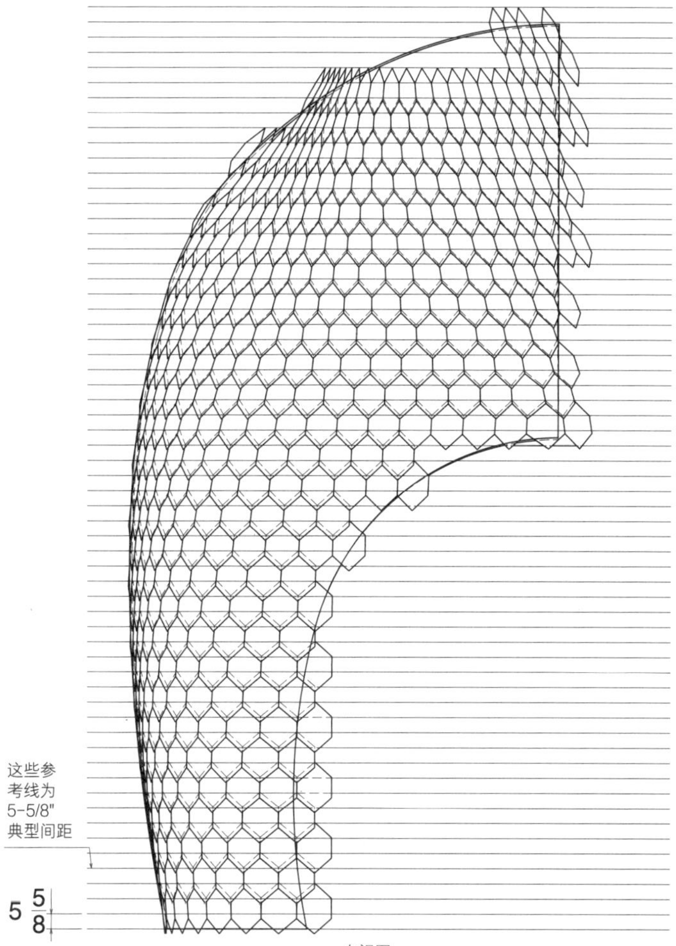
这些参
考线为
5-5/8"
典型间距
5 5/8
右视图
比例：1：24

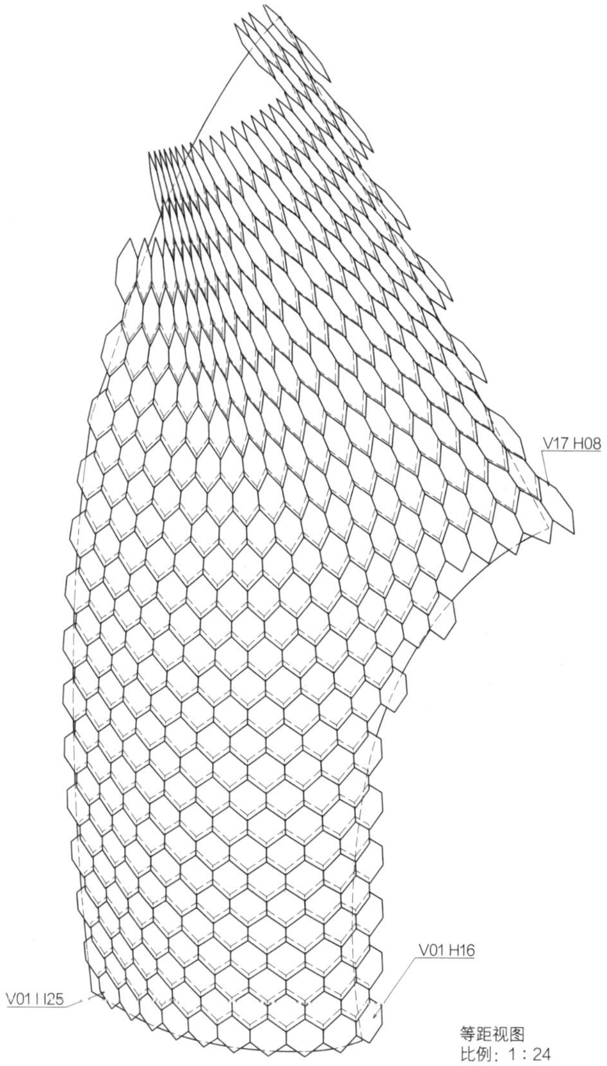
V17 H08
V01 H16
V01 I I25
等距视图
比例：1：24

工作流程 5　半圆形后殿：生成的切割文件。施工图和切割文件由 Catia 模型自动生成，且构成所有关于价格及工作范围讨论的基础。关于每个屋顶板的数据都由计算机传送给当地制造商 Maloya Laser，由他们进行激光切割并运送至施工现场。

工作流程 6（左上） 现场装配。作为钢筋板，主要的钢结构经数控折弯打造，所有结构和喷镀组件高度集成，使其能够在居民区内紧张的场地里有序、快速、高效地装配。

工作流程 7（右上） 项目完成。从西面看，印在最后两个面的几何图形上的北面光圈。

工作流程 8（对开页右上） 穿山甲。

（未来）当代实践

经历了最初的数字设计方法和工作流程的发展和展望之后，建筑实践并没有明显的进步，而是对肤浅的数字输出的直接性感到麻木，以及对加深理解技术能力相关的曲线学习的疲乏。在同样的孕育时期，电子商务、网络银行、定量科学、社交网络等行业都已普及渗透，通过几乎一样的技术开发的创新软件渗入并重塑了现代生活的方方面面。相比之下，在建筑业的实践中，很明显达到最基础的视觉输出后就很快满足了。更令人担忧的是，对于数字技术能够跨越学科界限形成一个高度集成的工作环境的能力感到自满。

虽然大多数的设计机构致力于将学生培养成思想家和战略家，但产品架构实验室（PAL）是教育学生在数字工艺和材料选择方面积累高水准的设计经验。与传统建筑学教学方案倾向于将同学们培养成通才不同的是，进步的设计实践充分利用数字化工具和工作流程来扩大专业知识领域的知识。而斯蒂文斯理工学院的独特课程设置和设计输出也是一把双刃剑，它很容易（并且错误地）被认作是只注重执行的数字贸易学校。但是，我们这里所论述的是一个关于将建筑师在一个更为广泛的设计建造过程中恢复其富有意义的角色的过程。

建筑师和工程师在建筑信息建模和直接制造领域取得的最新进展已开始促进不同领域设计专家的涌现。绝不是如今充斥在设计师队伍中所谓的特邀专业顾问，这些设计专家操作着构成了当代设计流程核心的日益复杂的数字信息交换系统。这些专家，无论是在一个更大的办公室结构中，还是在不断变化的独立设计专业工作室，都在开创当代实践的新模式。在过去的十年中，这些专业公司的增长规模以及工作范围大致可分为以下几种：

—大型设计项目的专业团队。
—独立助理设计专业团队。
—设计建筑实践。
—包含设计在内的建造服务。

随着建筑师越来越成为通才且越来越扩大职能范围，许多这种实践都经历了重大的发展 和创意上的成熟。这些数字技术革命对标准做法在制定生产和协调能力方面产生的影响并不是很大。如果是这种情况，那么建筑实施中可能已经错过了纠正持续下降的趋势的机会，数字技术在建筑行业难以发挥其作用和价值。传统做法是否愿意应对这些技术压力和发展机会还有待观察。但如果建筑师真的乐于在工作中使用这些新工具和新方法且逐渐成为未来的趋势，那么一个真正的产业转型指日可待（图 8）。

产品架构和工程实验室

学生安置和持续增长

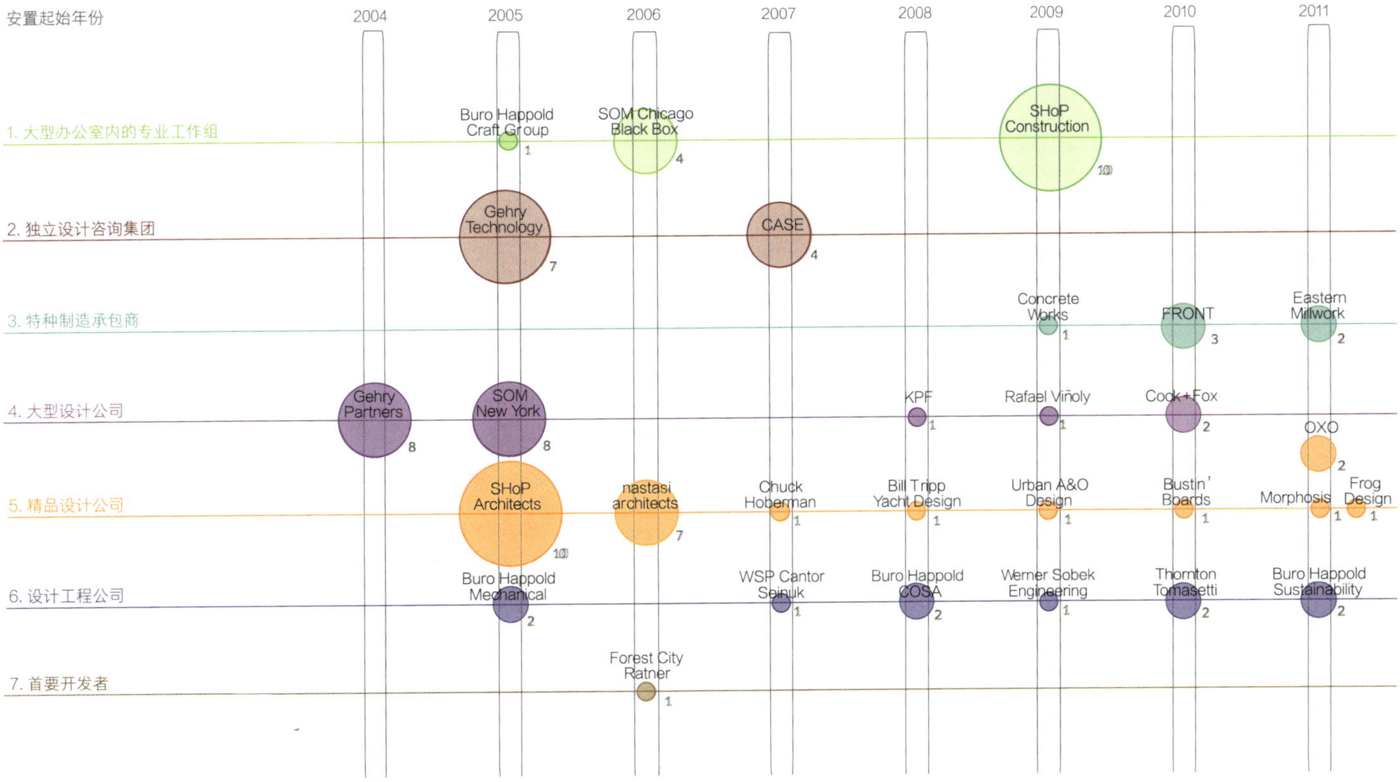
安置起始年份
2004
2005
2006
2007
2008
2009
2010
2011
1. 大型办公室内的专业工作组
2. 独立设计咨询集团
3. 特种制造承包商
4. 大型设计公司
5. 精品设计公司
6. 设计工程公司
7. 首要开发者
Buro Happold Craft Group 1
SOM Chicago Black Box 4
SHoP Construction 10
Gehry Technology 7
CASE 4
Concrete Works 1
FRONT 3
Eastern Millwork 2
Gehry Partners 8
SOM New York 8
KPF 1
Rafael Viñoly 1
Cook+Fox 2
OXO 2
SHoP Architects 10
nastasi architects 7
Chuck Hoberman 1
Bill Tripp Yacht Design 1
Urban A&O Design 1
Bustin' Boards 1
Morphosis 1
Frog Design 1
Buro Happold Mechanical 2
WSP Cantor Seinuk 1
Buro Happold COSA 2
Werner Sobek Engineering 1
Thornton Tomasetti 2
Buro Happold Sustainability 2
Forest City Ratner 1

图 8　产品架构实验室行业合作者及学生去向安置。

教育行业

编者按

像建筑和工程这样的专业学科从未在传统的学术机构内与其他学科和平共处。学术机构的定位为不同于专业教育，具有实施研究并且不受既定专业规则约束的建立新理论的能力。另一方面，从业者（及其相关产业）认为自身是特定学科内最高水平技艺的体现，学术理论被“实现”了。毋庸置疑这种分离是有价值的，在最好的情况下，这种分离会产生一种富有成效的生产关系，其中每一种关系都随着彼此的发展而进步。然而更多的时候，建筑院校和工程院校会在两种方法中选择之一。其一，他们遵循行业需求，限制他们的课程，以满足技能和专业传统的实践发展要求，例如在NAAB（国家建筑认证委员会）的建筑院校课程以及ABET（认可委员会工程与技术）的院校学校课程中。另一种选择方案是，学校（也许建筑院校多过工程院校）忽视行业需求，更注重专业标准而扩大其课程，用以应对更广泛的社会和文化问题。

斯蒂文斯理工学院的产品架构实验室由约翰·纳斯塔西于2004年建立，它代表了建筑和工程新型教育模式的萌芽。产品架构实验室是基于一种学术和行业之间的新关系，这种关系结合了上述两者的最大特点。对于本书所述的话题重要的是，产品架构实验室能够这样做主要是由于数字工作流程的潜力。它避免了使用数字工具主要是为生成表单的学术陷阱，纳斯塔西认为这样并不能够充分利用电脑的力量进行设计，也避免了以过度确定的方式使用性能驱动设计工具的行业陷阱。产品架构实验室的工作采取了一个更具包容性的方式来利用技术，将形式复杂的定性目标和数据测量的量化目标融合合并成一个连续的工作流程。通过多种软件平台进行工作的重点是互操作性，学院课程鼓励学生拓展设计问题，寻找非典型但相关的数据链接到设计流程中。这些数据范围很广，可以是用于构建应用程序但并不常用的复合材料的具体数据，也可以是事关前景方向的高层建筑的房产价值。捕捉各种数据转换成数字设计工作流程的能力对于建筑师和工程师将会越来越重要，因为建筑物变得更加复杂，业主需要更有针对性的设计方案。产品架构实验室期待这种行业内的变化，并形成了独特的课程，以期将其学生培养成这方面的佼佼者。

纳斯塔西对“流体桌面”的概念是，设想在真实的数字化设计工作流程环境中，合乎多维数据反馈的代表性模式。这是一个可以同时进行分析和设计的工具，它将当前所有电脑的用户使用界面的响应性提升到了一个新水准。可以对一个给定项目的多个设计目标可衡量的产出进行参数化定义，并根据设计意图设置优先权。可想而知，这款桌面在设计上所使用的数据不仅提取自建筑师的设计模型，也有来自于与应用于设计中的材料或产品相关的外部资源。“流体桌面”也可能成为包含非技术性设计标准的平台，这种标准涉及由保罗·陶伯西[1]概述的建设过程中的社会指标。如果将这一类互动型界面进一步设想成一门关于建筑表现的课程，很明显建筑教育要经历多少改革才能开始解决行业内的未来创新问题。

纳斯塔西指出，对数字化工作流程的潜力存在普遍的专业自满，导致目前这一代建筑师执业采取观望态度。这种情况只有在新一代找到新机会之后才会改变。随着建筑行业的持续细分，这些机会不会集中于某一单一学科，而是存在于各个重新划分的主要构成部分中——建筑师、工程师、承包商，甚至是业主。当然机会已经不在常规工作程序中了。纳斯塔西致力于这种重新调整划分，并确信设计、工程和数字化工作流程的协作潜力将是一个主要的驱动力。建筑行业的保守主义往往把最雄心勃勃的建筑系学生逼到其他行业，这些行业更欢迎新鲜创新的理念。这是建筑学校一个挑战：在遵从行业或无视行业之间找到一个合理定位，找出一个充满机会的领域，激发学生不仅能创造性的设计建筑，更能发掘新的产业。

——

1. 参见本书中《建筑设计意味着什么？》一文，由保罗·陶伯西著。

关于赞助商

在特纳建筑公司（Turner Construction Co.），数字化工作流程涵盖了一个范围很广泛的过程。在施工过程中，数字化工作流程支持了制造、采购和物料跟踪、复杂的建筑系统集成，以及建设序列、数量和成本信息的管理。关于建筑构件的信息则是从数字模型中提取。对构件进行了较高水平精度的预制，并在模型中利用坐标点对该领域中的构件进行定位安装。设计和施工队伍使用详细的标记或条形码来识别与特定的布局点相关的事项，或在模型内跟踪安装状态。从建造条件的调查点导入模型，用以验证构件是否按设计准确安装。

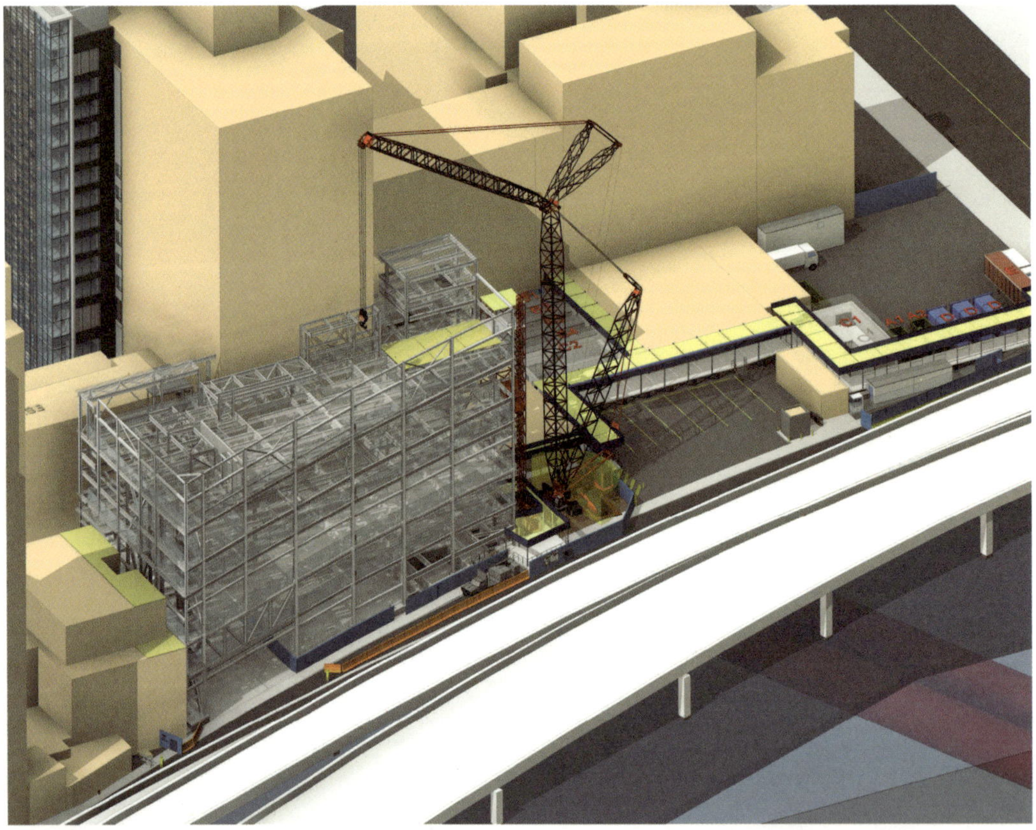

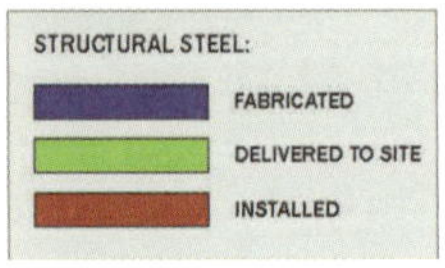
STRUCTURAL STEEL:
FABRICATED
DELIVERED TO SITE
INSTALLED
Turner

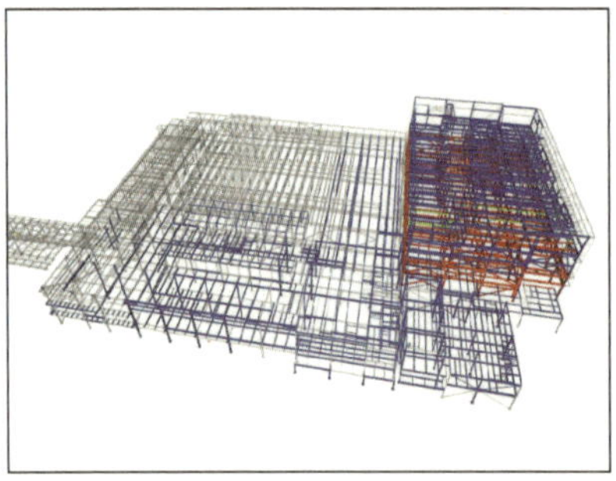

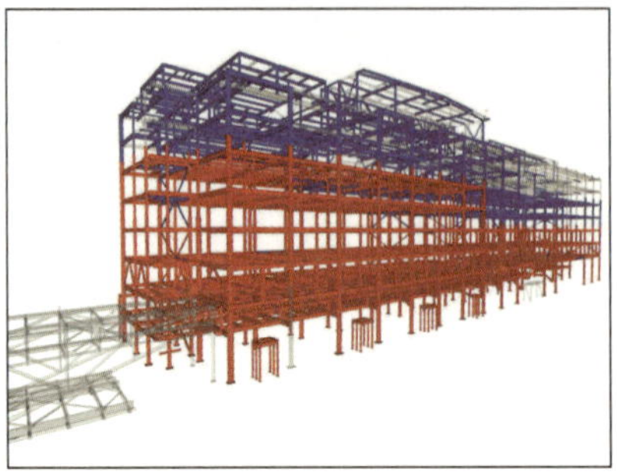

图 1（上） 某城市医院，5 层，总计 70000 平方英尺（约 6503 平方米）的热电联产厂测序模式及现场物流。

图 2（下） 100 万平方英尺（约 92903 平方米）大楼的钢铁跟踪模型，该建筑包括教室、体育馆和一个中央动力厂房。

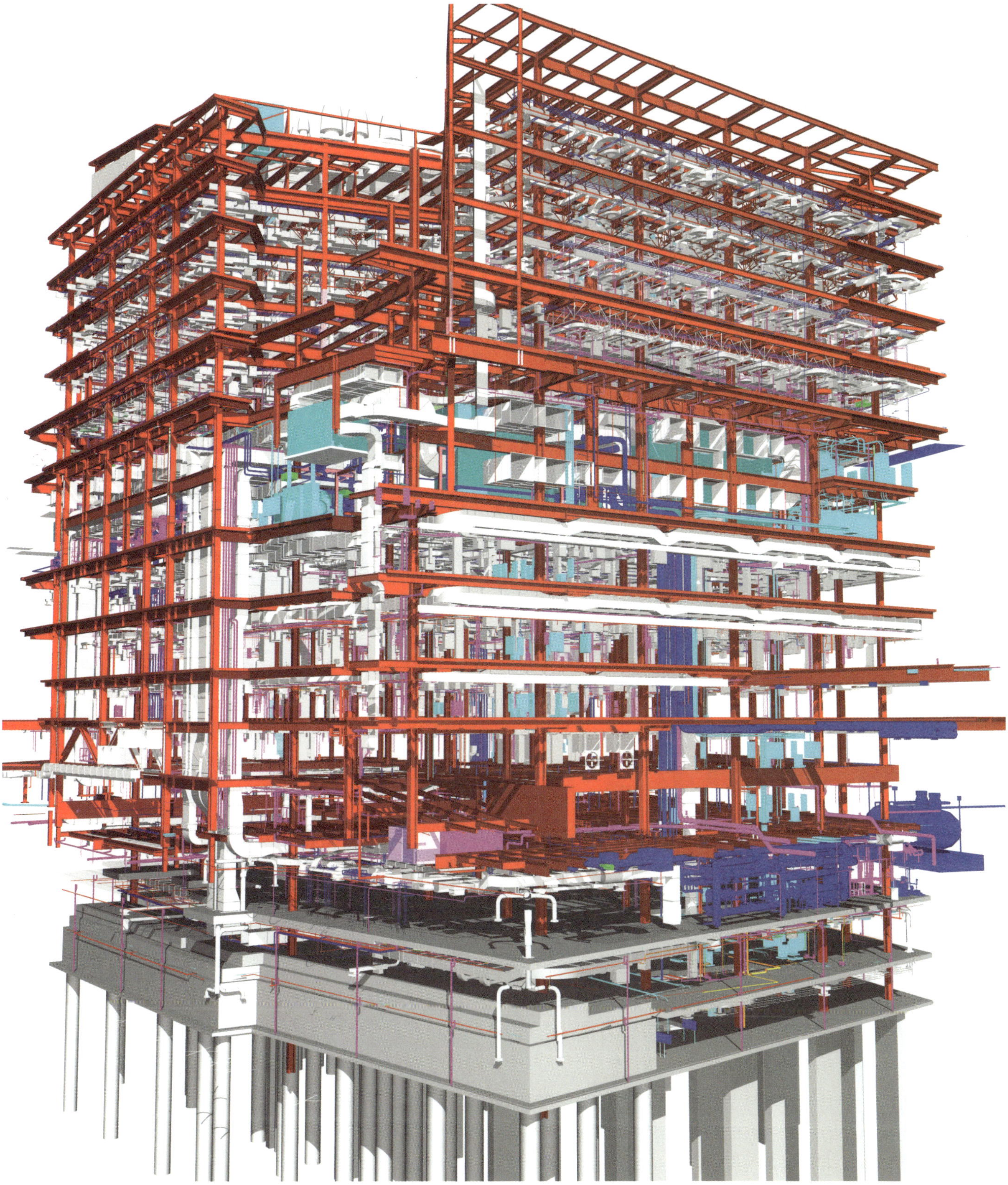

图 3　共有 14 层、150 个床位的肿瘤内科、神经重症监护、神经科病人设施的详细 3D 协调模型。该项目包括大规模的 MEP 系统，包括 13 个 AHU 的重达 467000 磅（约 212 吨）、建筑内部 32000 纵尺矿物绝缘铜芯电缆的铺设，仅第五层就铺有 7 英里（约 11 千米）管道。

编者简介

斯科特·马布尔（Scott Marble）是Marble Fairbank 建筑师事务所的创始合伙人以及哥伦比亚大学建筑、规划和遗产保护研究生院（GSAPP）集成设计工作室的总监。在他 20 多年的建筑教学和实践中，通过将学术研究和实践工作之间保持积极的联系，他不断地追求建筑教育与建筑业之间的新关系。Marble Fairbanks 建筑师事务所是超过 25 个地区、国家和国际设计大奖的得主，包括 AIA 奖、美国建筑奖、一个 PA 奖、一个 ID 奖、《建筑评论杂志》颁发的新兴建筑 AR+ D 奖和纽约市艺术委员会授予的优秀设计奖等。Marble Fairbanks 建筑师事务所的作品定期在期刊和图书上出版，并一直在世界各地展出，包括英国伦敦的建筑联盟学院、日本奈良县立博物馆和纽约现代艺术博物馆，他们的图纸已经被列为博物馆的永久收藏。2008 年，纽约现代艺术博物馆委托他们为名为“制造现代住宅”的展览制作展台。

斯科特目前是哥伦比亚建筑智能化项目（CBIP）集成设计工作室的总监，这是一个为期三年的试点研究项目，目的在于使用参数工具探索未来的工作流程模型，有效地将服务业的灵活性与产品制造业的规模经济相结合。他还在世界各地参加会议和发表演讲，包括 2010 年在纽约召开的 ACADIA 会议，以及在伦敦、东京和斯图加特召开的 CBIP 智库会议。他曾在多所大学做过访问设计讲师，最近是在休斯敦大学，他在那里的工作获得了伦敦建筑协会主办的 AA|Fab Award 一等奖。他和他的搭档凯伦·费尔班克斯（Karen Fairbanks）是弗吉尼亚大学迈克尔·欧文·琼斯纪念演讲人（Michael Owen Jones Memorial Lecturers），以及密歇根大学查尔斯和蕾·埃姆斯夫妇演讲人（Charles and Ray Eames Lecturers），借由那次演讲，他们的著作《Marble Fairbanks: Bootstrapping》由密歇根大学出版。他最近的一篇论文《想象风险》（Imagining Risk）发表在《建筑的未来：重铸劳动建筑学》（Building (in) the Future, Recasting Labor in Architecture，耶鲁大学建筑学院和普林斯顿建筑出版社，2010 年）一书中。斯科特获得了得克萨斯州农工大学（Texas A&M University）授予的教育学士学位（B. E. D）和哥伦比亚大学的建筑学硕士学位（M. Arch）。

作者简介

弗兰克·巴尔科 & 雷吉娜·莱宾格
FRANK BARKOW & REGINE LEIBINGER

弗兰克·巴尔科和雷吉娜·莱宾格于1993年在柏林创立了 Barkow Leibinger 建筑师事务所。以实践、研究和教学的互动为特征，该公司"跨学科的、自由的态度拓宽了他们的工作，使他们能够应对先进的知识和技术"。为追求他们在数字工具加工材料方面的兴趣，Barkow Leibinger 建筑师事务所最近的研究项目是调查应用于幕墙系统、预制混凝土和陶瓷元件的旋转激光切割以及数控切割半透明的混凝土模板技术。Barkow Leibinger 建筑师事务所的工作成果已经出版并在世界各地展出，图纸和其他材料都收藏在蓬皮杜艺术中心、德国建筑博物馆和亨氏建筑中心等等。该公司已经赢得了无数的 AIA 荣誉奖，并因位于迪琴根（Ditzingen）的客户与行政大楼入围 2004 年的密斯·凡·德·罗奖。弗兰克曾在蒙大拿州立大学和哈佛大学设计研究生院学习建筑。雷吉娜曾在柏林和美国哈佛大学设计研究生院学习建筑。她现任柏林工业大学建筑施工与设计教授。

大卫·本杰明
DAVID BENJAMIN

大卫·本杰明是建筑设计公司 The Living 的联合创始人，哥伦比亚大学建筑、规划和遗产保护研究生院 Living Architecture 实验室主任。他的作品通过开源、协作、动手设计，将进化计算和普适计算应用于探索更宽广的设计空间来对新技术进行实验。最近的项目包括设计居住建筑围护结构原型，建立公众界面来监控和显示环境质量，开发用于合成生物学设计的新软件工具，以及通过细菌的自组织显影开发新型复合建筑材料。大卫目前任哥伦比亚大学建筑研究生院助理教授。

本·范·贝克尔
BEN VAN BERKEL

1988 年，本·范·贝克尔和卡罗琳·博斯（Caroline Bos）在阿姆斯特丹开始了一项名为 Van Berkel & Bos Architectuurbureau 的建筑实践。十年后，他们成立了一个新公司 UNStudio（联合设计），组织了由建筑、城市发展和设施方面专家组成的网络。通过 UNStudio，本创造了许多受到国际认可的作品，包括斯图加特的梅赛德斯—奔驰博物馆、首尔的 Galleria 百货商场立面和内部改造及纽约州北部的私人别墅等。本曾在世界各地多个建筑学校授课。2011 年，他在哈佛大学 GSD 被授予丹下健三教授的坐席。目前，他是法兰克福史泰德学院（Städelschule）的院长，本在阿姆斯特丹特维德学院（Rietveld Academy）和伦敦建筑协会学习了建筑学。近期，他成为盖里科技战略联盟顾问委员会的成员。

菲尔·伯恩斯坦
PHIL BERNSTEIN

菲尔·伯恩斯坦是建筑师、欧特克公司（Autodesk, Inc.）副总裁，负责建筑、工程和建造部门的产业战略以及统筹关系。在欧特克，他负责制定公司的未来愿景及技术服务建筑行业战略，同时培育公司与战略性行业领袖及协会的关系。在加入欧特克之前，菲尔是佩里建筑师事务所的一位副合伙人。他的著作及讲座大多关于实践和技术问题。菲尔是纽约州特洛伊市艾玛威拉德女子（Emma Willard School，Troy）中学的校董、未来设计学会的资深委员、美国建筑师协会（AIA）委员、美国建筑师协会文件委员前任主席。他与佩吉·迪默（Peggy Deamer）共同出版了著作《建筑的未来：重铸劳动建筑学》（Building（in）the Future: Recasting Labor in Architecture），由普林斯顿建筑出版社出版。菲尔从耶鲁大学获得学士及建筑学硕士学位。

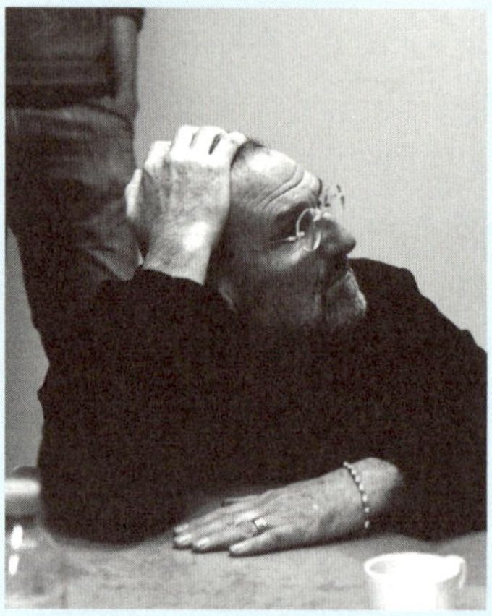

Regine Leibinger & Frank Barkow
David Benjamin
Ben van Berkel
Phil Bernstein
Shane M. Burger

Neil Denari
Marty Doscher
Ian Keough
James Kotronis

Adam Marcus
Thom Mayne
John Nastasi
Jesse Reiser

Nanako Umemoto
Fabian Scheurer
Craig Schwitter
Paolo Tombesi

谢恩・M. 伯格

SHANE M. BURGER

谢恩・M. 伯格在俄亥俄州出生，在爱荷华州长大，受过建筑师教育，并在 2003 年搬到纽约市，加入格雷姆肖建筑师事务所。他在格雷姆肖的早期作品涉及在纽约州特洛伊市实验媒体和表演艺术中心指挥几何和制造的改良。随后对设计计算方法的研究表现在纽约市富尔顿街交通中心的反光穹顶研究，以及在蒙特雷市钢铁博物馆折板钢结构屋顶和动态百叶系统的制造之中。2007 年，谢恩在格雷姆肖创办了计算设计单位，他领导了用于制造和嵌入式设计系统的环境分析，形式和组件开发的研究与应用。2010 年，鉴于其对全球设计计算非营利组织智能几何（Smart Geometry）的长期贡献，谢恩被任命为该组织董事。谢恩最近成为纽约市伍兹贝格建筑师事务所（Woods Bagot）的设计技术总监。

尼尔・德纳里

NEIL DENARI

尼尔・德纳里是 NMDA 建筑师事务所的总监和加利福尼亚大学洛杉矶分校建筑与城市设计系的建筑学教授。1997 年至 2001 年期间，他在南加州建筑学院担任主任。他是 2011 年度洛杉矶美国建筑师联合会金奖（Los Angeles AIA Gold Medal）获得者。在 2009 年，他被 the United States Artists 授予加利福尼亚社区基金会奖学金，在 2008 年还从美国艺术文学院（American Academy of Arts & Letters）获得了一个建筑奖项。NMDA 曾被授予 2005 和 2007 年度的国家 AIA 奖、2005 年度 Progressive Architecture citation 奖和 8 个洛杉矶美国建筑师协会荣誉奖等。尼尔在世界各地发表演讲，他是《Interrupted Projections》、《Gyroscopic Horizons》和《forthcoming in 2012》几本专著的作者。他从美国休斯敦大学获得建筑学学士学位，从哈佛大学设计研究生院获得建筑学硕士学位。

马蒂・达索

MARTY DOSCHER

在 2002 年至 2010 年期间，马蒂・达索在摩佛西斯事务所（Morphosis Architects）担任总工程师。马蒂在使公司成为技术创新领域的领导者上起了主要作用。他坚持提供建议并且指导公司的设计技术举措，还监督线上协作来优化项目的交付。凭借超过 15 年作为行业创新者的经验和专业知识，马蒂近来通过综合技术集成来支持和培养技术娴熟的实践，以在设计和建造行业中发展下一代工作流程。在大学和会议中他都是一位常驻的演讲者，他还提供美国建筑师协会技术在建筑实践咨询小组中的应用。马蒂从佐治亚理工学院获得了建筑学理学士学位，从南加州建筑学院获得了建筑学硕士学位。

伊安・基奥

IAN KEOUGH

伊安・基奥与英国标赫工程顾问公司的工作重点都在于实施建筑信息建模（BIM）技术和链接建模及分析应用程序的软件设计。他曾在计算机图形图像特别兴趣小组（SIGGRAPH）、哥伦比亚建筑智能项目（CBIP）和阿卡迪亚大学（ACADIA）广泛讲授 BIM、设计自动化和计算设计。当他在哥伦比亚大学建筑学院授课的时候，他开发了一个叫“CatBot”的软件，这个软件可以通过迭代最优化算法将参数化建模和结构分析联系起来。他最近的研究包括移动计算在建筑领域的应用和参数化设计工具的开发。他开发的软件“goBIM”是最早能用于 iPhone 和 iPad 的 BIM 查看应用程序，他为 Revit 开发的工具“Dynamo”使可视化编程能够应用 Revit 的几何信息。伊安最近搬到 Vela 系统公司去管理他们现场 BIM 交互式产品的开发。

詹姆斯·科特罗尼斯

JAMES KOTRONIS

詹姆斯·科特罗尼斯在设计、建筑、建造和制作领域的关联参数化工具直接应用上拥有超过二十年的经验。他的工作主要致力于通过综合设计、施工和制造跨学科和利益相关者的边界思想来提高设计性能。他最近在纽约担任盖里科技的总经理，并且带领跨学科的数字交付项目如林肯表演艺术中心、迪拜棕榈岛酒店、哈利法塔办公大厅和世界贸易中心重建中的下曼哈顿建设指挥中心。

亚当·马库斯

ADAM MARCUS

亚当·马库斯是一名建筑师，同时目前也在明尼阿波利斯明尼苏达任职教师。他是明尼苏达大学建筑学院的卡斯·吉尔伯特（Cass Gilbert）设计研究员。在明尼苏达大学，他给专注于将新的集成技术融入建筑实践和教学中的设计工作室（授课）。他以前是哥伦比亚大学巴纳德学院建筑系的副助理教授，指导关于参数化设计和数字制造的研讨会和工作坊。2005 年至 2011 年期间，他在纽约 Marble Fairbanks 工作室担任项目设计师，在这里他负责了许多获奖的教育和机构项目。他毕业于布朗大学和哥伦比亚大学的建筑、规划和保护研究所。

托姆·梅恩

THOM MAYNE

托姆·梅恩在 1972 年成立了 Morphosis 建筑师事务所，作为一个参与实验设计和研究的跨学科的集体实践。托姆是南加利福尼亚建筑学院的联合创始人，现任加利福尼亚大学洛杉矶分校建筑与城市设计杰出教授。他在 2010 年被选为美国艺术文学院会员，在 2009 年被任命为艺术与人文委员会主席，在 2000 年被授予洛杉矶美国建筑师协会金奖。借由 Morphosis 建筑师事务所，他获得了 2005 年度普利兹克奖、26 个建筑进步奖和超过 100 个美国建筑师协会奖。事务所曾经成为众多展览和 25 本专著的主题。

约翰·纳斯塔西

JOHN NASTASI

约翰·纳斯塔西是一个在新泽西霍博肯（Hoboken）的设计建设实践的总监、史蒂文斯理工学院产品结构实验室（Product-Architecture Lab）创始主任。他深受建筑技术的影响，在过去的十年中，约翰一直处于设计和制造中新兴计算方法的集成研究的前沿，他的成果在国内和国际上都已经发表。在 2004 年，约翰创立了产品结构实验室，其主要任务是消除实践和学术中都存在的设计和工程之间的界限。这个项目开创了许多刚刚开始影响设计和建筑业的先进计算技术。约翰从哈佛大学设计研究生院获得了建筑学硕士学位。

杰西·雷泽 & 梅本奈奈子

JESSE REISER & NANAKO UMEMOTO

杰西·雷泽和梅本奈奈子自 1986 年起在纽约以 Reiser+Umemoto 的名义活动，他们的作品已被广泛出版和展览超过 20 年。他们是国际公认的建筑公司，在广泛的领域内建造了项目：从家具设计到住宅和商业建筑，上至景观设计和基础设施。因为他们卓越的设计，在 1999 年被授予克莱斯勒奖，在 2000 年获得美国艺术文学院颁发的学院奖，在 2008 年因其在建筑领域所做的杰出实践和理论贡献获得库伯联盟学院的总统提名。杰西是普林斯顿大学建筑学院的建筑学教授，奈奈子在哥伦比亚大学建筑学院和佩恩设计（Penn Design）教课。

费边·朔伊雷尔

FABIAN SCHEURER

费边·朔伊雷尔是 designtoproduction 的合伙创始人，并且领导该公司在苏黎世的办公室。在他从慕尼黑工业大学以计算机科学和建筑学学位毕业后，他曾在大学的计算机辅助建筑设计小组担任助理、担任过 CAD 供应商 Nemetschek 的软件开发者和 Eclat 在新泽西的新媒体顾问。从 2002 至 2006 年，他在苏黎世联邦理工学院作为卢德格尔·霍夫施塔特（Ludger Hovestadt）的计算机辅助建筑设计小组的一员研究了人工生命方法在建筑施工中的应用，并且设法将结果应用到建筑师、工程师和制造专家之间的一些合作项目中。在 2005 年，他与他人合作创立了 designtoproduction，将其作为研究数字化设计和制造之间联系的研究组。在那以后，这个研究组已经在一些知名的项目中实施了数字生产工作流程，这些项目包括在斯图加特的梅赛德斯—奔驰博物馆、因斯布鲁克的亨格堡（Hungerburg）缆车站以及在洛桑的 EPFL 劳力士学习中心。

克雷格·施威特

CRAIG SCHWITTER

克雷格·施威特是复杂建筑工程设计和大规模开发工程项目的领导者，这些项目包括教育、表演艺术、文化、文娱、体育场、交通、总体规划项目。克雷格在 1999 年创立了标赫工程顾问公司的第一个北美办事处，其重点是集成工程和任务适用技术。在保证标赫工程顾问公司项目的高质量中，他充当了一个亲力亲为的角色，与公司最近备受瞩目的工程委员会取得突破性创新。该公司在低能耗和高性能建筑上一直掌握技术发展的关键，因此标赫工程顾问公司一直在追求其在全球范围内的项目合作。在他的指导下，该公司发展出了自适应建筑倡议和 G. Works 建设公司，两者都与北美行业努力解决的当今关键的低碳和高性能建筑设计问题息息相关。

保罗·陶伯西

PAOLO TOMBESI

保罗·陶伯西在意大利接受了建筑师教育，他是墨尔本大学建筑系主席。他以前是福布莱特研究员，拥有加利福尼亚大学洛杉矶分校建筑学专业博士学位。在 2000 年，他关于建筑行业结构调整的论文《The carriage in the needle》获得了建筑教育杂志奖。在 2005 年，他获得了澳大利亚皇家建筑师学会 Sisalation 研究奖。由此产生的专著《展望未来：定义可持续建筑行业的术语》（Looking Ahead: Defining the Terms of a Sustainable Architectural Profession）在 2007 年出版。他曾在洛桑的巴黎综合理工学校、哈佛大学、都灵理工大学、明尼苏达大学、斯里兰卡的莫勒图沃（Moratuwa）大学、雷丁大学和耶鲁大学担任客座教授。

译者简介

张宇，哈尔滨工业大学建筑学院建筑系副教授，硕士研究生导师。自意大利都灵理工大学取得博士学位后，回国任教，从事建筑学科教学及科研一线工作。主要研究方向包括建成环境计算性设计、寒地建筑等方面。近年发表论文 20 余篇，出版《东北严寒地区林区绿色村镇木结构装配式住宅定型化设计图集》、《寒地建筑围护体系节能设计研究》等中英文著作 4 部，译著《空间设计》。

陈子光，黑龙江大学建筑工程学院讲师。毕业自哈尔滨工业大学建筑系，长期从事建筑设计理论及实践研究。主要研究方向为建成环境计算性设计、城市设计等方面。

图片来源

除此处列明来源的图片，其余图片均来自作者。

"Beyond Efficiency"
David Benjamin
Figure 1. Pareto, V. (1906) *Manuale di economia politica*. Milano, Societa Editrice, p. 57.
Figure 2. Bombardier
Figure 3. Jordan Pollack at Brandeis University
Figure 4. David Benjamin, created using ModeFrontier by Esteco
Figure 5. Hod Lipson at Cornell University
Figure 6. Casey Reas
Figure 7. Processing.org
Figure 8. AnyBody Technology
Figure 9. Buro Happold
Figure 10. Zhendan Xue
Figure 11. Landrum & Brown
Figure 12. Landrum & Brown
Figure 13. Derek Moore, SOM
Figure 14. Landrum & Brown
Figure 15. John Locke
Figure 16. Danil Nagy
Figure 17. Patrick Cobb, Aries Liang, Muchan Park and Miranda Romer

"Precise Form for an Imprecise World"
Neil Denari
Figure 4. Desimone Consulting Engineers
Workflow 16-18. Front Inc.

"Workflow Patterns"
Adam Marcus
Figure 1. Hana Ogita
Figure 2. Marc Teer
Figure 3. FAT
Figure 4. Wikicommons
Figure 5-7. Marble Fairbanks
Workflow 3-7. Mark Collins & Toru Hasagawa
Workflow 15-19. Will Corcoran, Jonatan Schumacher, Oleg Moshkovich

"Intention to Artifact"
Phil Bernstein
Figure 1. Robert Smythson, Royal Institute of British Architects Library
Figure 2. Zaha Hadid Architects
Figure 3. CCDI Group
Figure 4. U.S. General Services Administration
Figure 5. Tocci Building Group
Figure 6. Autodesk, Inc.

"Diagrams, Design Models and Mother Models"
Ben van Berkel
Headshot: Inga Powilleit

"Designing Assembly"
Frank Barkow & Regine Leibinger
Figures 1, 6a, 7, Headshot. Corinne Rose
Figure 4. Barkow Photo, Brooklyn, New York
Figure 6b. Zooey Braun Fotografie
Workflow 11: Christian Richters

"Digital Craftsmanship"
Fabian Scheurer
Figure 3a. Eoghan O'Lionnain
Figure 4. Trebyggeriet AS
Figure 6. Blumer-Lehmann AG
Workflow 5. SJB Kempter-Fitze AG
Workflow 7. Trebyggeriet AS
Workflow 8-9. Hans Olav, Omnes, AF Gruppen

"Algorithmic Workflows in Associative Modeling"
Shane M. Burger
All images courtesy of Grimshaw, unless otherwise noted.
Figure 3. Jo Reid & John Peck
Figure 4. Robert Aish and Bentley Systems
Figure 6. Peter Cook
Figures 9-10. Grimshaw Industrial Design NY
Workflow 12-13. Paúl Rivera, archphoto

"Workflow Consultancy"
James Kotronis
All images courtesy of Gehry Technologies unless noted.
<u>Erwin Hauer Wall</u>
Workflow 1-2. Erwin Hauer
<u>Burj Khalifa Tower</u>
Workflow 2. SOM
Workflow 5, 8a, 8b. Imperial Woodworking
Workflow 10a. ICON Integrated Construction
Workflow 13a. Imperial Woodworking
<u>Broad Museum</u>
Workflow 1. Original rendering by Diller Scofido + Renfro

"The Scent of the System"
Jesse Reiser & Nanako Umemoto
Figure 11. Torsten Seidel Photography

"What Do We Mean by Building Design?"
Paolo Tombesi
Figure 1. From Turin, D. A. (2003) Building as a Process. *Building Research & Information*, vol. 31, iss. 2.
Figures 3a-3b. From an assignment in the Political Economy of Design subject, Melbourne School of Design, 2009. Students: Kok Hui Mah, Judy Chan, Kai Lun Chua, Cheng Li
Figure 4. Caterina Mauro, *The innovation potential of public buildings: the case of the Casa da Musica, Porto*. Final Thesis, Master in Architecture, Polytechnic of Turin, 2009
Figure 5-6. Thierry Duclos, *The innovation potential of public buildings: the case of the Sage Gateshead Music Centre*. Final Thesis, Master in Architecture, Polytechnic of Turin, 2007
Figure 11a. Diagram adapted from: Gray, C.; Hughes, W.; and Bennett, J. (1994) *The Successful Management of Design*. CSSC, University of Reading.
Figure 11b. Diagram adapted from: Nicolini, D.; Holti, R.; and Smalley, M., Integrating project activities: the theory and practice of managing the supply chain through clusters. *Building Research & Information*, 19 (2001), 37-47

"Shift 2D to 3D"
Thom Mayne
Headshot: Reiner Zettl
Figure 1. Michael Powers
Figure 2. Morphosis Architects

"Disposable Code; Persistent Design"
Marty Doscher
All images courtesy of Morphosis Architects.

"Continuous Integration"
Craig Schwitter & Ian Keough
All images courtesy of Buro Happold, unless otherwise noted.
<u>twofour54</u>
Workflow 1. UNStudio
<u>Crystal Bridges Museum</u>
Workflow 1. Safdie Architects
<u>Echelman Net Sculpture</u>
Workflow 1: Janet Echelman & Philip Speranza
Workflow 10: Stuart Peckham

"Designing Education"
John Nastasi
Figure 2. Marble Fairbanks
Figure 3. SHoP Architects
<u>Ali Al-Sabah Military Academy</u>
Workflow 1-2. SOM
<u>Apse Church Addition</u>
Workflow 6. Caliper Studio